普通高等教育"十一五"国家级规划教材
高职高专教育"十二五"规划建设教材

中兽医防治技术

（第2版）

汪德刚　陈玉库　王长林　主编

中国农业大学出版社
·北京·

图书在版编目(CIP)数据

中兽医防治技术/汪德刚，陈玉库，王长林主编.—2版.—北京：中国农业大学出版社，2012.2(2017.12重印)

ISBN 978-7-5655-0471-6

Ⅰ.①中…　Ⅱ.①汪…②陈…③王…　Ⅲ.①中兽医学　Ⅳ.①S853

中国版本图书馆CIP数据核字(2011)第281766号

书　名	中兽医防治技术(第2版)		
作　者	汪德刚　陈玉库　王长林　主编		
策划编辑	姚慧敏	**责任编辑**	张　玉
封面设计	郑　川	**责任校对**	陈　莹　王晓凤
出版发行	中国农业大学出版社		
社　址	北京市海淀区圆明园西路2号	**邮政编码**	100193
电　话	发行部 010-62818525，8625		读者服务部 010-62732336
	编辑部 010-62732617，2618		出　版　部 010-62733440
网　址	http://www.cau.edu.cn/caup	**e-mail**	cbsszs@cau.edu.cn
经　销	新华书店		
印　刷	北京鑫丰华彩印有限公司		
版　次	2012年2月第2版　2017年12月第4次印刷		
规　格	787×980　16开本　25.75印张　475千字		
定　价	38.00元		

第2版编审人员

主编 汪德刚（郑州牧业工程高等专科学校）
陈玉库（江苏畜牧兽医职业技术学院）
王长林（郑州牧业工程高等专科学校）

参编 王秀君（郑州牧业工程高等专科学校）
邢玉娟（江苏畜牧兽医职业技术学院）
宋臣锋（沧州职业技术学院）
徐光科（信阳农业高等专科学校）
张丁华（河南农业职业学院）
孔春梅（保定职业技术学院）
侯海峰（保定职业技术学院）
王　安（周口职业技术学院）

审稿 许剑琴（中国农业大学）

第1版编审人员

主　编　汪德刚　郑州牧业工程高等专科学校
　　　　戴永海　山东畜牧兽医职业学院

副主编　于生兰　江苏畜牧兽医职业技术学院
　　　　薛增迪　杨凌职业技术学院

参　编　（以姓氏笔画为序）
　　　　王长林　郑州牧业工程高等专科学校
　　　　王自然　山东临沂师范学院
　　　　任文社　保定职业技术学院
　　　　刘英姿　辽宁医学院动物医学院
　　　　闫　港　河北旅游职业学院
　　　　何　敏　信阳农业高等专科学校
　　　　何会祥　山东畜牧兽医职业学院
　　　　宋臣锋　沧州职业技术学院
　　　　张丁华　河南农业职业学院
　　　　李建柱　信阳农业高等专科学校
　　　　罗永华　沧州职业技术学院
　　　　侯佐赢　云南农业大学曲靖职业学院
　　　　宫新城　河北农业大学中兽医学院
　　　　秦　华　遵义职业技术学院

审　稿　许剑琴　中国农业大学
　　　　胡元亮　南京农业大学

第2版前言

《中兽医防治技术》2007年出版以来的五年，中国畜牧业快速发展，养殖模式加速转变，规模化标准化养殖比重持续增加，畜牧业对国民经济和社会生活的影响日益明显。在动物防疫上，畜禽群发病、传染病仍然是影响畜牧养殖效益和食品安全的首要因素，针对动物疫病，"防重于治"的思想更加突出和重要。宠物行业蓬勃发展，宠物数量持续增长，宠物保健与疾病防治成为兽医工作者的一项重要任务。从2009年开始，国家开始全面推行执业兽医师制度，组织执业兽医资格考试。这些变化对于兽医工作者在知识、技能、思维方式等方面提出了新的要求。

过去的五年，人民生活质量不断改善，生活水平不断提高，健康意识、环保意识更加突出。国内外发生一些的动物性食品安全事件，使人们对于食品安全、环境污染更加重视，尤其是对于动物饲养过程中添加剂和药品的使用以及污物排放更加关注。发展绿色畜牧业、提供安全的动物性食品成为影响人们健康及社会经济稳定的重大课题。而秉承和蕴含"天人一体"、"药食同源"思想与做法的传统中兽医防治技术在动物疾病预防保健、减少药物残留、提高和改善畜产品质量、减少畜牧养殖污染物排放，发展绿色畜牧业方面的优势更加突出，其研究与应用得到越来越多的支持和关注，发挥着日益重要的作用。

过去的五年，在国家的高度重视和大力支持下，高等职业教育快速发展，新的教育教学理念竞相争鸣，教学改革和创新成果层出不穷。

基于上述形势和变化，在《中兽医防治技术》第1版（2007年9月出版）应用的基础上，各相关院校和中国农业大学出版社携手立题《中兽医防治技术》第2版为高职高专教育"十二五"规划建设教材，对其进行修订和完善，以适应畜牧兽医行业和高等职业教育新的变化。

本版修订的指导思想为，适应畜牧兽医行业和高等职业教育发展的新形势、新变化，融合新的教育教学改革成果，完善第1版应用过程中发现的不足。

本版修订，教材内容选取上立足于满足兽医工作实际需要，满足畜牧兽医相关专业教学需要，满足执业兽医资格考试需要，传承课程特色，坚持必需够用，吸收创新成果。本版修订，在教材结构和编写形式上，采取不拘陈规，重点突出，删繁就简。内容上除绪论外，分为基础理论、中药方剂、针灸技术、病证防治四篇共13章，重点介绍中兽医学基础理论、基本知识和基本技能，修改和删除了原书中的部分内容。相比较第1版，在中药部分，以当前畜牧兽医工作中通用、常用中药为重点进行详细介绍，其他中药以简表形式进行介绍。方剂部分，删除了部分马属动物用方，而以经典成方和用于猪、禽、宠物、牛羊病防治的成方为本教材方剂的主体。病证防治篇，则以国家执业兽医资格考试大纲对中兽医辨证论治的要求作为选取标准。编写中以精简文字，列表比较，缩减篇幅的形式使内容呈现更加简洁和明了，更便于使用者学习。

本教材主要作为高等职业院校畜牧兽医类专业的教材，也可作为中等职业学校相关专业师生、临床执业兽医师、养殖企业技术人员的重要参考书，亦可作为参加执业兽医资格考试人员的辅导教材。

本书的编写得到郑州牧业工程高等专科学校、江苏畜牧兽医职业技术学院、沧州职业技术学院、河南农业职业学院、信阳农业高等专科学校、保定职业技术学院、周口职业技术学院等院校领导和老师的大力支持。中国畜牧兽医学会中兽医学分会理事长、中国农业大学博士生导师许剑琴教授对本书的编写提出了大量宝贵意见并对全书进行审阅。中国农业大学出版社对本书的编写出版进行了周密的策划、组织和指导。在此一并致以诚挚的谢意。

虽然我们努力遵循高等职业教育发展规律，按照科学性、实用性、新颖性的原则进行写作，但由于水平有限，书中难免不当和错误之处。恳请广大同行和读者在使用过程中提出宝贵意见，以便再次修订和完善。

编　者

2011年12月

第1版前言

教育部教高[2006]16号文《关于全面提高高等职业教育教学质量的若干意见》指出“高等职业教育作为高等教育发展中的一个类型，肩负着培养生产、建设、服务和管理第一线需要的高技能人才的使命，在我国加快推进社会主义现代化进程中具有不可替代的作用”，“高等职业教育要以服务为宗旨，以就业为导向，走产学结合发展道路，为社会主义现代化建设培养千百万高素质技能型专门人才”，“加强教材建设，重点建设好3 000种左右国家规划教材，与行业企业共同开发紧密结合生产实际的实训教材，并确保优质教材进课堂”。明确了高等职业教育的性质、地位和目标，明确了教材建设的任务。

改革开放以来，我国畜牧业快速发展，为国家经济建设做出了重大贡献。但是，我国的动物疫病形势较为严峻，动物性食品安全状况也不尽如人意，因而要求兽医工作者在思想观念、诊断方法、防治技术等方面不断进行更新和完善。中兽医学作为中国传统的独具特色的兽医学学科体系，主动适应、积极调整、承故纳新、迅猛发展，新理论、新方法、新技术不断涌现，在现代动物疫病防治、提高动物生产性能、保障畜产品安全方面发挥着越来越重要的作用。畜牧兽医工作者学习和应用中兽医理论和技术的热情日渐高涨。在此背景下，编写具有高等职业教育特色的中兽医课程教材就非常必要和紧迫。

2006年4月，教育部批准《中兽医防治技术》作为普通高等教育“十一五”国家级规划教材。在中国农业大学出版社的组织下，相关院校的教师认真学习了国家关于高等职业教育的方针政策，分析讨论了兽医高等职业教育的现状与发展方向，明确了规划教材编写的指导思想和重要意义。经过讨论，确立了以适应现代畜牧兽医生产实际为内容取舍的标准，不过分拘泥于中兽医学术体系的完整性，不拘泥于现行中兽医著作与教材的框架。全书以“基础理论”篇、“辨证论治”篇、“中药方剂”篇、“针灸按摩”篇、“病证防治”篇为架构，着重中兽医基本知识和实用防治技术的介绍，并对每章列出学习重点和复习思考题，力求体现高等职业教育特色。

教材编写过程中，我们在“基础理论”篇中努力吸取最新同类教材和专著的宝贵经验，力求理论基础的科学严谨、表述准确和知识更新，删繁就简，详略得当，重点阐明中兽医理论的思想精髓。“辨证论治”篇对四诊、辨证和防治法则进行了系统介绍。“中药方剂”篇侧重对《中国兽药典》(2005 版)和当前兽医临床与畜牧养殖中的热点方药进行重点介绍,力求重点突出,兼顾全面。“针灸按摩”篇增加了宠物按摩技术。“病证防治”篇以中西兽医结合为主线,力图对同一疾病用中西兽医两种不同的理论体系去阐述、分析,并提出中西结合的综合治疗方案。此篇中,我们根据兽医工作服务对象的变化和畜牧业的生产特点,对动物种类及疾病种类进行了认真的选择,力求适合畜牧兽医工作的实际,包容最新的中西兽医结合研究成果,吸纳广大同行最成熟的防治经验,并对各种防治技术与方法进行客观的介绍与分析,以努力突出本书的实用性。本书主要作为高等职业院校兽医类专业的教材,亦是中等职业学校相关专业师生和中西兽医结合临床工作者重要的参考书。

本书的编写得到了郑州牧业工程高等专科学校、山东畜牧兽医职业学院、江苏畜牧兽医职业技术学院、沧州职业技术学院、保定职业技术学院、河北农业大学中兽医学院、杨凌职业技术学院、辽宁医学院、山东临沂师范学院、遵义职业技术学院、河南农业职业学院、信阳农业高等专科学校、云南农业大学曲靖职业学院、遵义职业技术学院、河北旅游职业学院等院校领导和老师的大力支持。中国畜牧兽医学会中兽医学分会理事长、中国农业大学博士生导师许剑琴教授,中国畜牧兽医学会中兽医学分会副理事长、南京农业大学博士生导师胡元亮教授对本书的编写提出了大量宝贵意见并对全书进行了审阅。中国农业大学出版社对本书的编写出版进行了周密的策划、组织和指导。在此一并致以诚挚的谢意。

虽然我们努力遵循高等职业教育规律,按照科学性、实用性、新颖性的原则进行写作,但由于时间仓促,水平有限,书中难免不当和错误之处。恳请广大同行和读者在使用过程中提出宝贵意见,以便及时修订和完善。

编 者

2007 年 8 月

目录

中药方剂篇

针灸技术篇

病证防治篇

绪 论

一、中兽医学的概念

中兽医学是中国传统兽医学(Traditional Chinese Veterinary Science)的简称,是专门研究中国传统兽医理、法、方、药及针灸技术,以防治动物(家畜、家禽、伴侣动物、水产动物、竞技动物以及野生动物)病证和动物保健为主要内容的一门综合性应用学科。

中兽医学具有悠久的历史,它起源于中国古代,是我国历代劳动人民同动物疾病作斗争的经验总结和理论升华。经过数千年的临床实践和继承发展,中兽医学逐渐形成以阴阳五行学说为指导思想,以整体观念和辨证论治为特点的理论体系和以四诊、辨证、方药及针灸为主要手段的诊疗方法。

中兽医学的主要内容包括基础理论、诊法、中药、方剂、针灸和病证防治等部分。其自成体系,相对于现代兽医学,具有独特的理论体系和诊疗手段。

中兽医学是中国传统文化遗产中的重要组成部分,也是现代兽医学中不可或缺的重要组成部分,其以整体观念和辨证论治为特色的病证防治技术是现代兽医工作者用于控制动物疾病的一种非常有效的手段。历史上,中兽医学为保障畜禽的健康和繁衍、保障畜牧业的发展,提高人们的生活水平做出了重要贡献。随着社会进步与科技发展,现代中兽医学已经融合了许多其他自然学科,并结合了现代高新技术,在对家畜、家禽、伴侣动物、竞技动物、水产动物以及野生动物等各类动物疾病的防治、人畜共患病的控制及整个现代畜牧业的稳定发展方面起着越来越重要的作用。

二、中兽医学发展简史

(一)中兽医学的起源

中兽医学有着悠久的历史,其起源可以追溯到原始社会(远古至公元前 22 世纪),即人类开始驯化野生动物,并将其转变为家畜的时期。人类在饲养动物的过程中,逐步对动物疾病有所了解,并不断地寻求治疗方法,这就促成了兽医知识的起源。

考古学发现,我国家畜的饲养约有 1 万年的历史。例如,桂林甑皮岩遗址(距今约 11310±180 年—7580±410 年）就出土有家猪的骨骼，浙江河姆渡遗址（距今约 6310±100 年—6065±120 年）出土有猪、犬和水牛的骨骸。又如，在新石器时代的河南仰韶遗址（约公元前 5000—公元前 3000 年）中，发掘出有猪、马、牛等家畜的骨骼以及石刀、骨针和陶器等；在陕西半坡遗址（约公元前 4800—公元前 4300 年）和姜寨遗址（约公元前 4600—公元前 4400 年）中，不但发掘出猪、马、牛、羊、犬、鸡的骨骼残骸及石刀、骨针、陶器等生活和医疗用具，而且还有用细木围成的圈栏遗迹。在内蒙古多伦县头道洼新石器遗址中出土的砭石，经鉴定具有切割脓疡和针刺两种作用。这些考古发现说明，在新石器时代的仰韶文化时期，不但家畜的饲养已经普及，而且人类为了保护所饲养的动物，已开始把火、石器、骨器等战胜自然的工具用于防治动物疾病。

对药物的认识，同样也源于人类的生产劳动和生活实践。原始人集体出猎，共同采集食物，必然发生过因食用某种植物而使所患疾病得以治愈，或因误食某种植物而中毒的事例。经过无数次尝试，人们对某些植物的治疗作用和毒性有了认识，获得了原始的药理学和毒理学知识。如《淮南子·修务训》中有“神农……尝百草之滋味……一日而遇七十毒”的记载，便生动地说明了药物起源的情况。

（二）中兽医学知识的积累和初步发展

夏商时期（公元前 21 世纪—公元前 11 世纪），随着农业、畜牧业和手工业水平的不断提高，兽医知识得到了初步发展。

商代（公元前 16 世纪—公元前 11 世纪）的甲骨文中，已有表示猪圈、羊栏、牛棚、马厩等的象形文字，说明当时对家畜的分栏护养已有了进一步发展。甲骨文中还记载有药酒及一些人畜通用的病名，如胃肠病、体内寄生虫病、齿病等。河北藁城商代遗址中，出土有郁李仁、桃仁等药物，表明当时对药物也有了进一步的认识。商代青铜器的出现和使用，为针灸、手术等治疗技术的进步提供了有利条件，如当时已有了阉割术或宫刑的出现。殷周之际出现的带有自发朴素性质的阴阳和五行学说，后来成为中医和中兽医学的指导思想和推理工具。

从西周到春秋时期（公元前 11 世纪—公元前 476 年），家畜去势术已用于猪、马、牛等动物。《周礼·天官》中已有“兽医，掌疗兽病，疗兽疡。凡疗兽病，灌而行之，以节之，以动其气，观其所发而养之。凡疗兽疡，灌而刮之，以发其恶，然后药之、养之、食之”的记载，说明当时不但设有专职兽医治疗动物疾病，而且已将内科病（兽病）和外科病（兽疡）区别开来，并在治疗方法上采用了灌药、手术、护理、食疗等综合措施。当时的书籍中，还记载有不少对家畜危害较大的疾病，如猪囊虫、狂犬病、疥癣、传染病、运动障碍以及血吸虫如马、牛虻等。《周礼》、《诗经》和《山海经》中，载有人畜通用的药物一百多种，并有兽医专用药物的记载，如“流赭（赭石）

以涂牛马无病”等。《周礼》中还有“内饔……辨腥、臊、膻、香之不可食者”的记载，这是我国最早的肉品检验。

在这一时期，出现了造父（约公元前 10 世纪）、孙阳（号伯乐，约公元前 7 世纪）、王良（约公元前 6 世纪）等畜牧兽医名人。

（三）中兽医学知识的不断总结和学术体系的形成及发展

漫长的封建社会（公元前 475 年—公元 1840 年）是中兽医学知识不断总结，最终形成学术体系并得到发展的时期。

封建社会的前期（公元前 475 年—公元 256 年）是中兽医学进一步奠定基础和形成理论体系的重要阶段。

战国时期（公元前 475 年—公元前 221 年），出现了专门诊治马病的“马医”（见《列子》）。《墨子》中也有“……一罢马不能治，必索良医”的记载。关于家畜疾病，除以前出现的以外，尚有“牛疡”（见《古玺文字征》）、“羸牛”、“马肘溃”、“马折膝”（均见《战国策》）、“马刃伤”（见《楚辞》）、“马暴死”（见《晏子春秋》）等。《晏子春秋》中还有“大暑而疾驰，甚（重）者马死，薄（轻）者马伤”的记述。在《庄子》中则有“络马首，穿牛鼻”的记载。约公元前 3 世纪出现的《黄帝内经》被认为是我国现存最早、最珍贵的一部医学典籍，汇集了古代人民与疾病作斗争的珍贵经验和理论知识。该书分《素问》和《灵枢》两部，《素问》着重论述了医学基础理论与各家医论；《灵枢》又名《针经》，重点介绍了针灸经络的理论和针刺手法的运用。中兽医学的基本理论最早便源于《黄帝内经》。受其影响，中兽医学形成了以阴阳五行为指导思想，以整体观念和辨证论治为特点的学术体系。

秦代（公元前 221 年—公元前 206 年）颁布了世界上最早的畜牧兽医法规“厩苑律”（见《云梦秦简》），汉代（公元前 206—公元 220 年）经进一步修订，更名为“厩律”。汉代出现了我国最早的一部人畜通用的药学专著《神农本草经》，该书收载药物 365 种（植物药 252 种、动物药 67 种、矿物药 46 种），其中特别提到“牛扁杀牛虱小虫，又疗牛病”、“桐花主傅猪疮”、“柳叶主马疥痂疮”、“梓叶傅猪疮”等。汉简中，不但有兽医方剂，而且还有将药物制成丸剂给马内服的记载（见《居延汉简》、《流沙坠简》和《武威汉简》）。汉代已采用针药结合的方法治疗动物疾病（见《列仙传》），并用革制的马鞋进行护蹄。据《汉书·艺文志》记载，当时曾出现有畜牧兽医专著《相六畜三十八卷》。马王堆汉墓出土有《相马经》，《三国志》注中还记载汉代曾出现有《马经》和《牛经》等书。河南方城汉墓出土有“据龙阉牛图”，说明当时已掌握了走骟法。汉代名医张仲景（约公元 150—219 年）所著的《伤寒杂病论》一书，不仅充实和发展了前人辨证论治的理论，也对中兽医学产生了深远影响。张仲景所创立的六经辨证方法及其许多方剂，一直为兽医临床所沿用。三国时期（公元 220—

265年),名医华佗曾发明了全身麻醉剂“麻沸散”,并进行了剖腹涤肠手术,相传他还有关于鸡、猪去势的著述。

封建社会中期(公元265—1368年),中兽医学形成了完整的学术体系,并继续向前发展。

魏晋南北朝时期(公元220—581年),晋代名医葛洪(公元281—341年)所著的《肘后备急方》中有治六畜“诸病方”,除记有灸熨和“谷道人手”等诊疗技术以及用黄丹治“马脊疮”等十几种动物疾病的治疗方法外,还指出疥癣中有虫,并提出了“杀所咬犬,取脑敷之”的防治狂犬病的方法。北魏(公元386—534年)贾思勰所著的《齐民要术》中有畜牧兽医专卷,记有包括掏结术,猪、羊的去势术,用削蹄法治疗漏蹄,以及群发病的防治措施等防治动物疾病的方技40多种,反映出当时的兽医技术已达到了较高水平。梁(公元502—557年)时曾有《伯乐疗马经》出现。

隋代(公元581—618年),兽医学的分科已趋完善,出现了有关病证诊治、方药及针灸等的专著,如《治马、牛、驼、骡等经》、《治马经》、《治马经图》、《杂撰马经》、《伯乐治马杂病经》、《疗马方》以及《马经孔穴图》等(原书均已散佚)。

唐代(公元618—907年)有了兽医教育的开端。据《旧唐书》记载,神龙年间(公元705—707年)的太仆寺中设有“兽医六百人,兽医博士四人,学生一百人”。贞元末年(约804年),日本人平仲国等曾到中国学习兽医。唐代李石编著的《司牧安骥集》为我国现存最早的较为完整的一部中兽医学古籍,也是我国最早的一部兽医学教科书(明代时,日本有名为《假名安骥集》的编译本流传),对中兽医学的理法方药等均有较全面的论述。为了保障畜牧业的发展,唐代制定有畜牧兽医法,如“诸乘官畜产,而脊破领穿,疮三寸,笞二十”或“伤重五日内致死者,从杀罪”(见《唐律疏议》)。唐高宗显庆四年(公元659年)所颁布的《新修本草》,收载药物844种,被认为是世界上最早的一部人畜通用的药典。唐代时,我国少数民族地区的兽医学也有了很大发展,如新疆吐鲁番唐墓中出土有《医牛方》,西藏出现有《论马宝珠》和《医马论》等兽医书籍。

宋代(公元960—1279年),公元1007年设置了“牧养上下监,以养疗京城诸坊病马”,这是我国已知最早的兽医院。宋代还设有我国最早的尸体剖检机构“皮剥所”和最早的兽医药房“药蜜库”(见《宋史》)。北宋山西阳城著名兽医常顺(约公元1061—1137年),创用药浴法治马疥癣。当时曾出现有《明堂灸马经》、《伯乐针经》、《医驼方》、《疗驼经》、《贾耽医牛经》、《马经》、《医马经》、《相马病经》、《安骥集》、《安骥方》、《重集医马方》等兽医专著。现存王愈所著的《蕃牧纂验方》载方57个,并附有针灸疗法。此外,据《使辽录》(公元1086年)记载,当时我国少数民族地区已用醇作麻醉剂，进行马的切肺手术。

元代(公元 1271—1368 年)著名兽医卞宝(卞管勾)著有《痊骥通玄论》一书，除对马的起卧症(包括掏结术)进行了总结性论述外，还提出了“胃气不和，则生百病”的脾胃发病学说。这一时期还出现有《安骥集八卷》和《治马、牛、驼经》等书。

封建社会后期(公元 1368—1840 年)是中兽医学在中国古代发展的高峰时期。

明代(公元 1368—1644)著名兽医喻本元、喻本亨兄弟集前人和自己的兽医学理论及临床经验之大成，于 1608 年编著了《元亨疗马集》(附牛驼经)。该书理法方药具备，是国内外流传最广的一部中兽医古典著作。在此前后，杨时乔还编著有《马书》、《牛书》，钱能编著有《类方马经》，内容都很丰富。明代著名科学家李时珍(公元 1518—1593 年)，“岁历三十捻，书考八百余家”，编著了举世闻名的《本草纲目》，该书收载药物 1 892 种，方剂 11 096 个，其中专述兽医方面的内容有 200 多条。该书刊行后不久即传播到国外，为中外医药学的发展做出了杰出的贡献。此外，朝鲜于 1633 年刊行有汉文的《新编集成马医方、牛医方》。

鸦片战争以前的清代(公元 1644—1840 年)，中兽医学虽处于缓慢发展的状态，但也有一些兽医著作出现。1736 年李玉书对《元亨疗马集》进行了改编，删除了“东溪素问四十七论”中的 20 多论，又根据其他兽医古籍增加了部分内容，成为现今广为流传的版本。1758 年，赵学敏编著了《串雅外编》，其中特列有“医禽门”和“医兽门”。1785 年，郭怀西编著有《新刻注释马牛驼经大全集》。此后编撰的兽医著作有《抱犊集》、《养耕集》(傅述风，1800 年)、《牛经备要医方》(沈莲舫)、《牛医金鉴》(约 1815 年)、《相牛心镜要览》(1822 年)、《牛马捷经》等。

(四)近代(公元 1840—1949 年)中兽医学的发展

鸦片战争以后，中国沦为半殖民地半封建社会，中兽医学的发展陷入了困境。这一时期的主要著作有《活兽慈舟》(李南晖，约 1873 年)、《牛经切要》(1886 年)、《猪经大全》(约 1891 年)等。《活兽慈舟》收载了马、牛、羊、猪、犬、猫等动物的病证 240 余种，是我国较早记载犬、猫疾病的书籍。《猪经大全》对 48 种猪病提出了疗法，并附有病形图，是我国现存中兽医古籍中唯一的一部猪病学专著。

1904 年，北洋政府在保定建立了北洋马医学堂，从此西方现代兽医学开始有系统地在中国传播，使得中国出现了两种不同学术体系的兽医学，因而有了中、西兽医学之分。当时国内的反动统治阶级对中医和中兽医学采取了摧残及扼杀的政策，于 1929 年悍然通过了“废止旧医案”，立即遭到了广大人民群众的强烈反对。在此情况下，民间兽医遭受歧视和压迫，严重地阻碍了中兽医学的发展。但这一时期仍出现有《驹儿编全卷》(1909 年)、《治骡马良方》(1933 年)以及《兽医实验国药新手册》(1940 年)等书籍。

与当时反动统治者的做法相反，中国共产党在其领导的根据地积极倡导中、西（兽）医结合。1928 年，毛泽东在《井冈山的斗争》一文中就提出“用中西两法治疗”。解放区的华北大学农学院（开始属北方大学），在 1947 年便开始学习和研究中兽医学术，并把中兽医学作为兽医专业的必修课。各根据地及军队兽医系统中都吸收有中兽医，他们在防治动物疾病，特别是在军马保健工作中发挥了重要作用。

（五）中兽医学发展的新阶段

1949 年中华人民共和国成立后，中兽医学进入了一个蓬勃发展的新阶段。

新中国成立初期，人民政府及时发出了“保护畜牧业，防止兽疫”的指示，并重视发挥民间兽医的作用。1956 年 1 月，国务院颁布了“加强民间兽医工作”的指示，对中兽医提出了“团结、使用、教育和提高”的政策。当年 9 月在北京召开了第一届“全国民间兽医座谈会”，提出了“使中西兽医紧密结合，把我国兽医学术推向一个新的阶段”的战略目标。1958 年，毛泽东同志作出“中国医药学是一个伟大的宝库，应当努力发掘，加以提高”的指示，进一步明确了中兽医学的发展方向。由于政府的重视和广大中兽医工作者的努力，中兽医学得到了前所未有的发展。如搜集整理出版了大量中兽医经验资料和古籍，编撰出版了一大批中兽医学书籍，开展了中兽医学的科学研究工作，在中兽医学理论、中药、方剂、针灸以及病证防治等方面，取得了丰硕的研究成果。近年来，中兽医学在临床应用方面，有了进一步提高和发展，创造出了许多新疗法和新剂型。随着我国人民饲养宠物的增加，中兽医技术在治疗犬、猫疾病方面，积累了相当丰富的经验。中草药饲料添加剂的研究和应用，不但显示出中草药在促进动物生产性能和防治动物疾病方面有其独特的作用，而且也将在发展绿色畜牧业、保障食品安全以及保护人民身体健康方面发挥重要作用。

新中国成立初期，我国政府便非常重视中兽医教育工作，先后在全国各中、高等农业院校设立中兽医学课程或开办中兽医学专业，培养了大批中兽医专门人才。现已形成了从大专到博士的完整的中兽医高等专门人才培养体系。我国于 1956 年便在中国畜牧兽医学会中成立了中兽医学小组，而后于 1979 年成立了中西兽医结合学术研究会，后更名为中国畜牧兽医学会中兽医学分会。这一学术组织在团结广大中兽医工作者、促进中兽医学术的发展、扩大国际交流等方面做了大量工作。改革开放以来，随着我国对外交流的不断增加，中兽医学特别是兽医针灸技术在国外的影响越来越大，不少院校多次举办国际兽医针灸培训班，接受外国留学生，或派出专家到国外讲学，促进了中兽医学在世界范围内的传播。

三、中兽医学的基本特点

中兽医学的形成过程，受我国古代朴素唯物论和自发辨证法的指导和影响，在长期的临床实践中，逐步形成了以整体观念和辨证论治为特色的学术体系。

(一)整体观念

整体观念就是统一性、完整性和联系性的思想。中兽医学非常重视动物体本身的统一性、完整性及其与自然界的相互关系。它认为动物体是一个有机整体，构成动物体的各个组成部分之间，在结构上是不可分割的，在功能上是相互协调、相互为用的，在病理上是相互影响的。同时，也认识到动物体与自然环境有着密切的关系，动物生活在自然环境中，它与外界环境之间息息相关。自然界为动物的生命活动提供了基本的物质基础和空间，成为动物正常生存的条件，但也可成为动物疾病发生的外部因素，动物在能动地适应自然和影响自然的过程中，维持着机体的正常生命活动，即动物体与自然环境构成一个有机整体。这种机体自身整体性，内外环境的统一性的思想，称之为整体观念。因此，中兽医学的整体观念，实际上是指动物体本身的整体性和动物体与自然环境的整体性两个方面，它贯穿于中兽医学生理、病理、诊法、辨证和治疗的各个方面。

1. 动物体本身的整体性　中兽医学认为，动物体是以心、肝、脾、肺、肾五个生理系统为中心，通过经络使各组织器官紧密相连而形成的一个完整统一的有机体。五脏与六腑互为表里，与九窍各有所属，各脏腑组织器官之间相互依赖、相互联系，以维持机体内部的平衡和正常的生命活动。

中兽医认识疾病，首先着眼于整体，重视整体与局部之间的关系。一方面，机体某一部分的病变，可以影响到其他部分，甚至引起整体性的病理改变，如脾气虚本为一脏的病变，但迁延日久，则会因机体生化乏源而引起肺气虚、心气虚，甚至全身虚弱。另一方面，整体的状况又可影响局部的病理过程，如全身虚弱的动物，其创伤愈合较慢等等。总之，疾病是整体患病，局部病变是整体患病的局部表现。

中兽医诊察疾病，往往从整体出发，通过观察机体外在的各种临床表现，去分析研究内在的全身或局部的病理变化，即“察其外而知其内”。由于动物体是一个有机整体，因此无论是整体还是局部的病变，都必然会在机体的形体、窍液及色脉等方面有所反映。以察口色为例，察口色观察的是口舌局部的变化，但通过对口色的观察，可以分析机体内部脏腑的虚实，气血的盛衰，津液的盈亏，病邪的轻重，疾病的进退等。

中兽医治疗疾病亦从整体出发，既注意脏腑之间的联系，又注意脏腑与形体、窍、液的联系。如见口舌糜烂，当知心开窍于舌，便认为此即心火亢盛的表现，应以清心泻火的方法治疗。此外,“表里同治”,或“从五官治五脏”,以及“见肝之病,当先实脾”等,都是从整体观念出发,确定治疗原则和治疗方法的具体体现。

2.动物与自然环境的相关性　中兽医学认为,动物体与自然环境之间是相互对立而又统一的。动物不能离开自然界而生存,自然环境的变化可以直接或间接地影响动物体的生理功能。当动物能够通过调节自身的功能活动以适应所处环境的变化时,便不致引起疾病,否则就会导致病理过程。例如,一年四季的气候变化是春温、夏热、秋凉、冬寒,动物可以通过气血进行调节适应。如春夏阳气发泄,气血趋于表,则皮肤松弛,疏泄多汗;秋冬阳气收藏,气血趋于里,则皮肤致密,少汗多尿。同样,随四时的不同,动物的口色有“春如桃花夏似血,秋如莲花冬似雪”的变化,脉象有“春弦、夏洪、秋毛、冬石”的改变,这都属于生理调节的范围。但当气候异常或动物调节适应机能失调,使得机体与外界环境之间失去平衡时,则可引起与季节性环境变化相关的疾病,如风寒、风热、中暑等。

由于动物体与自然环境相关,因此在治疗动物疾病时,就要考虑到自然环境对动物体的影响。古人在总结自然界变化对机体影响规律的基础上,提出了一些有关疾病防治的措施。例如,脾肾阳虚性咳喘,往往夏季减轻,秋冬加重,常用“温补脾肾”之剂调养,并着重在阳气最旺的夏季来调养预防,此谓“春夏养阳”;而阴虚肝旺的动物,春季易使病发作,故在阴盛的冬季给予滋补,以预防春季发生,此谓“秋冬养阴”。此外,“因时、因地、因畜制宜”的治疗原则,也是整体观念在中兽医治疗中的体现。

总之,中兽医学中的整体观念,对于动物疾病的防治有着极为重要的指导意义。临床实践中,一定要从整体观念出发;既要考虑到动物体本身的整体性,又要注意到动物体和外界环境的相关性,只有这样才能对疾病做出正确的诊断,采取有效的防治措施。

(二)辨证论治

辨证论治包括相互关联的辨证和论治两个过程。它是中兽医认识疾病、确定防治措施的基本过程。“辨证”就是把通过四诊及其他各种诊断手段所获取的病情资料,在中兽医学理论的指导下进行分析综合,以判断为某种性质的“证”的过程,即识别疾病证候的过程;“论治”是根据证的性质确定治则和治法的过程。辨证是论治的前提和依据,论治是治疗疾病的手段和方法,也是辨证的目的和结果。治疗原则和治疗措施是否恰当,取决于辨证是否正确;而辨证论治的正确性,又有待于临床治疗效果的检验。因此,辨证和论治是诊疗疾病过程中相互联系不可分割的两个方面,也是理法方药在临床上的具体运用。

为了很好地理解“证”的概念,必须把“病”、“证”、“症”三者做一比较。“病”,是指有特定病因、病理、发病形式、发展规律和转归的一个完整的病理过程,即疾病的全过程,如感冒、痢疾、肺炎等。“症”,即症状,是疾病的具体临床表现,如发热、咳嗽、呕吐、疲乏无力等。“证”,既不是疾病的全过程,又不是疾病的某一项临床表现,而是对疾病发展过程中,不同阶段和不同类型病机的本质,包括病因(如风寒、风热、湿热等)、病位(如表、里、脏、腑等)、病性(如寒、热等)和邪正关系(如虚、实等)的概括,它既反映了疾病发展过程中该阶段病理变化的全面情况,同时也提出了治疗方向。如“脾虚泄泻”证,既指出病位在脾,正邪力量对比属虚,临床症状主要表现为泄泻,又能据此推断出致病因素为湿,从而也就指出了治疗方向为“健脾燥湿”。由之可见,“病”是机体发生病理变化的全过程,“症”专指病证的外在表现,“证”是对疾病过程不同阶段和不同类型的概括。换言之,由于“证”反映的是疾病在某一特定阶段病理变化的实质,因此,在辨病基础上的辨证是中兽医认识和分析疾病的重要特点。

相对于“辨病治疗”和“对症治疗”,中兽医学的辨证论治,更能抓住疾病发展不同阶段的本质,它既看到同一种疾病可以包括不同的证,又看到不同的病在发展过程中可以出现相同的证,因而可以采取“同病异治”或“异病同治”的治疗措施。如同为外感表证,若属外感风寒,则治宜辛温解表,方用麻黄汤类;若属外感风热,则治宜辛凉解表,方用银翘散类,此谓“同病异治”;而脱肛、子宫下垂、虚寒泄泻等病,虽然性质不同,但当其均以中气下陷为主证时,都可以用补中益气之剂进行治疗,谓之“异病同治”。

四、学习中兽医学的目的和方法

(一)学习目的

主要是通过理论学习和实训实习,掌握以“整体观念”和“辨证论治”为特点的基本理论和实际操作技能,初步具有独立分析及诊治动物疾病的能力,并能贯彻“继承和发扬祖国兽医学遗产”的方针,为发展畜牧业生产和提高人民生活质量服务。

(二)学习方法

1. 以唯物辩证法为指导　中兽医学是在古代朴素唯物论和自发辩证法思想的指导下形成和发展起来的,受当时历史条件的限制,它在解释动物的生理功能和病理变化时,借用了一些属于古代哲学范畴的概念。因此,中兽医学中包含了大量的哲学内容。这就要求我们在学习时,要理解中兽医学中的哲学内容,掌握中兽医学认识和分析事物的基本观点。在学习中,还要运用唯物辩证法的观点,对其去粗取精、去伪存真,吸收其精华,予以继承和发扬。

2. 注意理论联系实际　中兽医学的形成和发展经历了几千年的时间，其理论、方药以及针灸等诊疗技术都是从临床实践中总结出来的，是一门实践性极强的科学，只有做到理论与临床实践相结合，才能加深对中兽医学理论的认识，加快对各项临床诊疗技术的掌握。

3. 注意中西兽医学是两套不同的学术体系　中、西兽医学是在不同历史条件下形成的两套不同的学术体系。因此，在学习中兽医学时，应根据中兽医学的特点，以“整体观念”和“辨证论治”为核心，逐步做到对中兽医学的理、法、方、药及针灸等内容融会贯通。虽然在学习中可以把中西兽医学的有关内容进行相互比较，但不能生搬硬套，也不能强求用西兽医学的观点来解释中兽医学的一切理论，对于暂时还不能用现代兽医学观点做出解释的，先接受下来，慢慢理解，不应轻易否定。

基础理论篇

第一章　阴阳五行学说

阴阳五行学说，是我国古代带有朴素唯物论和自发辩证法性质的哲学思想，是用以认识世界和解释世界的一种世界观和方法论。在 2 000 多年以前的春秋战国时期，这一学说被引用到医药学中来，作为推理工具，借以说明动物体的组织结构、生理功能和病理变化，并指导临床的辨证及病证防治，成为中兽医学基本理论的重要组成部分。

第一节　阴阳学说

阴阳是古人用来说明一切矛盾着的事物中对立而又统一的两种不同属性的代名词，是古代的一种宇宙观和方法论，属于我国古代的唯物论和辩证法范畴。阴阳学说，是以阴和阳的相对属性及其消长变化来认识自然、解释自然、探求自然规律的一种宇宙观和方法论，是中国古代朴素的对立统一理论。中兽医学引用阴阳学说来阐释兽医学中的许多问题以及动物和自然的关系，它贯穿于中兽医学的各个方面，成为中兽医学的指导思想。

一、阴阳的基本概念

阴阳是对相互关联又相互对立的两种事物，或同一事物内部对立双方属性的概括。阴阳的最初含义是指日光的向背，向日为阳，背日为阴，以日光的向背定阴阳。向阳的地方具有明亮、温暖的特性，背阳的地方具有黑暗、寒冷的特性，于是又以这些特性来区分阴阳。在长期的生产生活实践中，古人遇到种种彼此相互联系又相互对立的现象，于是就不断地引申其义，将天地、上下、日月、昼夜、水火、升降、动静、内外、雌雄等，都用阴阳加以概括，阴阳也因此失去其最初的含义，成为一切事物对立而又统一的两个方面的代名词。古人正是从这一朴素的对立统一观念出发，认为阴阳两方面的相反相成，消长转化，是一切事物发生、发展、变化的根源。如《素问·阴阳应象大论》中说："阴阳者，天地之道也，万物之纲纪，变化之父母，生杀之本始。"意思是说，阴阳是宇宙间的普遍规律，是一切事物所服从的纲领，各种事物的产生与消亡，都根源于阴阳的变化。

阴阳既然是指矛盾的两个方面，也就代表了事物两种相反的属性。一般认为，识别阴阳的属性，是以上下、动静、有形无形等为准则。概括起来，凡是向上的、运动的、无形的、温热的、向外的、明亮的、亢进的、兴奋的及强壮的均属于阳，而凡是向下的、静的、有形的、寒凉的、向内的、晦暗的、减退的、抑制的及虚弱的均属于阴。

阴阳既可以代表相互对立的事物或现象，又可以代表同一事物内部对立着的两个方面。前者如天与地、昼与夜、水与火、寒与热等，后者如人体内部的气和血、脏与腑，中药的温性与寒性等。

阴阳所代表的事物属性，不是绝对的，而是相对的。这种相对性，一方面表现为阴阳双方是通过比较而加以区分的，单一事物无法确定阴阳；另一方面，则表现为阴阳之中复有阴阳。如以背部和胸腹的关系来说，背部为阳，胸腹为阴；而属阴的胸腹，又以胸在膈前属阳，腹在膈后属阴。又如以脏腑的关系来说，脏为阴，腑为阳；而属于阴的五脏，又以心、肺位居膈前而属阳，肝、脾、肾位居膈后而属阴；属于阴的肝，又因其气主升，性疏泄而属阳，为阴中之阳。由此可见，阴阳是相对的，不是固定不变的，阴中有阳，阳中有阴，阴阳之中复有阴阳。也就是说，宇宙中的任何事物都可以概括为阴和阳两类，任何一种事物内部又可以分为阴和阳两个方面，而每一事物内部的阴或阳的一方，还可以再分阴阳。这种事物既相互对立又相互联系的现象，在自然界是无穷无尽的。故《素问·金匮真言论》说："阴中有阳，阳中有阴。"《素问·阴阳离合论》中说："阴阳者，数之可十，推之可百，数之可千，推之可万，万之大，不可胜数，然其要一也。"这种阴阳属性的相对性，不但说明了事物或现象阴阳属性的规律性、复杂性，而且也说明了阴阳概括事物或现象的广泛性，即每一事物或现象都包含着阴阳，都是一分为二的。

二、阴阳的相互关系

阴阳的相互关系，主要体现在对立制约、互根互用、消长平衡和相互转化四个方面。

1.阴阳的对立制约　阴阳对立是指阴阳双方存在着相互排斥、相互斗争和相互制约的关系。对立，即相反，如动与静，寒与热，上与下等都是相互对立的两个方面。对立的双方，通过排斥、斗争以相互制约，从而取得统一，使事物达到动态平衡。以动物体的生理机能为例，机能之亢奋为阳，抑制为阴，二者相互制约，从而维持动物体的生理状态。再以四季的寒暑为例，夏虽阳热，而夏至以后阴气却随之而生，以制约暑热之阳；冬虽阴寒盛，但冬至以后阳气却随之而生，以制约严寒之阴。由于阴阳双方的不断排斥与斗争，便推动了事物的变化或发展。故《素问·疟论》说："阴阳上下交争，虚实更作，阴阳相移。"

2.阴阳的互根互用　阴阳互根是指阴阳双方具有相互依存、互为根本的关系，即阴或阳的任何一方，都不能脱离另一方而单独存在，每一方都以相对立的另一方作为存在的前提和条件。如热为阳，寒为阴，没有热就无所谓寒；上为阳，下为阴，没有上也无所谓下，双方存在着相互依赖、相互依存的关系，即阳依存于阴，阴依存于阳。故《素问·阴阳应象大论》说："阳根于阴，阴根于阳。"

阴阳的互用，是指阴阳双方存在着相互资生、相互促进的关系。所谓"孤阴不生，独阳不长"、"阴生于阳，阳生于阴"，便是说"孤阴"和"独阳"不但相互依存，而且还有相互资生、相互促进的关系，即阴精通过阳气的活动而产生，而阳气又由阴精化生而来。正如《医贯砭·阴阳论》中指出："无阳则阴无以生，无阴则阳无以化。"同时，阴和阳还存在着"阴为体，阳为用"的相互依赖关系。体，即本体(结构或物质基础)；用，指功用(功能或机能活动)。体是用的物质基础，用又是体的功能表现，二者不可分割。又如《素问·阴阳应象大论》中说："阴在内，阳之守也；阳在外，阴之使也。"指出阴精在内，是阳气的根源；阳气在外，是阴精的表现(使役)。

3. 阴阳的消长平衡　阴阳消长是指阴阳双方不断运动变化，此消彼长，又力求维系动态平衡的关系。阴阳双方在对立制约、互根互用的情况下，不是静止不变的，而是处于此消彼长的变化过程中，正所谓"阴消阳长，阳消阴长"。例如，机体各项机能活动(阳)的产生，必然要消耗一定的营养物质(阴)，这就是"阴消阳长"的过程；而各种营养物质(阴)的化生，又必须消耗一定的能量(阳)，这就是"阳消阴长"的过程。在生理情况下，这种阴阳的消长保持在一定的范围内，阴阳双方维持着一个相对的平衡状态。假若这种阴阳的消长，超过了这个范围，导致了相对平衡关系的失调，就会引发疾病。如《素问·阴阳应象大论》中所说的"阴盛则阳病，阳盛则阴病"，就是指由于阴阳消长的变化，使得阴阳平衡失调，引起了"阳气虚"或"阴液不足"的病证，其治疗应分别以温补阳气和滋阴增液使阴阳重新达到平衡为原则。

4. 阴阳的相互转化　阴阳转化是指对立的阴阳双方在一定条件下，可向其属性相反的方面转化。即阴可以转化为阳，阳可以转化为阴。正如《素问·阴阳应象大论》中所说的"重阴必阳，重阳必阴"、"寒极生热，热极生寒"。又如，《灵枢·论疾诊尺篇》也说："寒生热，热生寒，此阴阳之变也。"如果说阴阳消长是属于量变的过程，而阴阳转化则属于质变的过程。在疾病的发展过程中，阴阳的转化是经常可见的。如动物外感风寒，出现耳鼻发凉，肌肉颤抖等寒象；若治疗不及时或治疗失误，寒邪入里化热，就会出现口干、舌红、气粗等热象，这就是由阴证向阳证的转化。又如患热性病的动物，由于持续高热，热甚伤津，气血两亏，呈现出体弱无力、四肢发凉等虚寒症状，这便是由阳证向阴证的转化。此外，临床上所见由实转虚，由虚转实，由表入里，由里出表等病证的变化，都是阴阳转化的例证。

综上所述，阴阳的对立制约、互根互用、消长平衡和相互转化，从不同的角度来说明阴阳之间的相互关系及其运动规律，它们之间不是孤立的，而是相互联系、相互影响、互为因果的。对立制约是阴阳最普遍的规律，阴阳双方通过对立制约而取得平衡；阴阳的互根互用说明了阴阳双方彼此依存，互相促进，不可分离；阴阳消长和相互转化是阴阳运动的最基本形式，阴阳消长稳定在一定范围内，则取得动态平衡；否则，便出现阴阳的转化。阴阳的运动是永恒的，而平衡只是相对的。了解这些内容，有助于理解阴阳学说在中兽医学领域的应用，更好地服务于临床实践。

三、阴阳学说在中兽医学中的应用

阴阳学说贯穿于中兽医学理论体系的各个方面，用以说明动物体的组织结构、生理功能和病理变化，并指导临床诊断和治疗。

(一)生理方面

1.说明动物体的组织结构　动物体是一个既对立而又统一的有机整体，其组织结构可以用阴阳两个方面来加以概括说明。就大体部分来说，体表为阳，体内为阴；上部为阳，下部为阴；背部为阳，胸腹为阴。就四肢的内外侧而论，则外侧为阳，内侧为阴。就脏腑而言，则脏为阴，腑为阳；而具体到每一脏腑，又有阴阳之分，如心阳、心阴，肾阳、肾阴，胃阴、胃阳等等。总之，动物体的每一组织结构，均可以根据其所在的上下、内外、表里、前后等各相对部位以及相对的功能活动特点来概括阴阳，并进而说明它们之间的对立统一关系。

2.说明动物体的生理　一般认为，物质为阴，功能为阳，正常的生命活动是阴阳这两个方面保持对立统一的结果。如《素问·生气通天论》说："阴者，藏精而起亟(亟，可作气解)也；阳者，卫外而为固也。"就是说"阴"代表着物质或物质的贮藏，是阳气的源泉；"阳"代表着机能活动，起着卫外而固守阴精的作用；没有阴精就无以产生阳气，而通过阳气的作用又不断化生阴精，二者同样存在着相互对立、互根互用、消长转化的关系。在正常情况下，阴阳保持着相对平衡，以维持动物体的生理活动，正如《素问·生气通天论》所说："阴平阳秘，精神乃治。"否则，阴阳不能相互为用而分离，精气就会竭绝，生命活动也将停止，就像《素问·生气通天论》中所说的"阴阳离决，精气乃绝"。

(二)病理方面

1.说明疾病的病理变化　中兽医学认为，疾病是动物体内的阴阳两方面失去相对平衡，出现偏盛偏衰的结果。疾病的发生与发展，关系到正气和邪气两个方面。正气，是指机体的机能活动和对病邪的抵抗能力，以及对外界环境的适应能力等；邪气，泛指各种致病因素。正气包括阴精和阳气两个部分，邪气也有阴邪和阳邪之分。疾病的过程，多为邪正斗争引起机体阴阳偏盛偏衰的过程。

在阴阳偏盛方面，认为阴邪致病，可使阴偏盛而阳伤，出现“阴盛则寒”的病证。如寒湿阴邪侵入机体，致使“阴胜其阳”，从而发生“冷伤之证”，动物表现为口色青黄，脉象沉迟，鼻寒耳冷，身颤肠鸣，不时起卧。相反，阳邪致病，可使阳偏盛而阴伤，出现“阳盛则热”的病证。如热燥阳邪侵犯机体，致使“阳胜其阴”，从而出现“热伤之证”，动物表现为高热，唇舌鲜红，脉象洪数，耳耷头低，行走如痴等症状。正如《素问·阴阳应象大论》中所说：“阴胜则阳病，阳胜则阴病，阴胜则寒，阳胜则热。”《元亨疗马集》中也有“夫热者，阳胜其阴也”，“夫寒者，阴胜其阳也”的说法。

在阴阳偏衰方面，认为一旦机体阳气不足，不能制阴，相对地会出现阴有余，发生阳虚阴盛的虚寒证；相反，如果阴液亏虚，不能制阳，相对地会出现阳有余，发生阴虚阳亢的虚热证。正如《素问·调经论》所说：“阳虚则外寒，阴虚则内热。”由于阴阳双方互根互用，任何一方虚损到一定程度，均可导致对方的不足，即所谓“阳损及阴，阴损及阳”，最终可导致“阴阳俱虚”。如某些慢性消耗性疾病，在其发展过程中，会因阳气虚弱致使阴精化生不足，或因阴精不足致使阳气化生无源，最后导致阴阳两虚。

阴阳的偏盛或偏衰，均可引起寒证或热证，但是二者有着本质的不同。阴阳偏盛所形成的病证是实证，如阳邪偏盛导致实热证，阴邪偏盛导致实寒证等；而阴阳偏衰所形成的病证则是虚证，如阴虚则出现虚热证，阳虚则出现虚寒证等。因此，《素问·通评虚实论》说：“邪气盛则实，精气夺则虚。”

2. 说明疾病的发展　在病证的发展过程中，由于病性和条件的不同，可以出现阴阳的相互转化。如“寒极生热，热极生寒”，即是指阴证和阳证的相互转化。临床上可以见到由表入里、由实转虚、有热化寒和由寒化热等的变化。如患败血症的动物，开始表现为体温升高，口舌红，脉象洪数等热象，当严重者发生“暴脱”时，则转而表现为四肢厥冷，口舌淡白，脉沉细等寒象。

3. 判断疾病的转归　认为若疾病经过“调其阴阳”，恢复“阴平阳秘”的状态，则以痊愈而告终；若继续恶化，终致“阴阳离决”，则以死亡为转归。

(三)诊断方面

既然阴阳失调是疾病发生、发展的根本原因，因此任何疾病无论其临床症状如何错综复杂，只要在收集症状和进行辨证时以阴阳为纲加以概括，就可以执简驭繁，抓住疾病的本质。

1. 分析症状的阴阳属性　一般来说，凡口色红、黄、赤者为阳，口色白、青、黑者为阴；凡脉象浮、洪、数、滑者为阳，沉、细、迟、涩者为阴；凡声音高亢、洪亮者为阳，低微、无力者为阴；身热属阳，身寒属阴；口干而渴者属阳，口润不渴者属阴；躁动不安者属阳，倦卧静默者属阴。

2.辨别证候的阴阳属性　一切病证，不外“阴证”和“阳证”两种。八纲辨证就是分别从病性(寒热)、病位(表里)和正邪消长(虚实)几方面来分辨阴阳，并以阴阳作为总纲统领各证(表证、热证、实证属阳证，里证、寒证、虚证属阴证)。临床辨证，首先要分清阴阳，才能抓住疾病的本质。故《素问·阴阳应象大论》说：“善诊者，察色按脉，先别阴阳。”又如《元亨疗马集》说：“凡察兽病，先以色脉为主，……然后定夺其阴阳之病。”《景岳全书·传忠录》也说：“凡诊病施治，必须先审阴阳，乃为医道之纲领，阴阳无谬，治焉有差？医道虽繁，而可以一言蔽之者，曰阴阳而已。故证有阴阳，脉有阴阳，药有阴阳……设能明彻阴阳，则医道虽玄，思过半矣。”

(四)治疗方面

1.确定治疗原则　由于阴阳偏盛偏衰是疾病发生的根本原因，因此，泻其有余，补其不足，调整阴阳，使其重新恢复协调平衡就成为诊疗疾病的基本原则。正如《素问·至真要大论》中说：“谨察阴阳所在而调之，以平为期。”对于阴阳偏盛者，应泻其有余，或用寒凉药以清阳热，或用温热药以祛阴寒，此即“热者寒之，寒者热之”的治疗原则；对于阴阳偏衰者，应补其不足，阴虚有热则滋阴以清热，阳虚有寒则益阳以祛寒，此即“壮水之主以制阳光，益火之源以消阴翳”(见王冰《素问》注释)的治疗原则，但也要注意“阳中求阴”、“阴中求阳”，以使阴精、阳气生化之源不竭。

2.用阴阳来概括药物的性味与功能，指导临床用药　一般来说，温热性的药物属阳，寒凉性的药物属阴；辛、甘、淡味的药物属阳，酸、咸、苦味的药物属阴；具有升浮、发散作用的药物属阳，而具沉降、涌泄作用的药物属阴。根据药物的阴阳属性，就可以灵活地运用药物调整机体的阴阳，以期补偏救弊。如热盛用寒凉药以清热，寒盛用温热药以祛寒，便是《内经》中所指出的“寒者热之，热者寒之”用药原则的具体运用。

(五)预防方面

由于动物体与外界环境密切相关，动物体的阴阳必须适应四时阴阳的变化，否则便易引起疾病。因此，加强饲养管理，增强动物体的适应能力，就可以防止疾病的发生。正如《素问·四气调神大论》所说：“春夏养阳，秋冬养阴，以从其根……逆之则灾害生，从之则疴疾不起……”。《元亨疗马集·腾驹牧养法》中也提出了“凡养马者，冬暖屋，夏凉棚”，“切忌宿水、冻料、尘草、砂石……食之”的预防措施。此外，还可以通过春季放大血，灌四季调理药等方法来调和气血，协调阴阳，预防疾病。

第二节 五行学说

五行学说也属于古代哲学的范畴，它是以木、火、土、金、水五种物质的特性及其“相生”和“相克”规律来认识世界、解释世界和探求宇宙规律的一种世界观和方法论。在中兽医学中，五行学说被用以说明动物体的生理功能、病理变化，并指导临床实践。

一、五行的基本概念

五行中的“五”，是指木、火、土、金、水五种物质；“行”，是指这五种物质的运动和变化。古人在长期的生活和生产实践中发现，木、火、土、金、水是构成宇宙中一切事物的五种基本物质，这些物质既各具特性，又相互联系、运行不息。历代思想家就是将这五种物质的特性作为推演各种事物的法则，对一切事物进行分类归纳，并将五行之间的生克制化关系作为阐释各种事物之间普遍联系的法则，对事物间的联系和运动规律加以说明，从而形成五行学说的。

五行学说源于“五材说”，但它又不同于“五材”。它不是单纯地指五种物质，而是包括了五种物质的不同属性及其相互之间的联系和运动，认为事物之间通过五行的生克制化关系以保持动态平衡，从而维持事物的生存和发展。

二、五行学说的基本内容

五行学说，是以五行的抽象特性来归纳各种事物，以五行之间生克制化的关系来阐释宇宙中各种事物或现象之间相互联系和协调平衡的。

(一)五行的特性

五行的特性，来自古人对木、火、土、金、水五种物质的自然现象及其性质的直接观察和抽象概括。一般认为，《尚书・洪范》中所说的“水曰润下、火曰炎上、木曰曲直、金曰从革、土爰稼穑”，是对五行特性的经典概括。

(1)木的特性——“木曰曲直”。曲，屈也；直，伸也。曲直，原指树木的枝条具有生长、柔和、能曲又能直的特性，后引申为凡有生长、升发、条达、舒畅等性质或作用的事物，均属于木。

(2)火的特性——“火曰炎上”。炎，有焚烧、热烈之意；上，即上升。炎上，原指火具有温热、蒸腾向上的特性，后引申为凡有温热、向上等性质或作用的事物，均属于火。

(3)土的特性——“土爰稼穑”。爰，通曰；稼，即种植谷物；穑，即收获谷物。稼穑，泛指人类种植和收获谷物等农事活动。由于农事活动均在土地上进行，因而引申为凡有生化、承载、受纳等性质或作用的事物，均属于土。故有“土载四行”、“万物土中生”和“土为万物之母”的说法。

(4)金的特性——“金曰从革”。从，即顺从；革，即变革。从革，是指金属物质可以顺从人意，变革形状，铸造成器。也有人认为，金属源于对矿物的冶炼，其本身是顺从人意，变革矿物而成，故曰“从革”。又因金之质地沉重，且常用于杀伐，因而引申为凡有沉降、肃杀、收敛等性质或作用的事物，均属于金。

(5)水的特性——“水曰润下”。润，即潮湿、滋润；下，即向下，下行。润下，是指水有滋润下行的特点，后引申为凡具有滋润、下行、寒凉、闭藏等性质或作用的事物，均属于水。

(二)五行的归类

五行学说是将自然界的事物和现象，以及动物体脏腑组织器官的生理、病理现象，进行广泛联系，按五行的特性以“取类比象”或“推演络绎”的方法，根据事物不同的形态、性质和作用，分别将其归属于木、火、土、金、水五行之中。现将自然界和动物体有关事物或现象的五行归类，择要列表如下。

表 1-1 五行归类

自然界							五行	动物体						
五音	五味	五色	五化	五气	五方	五季		五脏	六腑	五官	五体	情志	五脉	变动
角	酸	青	生	风	东	春	木	肝	胆	目	筋	怒	弦	握
徵	苦	赤	长	暑	南	夏	火	心	小肠	舌	脉	喜	洪	忧
宫	甘	黄	化	湿	中	长夏	土	脾	胃	口	肉	思	代	哕
商	辛	白	收	燥	西	秋	金	肺	大肠	鼻	皮毛	悲	浮	咳
羽	咸	黑	藏	寒	北	冬	水	肾	膀胱	耳	骨	恐	沉	栗

(三)五行的相互关系

1. 五行的相生、相克和制化　木、火、土、金、水五行之间不是孤立的、静止不变的，而是存在着有序的相生、相克以及制化关系，从而维持者事物生化不息的动态平衡，这是五行之间关系正常的状态。

(1)五行相生。生，即资生、助长、促进。五行相生，是指五行之间存在着有序的资生、助长和促进的关系，借以说明事物间有相互协调的一面。五行相生的次序如下：

木→火→土→金→水→木

在相生关系中，任何一行都有“生我”和“我生”两方面的关系。“生我”者为母，

“我生”者为子。以木为例，水生木，水为木之母；木生火，火为木之子。再以金为例，土生金，土为金之母；金生水，水为金之子。五行之间的相生关系，也称为母子关系。

(2)五行相克。克，即克制、抑制、制约。五行相克，是指五行之间存在着有序的克制和制约关系，借以说明事物间相颉颃的一面。五行相克的次序如下：

木→土→水→火→金→木

在相克关系中，任何一行都有“克我”及“我克”两方面的关系。“克我”者为我“所不胜”，“我克者”为我所胜。以土为例，土克水，则水为土之“所胜”；木克土，则木为土之“所不胜”。又以火为例，火克金，则金为火之“所胜”；水克火，则水为火之“所不胜”。五行之间的相克关系，也称为“所胜、所不胜”关系。

(3)五行制化。制，即制约、克制；化，即化生、变化。五行制化，是指五行之间相互生化、相互制约以维持平衡协调的关系。

五行的制化关系，是五行生克关系的相互结合。没有生，就没有事物的发生和成长；没有克，事物就会因过分亢进而为害，就不能维持正常的协调关系。因此，必须有生有克，相反相成，才能维持和促进事物间的平衡协调和发展变化。正如张景岳在《类经图翼·运气上》中所说：“盖造化之机，不可无生，亦不可无制。无生则发育无由，无制则亢而为害。”

2. 五行的相乘、相侮和母子相及　是五行间生克制化关系遭受破坏的结果。相乘、相侮是五行间相克关系异常的表现，母子相及则是五行间相生关系异常的变化。

(1)五行相乘。乘，凌也，有欺侮之意。五行相乘，是指五行中某一行对其所胜一行的过度克制，即相克太过，是事物间关系失去相对平衡的另一种表现，其次序同于五行相克。

木→土→水→火→金→木

引起五行相乘的原因有“太过”和“不及”两个方面。“太过”是指五行中的某一行过于亢盛，对其所胜加倍克制，导致被乘者虚弱。以木克土为例，正常情况下木克土，如木气过于亢盛，对土克制太过，土本无不足，但亦难以承受木的过度克制，导致土的不足，称为“木乘土”。“不及”是指某一行自身虚弱，难以抵御来自所不胜者的正常克制，使虚者更虚。仍以木克土为例，正常情况下木能制约土，若土气过于不足，木虽然处于正常水平，土却难以承受木的克制，导致木克土的力量相对增强，使土更显不足，称为“土虚木乘”。

(2)五行相侮。侮，有欺侮、欺凌之意。五行相侮，是指五行中某一行对其所不胜一行的反向克制，即反克，又称“反侮”，是事物间关系失去相对平衡的另一种表现。五行相侮的次序与五行相克相反。

木→金→火→水→土→木

引起相侮的原因也有“太过”和“不及”两个方面。“太过”是指五行中的某一行过于强盛，使原来克制它的一行不但不能克制它，反而受到它的反克。例如，正常情况下金克木，但若木气过于亢盛，金不但不能克木，反而被木所反克，出现“木侮金”的逆向克制现象。“不及”是指五行中的某一行过于虚弱，不仅不能克制其所胜的一行，反而受到它的反克。例如，正常情况下，金克木，木克土，但当木过度虚弱时，不仅金来乘木，而且土也会因木之虚弱而对其进行反克，称为“土侮木”。

(3)母子相及。及，即累及、连累之意。母子相及，是指五行之中互为母子的各行之间相互影响的关系，属于五行之间相生异常的变化，包括母病及子和子病犯母两种类型。

母病及子：指五行中作为母的一行异常，必然影响到子的一行，结果是母子都出现异常。例如，水生木，水为母，木为子；若水不足，无力生木，则导致木的不足，最终是水竭木枯，母子俱衰。母病及子的顺序与相生的顺序相同。

子病犯母：指五行中作为子的一行异常，会影响到作为母的一行，结果母子都出现异常。例如，木生火，木为母，火为子。若火太旺，势必耗木过多，导致木的不足；而木不足，生火无力，火势亦衰，最终是子耗母太过，母子皆不足。子病犯母的顺序与相生的顺序相反。

总之，五行的生克制化，是正常情况下五行之间相互资生、促进和相互制约的关系，是事物维持正常协调平衡关系的基本条件；而五行的相乘、相侮和母子相及，则是五行之间生克制化关系失调情况下发生的异常现象，是事物间失去正常协调平衡关系的表现。

三、五行学说在中兽医学中的应用

在中兽医学中，五行学说主要是以五行的特性来分析说明动物体脏腑、组织器官的五行属性，以五行的生克制化关系来分析脏腑、组织器官的各种生理功能及其相互关系，以五行的乘侮关系和母子相及来阐释脏腑病变的相互影响，并指导临床的辨证论治。

(一)生理方面

(1)按五行的特性来分别脏腑器官的属性。如，木有升发、舒畅条达的特性，肝喜条达而恶抑郁，主管全身气机的舒畅条达，故肝属“木”；火有温热炎上的特性，心阳有温煦之功，故心属“火”；土有生化万物的特性，脾主运化水谷，为气血生化之源，故脾属“土”；金性清肃、收敛，肺有肃降作用，故肺属“金”；水有滋润、下行、闭藏的特性，肾有藏精、主水的作用，故肾属“水”。

(2)以五行生克制化的关系，说明脏腑器官之间相互资生和制约的关系。例如，肝能制约脾（木克土），脾能资生肺（土生金），而肺又能制约肝（金克木）等。又如，心火可以助脾土的运化（火生土），肾水可以抑制心火的有余（水克火），其他依此类推。五行学说认为机体就是通过这种生克制化以维持相对的平衡协调，保持正常的生理活动。

(二)病理方面

疾病的发生及传变规律，可以用五行学说加以说明。根据五行学说，疾病的发生是五行生克制化关系失调的结果，五脏之间在病理上存在着生与克的传变关系。相生的传变关系包括母病及子和子病犯母两种类型，相克的传变关系包括相乘为病和相侮为病两条途径。

1. 母病及子　指疾病的传变是从母脏传及子脏，如肝（木）病传心（火）、肾（水）病及肝（木）等。

2. 子病犯母　指疾病的传变是从子脏传及母脏，如脾（土）病传心（火）、心（火）病及肝（木）等。

3. 相乘为病　即相克太过而为病，其原因一是“太过”，一是“不及”。如肝气过旺，对脾的克制太过，肝病传于脾，则为“木旺乘土”；若先有脾胃虚弱，不能耐受肝的相乘，致使肝病传脾，则为“土虚木乘”。

4. 相侮为病　即反向克制而为病，其原因亦为“太过”和“不及”。如肝气过旺，肺无力对其加以制约，导致肝病传肺（木侮金），称为“木火刑金”；又如脾土不能制约肾水，致使肾病传脾（水侮土），称为“土虚水侮”。

一般来说，按照相生规律传变时，母病及子病情较轻，子病犯母病情较重；按照相克规律传变时，相乘传变病情较重，相侮传变病情较轻。

(三)诊断方面

五行学说认为，动物体的五脏、六腑与五官、五体、五色、五液、五脉之间是存在着五行属性联系的一个有机整体，脏腑的各种功能活动及其异常变化可反映于体表的相应组织器官，即“有诸内，而必形诸外”，故脏腑发生疾病时就会表现出色泽、声音、形态、脉象诸方面的变化，据此可以对疾病进行诊断。《元亨疗马集》中提出的“察色应症”，便是以五行分行四时，代表五脏分旺四季，又以相应五色（青、黄、赤、白、黑）的舌色变化来判断健、病和预后。如肝木旺于春，口色桃色者平，白色者病，红者和，黄者生，黑者危，青者死等。又如《安骥集·清浊五脏论》中所说的“肝病传于南方火，父母见子必相生；心属南方丙丁火，心病传脾祸未生；……心家有病传于肺，金逢火化倒销形；肺家有病传于肝，金能克木病难痊”，即是根据疾病相生、相克的传变规律来判断预后。

(四)治疗方面

根据五行学说，既然疾病是脏腑之间生克制化关系失调，出现“太过”或“不及”而引起的，因此抑制其过亢，扶助其过衰，使其恢复协调平衡便成为治疗的关键。根据相生规律提出的治疗原则是“虚则补其母，实则泻其子”，若按相克规律，其治疗原则为“抑强扶弱”。后世医家根据这些治疗原则，制定出了很多治疗方法，如“扶土抑木”(疏肝健脾相结合)、“培土生金”(健脾补气以益肺气)、“滋水涵木”(滋肾阴以养肝阴)等等。同时，由于一脏的病变，往往牵涉其他脏器，通过调整有关脏器，可以控制疾病的传变，达到预防的目的。如《难经·七十七难》中说：“见肝之病，则知肝当传之于脾，故先实其脾气。”即是根据肝气旺盛，易致肝木乘脾土而提出用健脾的方法，防止肝病向脾的传变。

四、阴阳学说和五行学说的相互关系

阴阳学说和五行学说在形成时，本来是两种朴素的哲学思想，到春秋战国时期才逐步结合起来。如《内经·素问》中便有“何以别阴阳，应四时，合之五行”等记载。从中兽医学来看，它是以阴阳五行两者互相结合作为理论基础的。阴阳学说用对立互根、消长转化的观点来说明动物体的生理功能及病理变化，而五行学说则用五行归类及生克制化的论点来说明脏腑组织的性质及其相互关系。阴阳学说和五行学说虽各有特点，但两者在实践中相互印证，相互补充。如《中藏经》说：“阴阳者天地之枢机，五行者阴阳之始终。”说明阴阳之中寓有五行，五行之中寓有阴阳。就以五行学说而论，它就包含了五类事物内部阴阳两气的运行。如张景岳在《内经图翼》中说：“五行即阴阳之质，阴阳即五行之气，气非质不立，质非气不行。”这就从本质上阐明了阴阳与五行之间的内在联系。

在中兽医学临床上，论阴阳必涉及五行，而言五行必联系阴阳。因此，必须把阴阳和五行结合起来，从而更有利于正确认识动物体的生命活动及其变化。

第二章　脏腑学说

第一节　概述

一、脏腑学说的概念

脏腑，即内脏及其功能的总称，是动物体的重要组成部分。研究动物体各脏腑器官的生理活动、病理变化及其相互关系的学说，称为脏腑学说。古人称脏腑为“藏象”(《素问·六节脏象论》)。“藏”，即脏，指藏于体内的内脏；“象”即形象或征象，指脏腑的生理活动和病理变化反映于外的征象。由此可见，这一学说主要是通过研究机体外部的征象，来了解内脏活动的规律及其相互关系。

二、脏腑学说的内容

脏腑学说的内容，主要包括五脏、六腑、奇恒之腑及其相联系的组织、器官的功能活动以及它们之间的相互关系。

五脏，即心、肝、脾、肺、肾，是化生和贮藏精气的器官，具有藏精气而不泻的特点。前人把心包列入又称六脏，但心包位于心的外廓，有保护心脏的作用，其病变基本同于心脏，故历来把它归属于心，仍称五脏。

六腑，即胆、胃、大肠、小肠、膀胱、三焦(无三焦称五腑)，是受盛和传化水谷的器官，具有传化浊物，泻而不藏的特点。如《素问·五脏别论》中说：“五脏者，藏精气而不泻也，故满而不能实；六腑者，传化物而不藏，故实而不能满也。”

奇恒之腑，即脑、髓、骨、脉、胆、胞宫。“奇”是异、“恒”为常之意，因其形态似腑，功能似脏，不同于一般的脏腑，故称奇恒之腑。其中，胆为六腑之一，但六腑之中，唯有它藏清净之液，故又归于奇恒之腑。

脏与腑之间存在着阴阳、表里的关系。脏在里，属阴；腑在表，属阳；心与小肠、肝与胆、脾与胃、肺与大肠、肾与膀胱、心包络与三焦相表里。脏与腑之间的表里关系，是通过经脉来联系的，脏的经脉络于腑，腑的经脉络于脏，彼此经气相通，在生理和病理上相互联系、相互影响。

脏腑虽各有其功能，但彼此又相互联系。同时，脏腑还与肢体组织(脉、筋、肉、皮毛、骨)、五官九窍(舌、目、口、鼻、耳及前后阴)等有着密切联系。如五脏之间存在着相互资助与制约的关系,六腑之间存在着承接合作的关系,脏腑之间存在着表里相合的关系,五脏与肢体官窍之间存在着归属开窍的关系等,这就构成了机体内外各部功能上相互联系的统一整体。

由于历史的原因,中兽医学中脏腑的概念,与现代兽医学中"脏器"的概念,虽然名称相同,但其含义却大不相同。脏腑不完全是一个解剖学的概念,更重要的是一个生理、病理的概念。某一脏或腑所具有的功能,可能包括了现代兽医学中几个脏器的功能;而现代兽医学中某个脏器的功能,又可能分散在几个脏腑的功能之中。因此,不能将二者等同看待。

第二节 五脏

五脏,是动物体内心、肝、脾、肺、肾五个脏器的合称。"脏"古与"藏"通。五脏的主要生理功能是化生和贮藏气、血、精、津液、神,具有藏而不泻的特点。由于五脏和奇恒之腑的关系极为密切,在介绍五脏的功能时,将对有关奇恒之腑加以叙述,不再另立章节。

一、心

心位于胸中,有心包护于外。心的主要生理功能是主血脉和藏神。心开窍于舌,在液为汗。心的经脉下络于小肠,与小肠相表里。

心是脏腑中最重要的器官,在脏腑的功能活动中起主导作用,使之相互协调,为机体生命活动的中心。如《灵枢·邪客篇》说:"心者,五脏六腑之大主也,精神之所舍也";《安骥集·师皇五脏论》也说:"心是脏中之君",都指出了心有统管脏腑功能活动的作用。

(一)心的生理功能

1. 主血脉　心是血液运行的动力,脉是血液运行的通道。心主血脉,是指心有推动血液在脉管内运行,以营养全身的作用。故《素问·痿论》说:"心主身之血脉。"由于心、血、脉三者密切相关,所以心脏的功能正常与否,可以从脉象、口色上反映出来。如心气旺盛,心血充足,则脉象平和,节律调匀,口色鲜明如桃花色。反之,心气不足,心血亏虚,则脉细无力,口色淡白。若心气衰弱,血行瘀滞,则脉涩不畅,脉律不整或有间歇,出现结脉或代脉,口色青紫等症状。

2. 藏神　神,指精神活动,即机体对外界事物的客观反映。心藏神,是指心为一切精神活动的主宰。如《灵枢·本神篇》说:"所以任物者谓之心。"任,即担任、承受之意。《安骥集·清浊五脏论》也有“心藏神”之说。正因为心藏神,心才能统辖各个脏腑,成为生命活动的根本。如《素问·六节脏象论》中说:“心者,生之本,神之变也。”

心藏神的功能与心主血脉的功能密切相关。因为血液是维持正常精神活动的物质基础,血为心所主,所以心血充盈,心神得养,则动物“皮毛光彩精神倍”。否则,心血不足,神不能安藏,则出现活动异常或惊恐不安。故《安骥集·碎金五脏论》说:“心虚无事多惊恐,心痛癫狂脚不宁。”同样,心神异常,也可导致心血不足,或血行不畅,脉络瘀阻。

(二)心与窍液的关系

1. 开窍于舌　舌为心之苗,心经的别络上行于舌,因而心的气血上通于舌,舌的生理功能直接与心相关,心的生理功能及病理变化最易在舌上反映出来。心血充足,则舌体柔软红润,运动灵活;心血不足,则舌色淡而无光;心血瘀阻,则舌色青紫;心经有热,则舌质红绛,口舌生疮。故《素问·阴阳应象大论》中说:“心主舌……开窍于舌”,《安骥集·师皇五脏论》也说“心者外应于舌”。

2. 在液为汗　汗是津液发散于肌腠的部分,即汗由津液所化生。如《灵枢·决气篇》说:“腠理发泄,汗出溱溱,是谓津。”津液是血液的重要组成部分,血为心所主,血汗同源,故称“汗为心之液”,又称心主汗。如《素问·宣明五气篇》指出:“五脏化液,心为汗。”心在液为汗,是指心与汗有密切关系,出汗异常,往往与心有关。如心阳不足,常常引起腠理不固而自汗;心阴血虚,往往导致阴不制阳而盗汗。又因血汗同源,津亏血少,则汗源不足;而发汗过多,又容易伤津耗血。故《灵枢·营卫生会篇》有“夺血者无汗,夺汗者无血”之说。临床上,心阳不足和心阴血虚的动物,用汗法时应特别慎重。汗多不仅伤津耗血,而且也耗散心气,甚至导致亡阳的病变。

[附] 心包络

心包络,又称心包或膻中,与六腑中的三焦互为表里。它是心的外卫器官,有保护心脏的作用。当外邪侵犯心脏时,一般是由表入里,由外而内,先侵犯心包络。如《灵枢·邪客篇》说:“故诸邪之在于心者,皆在于心之包络。”实际上,心包受邪所出现的病证与心是一致的。如热性病出现神昏症状,虽称为“邪入心包”,而实际上是热盛伤神,在治法上可采用清心泄热之法。由此可见,心包络与心在病理和用药上基本相同。

二、肺

肺位于胸中,上连气道。肺的主要功能是主气、司呼吸,主宣发和肃降,通调水道，外合皮毛。肺开窍于鼻，在液为涕。肺的经脉下络于大肠，与大肠相表里。

（一）肺的生理功能

1. 主气、司呼吸　肺主气，是指肺有主宰一身之气的生成、出入与代谢的功能。《素问·六节脏象论》说："肺者，气之本"；《安骥集·天地五脏论》也说："肺为气海"。肺主气，包括主呼吸之气和一身之气两个方面。

肺主呼吸之气，是指肺为体内外气体交换的场所，通过肺的呼吸作用，机体吸入自然界的清气，呼出体内的浊气，吐故纳新，实现机体与外界环境间的气体交换，以维持正常的生命活动。《素问·阴阳应象大论》中所说的"天气通与肺"便是此意。

一身之气，由自然界之清气、先天之精气和水谷生化之精气三者构成。肺主一身之气，是指全身之气均由肺所主，特别是和宗气的生成有关。宗气由水谷精微之气与肺所吸入的清气，在元气的作用下而生成。宗气是促进和维持机体机能活动的动力，它一方面维持肺的呼吸功能，进行吐故纳新，使内外气体得以交换；另一方面由肺入心，推动血液运行，并宣发到身体各部，以维持脏腑组织的机能活动，故有"肺朝百脉"之说。血液虽然由心所主，但必须依赖肺气的推动，才能保持其正常运行。

肺主气的功能正常，则气道通畅，呼吸均匀；若病邪伤肺，使肺气壅阻，引起呼吸功能失调，则出现咳嗽、气喘、呼吸不利等症状；若肺气不足，则出现体倦无力、气短、自汗等气虚症状。

2. 主宣发和肃降　宣发，即宣通、发散；肃降，即清肃、下降。肺主宣发和肃降，实际上是指肺气的运动具有向上、向外宣发和向下、向内肃降的双向作用。

肺主宣发，一是通过宣发作用将体内代谢过的气体呼出体外；二是将脾传输至肺的水谷精微之气布散全身，外达皮毛；三是宣发卫气，以发挥其温分肉和司腠理开合的作用。《灵枢·决气篇》所说"上焦开发，宣五谷味，熏肤、充身、泽毛，若雾露之溉，是谓气"，就是指肺的宣发作用。若肺气不宣而壅滞，则引起胸满、呼吸不畅、咳嗽、皮毛焦枯等症状。

肺主肃降，一是通过肺的下降作用，吸入自然界清气；二是将津液和水谷精微向下布散全身，并将代谢产物和多余水液下输于肾和膀胱，排出体外；三是保持呼吸道的清洁。肺居上焦，以清肃下降为顺；肺为清虚之脏，其气宜清不宜浊，只有这样才能保持其正常的生理功能。若肺气不能肃降而上逆，则引起咳嗽、气喘等症状。

3. 通调水道　通，即疏通；调，即调节；水道，是水液运行和排泄的通道。肺主通调水道，是指肺的宣发和肃降运动对体内水液的输布、运行和排泄有疏通和调节的作用。通过肺的宣发，将津液与水谷精微布散于全身，并通过宣发卫气而司腠理的开合，调节汗液的排泄。通过肺的肃降，津液和水谷精微不断向下输送，代谢后的水液经肾的气化作用，化为尿液由膀胱排出体外。故《素问·经脉别论》说："饮入于胃，游溢精气，上输于脾，脾气散精，上归于肺，通调水道，下输膀胱。"肺通调水道的功能，是肺宣发和肃降作用协同配合的体现，若肺的宣降功能失常，就会影响到机体的水液代谢，出现水肿、腹水、胸水以及泄泻等症。由于肺参与了机体的水液代谢，故有"肺主行水"之说。又因肺居于胸中，位置较高，故也有"肺为水之上源"的说法。

4. *主一身之表，外合皮毛*　一身之表，简称皮毛，包括皮肤、汗孔、被毛等组织，是机体抵御外邪侵袭的外部屏障。肺合皮毛，是指肺与皮毛不论在生理或是病理方面均存在着极为密切的关系。在生理方面，一是皮肤汗孔（又称"气门"）具有散气的作用，参与呼吸调节，而有"宣肺气"的功能；二是皮毛有赖于肺气的温煦，才能润泽，否则就会憔悴枯槁。正如《灵枢·脉度篇》所说："手太阴气绝，则皮毛焦。太阴者行气温于皮毛者也，故气不荣则皮毛焦。"在病理方面，肺经有病可以反映于皮毛，而皮毛受邪也可传之于肺。如肺气虚的动物，不仅易汗，而且经久可见皮毛焦枯或被毛脱落；而外感风寒，也可影响到肺，出现咳嗽、流鼻涕等症状。故《素问·咳论》说："皮毛者，肺之合也，皮毛先受邪气，邪气以从其合也。"

（二）肺与窍液的关系

1. *开窍于鼻*　鼻为肺窍，有司呼吸和主嗅觉的功能。肺气正常则鼻窍通利，嗅觉灵敏。故《灵枢·脉度篇》说："肺气通于鼻，肺和则鼻能知香臭矣。"同时，鼻为肺的外应，如《安骥集·师皇五脏论》中说："肺者，外应于鼻。"在病理方面，如外邪犯肺，肺气不宣，常见鼻塞流涕、嗅觉不灵等症状。又如肺热壅盛，常见鼻翼扇动等。鼻为肺窍，鼻又可成为邪气犯肺的通道，如湿热之邪侵犯肺卫，多由鼻窍而入。此外，喉是呼吸的门户和发音器官，又是肺脉通过之处，其功能也受肺气的影响，肺有异常，往往引起声音嘶哑、喉痹等病变。

2. *在液为涕*　涕，即鼻涕，是鼻黏膜的分泌物，有润泽鼻窍的作用。鼻为肺窍，故其分泌物属于肺。如《素问，宣明五气篇》说："五脏化液……肺为涕。"肺气正常与否，常可以通过鼻涕的变化反映出来。肺气正常，则鼻涕润泽鼻窍而不外流；若肺受邪气，则鼻涕的分泌和性状均会发生变化。如肺受风寒之邪，则鼻流清涕；肺受风热之邪，则鼻流黄浊脓涕；肺败，则鼻流黄绿色腥臭脓涕；肺受燥邪，则鼻干无涕。

三、脾

脾位于腹内，其主要生理功能为主运化，统血，主肌肉四肢。脾开窍于口，在液为涎。脾的经脉络于胃,与胃相表里。

(一)脾的生理功能

1.主运化 运,指运输;化,即消化、吸收。脾主运化,主要是指它有消化、吸收、运输营养物质及水湿的功能。机体的脏腑经络、四肢百骸、筋肉、皮毛,均有赖于脾的运化以获取营养,故称脾为“后天之本”、“五脏之母”。

脾主运化的功能,主要包括两个方面:一是运化水谷精微,即经胃初步消化的水谷,再由脾进一步消化吸收,并将营养物质转输到心、肺,通过经脉运送到周身,以供机体生命活动之需。脾的这种功能健旺,称为“健运”。脾气健运,其运化水谷的功能旺盛,全身各脏腑组织才能得到充分的营养以维持正常的生命活动。反之,脾失健运,水谷运化功能失常,就会出现腹胀、腹泻、精神倦怠、消瘦、营养不良等症。二是指运化水湿,即脾有促进水液代谢的作用。脾在运输水谷精微的同时,也把水液运送到周身各组织中,以发挥其滋养濡润的作用。故《素问·厥论》说:“脾主为胃行其津液者也。”代谢后的水液,则下达于肾,经膀胱排出体外。若脾运化水湿的功能失常,就会出现水湿停留的各种病变,如停留肠道则为泄泻,停于腹腔则为腹水,溢于肌表则为水肿,水湿聚集则成痰饮。故《素问·至真要大论》中说:“诸湿肿满,皆属于脾。”

因脾要将水谷精微及水湿上输于肺,其气机的特点是上升的,故有“脾主升清”之说。“清”,即是指精微的营养物质。若脾气不升反而下陷,除可导致泄泻外,还可引起内脏垂脱诸证,如脱肛、子宫垂脱等。

2.主统血 统,有统摄、控制之意。脾主统血,是指脾有统摄血液在脉中正常运行,不致溢出脉外的功能。《难经·四十二难》所说的“脾……主裹血,温五脏”,即指脾统血的功能。裹血,就是包裹、统摄血液,不使其外溢。脾之所以能统血,全赖脾气的固摄作用。脾气旺盛,固摄有权,血液就能正常地沿脉管运行而不致外溢;否则,脾气虚弱,统摄乏力,气不摄血,就会引起各种出血性疾患,尤以慢性出血为多见,如长期便血等。

3.脾主肌肉四肢 指脾可为肌肉四肢提供营养,以确保其健壮有力和正常发挥功能。肌肉的生长发育及丰满有力,主要依赖脾所运化水谷精微的濡养。故《素问·痿论》说:“脾主身之肌肉。”脾气健运,营养充足,则肌肉丰满有力,否则就肌肉痿软,动物消瘦。故《元亨疗马集·定脉歌》说:“肉瘦毛长戊己(脾)虚。”

四肢的功能活动,也有赖脾所运送的营养才得以正常发挥。当脾气健旺,清阳之气输布全身,营养充足时,四肢活动有力,步行轻健;否则脾失健运,清阳不布,营养无源,必致四肢活动无力,步行怠慢。如《素问·阴阳应象大论》说:“今脾病,不能为胃行其津液,四肢不得禀水谷气,气日以衰,脉道不利,筋骨肌肉,皆无气以生,故不用焉。”动物患脾虚胃弱时，往往四肢痿软无力，倦怠好卧便是此理。

（二）脾与窍液的关系

1. *开窍于口* 脾主水谷的运化，口是水谷摄入的门户；又脾气通于口，与食欲有着直接联系。脾气旺盛，则食欲正常。故《灵枢·脉度篇》说：“脾气通于口，脾和则能知五谷矣。”若脾失健运，则动物食欲减退，甚至废绝。故《安骥集·碎金五脏论》说“脾不磨时马不食。”

脾主运化，其华在唇。脾有经络与唇相通，唇是脾的外应。因此，口唇可以反映出脾运化功能的盛衰。若脾气健运，营养充足，则口唇鲜明光润如桃花色；否则脾不健运，脾气衰弱，则食欲不振，营养不佳，口唇淡白无光；脾有湿热，则口唇红肿；脾经热毒上攻，则口唇生疮。

2. *在液为涎* 涎，即口津，是口腔分泌的液体，具有湿润口腔，帮助食物吞咽和消化的作用。《素问·宣明五气篇》说“五脏化液……脾为涎”；《安骥集·师皇五脏论》也说“脾者外应于唇，唇即生涎，涎即润其肉。”脾的运化功能正常，则津液上注于口而为涎，以辅助脾胃之消化，但不溢出口外；若脾胃不和，则涎液分泌增加，发生口涎自出等现象；若脾气虚弱，气虚不能摄涎，则涎液自口角而出；若脾经热毒上攻，则口唇生疮，口流黏涎。

四、肝

肝位于腹腔右上侧季肋部，有胆附于其下（马属动物无胆囊）。肝的主要生理功能是藏血，主疏泄，主筋。肝开窍于目，在液为泪。肝有经脉络于胆，与胆相表里。

（一）肝的生理功能

1. *藏血* 指肝有贮藏血液及调节血量的功能。当动物休息或静卧时，机体对血液的需要量减少，一部分血液则贮藏于肝脏；而在使役或运动时，机体对血液的需要量增加，肝脏便排出所藏的血液，以供机体活动所需。故前人有“动则血运于诸经，静则血归于肝脏”之说。肝血供应的充足与否，与动物耐受疲劳的能力有着直接的关系。当动物使役或运动时，若肝血供给充足，则可增加对疲劳的耐受力，否则便易于产生疲劳，故《素问·六节脏象论》中称“肝为罢极之本”。肝藏血的功能失调主要有两种情况，一是肝血不足，血不养目，则发生目眩、目盲；或血不养筋，则出现筋脉拘挛或屈伸不利。二是肝不藏血，则可引起动物不安或出血。肝的阴血不足，还可引起阴虚阳亢或肝阳上亢，出现肝火、肝风等证。

2. *主疏泄* 疏，即疏通；泄，即发散。肝主疏泄，是指肝具有保持全身气机疏通调达，通而不滞，散而不郁的作用。气机是机体脏腑功能活动基本形式的概括。气机调畅,升降正常,是维持内脏生理活动的前提。"肝喜条达而恶抑郁",全身气机的舒通达,与肝的疏泄功能密切相关,这与肝含有清阳之气是分不开的。如《血证论》中说:"设肝之清阳不升,则不能疏泄。"肝的疏泄功能,主要表现在以下几个方面。

(1)协调脾胃运化。肝气疏泄是保持脾胃正常消化功能的重要条件。这是因为,一方面,肝的疏泄功能,使全身气机疏通畅达,能协助脾胃之气的升降和二者的协调;另一方面,肝能输注胆汁,以帮助食物的消化,而胆汁的输注又直接受肝疏泄功能的影响。若肝气郁结,疏泄失常,影响脾胃,可引起黄疸,食欲减退,嗳气,肚腹胀满等消化功能紊乱的现象。

(2)调畅气血运行。肝的疏泄功能直接影响到气机的调畅,而气之与血,如影随形,气行则血行,气滞则血瘀。因此,肝疏泄功能正常是保持血流通畅的必要条件。若肝失条达,肝气郁结,则见气滞血瘀;若肝气太盛,血随气逆,影响到肝藏血的功能,可见呕血、衄血。

(3)调控精神活动。动物的精神活动,除"心藏神"外,与肝气有密切关系。肝疏泄功能正常,也是保持精神活动正常的必要条件。如肝气疏泄失常,气机不调,可引起精神活动异常,出现躁动或精神沉郁,胸胁胀痛等症状。

(4)通调水液代谢。肝气疏泄还包括疏利三焦,通调水液升降通路的作用。若肝气疏泄功能失常,气不调畅,可影响三焦的通利,引起水肿、胸水、腹水等水液代谢障碍的病变。

3. 主筋　筋,即筋膜(包括肌腱),是联系关节、约束肌肉、主司运动的组织。筋附着于骨及关节,由于筋的收缩及弛张而使关节运动自如。肝主筋,是指肝有为筋提供营养,以维持其正常功能的作用。如《素问·痿论》说:"肝主身之筋膜。"肝主筋的功能与"肝藏血"有关,因为筋需要肝血的滋养,才能正常发挥其功能。故《素问·经脉别论》说:"食气入胃,散精于肝,淫气于筋。"肝血充盈,筋得到充分的濡养,其活动才能正常。若肝血不足,血不养筋,可出现四肢拘急,或萎弱无力,伸屈不灵等症。若邪热劫津,津伤血耗,血不营筋,可引起四肢抽搐,角弓反张,牙关紧闭等肝风内动之证。

"爪为筋之余",爪甲亦有赖于肝血的滋养,故肝血的盛衰,可引起爪甲(蹄)荣枯的变化。肝血充足,则筋强力壮,爪甲(蹄)坚韧;肝血不足,则筋弱无力,爪甲(蹄)多薄而软,甚至变形而易脆裂。故《素问·五脏生成篇》说:"肝之合筋也,其荣爪也。"

(二)肝与窍液的关系

1. 开窍于目　目主视觉,肝有经脉与之相连,其功能的发挥有赖于五脏六腑之精气，特别是肝血的滋养。如《素问·五脏生成论》说："肝受血而能视"，《灵枢·脉度篇》也说："肝气通于目，肝和则能辨五色矣。"由于肝与目关系密切，故肝的功能正常与否，常常在目上得到反映。若肝血充足，则双目有神，视物清晰；若肝血不足，则两目干涩，视物不清，甚至夜盲；肝经风热，则目赤痒痛；肝火上炎，则目赤肿痛生翳。

2. *在液为泪*　肝开窍于目，泪从目出，故泪为肝之液。如《素问·宣明五气偏》说："五脏化液……肝为泪"。在正常情况下，泪有濡润和保护眼睛的功能，但不会溢出目外。如《安骥集·师皇五脏论》中说："肝者外应于目，目即生泪，泪即润其眼。"当异物侵入目中时，则泪液大量分泌，起到清洁眼球和排除异物的作用。在病理情况下，肝的病变常常引起泪的分泌异常。如肝之阴血不足，则泪液减少，两目干涩；肝经风热，则两目流泪生眵。如《安骥集·碎金五脏论》说："肝盛目赤饶眵泪，肝热睛昏翳膜生，肝风眼暗生碧晕，肝冷流泪水泠泠。"

五、肾

肾位于腰部，左右各一（前人有左为肾，右为命门之说），故《素问·脉要精微论》说"腰者，肾之府也。"肾的主要生理功能为主藏精，主命门之火，主水，主纳气，主骨、生髓、通于脑。肾开窍于耳，司二阴，在液为唾。肾有经脉络于膀胱，与膀胱相表里。

（一）肾的生理功能

1. *藏精*　"精"是一种精微物质，肾所藏之精即肾阴（真阴、元阴），是构成机体的基本物质，也是机体生命活动的物质基础，它包括先天之精和后天之精两个方面。先天之精，即本脏之精，是构成生命的基本物质。它禀受于父母，先身而生，与机体的生长、发育、生殖、衰老都有密切关系。胚胎的形成和发育均以肾精作为基本物质，同时它又是动物出生后生长发育过程中的物质根源。当机体发育成熟时，雄性则有精液产生，雌性则有卵子发育，出现发情周期，开始有了生殖能力；到了老年，肾精衰微，生殖能力也随之而下降，直至消失。后天之精，即水谷之精，由五脏、六腑所化生，故又称"脏腑之精"，是维持机体生命活动的物质基础。先天之精和后天之精，是融为一体，相互资生、相互联系的。先天之精有赖后天之精的供养才能充盛，后天之精需要先天之精的资助才能化生，故一方的衰竭必然影响到另一方的功能。

肾藏精，是指精的产生、贮藏及转输均由肾所主。肾所藏之精化生肾气，通过三焦，输布全身，促进机体的生长、发育和生殖。因而，临床上所见阳痿、滑精、精亏不孕等证，都与肾有直接关系。

2.主命门之火　命门，即生命之根本的意思；火，指功能。命门之火，一般称元阳或肾阳(真阳)，也藏之于肾。它既是肾脏生理功能的动力，又是机体热能的来源。肾主命门之火，是指肾之元阳，有温煦五脏、六腑，维持其生命活动的功能。肾所藏之精需要命门之火的温养，才能发挥其滋养各组织器官及繁殖后代的作用。五脏、六腑的功能活动，也有赖于肾阳的温煦才能正常，特别是后天脾胃之气需要先天命门之火的温煦，才能更好地发挥运化的作用。故命门之火不足，常导致全身阳气衰微。

肾阳和肾阴概括了肾脏生理功能的两个方面，肾阴对机体各脏腑起着濡润滋养的作用，肾阳则起着温煦生化的作用，二者相互制约，相互依存，维持着相对的平衡，否则就会出现肾阳虚或肾阴虚的病理过程。由于肾阳虚和肾阴虚的本质都是肾的精气不足，故二者之间存在着内在的联系，肾阴虚到一定程度可累及肾阳，反之肾阳虚也能伤及肾阴，甚至导致肾阴肾阳俱虚的病证出现。

3. 主水　指肾在机体水液代谢过程中起着升清降浊的作用。动物体内的水液代谢过程，是由肺、脾、肾三脏共同完成的，其中肾的作用尤为重要。故《素问·逆调论》说："肾者，水脏，主津液也。"肾主水的功能，主要靠肾阳(命门之火)对水液的蒸化来完成。水液进入胃肠，由脾上输于肺，肺将清中之清的部分输布全身，而清中之浊的部分则通过肺的肃降作用下行于肾，肾再加以分清泌浊，将浊中之清再吸收上输于肺，浊中之浊的无用部分下注膀胱，排出体外。肾阳对水液的这一蒸化作用，称为"气化"。如肾阳不足，命门火衰，气化失常，就会引起水液代谢障碍，发生水肿、胸水、腹水等症。

4.主纳气　纳，有受纳、摄纳之意。肾主纳气，是指肾有摄纳呼吸之气，协助肺司呼吸的功能。呼吸虽由肺所主，但吸入之气必须下纳于肾，才能使呼吸调匀，故有"肺主呼气，肾主纳气"之说。从二者关系来看，肺司呼吸，为气之本；肾主纳气，为气之根。只有肾气充足，元气固守于下，才能纳气正常，呼吸和利；若肾虚，根本不固，纳气失常，就会影响肺气的肃降，出现呼多吸少，吸气困难的喘息之证。

5.主骨、生髓、通于脑　肾有主管骨骼代谢，滋生和充养骨髓、脊髓及大脑的功能。肾所藏之精有生髓的作用，髓充于骨中，滋养骨骼，骨赖髓而强壮，这也是肾的精气促进生长发育功能的一个方面。若肾精充足，则髓的生化有源，骨骼得到髓的充分滋养而坚强有力；若肾精亏虚，则髓的化源不足，不能充养骨骼，可导致骨骼发育不良，甚至骨脆无力等症。故《素问·阴阳应象大论》说："肾生骨髓"，《素问·解精微论》也说："髓者，骨之充也。"

髓由肾精所化生，有骨髓和脊髓之分。脊髓上通于脑，聚而成脑。故《灵枢·海沦》说："脑为髓之海。"脑主持精神活动，又称"元神之府"。脑需要依靠肾精的不断化生才能得以滋养，否则就会出现呆痴，呼唤不应，目无所见，倦怠嗜卧等症状。

肾主骨，“齿为骨之余”，故齿也有赖肾精的充养。肾精充足，则牙齿坚固；肾精不足，则牙齿松动，甚至脱落。

《素问·五脏生成论》指出：“肾之和骨也，其荣发也”。动物被毛的生长，其营养来源于血，而生机则根源于肾气，故毛发为肾的外候。被毛的荣枯与肾脏精气的盛衰有关。肾精充足，则被毛生长正常且有光泽；肾气虚衰，则被毛枯槁甚至脱落。

(二)肾与窍液的关系

1. *开窍于耳，司二阴* 肾的上窍是耳。耳为听觉器官，其功能的发挥，有赖于肾精的充养。肾精充足，则听觉灵敏，故《灵枢·脉度篇》说：“肾气通于耳，肾和则耳能闻五音矣。”若肾精不足，可引起耳鸣，听力减退等症。故《安骥集·碎金五脏论》说：“肾壅耳聋难听事，肾虚耳似听蝉鸣。”

肾的下窍是二阴。二阴，即前阴和后阴。前阴有排尿和生殖的功能，后阴有排泄粪便的功能。这些功能都与肾有着直接或间接的联系，如前阴与生殖有关，但仍由肾所主；又排尿虽在膀胱，但要依赖肾阳的气化；若肾阳不足，则可引起尿频、阳痿等症。粪便的排泄虽通过后阴，但也受肾阳温煦作用的影响。若肾阳不足，阳虚火衰，可引起粪便秘结；若脾肾阳虚，可导致粪便溏泻。

2. *在液为唾* 唾为口津，自口腔分泌，有帮助食物吞咽和消化的作用。《素问·宣明五气论》说：“五脏化液……肾为唾”，认为唾的分泌与肾相关。唾与涎，均为口津，二者的区别在于涎自两腮出，溢于口，可自口角流出；唾生于舌下，从口中唾(吐)出。在中医临床上，口角流涎多从脾论治，唾液频吐多从肾论治。但在兽医临床上，二者很难区分。

第三节 六腑

六腑是胆、胃、小肠、大肠、膀胱和三焦的总称，其共同的生理功能是传化水谷，具有泄而不藏的特点。

一、胆

胆附于肝(马有胆管，无胆囊)，内藏胆汁。胆汁由肝疏泄而来，故《脉经》说：“肝之余气泄于胆，聚而成精。”因胆汁为肝之精气所化生，清而不浊，故《安骥集·天地五脏论》中称“胆为清净之腑”。胆的主要功能是贮藏和排泄胆汁，以帮助脾胃的运化。胆贮藏和排泄胆汁，和其他腑的转输作用相同，故为六腑之一；但其他腑所盛者皆浊，唯胆所盛者为清净之液，与五脏藏精气的作用相似，故又把胆列为奇恒之腑。胆有经脉络于肝，与肝相表里。胆汁的产生、贮藏和排泄均受肝疏泄功能的调节和控制。

肝胆本为一体，二者在生理上相互依存，相互制约，在病理上也相互影响，往往是肝胆同病。如肝胆湿热，临床上常见到动物食欲减退，发热口渴，尿色深黄，口色黄赤，舌苔黄腻，脉弦数等症状，治宜清湿热，利肝胆。

二、胃

胃位于膈下，上接食道，下连小肠。胃有经脉络于脾，与脾相表里。胃的主要功能为受纳和腐熟水谷。胃主受纳，是指胃有接受和容纳饮食物的作用。饮食入口，经食道容纳于胃，故胃有“太仓”、“水谷之海”之称。《安骥集·天地五脏论》中也称“胃为草谷之腑”。腐熟，是指饮食物在胃中经过胃的初步消化，形成食糜。饮食物经胃的腐熟或初步消化，一部分转变为气血，由脾上输于肺，再经肺的宣发作用布散到全身。故《灵枢·玉版篇》说：“胃者，水谷气血之海也。”没有被消化吸收的部分，则通过胃的通降作用，下传于小肠，由小肠再进行进一步的消化吸收。由于脾主运化，胃主受纳、腐熟水谷，水谷在胃中可以转化为气血，而机体各脏腑组织都需要脾胃所运化气血的滋养，才能正常发挥功能，因此常常将脾胃合称为“后天之本”。

胃受纳和腐熟水谷的功能，称为“胃气”。由于胃需要把其中的水谷下传到小肠，故胃气的特点是以和降为顺。一旦胃气不降，便会发生食欲不振，水谷停滞，肚腹胀满等症；若胃气不降反而上逆，则出现嗳气、呕吐等症。胃气的功能状况，对于动物体的强健以及判断疾病的预后都至关重要。故《中藏经》说：“胃气壮，五脏六腑皆壮也。”此外，还有“有胃气则生，无胃气则死”之说。临床上，也常常把“保胃气”作为重要的治疗原则。

三、小肠

小肠上通于胃，下接大肠。小肠有经脉络于心，与心相表里。小肠的主要生理功能是受盛化物和分别清浊，即小肠接受由胃传来的水谷，继续进行消化吸收以分别清浊。清者为水谷精微，经吸收后，由脾传输到身体各部，供机体活动之需；浊者为糟粕和多余水液，下注大肠或肾，经由二便排出体外。故《素问·灵兰秘典论》说：“小肠者，受盛之官，化物出焉”；《安骥集·天地五脏论》也说：“小肠为受盛之腑”。《医学入门》中指出：“凡胃中腐熟水谷……自胃之下口传入于小肠，……分别清浊，水液入膀胱上口，滓秽入大肠上口。”因此，小肠有病，除影响消化吸收功能外，还出现排粪、排尿的异常。

四、大肠

大肠上通小肠，下连肛门。大肠有经脉络于肺，与肺相表里。大肠的主要功能是传化糟粕，即大肠接受小肠下传的水谷残渣或浊物，经过吸收其中的多余水液，最后燥化成粪便，由肛门排出体外。故《安骥集·天地五脏论》说："大肠为传送之腑。"大肠有病可见传导失常的各种病变，如大肠虚不能吸收水液，致使粪便燥化不及，则肠鸣、便溏；若大肠实热，消灼水液过多，致使粪便燥化太过，则出现粪便干燥、秘结难下等症。

五、膀胱

膀胱位于下腹部，有经脉络于肾，与肾相表里。膀胱的主要功能为贮存和排泄尿液。故《安骥集·天地五脏论》说："膀胱为津液之腑。"水液经过小肠的吸收后，下输于肾的部分，经肾阳的蒸化成为尿液，下渗膀胱，到一定量后，引起排尿动作，排出体外。若肾阳不足，膀胱功能减弱，不能约束尿液，便会引起尿频、尿液不禁；若膀胱气化不利，可出现尿少、尿闭；若膀胱有热，湿热蕴结，可出现排尿困难、尿痛、尿淋漓、血尿等。

六、三焦

三焦是上、中、下焦的总称。从部位上来说，膈以上为上焦（包括心、肺等脏），脘腹部相当于中焦（包括脾、胃等脏腑），脐以下为下焦（包括肝、肾、大小肠、膀胱等脏腑）。如《安骥集·清浊五脏论》说："头至于心上焦位，中焦心下至脐论，脐下至足下焦位。"三焦总的功能是总司机体的气化，疏通水道，是水谷出入的通路。但上、中、下焦的功能各有不同。

上焦的功能是司呼吸，主血脉，将水谷精气敷布全身，以温养肌肤、筋骨，并通调腠理。中焦的主要功能是腐熟水谷，并将营养物质通过肺脉化生营血。下焦的主要功能是分别清浊，并将糟粕以及代谢后的水液排泄于外。故《灵枢·营卫生会篇》说："上焦如雾（指弥漫于胸中的宗气），中焦如沤（指水谷的腐熟），下焦如渎（指水液和糟粕的排泄通道）。"由之可见，水谷自受纳、腐熟，到精气的敷布，代谢产物的排泄，都与三焦有关。三焦的这些功能都是通过气化作用完成的，所以说三焦总司机体的气化作用。在病理情况下，上焦病包括心、肺的病变，中焦病包括脾、胃的病变，下焦病则主要指肝、肾的病变。

综上所述，三焦包含了胸腹腔上、中、下三部的有关脏器及其部分功能，所以说三焦是输送水液、养料及排泄废物的通道，而不是一个独立的器官。温病学上的三焦，是将这一概念加以引申，作为温病辨证的一种方法，其含义与上述三焦的概念有所不同。

三焦有经脉络于心包，与心包相表里。

[附] 胞宫

胞宫，即子宫，主要功能是主发情和孕育胎儿。《灵枢·五音五味篇》说："冲脉、任脉，皆起于胞中"，可见胞宫与冲、任二脉相连。机体的生殖功能由肾所主，故胞宫与肾关系密切。肾气充盛，冲、任二脉气血充足，动物才会正常发情，发挥生殖及营养胞胎的作用。若肾气虚弱，冲、任二脉气血不足，则动物不能正常发情，或发生不孕症等。此外，胞宫与心、肝、脾三脏也有关系，因为动物的发情及胎儿的孕育都有赖于血液的滋养，需要以心主血、肝藏血、脾统血功能的正常作为必要条件。一旦三者的功能失调，便会影响胞宫的正常功能。

第四节 脏腑之间的关系

动物体是一个由五脏、六腑等组织器官构成的有机整体，各脏腑之间不但在生理上相互联系，分工合作，共同维持机体正常的生命活动，而且在病理上也相互影响。

一、脏与脏的关系

1. 心与肺　心与肺的关系，主要是气与血的关系。《素问·五脏生成论》说："诸血者，皆属于心；诸气者，皆属于肺。"心主血，肺主气，二脏相互配合，保证了气血的正常运行。血的运行要靠气的推动，而气只有贯注于血脉中，靠血的运载才能到达周身，正所谓"气为血帅，血为气母，气行则血行，气滞则血瘀"。《素问·经脉别论》说："肺朝百脉"，意为心所主之血脉必然要朝会于肺，这说明心与肺、气与血是相互依存的。因此在病理上，无论是肺气虚弱或是肺失宣肃，均可影响到心的行血功能，导致血液运行迟滞，出现口舌青紫、脉迟涩等血瘀之症。相反，若心气不足或心阳不振，也会影响肺的宣发和肃降功能，导致呼吸异常，出现咳嗽、气促等肺气上逆之症。

2. 心与脾　心主血脉，藏神；脾主运化，统血；二者的关系十分密切。脾为心血的生化之源，若脾气充足，血液生化有源，则心血充盈；而血行于脉中，虽靠心气的推动，但有赖于脾气的统摄才不致溢出脉外。脾的运化功能也有赖于心血的滋养和心神的统辖。若心血不足或心神失常，就会引起脾的运化失健，出现食欲减退，肢体倦怠等症；相反，若脾气虚弱，运化失职，也可导致心血不足或脾不统血，出现心悸、易惊或出血等症。

3.心与肝 心与肝的关系主要表现在心主血、肝藏血，心藏神、肝主疏泄两个方面。首先，心主血，肝藏血，二者相互配合而起到推动血液循环及调节血量的作用。因此，心、肝之阴血不足，可互为影响。若心血不足，肝血可因之而虚，导致血不养筋，出现筋骨酸痛、四肢拘挛、抽搐等症；反之，肝血不足，也可影响心的功能，出现心悸、怔忡等症。其次，肝主疏泄、心藏神两者亦相互联系，相互影响。如肝疏泄失常，肝郁化火，可以扰及心神，出现心神不宁，狂躁不安等症；反之，心火亢盛，也可使肝血受损，出现血不养筋或血不养目等症。

4.心与肾 心位于上焦，其性属火、属阳；肾位于下焦，其性属水、属阴；二者之间存在着相互滋养、相互制约的关系。在生理条件下，心火不断下降，以资肾阳，共同温煦肾阴，使肾水不寒；同时，肾水不断上济于心，以资心阴，共同濡养心阳，使心阳不亢。这种阴阳相交，水火相济的关系，称为“水火既济”、“心肾相交”。在病理情况下，若肾水不足，不能上滋心阴，就会出现心阳独亢或口舌生疮的阴虚火旺之证；若心火不足，不能下温肾阳，以致肾水不化，就会上凌于心，出现“水气凌心”的心悸症。此外，心主血，肾藏精，精血互化，故肾精亏损和心血不足之间也常互为因果。

5.肺与脾 肺与脾的关系，主要表现在气的生成与水液代谢两个方面。在气的生成方面，肺主气，脾主运化，同为后天气血生化之源，存在着益气与主气的关系。脾所传输的水谷之精气，上输于肺，与肺吸入的清气结合而形成宗气，这就是脾助肺益气的作用。因此，肺气的盛衰很大程度上取决于脾气的强弱。故有“脾为生气之源，肺为主气之枢”之说。在水液代谢方面，脾运化水湿的功能，与肺气的肃降有关，脾、肺二脏相互配合，再加上肾的作用，共同完成水液的代谢过程。脾与肺在病理变化上也密切相关，若脾气虚弱，脾失健运，水湿不能运化，聚为痰饮，则影响肺气的宣降，出现咳嗽、气喘等症，故有“脾为生痰之源，肺为贮痰之器”之说。同样，肺有病也可影响到脾，如肺气虚，宣降失职，可引起水液代谢不利，湿邪困留脾气，脾不健运，出现水肿、倦怠、腹胀、便溏等症。

6.肺与肝 肺与肝的关系，主要表现在气机的升降方面。肝的经脉上行，贯膈而注于肺；肝以升发为顺，肺以肃降为常。肝气升发，肺气肃降，二者协调，则机体气机升降运行畅通无阻。如肝气升发太过而上逆，影响肺气的肃降，则出现胸满喘促等症；若肝阳过亢，肝火过盛则灼伤肺津，可引起肺燥咳嗽等证。若肺失肃降，则影响肝之升发，可出现胸胁胀满等症；若肺气虚弱，气虚血涩，则致肝血瘀滞，可引起肢体疼痛，视力减退等症。

7.肺与肾 肾与肺的关系，主要表现在水液代谢和保持正常呼吸两个方面。在水液代谢方面，肺主宣降，肾主膀胱气化并司膀胱的开合，共同参与水液代谢，故有“肾主一身之水，肺为水之上源”之说。水液需经肺气的肃降才能下达于肾，肾有气化和升降水液的功能，脾运化的水液，要在肺肾的合作下，才能完成正常的代谢过程。因此，脾、肺、肾三脏的功能失调，均可导致水液停留，引起水肿等证。

在呼吸方面，肺司呼吸，为气之主；肾主纳气，为气之根；二者协同配合以完成机体的气体交换。肾的精气充足，肺所吸入之气才能下纳于肾，呼吸才能和利。若肾气不足，肾不纳气，则出现呼吸困难，呼多吸少，动则气喘的病证；若因肾阴不足而致肺阴虚弱，则出现虚热，盗汗，干咳等证。同样，肺的气阴不足，亦可影响到肾，而致肾虚之证。

8.肝与脾 肝与脾的关系，主要是疏泄和运化的关系。肝藏血而主疏泄，脾生血而司运化，肝气的疏泄与脾胃之气的升降有着密切关系。肝的疏泄调畅，脾胃升降适度，则血液生化有源。若肝气郁滞，疏泄失常，就可引起脾不健运，出现食欲不振，肚腹胀满，腹痛，泄泻等症。反之，若脾失健运，水湿内停，日久蕴热，湿热郁蒸于中焦，也可导致肝疏泄不利，胆汁不能溢入肠道，横溢肌肤而形成黄疸。

9.肝与肾 肝与肾的关系，主要表现在肾精和肝血相互滋生方面。肾藏精，肝藏血，肝血需要肾精的滋养，肾精又需肝血的不断补充，即精能生血，血能化精，二者相互依存，相互补充。肝、肾二脏往往盛则同盛，衰则同衰，故有“肝肾同源”之说。在病理上，精血的病变亦常常互相影响。如肾精亏损，可导致肝血不足；肝血不足，也可引起肾精亏损。由于肝肾同源，肝肾阴阳之间的关系也极为密切。肝肾之阴，相互资生，在病理上也相互影响。如肾阴不足可引起肝阴不足，阴不制阳而致肝阳上亢，出现痉挛、抽搐等“水不涵木”之证；若肝阴不足，亦可导致肾阴不足而致相火上亢，出现虚热、盗汗等证。

10.脾与肾 脾与肾的关系，主要是先天与后天的关系。脾为后天之本，肾为先天之本。脾主运化，肾主藏精，二者相互资生，相互促进。肾所藏之精，需脾运化水谷之精的滋养才能充盈；脾的运化，又需肾阳的温煦，才能正常发挥作用。若肾阳不足，不能温煦脾阳，可引发腹胀、泄泻、水肿等证；而脾阳不足，脾不能运化水谷精气，则又可引起肾阳的不足或肾阳久虚，出现脾肾阳虚之证，主要表现为体质虚弱，形寒肢冷，久泻不止，肛门不收，或四肢浮肿。

二、腑与腑的关系

腑与腑之间的关系，主要是传化物的关系。水谷入于胃，经过胃的腐熟与初步消化，下传于小肠，由小肠进一步消化吸收以分别清浊，其中营养物质经脾转输于周身，糟粕则下注于大肠，经大肠的消化、吸收和传导，形成粪便，从肛门排出体外。在此过程中，胆排泄胆汁，以协助小肠的消化功能；代谢废物和多余的水分，下注膀胱，经膀胱的气化，形成尿液排出体外；三焦是水液升降排泄的主要通道。食物和水液的消化、吸收、传导、排泄是由各腑相互协调，共同配合而完成的。因六腑传化水谷，需要不断地受纳排空，虚实更替，故六腑以通为顺。正如《灵枢·平人绝谷篇》所说："胃满则肠虚，肠满则胃虚，更虚更满，故气得上下。"一旦腑气不通或水谷停滞，就会引起各种病证，治疗时常以使其畅通为原则，故前人有"腑病以通为补"之说。

六腑在生理上相互联系，在病理上也相互影响。六腑之中一腑的不通，必然会影响水谷的传化，导致它腑的功能失常。如胃有实热，消灼津液，可使大肠传导不利，引起大便秘结；而粪便不通，又能影响胃的和降，致使胃气上逆，出现呕吐等证。又如胃有寒邪，不能腐熟水谷，可影响小肠分别清浊的功能，致使清浊不分而注入大肠，成为泄泻之证，若脾胃湿热，熏蒸肝胆，使胆汁外溢，则发生黄疸等。

三、脏与腑的关系

五脏主藏精气，属阴，主里；六腑主传化物，属阳，主表。心与小肠、肺与大肠、脾与胃、肝与胆、肾与膀胱、心包与三焦，彼此之间有经脉相互络属，构成了一脏一腑，一阴一阳，一表一里的阴阳表里关系。它们之间不仅在生理上相互联系，而且在病理上也互为影响。

1.心与小肠　心与小肠的经脉相互络属，构成一脏一腑的表里关系。在生理情况下，心气正常，有利于小肠气血的补充，小肠才能发挥分别清浊的功能；而小肠功能的正常，又有助于心气的正常活动。在病理情况下，若小肠有热，循经脉上熏于心，则可引起口舌糜烂等心火上炎之症。反之，若心经有热，循经脉下移于小肠，可引起尿液短赤，排尿涩痛等小肠实热的病证。

2.肺与大肠　肺与大肠的经脉相互络属，构成一脏一腑的表里关系。在生理情况下，大肠的传导功能正常，有赖于肺气的肃降，而大肠传导通畅，肺气才能和利。在病理情况下，若肺气壅滞，失其肃降之功，可引起大肠传导阻滞，导致粪便秘结；反之，大肠传导阻滞，亦可引起肺气肃降失常，出现气短、咳喘等证。在临床治疗上，肺有实热时，常泻大肠，使肺热由大肠下泻。反之，大肠阻塞时，也可宣通肺气，以疏利大肠。

3.脾与胃　脾与胃都是消化水谷的重要器官，两者有经脉相互络属，构成一脏一腑的表里关系。脾主运化，胃主受纳；脾气主升，胃气主降；脾性本湿而恶燥，胃性本燥而喜润。二者一化一纳，一升一降，一湿一燥，相辅相成，共同完成消化、吸收、输送营养物质的任务。

胃受纳、腐熟水谷是脾主运化的基础。胃将受纳、消磨的水谷及时传输小肠，保持胃肠的虚实更替，故胃气以降为顺。若胃气不降，可引起水谷停滞胃脘的胀满、腹痛等证；若胃气不降反而上逆，则出现嗳气、呕吐等证。脾主运化是为"胃行其津液"，脾将水谷精气上输于心肺以形成宗气，并借助宗气的作用散布周身，故脾气以升为顺。若脾气不升，可引起食欲不振，食后腹胀，倦怠无力等清阳不升、脾不健运的病证；若脾气不升反而下陷，就会出现久泄、脱肛、子宫垂脱等病证。故《临证指南医案》说："脾宜升则健，胃宜降则和。"

脾喜燥而恶湿，若脾不健运，则水湿停聚，阻遏脾阳，反过来又影响到脾的运化功能，可出现便溏、精神倦怠、食欲不振和食后腹胀等湿困脾阳的症状。胃喜湿而恶燥，只有在津液充足的情况下，胃的受纳、腐熟功能才能正常，水谷草料才能不断润降于肠。若胃中津液亏虚，胃失濡润，则出现水草迟细，胃中胀满等证。因此，脾与胃一湿一燥，燥湿相济，阴阳相合，方能完成水谷的运化过程。

由于脾胃关系密切，在病理上常常相互影响。如脾为湿困，运化失职，清气不升，可影响到胃的受纳与和降，出现食少、呕吐、肚腹胀满等症；反之，若饮食失节，食滞胃腑，胃失和降，亦可影响脾的升清及运化，出现腹胀、泄泻等证。

4.肝与胆　胆附于肝，肝与胆有经脉相互络属，构成一脏一腑的表里关系。胆汁来源于肝，肝疏泄失常则影响胆汁的分泌和排泄；而胆汁排泄失常，又影响肝的疏泄，出现黄疸，消化不良等。故肝与胆在生理上关系密切，在病理上相互影响，常常肝胆同病，在治疗上也肝胆同治。

5.肾与膀胱　肾与膀胱的经脉相互络属，二者互为表里。肾主水，膀胱有贮存和排泄尿液之功，两者均参与机体的水液代谢过程。肾气有助膀胱气化及司膀胱开合以约束尿液的作用，若肾气充足，固摄有权，则膀胱开合有度，尿液的贮存和排泄正常；若肾气不足，失去固摄及司膀胱开合的作用，则引起多尿及尿失禁等症；若肾虚气化不及，则导致尿闭或排尿不畅。

第三章　气、血、津液

气、血、津液是构成动物体的基本物质，也是维持动物体生命活动的物质基础。气，是不断运动的、极其细微的物质；血，是循行于脉中的红色液体；津液，是体内一切正常水液的总称。气、血、津液既是动物体脏腑、经络等组织器官生理活动的产物，又为脏腑经络的生理活动提供必需的物质和能量，是这些组织器官功能活动的物质基础。

研究气、血、津液的生成、输布、生理功能、病理变化及其相互关系的学说，称为气血津液学说。它从整体的角度来研究构成和维持动物体生命活动的基本物质，揭示机体脏腑经络等生理活动和病理变化的物质基础。

第一节　气

一、气的基本概念

气是不断运动的、极其细微的物质。中国古代哲学认为，气是构成整个宇宙的最基本物质，自然界的一切事物均由气所构成，如《庄子·知北游》说："通天下一气耳。"气存在于宇宙中，有两种状态，一是弥散而剧烈运动不易察觉的"无形"状态，一是集中凝聚在一起的有形状态。习惯上，把弥散无形的气称为气，而把气经凝聚变化形成的有形实体称为形。气的概念被引用到中兽医学中，认为气是构成动物体和维持其生命活动的最基本物质。

1. *气是构成动物体生命的物质*　《素问·宝命全形论》说："天地合气，命之曰人。"就是说，人是由天地之气相合而产生的。动物和人一样，也是由天地合气而产生的，天地之气是构成动物体的基本物质。构成动物体的气，也有两种状态，一种是气聚而成形之物，如机体的脏、腑、形、窍、血、津液等；另一种是呈弥散状态，难以直接察觉的无形之气，如机体的元气、宗气等。本章所讨论的气，主要是指这些呈弥散状态的气。

2. *气是维持动物体生命活动的物质*　动物体不但要从自然界摄取清气，而且还必须摄入食物才能维持正常的生命活动。食物经脾胃的消化吸收，转变为水谷精微之气，再由水谷精微之气进一步转化为宗气、营气、卫气、血、津液等，起到营养全身各脏腑器官，维持其生理活动的作用。

气是不断运动的，机体的生命活动实际上就是体内气的运动和变化。如机体内外气体的交换，营养物质的消化、吸收和运输，血液的运行，津液的输布和代谢，体内代谢物的排泄等，都是通过气的运动来实现的。如果气的运动和变化停止，动物体的生命活动就会终止。

综上所述，气是存在于动物体内的至精至微的物质，是构成动物体的基本物质，也是维持动物体生命活动的基本物质。机体生命所赖者，唯气而已，气聚则生，气散则死。

二、气的生成

动物体内气的生成，主要源于两个方面。一是禀受于父母的先天之精气，即先天之气。它藏之于肾，是构成生命的基本物质，为动物体生长发育和生殖的根本，是机体气的重要组成部分。二是肺吸入的自然界清气和脾胃所运化的水谷精微之气，即后天之气。自然界的清气，由肺吸入，在肺内不断地同体内之气进行交换，实现吐故纳新，参与动物体气的生成；水谷精微之气，由脾胃所运化，输布于全身，滋养脏腑，化生气血，是维持机体生命活动的主要物质。

三、气的运动

气是不断运动的，气的运动称为气机，其基本形式有升、降、出、入四种。所谓升，是指气自下而上的运动，如脾将水谷精微物质上输于肺为升；所谓降，是指气自上而下的运动，如胃将腐熟后的食物下传小肠为降；所谓出，是指气由内向外的运动，如肺呼出浊气为出；所谓入，是指气由外向内的运动，如肺吸入清气为入。

气在体内依附于血、津液等载体，故气的运动，一方面体现于血、津液的运行，另一方面体现于脏腑器官的生理活动。升降运动是脏腑的特性，而其趋势则随脏腑的不同而有所不同。就五脏而言，心肺在上，在上者宜降；肝肾在下，在下者宜升；脾胃居中，通连上下，为升降的枢纽。就六腑而言，虽然六腑传化物而不藏，以通为用，宜降，但在食物的传化过程中，也有吸收水谷精微和津液的作用，故其气机的运动是降中寓升。

气机的升降，对于动物体的生命活动至关重要。只有各脏腑器官的气机升降正常，维持相对平衡，才能保证机体内外气体的交换、营养物质的消化、吸收，水谷精微之气以及血和津液的输布，代谢产物的排泄等新陈代谢活动的正常。否则，就会发生升降失调的病证。

四、气的生理功能

气构成和维持动物体的生命，对于动物体具有十分重要的多种生理功能。

1. 推动作用 气的推动作用，是指气有激发和推动的作用。气是活力很强的精微物质，能够激发、推动和促进机体的生长发育及各脏腑组织器官的生理功能，推动血液的生成、运行，以及津液的生成、输布和排泄。若气的推动作用减弱，可影响动物体的生长、发育，或使脏腑组织器官的生理活动减退，出现血液和津液的生成不足，运行迟缓，输布、排泄障碍等病证。

2. 温煦作用 气的温煦作用，是指阳气能够生热，具有温煦机体脏腑组织器官，以及血、津液等的作用。故《难经·二十二难》说："气主煦之。"动物体的体温，依赖于气的温煦作用得以维持恒定；机体各脏腑组织器官正常的生理活动，依赖于气的温煦作用得以进行；血和津液等液态物质，也依赖于气的温煦作用才能环流于周身而不致凝滞。若阳气不足，则会因产热过少而引起四肢、耳、鼻俱凉，体温偏低的寒证；若阳气过盛，则会因产热过多而引起四肢、耳、鼻俱热，体温偏高的热证。故有"气不足便是寒"、"气有余便是火"之说。

3. 防御作用 气的防御作用，是指气有保卫机体，抗御外邪的作用。气一方面可以抵御外邪的入侵，另一方面还可祛邪外出。气的防御功能正常，邪气就不易侵入；或虽有外邪侵入，也不易发病；即使发病，也易于治愈。若气的防御作用减弱，机体就易感外邪而发病，或发病后难以治愈。

4. 固摄作用 气的固摄作用，是指气有统摄和控制体内液态物质，防止其无故丢失的作用。气的固摄作用主要表现为以下三个方面，一是固摄血液，保证血液在脉中的正常运行，防止其溢出脉外；二是固摄汗液、尿液、唾液、胃液、肠液等，控制其正常的分泌量和排泄量，防止体液丢失；三是固摄精液，防止妄泄。气的固摄功能减弱，可导致体内液态物质的大量丢失。例如，气不摄血，可导致各种出血；气不摄津，可导致自汗、多尿、小便失禁、流涎等；气不固精，可出现遗精、滑精、早泄等。

5. 气化作用 所谓气化，是指通过气的运动而产生的各种变化。各种气的生成及其代谢，精、血、津液等的生成、输布、代谢及其相互转化等均属于气化的范畴。机体的新陈代谢过程，实际上就是气化作用的具体体现。如果气的气化作用失常，则影响机体的各种物质代谢过程，如食物的消化吸收，气、血、津液的生成、输布，汗液、尿液和粪便的排泄等。

6. 营养作用 气的营养作用，主要是指脾胃所运化的水谷精微之气对机体各脏腑组织器官所具有的营养作用。水谷精微之气，可以化为血液、津液、营气、卫气，机体的各脏腑组织器官无一不需这些物质的营养，才能正常发挥其生理功能。

五、气的分类

就整体来说，动物体的气是由肾中精气、脾胃运化的水谷精气和肺吸入的清气，在肺、脾、胃、肾等脏腑的综合作用下产生的。由于气的组成成分、来源、在机体分布的部位及其作用的不同，而有不同的名称，如呼吸之气、水谷之气、五脏之气、经络之气等。但就其生成及作用而言，主要有元气、宗气、营气、卫气四种。

1. 元气　元气根源于肾，包括元阴、元阳(即肾阴、肾阳)之气，又称原气、真气、真元之气。它由先天之精所化生，藏之于肾，又赖后天精气的滋养，才能不断地发挥其作用。如《灵枢·刺节真邪论》说："真气者，所受于天，与谷气并而充身也。"元气是机体生命活动的原始物质及其生化的原动力。它赖三焦通达周身，使脏腑组织器官得到激发与推动，以发挥其功能，维持机体的正常生长发育。五脏六腑之气的产生，都要根源于元气的资助。因而元气充，则脏腑盛，身体健康少病。反之，若先天禀赋不足或久病损伤元气，则脏腑气衰，抗邪无力，动物就体弱多病，治疗时宜培补元气，以固根本。

2. 宗气　宗气由脾胃所运化的水谷精微之气和肺所吸入的自然界清气结合而成。它形成于肺，聚于胸中，有助肺以行呼吸和贯穿心脉以行营血的作用。如《灵枢·邪客篇》说："故宗气积于胸中，出于喉咙，以贯心脉，而行呼吸焉。"呼吸及声音的强弱，气血的运行，肢体的活动能力等都与宗气的盛衰有关。宗气充盛，则机体有关生理活动正常；若宗气不足，则呼吸少气，心气虚弱，甚至引起血脉凝滞等病变。故《灵枢·刺节真邪论》说："宗气不下，脉中之血，凝而留止。"

3. 营气　营气是水谷精微所化生的精气之一，与血并行于脉中，是宗气贯入血脉中的营养之气，故称"营气"，又称荣气。营气进入脉中，成为血液的组成部分，并随血液运行周身。营气除了化生血液外，还有营养全身的作用。《灵枢·营卫生会篇》说："谷入于胃，以传于肺，五脏六腑皆以受气，其清者为营，……营在脉中，……营周不休。"由于营气行于脉中，化生为血，其营养全身的功能又与血液基本相同，故营气与血可分而不可离，常并称为"营血"。

4. 卫气　卫气主要由水谷之气所化生，是机体阳气的一部分，故有"卫阳"之称。因其性剽悍、滑疾，故《素问·痹论》称"卫者，水谷之悍气也"。卫气行于脉外，敷布全身，在内散于胸腹，温养五脏六腑；在外布于肌表皮肤，温养肌肉，润泽皮肤，滋养腠理，启闭汗孔，保卫肌表，抗御外邪。故《灵枢·本藏篇》说："卫气者，所以温分肉，充皮肤，肥腠理，司开合者也。"若卫气不足，肌表不固，外邪就可乘虚而入。

第二节 血

一、血的概念

血是一种含有营气的红色液体。它依靠气的推动，循着经脉流注周身，具有很强的营养与滋润作用，是构成动物体和维持动物体生命活动的重要物质。从五脏六腑，到筋骨皮肉，都依赖于血的滋养才能进行正常的生理活动。

二、血的生成

血主要含有营气和津液，其生成主要有以下三个方面。①血液主要来源于水谷精微，脾胃是血液的生化之源。如《灵枢·决气篇》指出："中焦受气取汁，变化而赤，是谓血。"即是说脾胃接受水谷精微之气，并将其转化为营气和津液，再通过气化作用，将其变化为红色的血液。《景岳全书》也说："血者，水谷之精气也，源源而来，而实生化于脾。"由于脾胃所运化的水谷精微是化生血液的基本物质，故称脾胃为"气血生化之源"。②营气入于心脉有化生血液的作用。如《灵枢·邪客篇》说："营气者，泌其津液，注之于脉，化以为血。"③精血之间可以互相转化。如《张氏医通》说："气不耗，归精于肾而为精，精不泄，归精于肝而化清血。"即认为肾精与肝血之间，存在着相互转化的关系。因此，临床上血耗和精亏往往相互影响。

三、血的生理功能

血具有营养和滋润全身的功能，故《难经·二十二难》说："血主润之"。血在脉中循行内至五脏六腑，外达筋骨皮肉，不断地对全身的脏腑、形体、五官九窍等组织器官起着营养和滋润作用，以维持其正常的生理活动。血液充盈，则口色红润，皮肤与被毛润泽，筋骨强劲，肌肉丰满，脏腑坚韧；若血液不足，则口色淡白，皮肤与被毛枯槁，筋骨萎软或拘急，肌肉消瘦，脏腑脆弱。此外，血还是机体精神活动的主要物质基础。若血液供给充足，则动物精神活动正常。否则，就会发生精神紊乱的病证。故《灵枢·平人绝谷篇》说："血脉和利，精神乃居。"

第三节 津液

一、津液的概念

津液是动物体内一切正常水液的总称，包括各脏腑组织的内在体液及其分泌物，如胃液、肠液、关节液以及涕、泪、唾等。其中，清而稀者称为“津”，浊而稠者称为“液”。津和液虽有区别，但因其来源相同，又互相补充、互相转化，故一般情况下，常统称为津液。津液广泛地存在于脏腑、形体、官窍等器官，起着滋润濡养的作用。同时，津液也是组成血液的物质之一。因此，津液不但是构成动物体的基本物质，也是维持动物体生命活动的基本物质。

二、津液的生成、输布和排泄

津液的生成、输布和排泄，是一个很复杂的生理过程，涉及多个脏腑的一系列生理活动。《素问·经脉别论》所说“饮入于胃，游溢精气，上输于脾，脾气散精，上归于肺，通调水道，下属膀胱，水精四布，五经并行”，便是对津液代谢过程的简要概括。

1. 津液的生成　津液来源于饮食水谷，经由脾、胃、小肠、大肠吸收其中的水分和营养物质而生成。胃主受纳、腐熟水谷，吸收水谷中的部分精微物质；小肠接受胃下传的食物，分别清浊，吸收其中的大部分水分和营养物质后，将糟粕下输于大肠；大肠吸收食物残渣中的多余水分，形成粪便。胃、小肠、大肠所吸收的水谷精微，一起输送到脾，通过脾布散全身。

2. 津液的输布　津液的输布主要依靠脾、肺、肾、肝和三焦等脏腑的综合作用来完成。脾主运化水谷精微，将津液上输于肺。肺接受脾转输来的津液，通过宣发和肃降作用，将其输布全身，内注脏腑，外达皮毛，并将代谢后的水液下输肾及膀胱。肾对津液的输布也起着重要作用，一方面，肾中精气的蒸腾气化，推动着津液的生成、输布；另一方面，由肺下输至肾的津液，通过肾的气化作用再次分别清浊，清者上输于肺而布散全身，浊者化为尿液下注膀胱，排出体外。此外，肝主疏泄，可使气机调畅，从而促进了津液的运行和输布；三焦，则是津液在体内运行、输布的通道。由此可见，津液的输布依赖于脾的转输、肺的宣降和通调水道以及肾的气化作用，而三焦是水液升降出入的通道，肝的疏泄又保障了三焦的通利和水液的正常升降。其中任何一个脏腑的功能失调，都会影响津液的正常输布和运行，导致津液亏损或水湿内停等证。

3. 津液的排泄　津液的排泄，一是由肺宣发至体表皮毛的津液，被阳气蒸腾而化为汗液，由汗孔排出体外；二是代谢后的水液，经肾和膀胱的气化作用，形成尿液并排出体外；三是在大肠排泄粪便时，带走部分津液。此外，肺在呼气时，也会带走部分津液（水分）。

三、津液的生理功能

津液具有滋润和濡养的作用。津较清稀，滋润作用大于液；液较浓稠，濡养作用大于津，具体地说，津有两方面的功能，一是随卫气的运行敷布于体表、皮肤、肌肉等组织间，起到润泽和温养皮肤、肌肉的作用，如《灵枢·五癃津液别篇》说："温肌肉、充皮肤，为其津"；二是进入脉中，起到组成和补充血液的作用，如《灵枢·痈疽篇》说："津液和调，变化而赤为血"。液也有两方面的功能，一是注入经脉，随着血脉运行灌注于脏腑、骨髓、脊髓和脑髓，起到滋养内脏，充养骨髓、脊髓、脑髓的作用；二是流注关节、五官等处，起到滑利关节，润泽孔窍的作用。液在目、口、鼻可转化为泪、唾、涎、涕等。

第四节 气、血、津液之间的关系

气、血、津液均来源于脾胃所运化的水谷精微，都是构成机体和维持机体生命活动的基本物质，三者之间存在着相互依存、相互转化和相互为用的关系。

一、气和血的关系

1. 气能生血 气能生血，一方面是指气，特别是水谷精微之气是化生血液的原料；另一方面是指气化作用是化生血液的动力，从摄入的食物转化成水谷精微，到水谷精微转化成营气和津液，再到营气和津液转化成赤色的血，无一不是通过气化作用来完成的。因此，气旺则血充，气虚则血少。临床治疗血虚疾患时，常于补血药中配以补气药，就是取补气以生血之意。

2. 气能行血 血属阴而主静，气属阳而主动。血的运行必须依赖气的推动，故有"气为血帅"、"气行则血行，气滞则血瘀"之说。一旦出现气虚、气滞，就会导致血行不利，甚至引起血瘀等证。故临床上治疗血瘀证时，常在活血化瘀药中配以行气导滞之品。

3. 气能摄血 血液能正常循行于脉中而不致溢出脉外，全赖气对血的统摄。若气虚，气不摄血，则可引起各种出血之证。故临床上治疗出血性疾病时，常在止血药中配以补气药，以达到补气摄血的目的。

4. 血以载气 气无形而动，必须附着于有形之血，才能行于脉中而不致散失。若气不能依附于血，则将飘浮不定，故有"血为气母"之说。若血虚，气无所依，必将因气的流散而导致气虚。

二、气和津液的关系

1. 气能生津（液） 是指气是津液生成的物质基础和动力。津液源于水谷精气，而水谷精气赖脾胃之运化而生成，气有推动和激发脾胃的功能活动，使其运化正常，保证津液生成的作用。

2.气能行津（液） 是指津液的输布和排泄均依赖于气的升降出入和有关脏腑的气化功能。若气化不利，就会影响到津液的输布和排泄，导致水液停留，出现痰饮、水肿等证。

3.气能摄津（液） 是指气有固摄津液以控制其排泄的作用。若气虚不固，则引起多尿、多汗等津液流失的病证，临床治疗时应注意补气固津。

4.津（液）以载气 津液为气的载体之一，气依附于津液而存在，否则就会涣散不定。因此，津液的丢失，必将引起气的耗损而致气虚之证。临床上，若出汗过多或吐泻过度，或因汗、吐、下太过而引起津液大量丢失，均可导致“气随液脱”的危候。故《金匮要略心典·痰饮篇》说：“吐下之余，定无完气。”

三、血和津液的关系

血和津液在性质上均属于阴，都是以营养、滋润为主要功能的液体，其来源相同，又能相互渗透转化，故二者的关系非常密切。津液是血液的组成部分，如《灵枢·痈疽篇》说：“津液和调，变化而亦为血”；而血的液体部分渗于脉外，可成为津液，故有“津血同源”之说。若出血过多，可引起耗血伤津的病证；而严重的伤津脱液，又损及血液，引起津枯血燥。临床上有血虚表现的病证，一般不用汗法，而对于多汗津亏者，也不宜用放血疗法。故《灵枢·营卫生会篇》说：“夺血者无汗，夺汗者无血。”《伤寒论》也说：“亡血家不可发汗。”

第四章 经 络

经络学说是中兽医基础理论的重要组成部分，是研究机体生理功能和病理现象的依据，对于辨证、用药以及针灸治疗都具有重要的指导意义。《灵枢·经脉篇》说："经脉者，所以能决死生，处百病，调虚实，不可不通。"清代喻嘉言也说："凡治病不明脏腑经络，开口动手便错。"可见掌握经络学说的重要性。

第一节 经络的基本概念和经络系统

一、经络的概念

经络是动物体内经脉和络脉的总称，是机体联络脏腑、沟通内外和运行气血、调节功能的通路，是动物体组织结构的重要组成部分。经，即经脉，有路径的意思，是经络系统的主干；络，即络脉，有网络的意思，是经脉的分支。经络在体内纵横交错，内外连接，遍布全身，无处不至，把动物体的脏腑、器官、组织都紧密地联系起来，形成一个有机的统一整体。

经络学说是研究机体经络系统的组织结构、生理功能、病理变化及其与脏腑关系的学说，是中兽医学理论体系的重要组成部分。

二、经络系统的组成

经络系统主要由四部分组成，即经脉、络脉、内属脏腑部分和外连体表部分(图4-1)。其中，经脉是经络系统的主干，除分布在体表一定部位外，还深入体内连属脏腑；络脉是经脉的细小分支，一般多分布于体表，联系"经筋"和"皮部"。

1. 经脉 经脉主要由十二经脉、十二经别和奇经八脉构成。十二经脉，即前肢三阳经和三阴经，后肢三阳经和三阴经。十二经脉有一定的起止，一定的循行部位和交接顺序，与脏腑有着直接的络属关系，是全部经络系统的主体，又叫十二正经。十二经别是从十二经脉分出的纵行支脉，故又称为"别行的正经"。奇经八脉，包括任脉、督脉、冲脉、带脉、阴维脉、阳维脉、阴跷脉、阳跷脉八条，其循行、分布与十二经脉、十二经别有所不同。虽然大部分是纵行的，左右对称的，但也有横行和分布在躯干正中线的；除与子宫和脑有直接联系外，与五脏、六腑没有直接的络属关系，相互之间也不存在表里相合、相互衔接及相互循环流注的关系，故称其为别道奇行的“奇经”。因其有八条，故称“奇经八脉”。

- 经络
  - 联系路径
    - 经脉
      - 十二经脉——内属脏腑，外连肢节
      - 十二经别——从经脉分出，复合于经脉
      - 奇经八脉——别道奇行的经脉分支
    - 络脉
      - 十五大络——主要的络脉（大络）
      - 络脉——从经脉和大络分出的斜横分支
      - 孙络——络脉的细小分支
      - 浮络——浮现于体表的络脉
  - 内外连属
    - 内属——脏腑——同经脉及部分络脉相连属
    - 外连
      - 十二经筋——分布体表，不入脏腑
      - 十二皮部——皮肤部分的经络分区

图 4-1　经络组成

2. *络脉*　络脉是经脉的细小分支，多数无一定的循行路径。络脉包括十五大络、络脉、孙络、浮络和血络。十五大络，即十二络脉（每一条正经都有一条络脉）加上任脉、督脉的络脉和脾的大络，总共为十五条，它是所有络脉的主体。另有胃的大络，加起来实际上是十六条大络，但因脾胃相表里，故习惯上仍称十五大络。从十五大络分出的斜横分支，一般统称为络脉。从络脉中分出的细小分支，称为孙络。络脉浮于体表的，叫做浮络。络脉，特别是浮络，在皮肤上暴露出的细小血管，称为血络。

3. *内属脏腑部分*　经络深入体内连属各个脏腑。十二经脉各与其本身脏腑直接相连，称之为“属”；同时也各与其相表里的脏腑相联，称之为“络”。阳经皆属腑而络脏，阴经皆属脏而络腑。如前肢太阴肺经的经脉，属肺络于大肠；前肢阳明大肠经的经脉，属大肠络于肺等。互为表里的脏腑之间的这种联系，称为“脏腑络属”关系。此外，通过经络的循环、交叉和交会，各经脉还与其他有关内脏贯通连接，构成脏腑之间错综复杂的联系。

4. *外连体表部分*　经络与体表组织相联系，主要有十二经筋和十二皮部。经筋是经脉所连属的筋肉系统，即十二经脉及其络脉中气血所濡养的肌肉、肌腱、筋膜、韧带等，其功能主要是连缀四肢百骸，主司关节运动。皮部是经脉及其所属络脉在体表的分布部位，即皮肤的经络分区。经筋、皮部与经脉、络脉有紧密联系，故称经络“外络于肢节”。

第二节 十二经脉和奇经八脉

一、十二经脉

1. 十二经脉的命名　十二经脉对称地分布于动物体的两侧，分别循行于前肢或后肢的内侧和外侧，每一经分别属于一个脏或一个腑。因此，每一经脉的名称包括前肢或后肢、阴或阳、脏或腑三个部分。根据阴阳学说，四肢内侧为阴，外侧为阳；脏为阴，腑为阳。故行于四肢内侧的为阴经，属脏；行于四肢外侧的为阳经，属腑。由于十二经脉分布于前、后肢的内、外两侧共四个侧面，每一侧面有三条经脉分布，这样一阴一阳就衍化为三阴三阳，即太阴、少阴、厥阴、阳明、太阳、少阳。各条经脉就是按其所属脏腑，并结合循行于四肢的部位来确定其名称。十二经脉的命名见表 4-1。

表 4-1　十二经脉的命名表

循行部位（阴经行于内侧，阳经行于外侧）		阴经（属脏络腑）	阳经（属腑络脏）
	前缘	太阴肺经	阳明大肠经
前肢	中线	厥阴心包经	少阳三焦经
	后缘	少阴心经	太阳小肠经
	前缘	太阴脾经	阳明胃经
后肢	中线	厥阴肝经	少阳胆经
	后缘	少阴肾经	太阳膀胱经

2. 十二经脉的循行路线　一般来说，前肢三阴经，从胸部开始，循行于前肢内侧，止于前肢末端；前肢三阳经，由前肢末端开始，循行于前肢外侧，抵达于头部；后肢三阳经，由头部开始，经背腰部，循行于后肢外侧，止于后肢末端；后肢三阴经，由后肢末端开始，循行于后肢内侧，经腹达胸。从十二经脉的分布来看，前肢三阳经止于头部，后肢三阳经又起于头部，所以称头为“诸阳之会”。后肢三阴经止于胸部，而前肢三阴经又起于胸部，所以称胸为“诸阴之会”。

3. 十二经脉的流注次序　气血由中焦水谷精气所化生，十二经脉是气血运行的主要通道。经脉中气血的运行是依次循环贯注的，即经脉在中焦受气后，上注于肺，自前肢太阴肺经开始，逐经依次相传，至后肢厥阴肝经，再复注于肺，首尾相贯，如环无端，构成十二经脉循环。其流注次序见表 4-2。

表 4-2 十二经脉流注次序表

三阳（表）			三阴（里）	
前肢阳明	大肠↓	←	肺←	前肢太阴
后肢阳明	胃	→	脾↓	后肢太阴
前肢太阳	小肠↓	←	心	前肢少阴
后肢太阳	膀胱	→	肾↓	后肢少阴
前肢少阳	三焦↓	←	心包	前肢厥阴
后肢少阳	胆	→	肝（→肺）	后肢厥阴

营气在脉中运行时，还有一条分支，即由前肢太阴肺经开始，专注于任脉，上行通连督脉，循脊背，绕经阴部，又连接任脉，到胸腹再与前肢太阴肺经衔接，构成了十四经脉的循行通路。

二、奇经八脉

奇经八脉是任、督、冲、带、阴维、阳维、阴跷、阳跷八条经脉的总称。因其不直接与脏腑相连属，有别于十二正经，故称“奇经”。其中，任脉行于腹正中线，总任一身之阴脉，称为“阴脉之海”。任脉还有妊养胞胎的作用，故又有“任主胞胎”之说。督脉行于背正中线，总督一身之阳脉，有“阳脉之海”之称。十二经脉加上任、督二脉，合称“十四经脉”，是经脉的主干。冲脉行于颈、腹两侧，经后肢内侧达足或蹄之中心，与后肢少阴经并行。冲脉总领一身气血的要冲，能调节十二经气血，故有“十二经之海”和“血海”之称。因任、督、冲脉，同起于胞中，故有“一源三歧”之说。带脉环行于腰部，状如束带，有约束纵行诸脉、调节脉气的作用。阴维脉和阳维脉，分别具有维系、联络全身阴经或阳经的作用。阴跷脉和阳跷脉，具有交通一身阴阳之气和调节肌肉运动，司眼睑开合的作用。

总之，奇经八脉出于十二经脉之间，具有加强十二经脉的联系和调节十二经脉气血的功能。当十二经脉中气血满溢时，则流注于奇经八脉，蓄以备用。古人将气血比作水流，将十二经脉比作江河，而将奇经八脉比作湖泊，相互间起着调节、补充的作用。

第三节 经络的主要作用

经络能密切联系周身的组织和脏器，在生理功能、病理变化、药物及针灸治疗等方面，都起着重要作用。

一、生理方面

1.运行气血,温养全身　动物体的各组织器官,均需气血的温养,才能维持正常的生理活动,而气血必须通过经络的传注,方能通达周身,发挥其温养脏腑组织的作用。故《灵枢·本脏篇》说:“经脉者,所以行血气而营阴阳,濡筋骨,利关节者也。”

2.协调脏腑,联系周身　经络既有运行气血的作用,又有联系动物体各组织器官的作用,使机体内外上下保持协调统一。经络内连脏腑,外络肢节,上下贯通,左右交叉,将动物体各个组织器官,相互紧密地联系起来,从而起到了协调脏腑功能的枢纽作用。

3.保卫体表,抗御外邪　经络在运行气血的同时,卫气伴行于脉外,因卫气能温煦脏腑、腠理、皮毛、开合汗孔,因而具有保卫体表、抗御外邪的作用。同时,经络外络肢节、皮毛,营养体表,是调节防卫机能的要塞。

二、病理方面

经络同疾病的发生与传变有着密切的联系,主要表现在以下两个方面。

1.传导病邪　当病邪侵入时,动物体通过经络以调整体内营卫气血等防卫力量来抵抗病邪。若动物体正气虚弱,气血失调,病邪可通过经络由表及里传入脏腑而引发病证。如外感风寒在表不解,可通过前肢太阴肺经传入肺脏,引起咳喘等证。

2.反映病变　脏腑有病,可通过经络反映到体表,临床上可据此对疾病进行诊断。如心火亢盛,可循心经上传于舌,出现口舌红肿糜烂的症状;肝火亢盛,可循肝经上传于眼,出现目赤肿痛、睛生翳膜等症状;肾有病,可循肾经传于腰部,出现腰胯疼痛无力等症状。

三、治疗方面

1.传递药物的治疗作用　1186年,南宋的张洁古在《珍珠囊》一书中,以经络学说为基础,首先提出了药物归经的理论。认为药物作用于机体,需通过经络的传递,经络能够选择性地传递某些药物,致使某些药物对某些脏腑具有主要作用。例如,同为泻火药,由于被不同的经络传递,则有黄连泻心火,黄芩泻肺火,白芍泻脾火,知母泻肾火,木通泻小肠火,黄芩又泻大肠火,石膏泻胃火,柴胡、黄芩泻三焦火,柴胡、黄连泻肝胆火,黄柏泻膀胱火等的区分。据此总结出了“药物归经”或“按经选药”的原则。此外,按照药物归经的理论,在临床实践中还归结出了某些引经药，如桔梗引药上行专入肺经，牛膝引药下行专入肝肾两经等。

2. 感受和传导针灸的刺激作用　经络能够感受和传导针灸的刺激作用。针刺体表的穴位之所以能够治疗内脏的疾病，就是借助于经络的这种感受和传导作用。因此，在针灸治疗方面就提出了“循经取穴”的原则，即治疗某一经的病变，就在这一经上选取某些特定的穴位，对其施以一定的刺激，达到调理气血和脏腑功能的目的。如胃热针玉堂穴（后肢阳明胃经），腹泻针带脉穴（后肢太阴脾经），冷痛针三江穴（后肢阳明胃经）和四蹄穴（前蹄头属前肢阳明大肠经，后蹄头属后肢阳明胃经）等。

总之，经络理论与中兽医临床实践有着紧密的关系，特别是在针灸方面更为突出。根据经络理论，按经选药或循经取穴，通过用药物或针灸的方法治疗动物疾病，往往能取得较好疗效。

第五章　病因病理学说

第一节　病因病机概述

病因，即致病因素，也就是引起动物疾病发生的原因。病机，即病理，是指各种病因作用于机体，引起疾病发生、发展与转归的机理。

中兽医学认为，动物体内部各脏腑组织之间以及动物体与外界环境之间，是一个既对立又统一的整体。在正常情况下处于相对的平衡状态，以维持动物体的生理活动。如果这种相对平衡的状态在病因的作用下遭到破坏或失调，一时又不能经自行调节而恢复，就会导致疾病的发生。故《素问·调经论》说："血气不和，百病乃变化而生。"

疾病的发生和变化，虽然错综复杂，但不外动物体内在的因素和致病的外在因素两个方面，中兽医学分别称为"正气"与"邪气"。"正气"，是指动物体各脏腑组织器官的机能活动，及其抵抗力；"邪气"，指一切致病因素。疾病的发生与发展就是"正邪相争"的结果。正气充盛的动物，卫外功能固密，外邪不易侵犯。只有在动物体正气虚弱，卫外不固，正不胜邪的情况下，外邪才能乘虚侵害机体而发病。在正、邪这两方面的因素中，中兽医学特别强调正气是在疾病发生与否的过程中起着主导作用的方面。如《元亨疗马集·八邪论》说："真气守于内，精神固于外，其病患安得而有之。"《素问·刺法论》和《素问·评热病论》中也分别有"正气存内，邪不可干"和"邪之所凑，其气必虚"之说。诚然，在某些特殊情况下，邪气也可成为发病的主要方面，如某些强毒攻击，或强烈的理化因素所致的伤害等。但即使如此，邪气还是要通过损伤机体的正气而发生作用。

动物体的正气盛衰，取决于体质因素和所处的环境及饲养管理等条件。正如《元亨疗马集·正证论》所说："马逢正气，疴瘵不生，半在人之所蓄。"一旦饲养管理失调，就会致使正气不足，卫外功能暂时失固。此时如果有外邪侵袭，虽然可以引起动物体发病，但由于动物体质及机能状态的不同，即动物体正气强弱的差异，而在发病时间以及所表现出的症状上均有所差异。就发病时间而言，有的邪至即发病，有的则潜伏体内待机而发，亦有重新感邪引动伏邪而发病者。就所表现出的症状而论，有的表现出虚证，有的则表现为实证。如同为外感风寒，体质虚弱，肺卫不固的动物，易患表虚证，病情较重；而体质强壮的动物，则易患表实证，病情较轻。由此可见动物体正气的盛衰，与疾病的发生与发展均有着密切的关系。

第二节　病因

病因，即引起动物疾病发生的原因，中兽医学称之为“病源”或“邪气”。根据病因的性质及致病的特点，中兽医学中将其分为外感、内伤和其他致病因素（包括外伤、虫兽伤、寄生虫、中毒、痰饮、瘀血等）三大类。如《元亨疗马集·脉色论》说：“风寒暑湿伤于外，饥饱劳役扰于内，五行生克，诸疾生焉。”

研究病因的性质及其致病特性的学说，称为病因学说。中兽医学的病因学说，不仅仅是研究病因本身的特性，更重要的是研究病因作用于机体所引起疾病的特性，从而将其作为临床辨证和确定治疗原则的依据之一。在长期与动物疾病进行斗争的实践中，人们逐渐认识到不同的致病因素会引起不同的病证，表现出不同的症状。因此，根据疾病所表现出的症状特征，就可以推断其发生的原因，称为“随证求因”。如某一动物表现出四肢交替跛行，即可推断出是以风邪为主所起的风湿症，因为风邪有游走善动的特性。而一旦知道了病因，就可以根据病因来确定治疗原则，称为“审因施治”。如以风邪为主而引起的风湿症，当用祛风为主的药物进行治疗。

研究病因，不仅对辨证论治有着重要意义，而且也可以针对病因采取预防措施，防止疾病的发生。如加强饲养管理，合理使役，改善厩舍的环境卫生，以及消除外界环境不良因素等，对于保护动物健康，防止时疫杂病的发生是非常重要的。

一、外感致病因素

外感致病因素是指来源于自然界，多从皮毛、口鼻侵入机体而引发疾病的致病因素，包括六淫和疫疠。

（一）六淫

六淫是指自然界风、寒、暑、湿、燥、火（热）六种反常气候。它们原本是四季气候变化的六种表现，称为六气。在正常情况下，六气于一年之中有一定的变化规律，而动物在长期的进化过程中，也适应了这种变化，所以不会引起动物的疾病。只有当动物体正气虚弱，不能适应六气的变化；或因自然界阴阳不调，六气出现太过或不及的反常变化时，才能成为致病因素，侵犯动物体而导致疾病的发生。这种情况下的六气，便称为“六淫”。“淫”有太过、浸淫之意，六淫就是超过限度的六气。

六淫致病，具有下列共同的特点。

(1)外感性。六淫之邪多从肌表、口鼻侵犯动物体而发病，故六淫所致之病统称为外感病。

(2)季节性。六淫致病常有明显的季节性。如春天多温病，夏天多暑病，长夏多湿病，秋天多燥病，冬天多寒病等。但四季之中，六气的变化是复杂的，所以六淫致病的季节性也不是绝对的。如夏季虽多暑病，但也可出现寒病、温病、湿病等。

(3)兼挟性。六淫在自然界不是单独存在的，六淫邪气既可以单独侵袭机体而发病，又可以两种或两种以上同时侵犯机体而发病。如外感风寒、风热、湿热、风湿等。

(4)转化性。一年之中，四季六气是可以相互转化的，如久雨生晴，久晴多热，热极生风，风盛生燥，燥极化火等。因此，六淫致病，其证候在一定条件下，也可以相互转化。如感受风寒之邪，可以从表寒证转化为里热证等。

从现代科学角度看，六淫除气候因素外，还包括了生物(如细菌、病毒等)、物理、化学等多种致病因素。

此外，临床上除感受外界风、寒、暑、湿、燥、火六淫邪气，引起相应的病证之外，尚可因机体脏腑本身机能失调而产生类似于风、寒、湿、燥、火的病理现象。由于它们不是由外感受的，而是由内而生，故称为“内生五邪”，即内风、内寒、内湿、内燥、内火五种。因其所引起的病证与外感五邪症状相近，故在相应的病因中一并叙述。

1. 风邪

(1)风邪的概念。风是春季的主气，但一年四季皆有，故风邪引起的疾病虽以春季为多，但亦可见于其他季节。导致动物发病的风邪，常称之为“贼风”或“邪风”，所致之病统称为外风证。因风邪多从皮毛肌腠侵犯机体而致病，其他邪气也常依附于外风入侵机体，外风成为外邪致病的先导，是六淫中的首要致病因素，故有“风为百病之始”、“风为六淫之首”之说。

相对于外风而言，风从内生者，称为“内风”。内风的产生与心、肝、肾三脏有关，特别是与肝脏的功能失调有关，故也称“肝风”。故《素问・至真要大论》说：“诸风掉眩，皆属于肝。”

(2)风邪的性质与致病特性。

①风为阳邪，其性轻扬开泄。风性善动不居，具有升发、向上、向外的特性，故为阳邪。因风性轻扬，故风邪所伤，最易侵犯动物体的上部(如头面部)和肌表。正如《素问・太阴阳明论》所说：“伤于风者，上先受之。”风性开泄，是指风邪易使皮毛腠理疏泄而开张，出现汗出、恶风的症状。

②风性善行数变。善行，是指风有善动不居的特性，故风邪致病也具有部位游

走不定，变化无常的特点。如以风邪为主的风湿症，常表现出四肢交替疼痛，部位游移不定，故称“行痹”、“风痹”。数变，是指“风无常方”(《素问·风论》)，风邪所致的病证具有发病急、变化快的特点，如荨麻疹(又称遍身黄)，表现为皮肤瘙痒，发无定处，此起彼伏。

③风性主动。风具有使物体摇动的特性，故风邪所致疾病也具有类似摇动的症状，如肌肉颤动、四肢抽搐、颈项强直、角弓反张、眼目直视等。故《素问·阴阳应象大论》说：“风胜则动。”

2.寒邪

(1)寒邪的概念。寒为冬季的主气，但四季皆有。寒邪有外寒和内寒之分。外寒由外感受，多由气温较低，保暖不够，淋雨涉水，汗出当风，以及采食冰冻的饲草饲料，或饮凉水太过所致。外寒侵犯机体，据其部位的深浅，有伤寒和中寒之别。寒邪伤于肌表，阻遏卫阳，称为“伤寒”；寒邪直中于里，伤及脏腑阳气，称为“中寒”。内寒是机体机能衰退，阳气不足，寒从内生的病证。

(2)寒邪的性质与致病特性。

①寒性阴冷，易伤阳气。寒是阴气盛的表现，其性属阴。机体的阳气本可以化阴，但阴气过盛，阳气不但不能驱除寒邪，反而会为阴寒所伤，正所谓“阴胜则阳病”。因此，感受寒邪，最易损伤机体的阳气，出现阴寒偏盛的寒象。如寒邪外束，卫阳受损，可见恶寒怕冷，皮紧毛乍等症状；若寒邪中里，直伤脾胃，脾胃阳气受损，可见肢体寒冷，下利清谷，尿液清长，口吐清涎等症状。故《素问·至真要大论》说：“诸病水液，澄彻清冷，皆属于寒。”

②寒性凝滞，易致疼痛。凝滞，即凝结、阻滞，不通畅之意。机体的气血津液之所以能运行不息，畅通无阻，全赖一身阳气的推动。若寒邪侵犯机体，阳气受损，经脉受阻，可使气血凝结阻滞，不能通畅运行而引起疼痛，即所谓“不通则痛”。因此，寒邪是导致多种疼痛的原因之一。如寒邪伤表，使营卫凝滞，则肢体疼痛；寒邪直中肠胃，使胃肠气血凝滞不通，则肚腹冷痛。故《素问·痹论》说：“痛者，寒气多也，有寒故痛也。”

③寒性收引。收引，即收缩牵引之意。寒邪侵入机体，可使机体气机收敛，腠理、经络、筋脉和肌肉等收缩挛急。故《素问·举痛论》说：“寒则气收。”如寒邪侵入皮毛腠理，则毛窍收缩，卫阳受遏，出现恶寒、发热、无汗等症；寒邪侵入筋肉经络，则肢体拘急不伸，冷厥不仁；寒邪客于血脉，则脉道收缩，血流滞涩，可见脉紧、疼痛等症。

3.暑邪

(1)暑邪的概念。暑为夏季的主气，为夏季火热之气所化生，有明显的季节性，独见于夏令。如《素问·热论》说:“先夏至日者为病温,后夏至日者为病暑。”暑邪纯属外邪,无内暑之说。

(2)暑邪的性质与致病特性。

①暑性炎热,易致发热。暑为火热之气所化生,属于阳邪,故伤于暑者,常出现高热、口渴、脉洪、汗多等一派阳热之象。

②暑性升散,易耗气伤津。暑为阳邪,阳性升散,故暑邪侵入机体,多直入气分,使腠理开泄而汗出。汗出过多,不但耗伤津液,引起口渴喜饮、唇干舌燥、尿短赤等症,而且气也随之而耗,导致气津两伤,出现精神倦怠、四肢无力、呼吸浅表等症。严重者,可扰及心神,出现行如酒醉、神志不清等症。

③暑多挟湿。夏暑季节,除气候炎热外,还常多雨潮湿。热蒸湿动,湿气较大,故动物体在感受暑邪的同时,还常兼感湿邪,故有“暑多挟湿”或“暑必兼湿”(《冯氏锦囊秘录》)之说。临床上,除见到暑热的表现外,还有湿邪困阻的症状,如汗出不畅、渴不多饮、身重倦怠、便溏泄泻等。

4.湿邪

(1)湿邪的概念。湿为长夏的主气,但一年四季都有。湿有外湿、内湿之分。外湿多由气候潮湿、涉水淋雨、厩舍潮湿等外在湿邪侵入机体所致;内湿多由脾失健运,水湿停聚而成。外湿和内湿在发病过程中常相互影响。感受外湿,脾阳被困,脾失健运,则湿从内生;而脾阳虚损,脾失健运,而使水湿内停,又易招致外湿的侵袭。

(2)湿邪的性质与致病特性。

①湿为阴邪,阻遏气机,易损阳气。湿性类水,故为阴邪。湿邪留滞脏腑经络,容易阻遏气机,使气机升降失常。又因脾喜燥恶湿,故湿邪最易伤及脾阳。脾阳既为湿邪所伤,就会使水湿不运,溢于皮肤则成水肿,流溢胃肠则成泄泻。又因湿困脾阳,阻遏气机,致使气机不畅,可发生肚腹胀满、腹痛、里急后重等症状。

②湿性重浊,其性趋下。重,即沉重之意,指湿邪致病,常见迈步沉重,呈黏着步样,或倦怠无力,如负重物。浊,即秽浊,指湿邪为病,其分泌物及排泄物有秽浊不清的特点,如尿混浊,泻痢脓垢,带下污秽,目眵量多,舌苔厚腻,以及疮疡疔毒,破溃流脓淌水等。湿性趋下,主要指湿邪致病,多先起于机体的下部,故《素问·太阴阳明论》有“伤于湿者,下先受之”之说。

③湿性黏滞,缠绵难退。黏,即黏腻;滞,即停滞。湿性黏滞,是指湿邪致病具有黏腻停滞的特点。湿邪致病的黏滞性,在症状上可以表现为粪便黏滞不爽,排尿涩滞不畅;在病程上可表现为病变过程较长,缠绵难退,或反复发作,不易治愈,如风湿症等。

5. 燥邪

(1)燥邪的概念。燥是秋季的主气,但一年四季皆有。燥有外燥、内燥之分。外燥多由久晴不雨,气候干燥,周围环境缺乏水分所致。因其多见于秋季,故又称"秋燥"。外燥多从口鼻而入,其病常从肺卫开始,有温燥、凉燥之分。初秋尚热,犹有夏火之余气,燥与热相合侵犯机体,多为温燥;深秋已凉,西风肃杀,燥与寒相合侵犯机体,多为凉燥。内燥多由汗下太过,或精血内夺,以致机体阴津亏虚所致。

(2)燥邪的性质与致病特性。

①燥性干燥,易伤津液。燥邪为病,易伤机体的津液,出现津液亏虚的病变,如口鼻干燥,皮毛干枯,眼干不润,粪便干结,尿短少,口干欲饮,干咳无痰等。故《素问·阴阳应象大论》说:"燥胜则干",《素问·玄机原病式》也说:"诸涩枯涸,干劲皴揭,皆属于燥"。

②燥易伤肺。肺为娇脏,喜润恶燥;更兼肺开窍于鼻,外合皮毛,故燥邪为病,最易伤肺,致使肺阴受损,宣降失司,引起肺燥津亏之证,如鼻咽干燥,干咳无痰或少痰等。肺与大肠相表里,若燥邪自肺而影响大肠,可出现粪便干结难下等症。

6. 火邪

(1)火邪的概念。火、热、温三者,均为阳盛所生,其性相同,但又同中有异。一是在程度上有所差异,即温为热之渐,火为热之极;二是热与温,多由外感受,而火既可由外感受,又可内生。内生的火多与脏腑机能失调有关。火证常见热象,但火证和热证又有所不同,火证的热象较热证更为明显,且表现出炎上的特征。此外,火证有时还指某些肾阴虚的病证。

(2)火邪的性质与致病特性。

①火为热极,其性炎上。火为热极,其性燔灼,故火邪致病,常见高热,口渴,躁动不安,舌红苔黄,尿赤,脉洪数等热象。又因火有炎上的特性,故火邪侵犯机体,症状多表现在机体的上部,如心火上炎,口舌生疮;胃火上炎,齿龈红肿;肝火上炎,目赤肿痛等。

②火邪易生风动血。火热之邪侵犯机体,往往劫耗阴液,使筋脉失养,而致肝风内动,出现四肢抽搐,颈项强直,角弓反张,眼目直视,狂暴不安等症。血得寒则凝,得火热则妄行,故火热邪气侵犯血脉,轻则使血管扩张,血流加速,甚则灼伤脉络,迫血妄行,引起出血和发斑,如衄血、尿血、便血以及因皮下出血而致体表出现出血点和出血斑等。

③火邪易伤津液。火热邪气,最易迫津液外泄,消灼阴液,故火邪致病除见热象外,往往伴有咽干舌燥,口渴喜饮冷水,尿短少,粪便干燥,甚至眼窝塌陷等津干液少的症状。

④火邪易致疮痈。火邪之邪侵犯血分，可聚于局部，腐蚀血肉而发为疮疡痈肿。故《灵枢·痈疽》说："大热不止，热胜则肉腐，肉腐则为脓，故名曰痈。"《医宗金鉴·痈疽总论歌》也说："痈疽原是火毒生"。临床上，凡疮疡局部红肿、高突、灼热者，皆由火热所致。

（二）疫疠

1.疫疠的概念　疫疠，也是一种外感致病因素，它具有很强的传染性。所谓"疠"，是指天地之间的一种不正之气；"疫"，是指瘟疫，有传染的意思。如马的偏次黄（炭疽）、牛瘟、猪瘟以及犬瘟热等，都是由疫疠引起的疾病。疫疠可以通过空气传染，由口鼻而入致病，也可随饮食入里或蚊虫叮咬而发病。

疫疠流行有的有明显的季节性，称为"时疫"。如动物的流感多发生于秋末，猪乙型脑炎多发生于夏季蚊虫肆虐的季节等。

2.疫疠致病的特点　疫疠发病急骤，能相互传染，蔓延迅速，不论动物的年龄如何，染后症状基本相似。正如《素问·遗篇·刺法论》指出的："五疫之至，皆相染易，无问大小，病状相似。"又如《三农记·卷八》说："人疫染人，畜疫染畜，染其形相似者，豕疫可传牛，牛疫可传豕。"

3.疫疠流行的条件

（1）气候反常。气候的反常变化，如非时寒暑，湿雾瘴气，酷热，久旱等，均可导致疫疠流行。如《元亨疗马集·论马划鼻》说："炎暑熏蒸，疫症大作。"

（2）环境卫生不良。如未能及时妥善处理因疫疠而死动物的尸体或其分泌物、排泄物，导致环境污染，为疫疠的传播创造了条件。关于这一点，古人已有相当的认识，如宋代《陈敷农书·医之时宜篇》中便说："已死之肉，经过村里，其气尚能相染也。"

（3）社会因素。社会因素对疫疠的流行也有一定的影响。如战乱不止，社会动荡不安，人民极度贫困，则疫疠就不断地发生和流行；而社会安定，国家和人民富足，就会采取有效的防治措施，预防和控制疫疠的发生和流行。

4.预防疫疠的一般措施

（1）加强饲养管理，注意动物和环境的卫生。

（2）发现有病的动物，立即隔离，并对其分泌物、排泄物以及已死动物的尸体进行妥善处理。如《陈敷农书·医之时宜篇》所说："欲病之不相染，勿令与不病者相近。"

（3）进行预防接种。

二、内伤致病因素

内伤致病因素，主要包括饲养失宜和管理不当，可概括为饥、饱、劳役、逸四种。

饥饱是饲喂失宜,而劳役则属管理使役不当。此外,动物长期休闲,缺乏适当运动也可以引起疾病,称为“逸伤”。内伤因素,既可以直接导致动物疾病,也可以使动物体的抵抗能力降低,为外感因素致病创造条件。

1.饥　指饮食不足而引起的饥渴。《安骥集·八邪论》说:“饥谓水草不足也,故脂伤也。”水谷草料是动物气血的生化之源,若饥而不食,渴而不饮,或饮食不足,久而久之,则气血生化乏源,就会引起气血亏虚,表现为体瘦无力,毛焦肷吊,倦怠好卧,以及成年动物生产性能下降,幼年动物生长迟缓,发育不良等。

2.饱　指饮喂太过所致的饱伤。胃肠的受纳及传送功能有一定的限度,若饮喂失调,水草太过或乘饥渴而暴饮暴食,超过了胃肠受纳及传送的限度,就会损伤胃肠,出现肷腹膨胀,嗳气酸臭,气促喘粗等症。如大肚结(胃扩张)、肚胀(肠臌胀)、瘤胃臌胀等均属于饱伤之类。故《素问·痹论》说:“饮食自倍,肠胃乃伤。”《安骥集·八邪论》也说:“水草倍,则胃肠伤。”

3.劳役　指劳役过度或使役不当。久役过劳可引起气耗津亏,精神短少,力衰筋乏,四肢倦怠等症。若奔走太急,失于牵遛,可引起走伤及败血凝蹄等。如《素问·痹论》说:“劳则气耗。”《安骥集·八邪论》也说:“役伤肝。役,行役也,久则伤筋,肝主筋。”

此外,雄性动物因配种过度而致食欲不振、四肢乏力、消瘦,甚至滑精、阳痿、早泄、不育等,也属于劳伤。

4.逸　指久不使役或运动不足。合理的使役或运动是保证动物健康的必要条件,若长期停止使役或失于运动,可使机体气血蓄滞不行,或影响脾胃的消化功能,出现食欲不振,体力下降,腰肢软弱,抗病力降低等逸伤之证。雄性动物缺乏运动,可使精子活力降低而不育;雌性动物过于安逸,可因过肥而不孕。如驴怀骡产前不食症、难产、胎衣不下等,均与缺乏适当的使役及运动有关。平时缺乏使役或运动的动物,突然使役,还容易引起心肺功能失调。

三、其他致病因素

1.外伤　常见的外伤性致病因素有创伤、挫伤、烫火伤及虫兽伤等。

创伤往往由锋利的刀刃切割、尖锐物体刺破、子弹或弹片损伤所致。与创伤不同,挫伤常常是没有外露伤口的损伤,主要由钝力所致,如跌扑、撞击、角斗、蹴踢等。创伤和挫伤均可引起不同程度的肌肤出血、瘀血、肿胀,甚至筋断骨折或脱臼等。若伤及内脏、头部或大血管,可导致大失血、昏迷,甚至死亡。若损伤以后,再有外邪侵入,可引起更为复杂的病理变化,如发热、化脓、溃烂等;若病邪侵入脏腑,则病情更为严重。

烫火伤包括烫伤和烧伤，可直接造成皮肤、肌肤等组织的损伤或焦灼，引起疼痛、肿胀，严重者可引起昏迷甚至死亡。

虫兽伤是指虫兽咬伤或螫伤，如狂犬咬伤，毒蛇咬伤，蜂、虻、蝎子的咬螫等。除损伤肌肤外，还可引起中毒或引发传染病，如蛇毒中毒、蜂毒中毒、感染狂犬病等。

2. 寄生虫　有内、外寄生虫之分。

外寄生虫包括虱、蜱、螨等，寄生于动物体表，除引起动物皮肤瘙痒、揩树擦桩、骚动不安，甚至因继发感染而导致脓皮症外，还因吸吮动物体的营养，引起动物消瘦、虚弱、被毛粗乱，甚至泄泻、水肿等证。

内寄生虫包括蛔虫、绦虫、蛲虫、血吸虫、肝片吸虫等多种，它们寄生在动物体的脏腑组织中，除引起相应的病证外，有时还可因虫体缠绕成团而导致肠梗阻、胆道阻塞等症。

3. 中毒　有毒物质侵入动物体内，引起脏腑功能失调及组织损伤，称为中毒。凡能引起中毒的物质均称为毒物。常见的毒物有有毒植物，霉败、污染或品质不良、加工不当的饲料，农药，化学毒物，矿物毒物及动物性毒物等。此外，某些药物或饲料添加剂用量不当，也可引起动物中毒。

4. 痰饮　痰和饮是因脏腑功能失调，致使体内津液凝聚变化而成的水湿。其中，清稀如水者称饮，黏浊而稠者称痰。痰和饮本是体内的两种病理性产物，但它们一旦形成，又成为致病因素而引起各种复杂的病理变化。

痰饮包括有形痰饮和无形痰饮两种。有形痰饮，视之可见，触之可及，闻之有声，如咳嗽之咯痰，喘息之痰，胸水，腹水等。无形痰饮，视之不见，触之不及，闻之无声，但其所引起的病证，通过辨证求因的方法，仍可确定为痰饮所致，如痰滞经络之肢体麻木，痰迷心窍之神昏不清等。

(1)痰。痰不仅是指呼吸道所分泌的痰，还包括了瘰疬、痰核以及停滞在脏腑经络等组织中的痰。痰的形成，主要是由于脾、肺、肾等内脏的水液代谢功能失调，不能运化和输布水液，或邪热郁火煎熬津液所致。由于脾在津液的运化和输布过程中起着主要作用，而痰又常出自于肺，古有“脾为生痰之源”、“肺为贮痰之器”之说。痰引起的病证非常广泛，故有“百病多由痰作祟”之说。痰的临床表现多种多样，如痰液壅滞于肺，则咳嗽气喘；痰留于胃，则口吐黏涎；痰留于皮肤经络，则生瘰疬；痰迷心窍，则精神失常或昏迷倒地等。

(2)饮。多由脾、肾阳虚所致，常见于胸腹四肢。如饮在肌肤，则成水肿；饮在胸中，则成胸水；饮在腹中，则成腹水；水饮积于胃肠，则肠鸣腹泻。

5. 瘀血　指全身血液运行不畅，或局部血液停滞，或体内存在离经之血。瘀血也是体内的病理性产物，但形成后，又会使脏腑、组织、器官的脉络血行不畅或阻塞不通，引起一系列的病理变化，成为致病因素。

因瘀血发生的部位不同，而有无形和有形之分。无形瘀血，指全身或局部血流不畅，并无可见的瘀血块或瘀血斑存在，常有色、脉、形等全身性症状出现。如肺脏瘀血，可出现咳喘、咳血；心脏瘀血可出现心悸、气短、口色青紫、脉细涩或结代；肝脏瘀血，可出现腹胀食少、胁肋按痛、口色青紫或有痞块等。有形瘀血，指局部血液停滞或存在着离经之血，所引起的病证常表现为局部疼痛、肿块或有瘀斑，严重者亦可出现口色青紫、脉细涩等全身症状。因此，瘀血致病的共同特点是疼痛，刺痛拒按，痛有定处；瘀血肿块，聚而不散，出现瘀血斑或瘀血点；多伴有出血，血色紫暗不鲜，甚至色黑如柏油色。

6.七情　是中医学中人的主要内伤性致病因素，而在中兽医学的典籍中，对此却缺乏论述，其原因可能与过去人们认为动物无情无志，或其大脑信号系统不如人完善有关。但在兽医临床实践中，时常可见动物，尤其是犬、猫等宠物因情绪变化而引发的疾病，与人的七情所伤相近。因此，七情作为一种致病因素，也应引起兽医工作者的注意。

七情，指人的喜、怒、忧、思、悲、恐、惊七种情志变化。这本是人体对客观事物或现象所做出的七种不同的情志反映，一般不会使人发病。只有突然、强烈或持久的情志刺激，超过人体本身生理活动的调节范围，引起脏腑气血功能紊乱时，才会引发疾病。与人相似，很多种动物都有着丰富的情绪变化，在某些情况下，如离群，失仔，打斗，过度惊吓，环境及主人的变化，遭受到主人呵斥、打骂等，都可能会引起动物的情绪变化过于剧烈，从而引发疾病。

七情主要是通过直接伤及内脏和影响气机运行两个方面来引起疾病。

(1)直接伤及内脏。由于五脏与情志活动有相对应的关系，因此七情太过可损伤相应的脏腑。《素问·阴阳应象大论》将其概括为“怒伤肝”、“喜伤心”、“思伤脾”、“忧伤肺”、“恐伤肾”。

怒伤肝：指过度愤怒，使得肝气上逆，引起肝阳上亢或肝火上炎，肝血被耗的病证。

喜伤心：指过度欢喜，会使心气涣散，出现神不守舍的病证。

思伤脾：指思虑过度，会使气机郁结，导致脾失健运的病证。

忧伤肺：指过度忧伤，会耗伤肺气，出现肺气虚的病证。

恐伤肾：指恐惧过度，会耗伤肾的精气，出现肾虚不固的病证。

虽然情志所伤对脏腑有一定的选择性，但临床上并非绝对如此，因为人体或动物体是一个有机的整体，各脏腑之间是相互联系的。

(2)影响脏腑气机。七情可以通过影响脏腑气机,导致气血运行紊乱而引发疾病。《素问·举痛论》将其概括为:"怒则气上,喜则气缓,悲则气消,恐则气下,……惊则气乱……思则气结"。

怒则气上:指过度愤怒影响肝的疏泄功能,导致肝气上逆,血随气逆,出现目赤舌红,呕血,甚至昏厥猝倒等症。兽医临床上,可以见到犬在激烈争斗之后出现这种情况。

喜则气缓:指欢喜过度会使心气涣散,神不守舍,出现精神不能集中,甚至失神狂乱的症状。

悲则气消:指过度悲伤会损伤肺气,出现气短,精神萎靡不振,乏力等症。

恐则气下:指过度恐惧可使肾气不固,气泄于下,出现大小便失禁,甚至昏厥的症状。兽医临床上,多种动物都会因为过度恐惧而有此表现。

惊则气乱:指突然受惊,损伤心气,致使心气紊乱,出现心悸、惊恐不安等症状。兽医临床上,此种现象也十分常见。

思则气结:指思虑过度,导致脾气郁结,从而出现食欲减退甚至废绝,肚腹胀满,或便溏等症状。临床上,犬、猫等多种动物都会因离群、失仔或环境变化过大而有这些表现。

此外,过度的情志变化,还会加重原有的病情。

虽然人们现在尚不十分清楚动物的情志活动,但情志活动作为动物对外界客观事物或现象的反映是肯定存在的,情志的过度变化同样也会引起动物的疾病,必须引起重视。

第三节 病机

病机,即疾病发生、发展与变化的机理。中兽医学认为,疾病的发生、发展与变化的根本原因,不在机体的外部,而在机体的内部。也就是说,各种致病因素都是通过动物体内部因素而起作用的,疾病就是正气与邪气相互斗争,发生邪正消长、阴阳失调和升降失常的结果。因此,虽然疾病的发生、发展错综复杂,千变万化,但就其病机过程来讲,总不外乎邪正消长、阴阳失调、升降失常等几个方面。至于在这些病理过程中出现的气血津液、脏腑经络等方面的异常变化,则分别在有关章节内叙述。

一、邪正消长

邪正消长,是指在疾病的发生、发展过程中,致病邪气与机体抗病能力之间相互斗争所发生的盛衰变化。一般来说，邪气侵犯动物体之后，正气与邪气即相互发生作用。一方面，邪气对机体的正气起着破坏和损害的作用；另一方面，正气对邪气起着祛除并恢复其损害的作用。因此，在正邪斗争中双方力量的消长变化，关系着疾病的发生、发展和转归。

在疾病的发生方面，如果机体正气强盛，抗邪有力，则能免于发病；如果正气虽盛，但邪气更强，正邪相争有力，机体虽不能免于发病，但所发之病多实证、热证；如果机体体质素虚，正气衰弱，抗病无力，则易于发病，且所发之病多为虚证、寒证。

在疾病的发展和转归方面，若正气不甚虚弱，邪气亦不太过强盛，邪正双方势均力敌，则为邪正相持，疾病处于迁延状态；若正气日益强盛或战胜邪气，而邪气日益衰弱或被祛除，则为正胜邪退，疾病向好转或痊愈的方向发展；相反，如果正气日益衰弱，邪气日益亢盛，则为邪盛正虚，疾病向恶化或危重的方向发展；若正气虽然战胜了邪气，邪气被祛除，但正气亦因之而大伤，则为邪去正伤，多见于重病的恢复期。此外，疾病过程中正邪力量对比的变化，还会引起证候的虚实转化和虚实错杂，如邪去正伤，是由实转虚的情况；而病邪久留，损伤正气，或正气本虚，无力祛邪所致痰、食、水、血郁结，则是虚实错杂的证候。

二、升降失常

气机的升降出入是动物体气化功能的基本运动形式，是脏腑功能活动的特点。

在正常情况下，动物体各脏腑的机能活动都有一定的形式。例如，脾主升，胃主降；由于脾胃是后天之本，居于中焦，通达上下，是全身气机升降的枢纽；升则上归心肺，降则下归肝肾；而肝之升发，肺之肃降；心火下降，肾水上升；肺气宣发，肾阳蒸腾；肺主呼吸，肾主纳气，都要脾胃配合来完成升降运动。如果这些脏腑的升降功能失常，即可出现种种病理现象。例如，脾之清气不升，反而下降，就会出现泄泻甚至垂脱之证；若胃之浊阴不降，反而上逆，则出现呕吐、反胃；若肺失肃降，则咳嗽、气喘；若肾不纳气，则喘息、气短；若心火上炎，则口舌生疮；肝火上炎，则目赤肿痛。凡此种种，不胜枚举。虽然病证繁多，但究其病机，无不与脏腑经络以及营卫之气的升降失常有关。

三、阴阳失调

中兽医学认为，动物体内部阴阳两个方面既对立又统一，保持相对平衡状态，维持动物体正常的生命活动。如果阴阳的相对平衡遭到破坏，就会导致阴阳失调，其结果决定了疾病的发生、发展和转归。

在疾病的发生方面，认为疾病是阴阳失调，发生偏盛偏衰所致。在阴阳的偏胜方面，阳胜者必伤阴，故阳胜则阴病而见热证；阴胜者必伤阳，故阴胜则阳病而见寒证。在阴阳的偏衰方面，阳虚则阴相对偏盛，表现为虚寒证；阴虚则阳相对偏盛，表现为虚热证。由于阴阳互根互用，阴损及阳，阳损及阴，最终可导致阴阳俱损。

在疾病的发展方面，由于整个疾病过程，阴阳总是处于不断的变化之中，阴阳失调的病变，其病性在一定的条件下可以向相反的方向转化，即出现由阴转阳或由阳转阴的变化。此外，若阳气极度虚弱，阳不制阴，偏盛之阴盘踞于内，逼迫衰极之阳浮越于外，可出现阴阳不相维系的阴盛格阳之证。阳气被郁，深伏于里，不能外达四肢，也可发生格阴于外的阳盛格阴之证。严重者还可以导致亡阴、亡阳的病变。

在疾病的转归方面，若经过治疗，阴阳逐渐恢复相对平衡，则疾病趋于好转或痊愈。否则，阴阳不但没有趋向平衡，反而遭到更加严重的破坏，就会导致阴阳离决，疾病恶化甚至动物死亡。

第六章 辨 证

第一节 基本概念

证,即证候,是对疾病发展过程中某一阶段病因、病位、病机、病性、邪正双方力量对比等方面情况的概括。辨证,是以脏腑、气血津液、经络、病因等理论为基础,以四诊所获取的资料为依据,认识疾病、诊断疾病的过程。

中兽医的辨证方法很多,如八纲辨证、脏腑辨证、气血津液辨证、六经辨证和卫气营血辨证等。这些辨证方法,虽各有特点和侧重,但又互相联系,互相补充。八纲辨证是所有辨证方法的总纲,是对疾病所表现出来的共性的概括;脏腑辨证是各种辨证方法的基础,是以脏腑理论为基础的,多用于辨内伤杂病;气血津液辨证是与脏腑辨证密切相关的一种辨证方法;六经、卫气营血辨证,主要是针对外感热病的辨证方法。

第二节 八纲辨证

八纲,即表、里、寒、热、虚、实、阴、阳。八纲辨证,就是将四诊所搜集到的各种病情资料进行分析综合,对疾病的部位、性质、正邪盛衰等加以概括,归纳为八个具有普遍性的证候类型。

尽管疾病的临床表现错综复杂,但基本上都可用八纲加以归纳。疾病的类别,不外阴证、阳证;疾病部位的深浅,不外表证、里证;疾病的性质,不外热证、寒证;邪正的盛衰,不外实证、虚证。因此,八纲就是把疾病的证候,分为四个对立面,成为四对纲领,用以指导临床治疗。其中,阴阳两纲又可以概括其他六纲,即表、热、实证为阳;里、寒、虚证为阴,所以阴阳又是八纲的总纲。

一、表里

表里是辨别疾病的病位和病位深浅的两个纲领。一般来说,病邪侵犯肌表而病位浅者属表,病在脏腑而病位深者为里。

（一）表证

《元亨疗马集·八证论》说："夫表者，一身之外也，皮肤为表，六腑亦然。"表证病位在肌表，病变较浅，多由皮毛受邪所引起。表证常具有起病急、病程短、病位浅的特点。

表证的一般症状表现是舌苔薄白，脉浮，恶风寒（被毛逆立、寒颤）。又因肺合皮毛，故表证又常有鼻流清涕、咳嗽、气喘等症状。表证多见于外感病的初期，主要有风寒表证和风热表证两种。

表证的治疗宜采用汗法，又称解表法，根据寒热轻重的不同，或辛温解表，或辛凉解表。

（二）里证

《元亨疗马集·八证论》中说："夫里者，一身之内也，诸内为里，五脏亦然。"相对表证而言，里证病位在脏腑，病变较深，多见于外感病的中、后期或内伤诸病。里证的形成大致有三种情况，一是表邪不解，内传入里；二是外邪直接侵犯脏腑；三是饥饱劳役及情志因素影响气血的运行，使脏腑功能失调。

因里证的病因复杂，病位广泛，故症状繁多。临证时，应进一步辨别疾病所在的脏腑，病性的寒热，病势的盛衰（虚实），具体内容将在脏腑辨证中介绍。

里证的治疗不能一概而论，需根据病证的寒热虚实，分别采用温、清、补、消、泻诸法。

（三）表证与里证的关系

1. *表里转化* 包括表邪入里和里邪出表两个方面。

（1）表邪入里。表邪不解，内传入里，由表证转化为里证。多因机体抵抗力下降，或邪气过盛，或护理不当，或误治、失治等因素所致。如温病初期，多为表热证，若失治、误治，则表热症状消失，出现高热、粪干、尿短赤、舌红苔黄、脉洪数等里热症状，说明病邪已经由表入里，转化成了里热证。

（2）里邪出表。病邪从里透达于外，由肌表而出，里证便转化为表证。多为机体抵抗力增强，邪气衰退．病情好转的征象。如某些痘疹类疾病，先有内热、喘促、烦躁等症，继而痘疹渐出，热退喘平，便是里邪出表的表现。

表里转化，反映了疾病发展的趋势。表邪入里表示病势加重，里邪出表反映病势减轻。

2. *表里同病* 指表证和里证同时在同一个病畜体上出现。如患畜表邪未解，既有发热、恶寒的表证表现，又出现咳嗽、气喘、粪干、尿赤等里热的症状；又如脾胃素虚，常见草料迟细、粪便稀薄等里虚证表现，又感风寒、见发热、恶寒、无汗等表实证症状，这都是表里同病的病证。

引起表里同病的原因，一是外感和内伤同时致病；二是外感表证未解病邪入里；三是先有内伤而又感受外邪，或先有外感，又伤饮食等。

表里同病，往往与寒热、虚实互见，常见的有表里俱寒、表里俱热、表寒里热、表热里寒，表里俱实、表里俱虚、表虚里实、表实里虚等，临床上需要仔细辨别。

表里同病的治疗原则，一般是先解表后攻里或表里同治；如果里证紧急，也可先攻里后解表。

(四)表里辨证要点

(1)辨别表里要掌握其特征，尤其应该掌握表证的特征。如发热恶寒并见的属表证，若发热而没有恶寒，或仅有恶寒者多属里证。脉浮属表证，脉沉属里证。

(2)在辨别表里的同时，还应注意是否有表里同病或兼其他不同之证，如表里俱寒、表里俱热、表里俱虚、表里俱实或表寒里热、表热里寒、表虚里实、表实里虚或半表半里证等。

(3)初病表现为表证，继而若出现里证，应辨别表证是否已经入里，查明表证已解或未解。初病里证，继而出现表证，应辨别是否里证出表，或是又感表邪。

二、寒热

寒热是辨别疾病性质的两个纲领，用以概括机体阴阳偏盛偏衰的两种证候。一般来说，寒证是感受寒邪或机体机能活动衰退所表现的证候，即所谓“阴盛则寒”、“阳虚则外寒”；热证是感受热邪或机体机能活动亢盛所反映的证候，即所谓“阳盛则热”，“阴虚则内热”。

(一)寒证

《元亨疗马集·八证论》中说：“夫寒者，冷也，阴胜其阳也。”故寒证就是“阴胜其阳”的证候，或为阴盛，或为阳虚，或阴盛阳虚同时存在。引起寒证的病因，一是外感风寒，或内伤阴冷；二是内伤久病，阳气耗伤，或在内伤阳气的同时，又感受了阴寒邪气。

寒证的一般症状是口色淡白或淡青、口津滑利、舌苔白、脉迟、尿清长、粪稀、鼻寒耳冷、四肢发凉等。有时还有恶寒、被毛逆立、肠鸣腹痛的症状。常见的寒证有外感风寒、寒滞经脉、寒伤脾胃等。

“寒者热之”，故治疗寒证宜采用温法。根据病情，或辛温解表，或温中散寒，或温肾壮阳。

(二)热证

《元亨疗马集·八证论》说：“夫热者，暑也，阳胜其阴也。”故热证就是“阳胜其阴”的证候，或阳盛，或阴虚，或阳盛阴虚同时存在。引起热证的病因也主要有两个方面，一是外感风热，或内伤火毒；二是久病阴虚，或在阴虚的同时，又感受热邪。

热证的一般症状表现是口色红、口津减少或干黏、舌苔黄、脉数、尿短赤、粪干或泻痢腥臭、呼出气热、身热。有时还有目赤、气促喘粗、贪饮、恶热等症状。常见的热证有燥热、湿热、虚热、火毒疮痈等。临证时，须辨清其为表热还是里热、实热还是虚热、气分热还是血分热等。

“热者寒之”，故治疗热证宜用清法。根据病情或辛凉解表，或清热泻火，或壮水滋阴。

（三）寒证与热证的关系

1.寒热转化　指在一定的条件下，寒证可以转化为热证，热证也可以转化为寒证。

(1)寒证转为热证。疾病本为寒证，后出现热证，随热证的出现而寒证消失。多因失治、误治，寒邪从阳化热，致使机体的阳气偏盛所致。例如，外感风寒，出现恶寒重、发热轻、苔薄白、脉浮紧的表寒证，若误治、失治，致使寒邪入里化热，则出现不恶寒、反恶热、口渴贪饮、舌红苔黄、脉数的里热证，这就是由寒证转化为热证的证候。

(2)热证转为寒证。疾病原属热证，后出现寒证，随寒证的出现而热证消失。多因误治、失治，损伤了机体的阳气，致使机体机能衰退所致。例如，高热病畜，因大汗不止，阳从汗泄；或吐泻过度，阳随津脱，最后出现体温降低、四肢厥冷、脉微欲绝的虚寒证，便是热证转化为寒证的证候。

寒证、热证的互相转化，反映着邪正盛衰的情况。由寒证转化为热证，表示机体正气尚盛；由热证转化为寒证，则代表机体邪盛正虚，正不胜邪。

2.寒热错杂　指在同一患畜身上，既有寒证，又有热证，寒证和热证同时存在的情况。常见的有以下两种。

(1)单纯里证的寒热错杂有上寒下热和上热下寒两种。

①上寒下热。指患畜的上部有寒证的表现，而下部有热证的表现。如寒在胃而热在膀胱的证候，患畜上部有胃脘冷痛、草料迟细的寒象，下部又有小便短赤、尿频尿痛的热象。

②上热下寒。指患畜上部有热证的表现，而下部有寒证的表现。如热在心经而寒在胃肠的证候，上部有口舌生疮、牙龈溃烂的热象，下部又有腹痛起卧、粪便稀薄的寒象。

(2)表里同病的寒热错杂有表寒里热和表热里寒两种证型。

①表寒里热。常见于先有内热，又外感风寒；或外感风寒，外邪入里化热而表

寒未解的病证。例如,寒在表、热在里的证候,既有发热、恶寒、被毛逆立的表寒症状,又有气喘、口渴、舌红、苔黄的里热症状。

②表热里寒。多见于素有里寒而复感风热;或表热证未解,误用下法而致脾胃阳气损伤的病证。例如,患畜平素就有草料迟细、口流清涎、粪便稀薄的里寒症状,若外感风热则又可见发热、咽喉肿痛、咳嗽等表热的症状。

3. 寒热真假　在疾病的发展过程中,特别是在病情危重的阶段,有时会出现一些症状与疾病本质相反的假象。这种外部症状表现与疾病本质不一致的现象,叫做“寒热真假”。

(1)真热假寒。即内有真热而外见假寒的证候。临床多表现为四肢冰冷,苔黑、脉沉、似属寒证,但体温极高,苔黑且干燥,脉虽沉按之却数而有力,更见口渴贪饮、口臭、尿短赤、粪燥结、舌色深红等内热之象。这种情况下,四肢冰冷、苔黑、脉沉就是假寒的现象,而内热才是疾病的本质。此为内热过盛,阴阳之气不相顺接,阳热郁闭于内,不能布达于四肢下部而形成的阳盛于内,拒阴于外的阴阳格拒现象。

(2)真寒假热。即内有真寒而外见假热的证候。临床常表现为体表发热、苔黑、脉大,似属热证,但体表虽热而不烫手,苔虽黑却湿润滑利,脉虽大却按之无力,更有小便清长、大便稀薄等一派内寒之象。这种情况下,体表发热、苔黑、脉大就是假热的现象,而内寒才是疾病的本质。此为阴盛于内,逼阳于外所形成的阴阳格拒现象。

从以上分析可知,所谓寒热真假,就是由于寒热格拒所致的疾病现象和本质不符的情况。“真”是疾病的本质,“假”则是疾病的现象。诊断时,应抓住本质,不要为假象迷惑。

(四)寒热辨证要点

(1)辨寒热一般应综合病畜口渴与二便情况,四肢、耳鼻冷热,舌质、舌苔,脉象等表现来加以辨别。口渴贪冷饮为热,不饮水或喜饮温水为寒;尿液短赤、粪便燥结或便脓血为热,尿液清长、粪便稀薄为寒;四肢、耳鼻不温或冰冷为寒,四肢、耳鼻温热为热;舌质红、苔黄燥为热,舌质青白、苔白滑为寒;脉数滑为热,脉沉迟为寒等。

(2)辨寒热,须分别部位。如寒热有在表、在里、在上、在下、在脏、在腑、在气、在血等不同。

(3)辨寒热,应注意寒热错杂及虚实的不同情况,如表热里寒、上寒下热、上下俱热、表里俱寒、虚寒、虚热、实寒、实热等。

(4)辨寒热,须分清真假,不要为其表面的假象所迷惑,只有抓住病证的本质,才能做出正确诊断。

三、虚实

虚实是概括和辨别畜体正气强弱和病邪盛衰的两个纲领。一般而言，虚证是正气不足的证候，而实证则是邪气亢盛有余的证候。故《素问·通评虚实论》说："邪气盛则实，精气夺则虚。"

(一)虚证

《元亨疗马集·八证论》中说："夫虚者，劳伤之过也，真气不守，卫气散乱也。"故虚证是对机体正气虚弱所出现的各种证候的概括。形成虚证的原因主要是劳役过度，或饮喂不足；或老弱体虚，大病、久病之后，或病中失治、误治等，均可使畜体的阴精、阳气受损而致虚。此外，先天不足的动物，其体质也往往虚热。

虚证的一般症状表现是口色淡白，舌质如绵，无舌苔，脉虚无力，头低耳耷，体瘦毛焦，四肢无力。有时还表现出虚汗、虚喘、粪稀或完谷不化等症状。在临证中，常将虚证分为气虚、血虚、阴虚、阳虚等类型。

"虚则补之"。故治疗虚证宜采用补法，或补气，或补血，或气血双补；或滋阴，或助阳，或阴阳并济。

(二)实证

《元亨疗马集·八证论》中说："夫实者，结实之谓也，停而不动，止而不行也。"这里指的是病邪结聚和停滞，是比较狭义的实证。广义来讲，凡邪气亢盛而正气未衰，正邪斗争比较激烈而反映出来的亢奋证候，均属于实证。引起实证的原因有两个方面，一是感受外邪；二是内脏机能活动失调，代谢障碍，以致痰饮、水湿、瘀血等病理产物停留体内。

实证的具体症状表现因病位和病性等的不同，有很大差异。但就一般症状而言，常见高热，烦躁，喘息气粗，腹胀疼痛，拒按，大便秘结，小便短少或淋漓不通，舌红苔厚，脉实有力等。

"实则泻之"。故治疗实证宜采用泻法，除攻里泻下之外，还包括活血化瘀、软坚散结、涤痰逐饮、平喘降逆、理气消导等法。

(三)虚证与实证的关系

1.虚实转化 疾病的过程就是正邪斗争的过程，正邪斗争在证候上的反映，主要表现为虚实转化。

(1)实证转为虚证。先有实证，后出现虚证，随虚证的出现而实证消失。多因误治、失治，损伤津液、正气而致。例如，便秘或结症的动物，本为实证，若因治疗不当或泻下峻猛，则会发生结去后而泄泻不止，继而出现体瘦毛焦，倦怠喜卧，口色淡白，舌体如绵，脉细而无力的现象，这便是由原来的实证转化为了虚证。

(2)虚证转为实证。先有虚证，后出现实证，随实证的出现虚证消失。例如，外感风寒表虚证，可以转化为汗出而喘的肺热实证。

临床上由虚转实比较少见，多见的是先有虚证，后出现虚实错杂证。例如，患畜先有脾胃虚弱，此时又过食不易消化的草料，则可出现草料停滞胃肠，肚腹胀满，以及向纵深发展而形成结症，这便是虚中挟实证。

2.虚实错杂　是指一个患畜身上同时存在着虚证与实证两种证候。一般来说，虚实错杂的产生，有以下三个方面的原因，一是体虚感受外邪，如素体气虚，复感风寒外邪；二是邪气亢盛，损伤机体正气，如结症日久不除，耗伤正气；三是脏腑功能虚衰，使病理产物留聚体内，如肾虚水泛。

虚实错杂的证候，由于在虚实程度及病情的轻重缓急方面存在着不同，所以在治疗上要分清主次和轻重缓急，采取或先补后攻、或先攻后补、抑或攻补兼施的方法进行治疗。

(1)虚中挟实。是以正虚为主，兼有邪实的证候。例如，肾主水，肾虚而水泛，水泛则生痰，痰生则上渍于肺，故临床上除有耳鼻四肢俱冷，动则气喘等肾虚的表现外，还有痰鸣、呼吸困难等痰实的症状，这就是虚中挟实之证。

(2)实中挟虚。是以邪实为主，兼有正虚的证候。例如，动物因暴饮暴食，或草料突然更换而发生结症，若日久不除，脾胃损伤加剧，运化功能下降，气血生化不足，临床上除有粪便不通、肚腹胀满疼痛、起卧打滚等结实的表现外，还有因久病而出现的体瘦毛焦、痿弱无力等脾虚的症状，这便是实中挟虚证。

(3)虚实并重。是正虚与邪实均十分明显的证候，多由以下两种情况引起。一是原为严重的实证，日久则正气大伤，而实邪未减；二是原来正气就虚，又感受了较重的邪气。

3.虚实真假　指疾病发展到严重阶段时，动物所表现出的症状与疾病本质不相符的情况，主要有真实假虚和真虚假实两种证型。

(1)真实假虚。是本质为实，现象似虚的证候。例如，伤食患畜常表现为精神倦怠、食欲减退、泄泻等，似属脾虚泄泻，但强迫其运动过后，精神反而好转，按摩腹部疼痛剧烈，或拒按。泄泻是虚象，但此畜泄后反而精神好了许多，说明其体内有实的地方，而且实是疾病的本质，虚象是一些迷惑人的假象。

(2)真虚假实。是本质为虚，现象似实的证候。例如，脾虚患畜，往往出现间歇性的肚胀，似属实证，但按之不拒，且形体消瘦，口色、脉象一派虚象，实为脾虚，肚胀乃运化失职所致。

辨别虚实真假，一般应从脉象有力无力，舌质的胖嫩与苍老，叫声的低微与洪亮，体质的虚弱与强壮，病的久新等方面进行综合分析。

(四)虚实辨证要点

(1)一般来说，外感初病，证多属实；内伤久病，证多属虚。临床症状表现为亢盛、有余的属实；表现为衰弱、不足的属虚。其中，声音气息的强弱，痛处的喜按与拒按，舌质的苍老与胖嫩，脉象的有力无力等，对鉴别虚证、实证具有重要的临床意义。若病程短，声高气粗，痛处拒按，舌质苍老，脉实有力的属实证；病程长，声低气短，痛处喜按，舌质胖嫩，脉虚无力的属虚证。

(2)辨虚实要分析虚实的真假，不要被表面现象所迷惑，因为有时会出现"大实有羸状，至虚有盛候"的反常情况。

(3)辨虚实须分部位和虚实错杂的情况，察其虚实是在上、在下、在表、在里，是独见还是夹杂互见，是在脏还是腑，在脏腑中是在气还是在血，是一脏独虚，还是脏虚腑实等。

(4)辨虚实应注意是否有寒热、表里等掺杂互见。

四、阴阳

阴阳是概括病证类别的两个纲领，是八纲辨证的总纲。临床上，疾病虽然错综复杂，但均可分为阴证和阳证两种。如《类经·阴阳类》指出，疾病"必有所本，或本于阴或本于阳，病变虽多，其本则一。"《素问·阴阳应象大论》说："善诊者，察色按脉，先别阴阳。"由此可见，阴阳是辨证的基本纲领。

(一)阴证

阴证是阳虚阴盛，机能衰退，脏腑功能下降的表现。多见于里证的虚寒证。阴证在临床上的主要表现是体瘦毛焦，倦怠喜卧，体寒肉颤，怕冷喜暖，口流清涎，肠鸣腹泻，尿液清长，舌淡苔白，脉沉迟无力。在外科疮黄方面，凡不红、不热、不痛，脓液稀薄而少臭味者，均系阴证的表现。

(二)阳证

阳证是邪气盛而正气未衰，正邪斗争亢奋的表现。多见于里证的实热证。阳证在临床上的主要表现是精神亢奋，狂躁不安，口渴贪饮，耳鼻肢热，口舌生疮，尿液短赤，舌红苔黄，脉洪数有力，腹痛起卧，气促喘粗，粪便秘结。在外科疮痈方面，凡红、肿、热、痛明显，脓液黏稠发臭者，均系阳证的表现。

(三)亡阴与亡阳

1. 亡阴　是阴液衰竭出现的一系列证候。临床上主要表现为精神亢奋，躁动不安，汗出如油，耳鼻温热，口渴贪饮，气促喘粗，口干舌红，脉数无力或脉大而虚。多见于大出血或脱水，或热性病的经过中。治宜益气救阴。

2. 亡阳　是阳气将脱所出现的一系列证候。临床上主要表现为精神极度沉郁，或神志呆痴，肌肉颤抖，汗出如水，耳鼻发凉，口不渴，气息微弱，舌淡而润或舌质青紫，脉微欲绝。多见于大汗、大泻、大失血、过劳等患畜。治宜回阳救逆。

大热、大汗、大吐、大泻、大失血均可引起亡阴、亡阳。阴阳互根，阴液耗损，阳则无所依附而散越；阳气衰亡，阴则无以化生而耗竭。故亡阴与亡阳往往同时存在，或稍有先后之差。

五、八纲辨证与八证论

八纲辨证是中医学的基本辨证方法，它把极其复杂的疾病证候归纳为表、里、寒、热、虚、实、阴、阳八类证候，用以指导临床治疗。

八证论是中兽医学辨证的基本方法，它把各种复杂的疾病证候归纳为正、邪、表、里、寒、热、虚、实八类证候，以指导临床治疗。其中，表证和里证，寒证和热证，虚证和实证的含义与八纲辨证完全相同，而正证和邪证是辨别动物健康和疾病状态的两个纲领。

正证：是动物健康无病的状态。《元亨疗马集·八证论》说："夫正者，端正也，无偏无倚，无太过无不及也。"又说："马牛有此精神爽，尿清粪润口中红，脉平色正无疴瘵，气血调和脏腑宁。"

邪证：是与正证相对而言，泛指动物体的疾病状态。《元亨疗马集·八证论》说："夫邪者，所偏之谓也，太过不及也，真气散乱，邪疫相侵，故为邪。"又说："外感风寒暑湿，内伤饥饱劳役，邪疫相侵，致成其患也。"既说明了邪证是指动物体的一切疾病状态，同时也指出了疾病的发生，是由于正气不足，并受到邪气的侵袭所致。

中兽医学中用正证和邪证作为辨别动物健康和疾病状况的两个纲领，是因为动物不同于人，它没有语言，病痛不能自行陈述，其有病无病，真病假病，必须靠人从各个方面的体征和表现来鉴别和判断。因此，辨证首先要辨清动物有没有病，这对于兽医具有重要的临床实际意义。

根据以上分析可知，八纲辨证和八证论的区别仅在于八纲辨证以阴和阳，概括分辨病证的基本属性，是病证的总纲；八证论以正和邪，概括分辨动物体的健康与疾病状态，是中兽医不同于中医的特点之一。因此，八纲和八证完全可以结合起来，从而使中兽医的辨证纲要更加全面和完整。就是说，中兽医的辨证纲要包括正、邪、阴、阳、表、里、寒、热、虚、实十个字，或者概括成正邪、阴阳、六要三个部分。在临床实践中，辨正邪，就是分辨有病和无病；辨阴阳，是总的分辨病证的属性，提纲挈领地把握病证的根本；辨六要，则是具体地分辨疾病的病位（表、里）、病性（寒、热）和病势（虚、实）。这样，中兽医的辨证纲要就比较全面，层次也就更清楚了。

第三节 脏腑辨证

脏腑辨证，是根据脏腑的生理功能、病理变化，对疾病证候进行分析归纳，借以推究病因病机，判断病位、病性和正邪盛衰等状况的一种辨证方法。

八纲辨证是分析、归纳各种证候的类别、部位、性质、正邪盛衰等关系的纲领。如果要进一步分析疾病的具体病理变化，就必须落实到脏腑上来，用脏腑辨证的方法加以辨别，脏腑辨证是各种辨证方法的基础和核心。当然，在临床实践中，脏腑辨证也必须与八纲、气血津液等辨证方法有机地结合起来，才能对脏腑气血阴阳、寒热虚实的变化作出较全面的概括，为论治提供依据。

一、心与小肠病证

1. 心气虚　多由久病体虚，暴病伤正，误治、失治，老龄脏气亏虚等因素引起。

主证：心悸，气短乏力，自汗、运动后尤甚，舌淡苔白，脉虚。

治则：养心益气，安神定悸。

方例：养心汤(党参、黄芪、炙甘草、茯苓、茯神、川芎、当归、柏子仁、酸枣仁、远志、五味子、肉桂，《证治准绳》)加减。

2. 心阳虚　病因同心气虚，多在心气虚的基础上发展而来。

主证：除心气虚的症状外，兼有形寒肢冷，耳鼻四肢不温，舌淡或紫暗，脉细弱或结代。

治则：温心阳，安心神。

方例：保元汤(党参、黄芪、桂枝、甘草，《博爱心鉴》)加减。

3. 心血虚　多因久病体虚，血液生化不足；或失血过多，劳伤过度，损伤心血所致。

主证：心悸，躁动，易惊，口色淡白，脉细弱。

治则：补血养心，镇惊安神。

方例：归脾汤(见补虚方)加减。

4. 心阴虚　除引起心血虚的病因之外，热证损伤阴津，腹泻日久等均可损伤心阴而致病。

主证：除有心血虚的主证外，尚兼有午后潮热，低热不退，盗汗，舌红少津，脉细数。

治则：养心阴，安心神。

方例：补心丹(党参、生地、玄参、丹参、天冬、麦冬、当归、五味子、茯神、桔梗、远志、酸枣仁、柏子仁、朱砂,《世医得效方》)加减。

5.心热内盛　多因感受暑热之邪或其他淫邪内郁化热,或过服温补药所致。

主证:高热,大汗,精神沉郁,气促喘粗,粪干尿少,口渴,舌红,脉象洪数。

治则:清心泻火,养阴安神。

方例:香薷散或白虎汤(均见清热方)加减。

6.痰火扰心　多因气郁化火,炼液为痰,痰火内盛,上扰心神所致。

主证:发热,气粗,眼急惊狂,蹬槽越桩,狂躁奔走,咬物伤人以及其他兴奋表现,苔黄腻,脉滑数。

治则:清心祛痰,镇惊安神。

方例:镇心散或朱砂散(均见安神与开窍方)加减。

7.痰迷心窍　多因湿浊内生,气郁化痰,痰浊阻闭心窍所致。

主证:神识痴呆,行如酒醉,或昏迷嗜睡,口流痰涎或喉中痰鸣,苔腻、脉滑。

治则:涤痰开窍。

方例:寒痰可用导痰汤(胆南星、枳实、陈皮、半夏、茯苓、炙甘草,《济生方》)加减;热痰可用涤痰汤(菖蒲、半夏、竹茹、陈皮、茯苓、枳实、甘草、党参、胆南星、生姜、大枣,《济生方》)加减。

8.心火上炎　多由六淫内郁化火而致。

主证:舌尖红,舌体糜烂或溃疡,躁动不安,口渴喜饮,苔黄,脉数。

治则:清心泻火。

方例:洗心散(见清热方)或泻心汤(大黄、黄连、黄芩,《金匮要略》)加减。

9.小肠实热　多由六淫内郁化热或心热下移所致。

主证:小便赤涩,尿道灼痛,尿血,舌红,苔黄,脉数,及心火热炽的一些症状。

治则:清利小肠。

方例:导赤散(生地、木通、甘草梢、竹叶,《小儿药证直诀》)加减。

10.小肠中寒　多因外感寒邪或内伤阴冷所致。

主证:腹痛起卧,肠鸣,粪便稀薄,口内湿滑,口流清涎,口色青白,脉象沉迟。

治则:温阳散寒,行气止痛。

方例:橘皮散(见理气方)加减。

二、肝与胆病证

1.肝火上炎　多由外感风热或肝气郁结而化火所致。

主证:两目红肿,羞明流泪,睛生翳障,视力障碍,或有鼻衄,粪便干燥,尿浓赤黄,口色鲜红,脉象弦数。

治则:清肝泻火,明目退翳。

方例:决明散(见祛风方)或龙胆泻肝汤(见清热方)加减。

2.肝血虚 多因脾肾亏虚,生化之源不足,或慢性病耗伤肝血,或失血过多所致。

主证:眼干,视力减退,甚至出现夜盲、内障,或倦怠肯卧,蹄壳干枯皲裂,或眩晕,站立不稳,时欲倒地,或见肢体麻木,震颤,四肢拘挛抽搐,口色淡白,脉弦细。

治则:滋阴养血,平肝明目。

方例:四物汤(见补虚方)加减。

3.肝风内动 以抽搐、震颤等为主要症状,常见的有热极生风、肝阳化风、阴虚生风和血虚生风四种。

(1)热极生风。多由邪热内盛,热极生风,横蹿经脉所致。见于温热病的极期。

主证:高热,四肢痉挛抽搐,项强,甚则角弓反张,神志不清,撞壁冲墙,圆圈运动,舌质红绛,脉弦数。

治则:清热,息风,镇痉。

方例:羚羊钩藤汤(羚羊片、霜桑叶、川贝母、鲜生地、钩藤、菊花、茯神、生白芍、生甘草、竹茹,《通俗伤寒论》)加减。

(2)肝阳化风。多因肝肾之阴久亏,肝阳失潜而致。

主证:神昏似醉,站立不稳,时欲倒地或头向左或向右盘旋不停,偏头直颈,歪唇斜眼,肢体麻木,拘挛抽搐,舌质红,脉弦数有力。

治则:平肝息风。

方例:镇肝息风汤(见祛风方)加减。

(3)阴虚生风。多因外感热病后期阴液耗损,或内伤久病,阴液亏虚而发病。

主证:形体消瘦,四肢蠕动,午后潮热,口咽干燥,舌红少津,脉弦细数。

治则:滋阴定风。

方例:大定风珠(生白芍、阿胶、生龟板、干地黄、麻仁、五味子、生牡蛎、麦冬、炙甘草、鸡子黄、鳖甲,《温病条辨》)加减。

(4)血虚生风。多由急慢性出血过多,或久病血虚所引起。

主证:除血虚所致的眩晕站立不稳,时欲倒地,蹄壳干枯皲裂,口色淡白,脉细之外,尚有肢体麻木,震颤,四肢拘挛抽搐的表现。

治则:养血息风。

方例:加减复脉汤(炙甘草、生地黄、生白芍、麦冬、阿胶、麻仁,《温病条辨》)加减。

4.寒滞肝脉 多由外寒客于肝经,致使气血凝滞而成。

主证:形寒肢冷,耳鼻发凉,外肾硬肿如石如冰,后肢运步困难,口色青,舌苔白滑,脉沉弦。

治则:温肝暖经,行气破滞。

方例:茴香散(见温里方)加减。

5.肝胆湿热　多因感受湿热之邪,或脾胃运化失常,湿邪内生,郁而化热所致。

主证:黄疸鲜明如橘色,尿液短赤或黄而浑浊。母畜带下黄臭,外阴瘙痒,公畜睾丸肿胀热痛,阴囊湿疹,舌苔黄腻,脉弦数。

治则:清利肝胆湿热。

方例:茵陈蒿汤(见清热方)加减。

6.肝胆寒湿　多因夜卧湿地,寒湿之邪内侵,或因脾不健运,水湿内生,又感寒邪,致使寒湿合邪侵入肝胆所致。

主证:黄疸晦暗如烟熏,食少便溏,舌苔滑腻,脉沉迟。

治则:祛寒利湿退黄。

方例:茵陈四逆汤(见清热方之茵陈蒿汤)加减。

三、脾与胃病证

1.脾气虚　多由畜体素虚,劳役过度或饮喂失调,内伤脾气,以致脾气虚弱。临床上脾气虚可分为以下三种证型。

(1)脾虚不运。多由饮食失调,劳役过度,以及其他疾患耗伤脾气所致,见于慢性消化不良的病程中。

主证:草料迟细,体瘦毛焦,倦怠肯卧,肚腹虚胀,肢体浮肿,尿短,粪稀,口色淡黄,舌苔白,脉缓弱。

治则:益气健脾。

方例:参苓白术散(见补虚方)或香砂六君子汤(见补虚方之四君子汤)加减。

(2)脾气下陷。多由脾不健运进一步发展而来,见于久泻久痢、直肠脱、阴道脱、子宫脱等证。

主证:久泻不止,脱肛或子宫脱或阴道脱,尿淋漓难尽,并伴有体瘦毛焦,倦怠肯卧,多卧少立,草料迟细,口色淡白,苔白,脉虚等。

治则:益气升阳。

方例:补中益气汤(见补虚方)加减。

(3)脾不统血。多因久病体虚,脾气衰虚,不能统摄血液所致。见于某些慢性出血病和某些热性疾病的慢性病程中。

主证:便血、尿血、皮下出血等慢性出血,并伴有体瘦毛焦,倦怠肯卧,口色淡白，脉细弱。

治则：益气摄血，引血归经。

方例：归脾汤（见补虚方）加减。

2. 脾阳虚　多由脾气虚发展而来，或因过食冰冻草料，暴饮冷水，损伤脾阳所致，见于急、慢性消化不良。

主证：在脾不健运症状的基础上，同时出现形寒怕冷，耳鼻四肢不温，肠鸣腹痛，泄泻，口色青白，口腔滑利，脉象沉迟。

治则：温中散寒。

方例：理中汤（见温里方）加减。

3. 寒湿困脾　多因长期过食冰冻草料，暴饮冷水，使寒湿停于中焦，或久卧湿地，或阴雨苦淋，导致寒湿困脾。见于消化不良、水肿、妊娠浮肿、慢性阴道炎及子宫炎的病程中。

主证：耳耷头低，四肢沉重肯卧，草料迟细，粪便稀薄，小便不利，或见浮肿，口黏不渴，舌苔白腻，脉象迟缓而濡。

治则：温中化湿。

方例：胃苓散（见祛湿方之五苓散）加减。

4. 胃阴虚　多由高热伤阴，津液亏耗所致，见于热性病的后期。

主证：体瘦毛焦，皮肤松弛，弹性减退，食欲减退，口干舌燥，粪球干小，尿少色浓，口色红，苔少或无苔，脉细数。

治则：滋养胃阴。

方例：养胃汤（沙参、玉竹、麦冬、生扁豆、桑叶、甘草，《临证指南》）加减。

5. 胃寒　多由外感风寒，或饮喂失调，如长期过食冰冻草料，暴饮冷水等。见于消化不良病程中。

主证：形寒怕冷，耳鼻发凉，食欲减退，粪便稀软，尿液清长，口腔湿滑或口流清涎，口色淡或青白，苔白而滑，脉象沉迟。

治则：温胃散寒。

方例：桂心散（见温里方）加减。

6. 胃热　多由胃阳素强，或外感邪热犯胃，或外邪传内化热，或急性高热病中热邪波及胃脘所致。

主证：耳鼻温热，草料迟细，粪球干小而尿少，口干舌燥，口渴贪饮，口腔腐臭，齿龈肿痛，口色鲜红，舌有黄苔，脉象洪数。

治则：清热泻火，生津止渴。

方例：清胃解热散（知母、石膏、玄参、黄芩、大黄、枳壳、陈皮、六曲、连翘、地骨皮、甘草,《中兽医治疗学》)加减。

7.胃食滞　多由暴饮暴食,伤及脾胃,食滞不化,或草料不易消化,停滞于胃所致。

主证:不食,肚腹胀满,嗳气酸臭,腹痛起卧,粪干或泄泻,矢气酸臭,口色深红而燥,苔厚腻,脉滑实。

治则:消食导滞。

方例:病情轻者,可用曲蘖散(见消导方)加减;病情重者,可用调气攻坚散(醋香附、三棱、莪术、木香、藿香、沉香、枳壳、莱菔子,槟榔、青皮、郁李仁、麻油、醋,《中兽医治疗学》)加减。

四、肺与大肠病证

1.肺气虚　多因久病咳喘伤及肺气,或其他脏器病变影响及肺,使肺气虚弱而成。

主证:久咳气喘,且咳喘无力,动则喘甚,鼻流清涕,畏寒喜暖,易于感冒,容易出汗,日渐消瘦,皮燥毛焦,倦怠肯卧,口色淡白,脉象细弱。

治则:补肺益气,止咳定喘。

方例:补肺散(党参、黄芪、紫菀、五味子、熟地、桑白皮,《永类钤方》)加减。

2.肺阴虚　多因久病体弱,或邪热久恋于肺,损伤肺阴所致,或由于发汗太过而伤及肺阴所致。见于慢性支气管炎及肺结核。

主证:干咳连声,昼轻夜重,甚则气喘,鼻液黏稠,低热不退,或午后潮热,盗汗,口干舌燥,粪球干小,尿少色浓,口色红,舌无苔,脉细数。

治则:滋阴润肺。

方例:百合固金汤(见补虚方)加减。

3.痰饮阻肺　因脾失健运,湿聚为痰饮,上贮于肺,使肺气不得宣降而发病。

主证:咳嗽,气喘,鼻液量多,色白而黏稠,苔白腻,脉滑。

治则:燥湿化痰。

方例:二陈汤(见化痰止咳平喘方)加减。

4.风寒束肺　因风寒之邪侵袭肺脏,肺气闭郁而不得宣降所致。见于感冒、急慢性支气管炎。

主证:以咳嗽、气喘为主,兼有发热轻而恶寒重,鼻流清涕,口色青白,舌苔薄白,脉浮紧。

治则:宣肺散寒,祛痰止咳。

方例:麻黄汤或荆防败毒散(均见解表方)加减。

5. 风热犯肺　多因外感风热之邪，以致肺气宣降失常所致。见于风热感冒，急性支气管炎，咽喉炎等病程中。

主证：以咳嗽和风热表证共见为特点。咳嗽，鼻流黄涕，咽喉肿痛，触之敏感，耳鼻温热，身热，口干贪饮，口色偏红，舌苔薄白或黄白相间，脉浮数。

治则：疏风散热，宣通肺气。

方例：表热重者，用银翘散（见解表方）加减；咳嗽重者，用桑菊饮（桑叶、菊花、杏仁、甘草、薄荷、连翘、芦根、桔梗，《温病条辨》）加减。

6. 燥热伤肺　由感受燥热之邪，在表未解，入里伤及肺脏所致。

主证：干咳无痰，咳而不爽，被毛焦枯，唇焦鼻燥，口色红而干，苔薄黄少津，脉浮细而数。常伴有发热微恶寒。

治则：清肺润燥养阴。

方例：清燥救肺汤（见化痰止咳平喘方）加减。

7. 肺热咳喘　多因外感风热或因风寒之邪入里郁而化热，以致肺气宣降失常所致。见于咽喉炎，急性支气管炎，肺炎，肺脓疡等病。

主证：咳声洪亮，气促喘粗，鼻翼扇动，鼻涕黄而黏稠，咽喉肿痛，粪便干燥，尿液短赤，口渴贪饮，口色赤红，苔黄燥，脉洪数。

治则：清肺化痰，止咳平喘。

方例：麻杏石甘汤（见化痰止咳平喘方）或清肺散（见清热方）加减。

8. 大肠液亏　内有燥热，使大肠津液亏损，或胃阴不足，不能下滋大肠，均可使大肠液亏。多见于老畜及母畜产后和热病后期等病程中。

主证：粪球干小而硬，或粪便秘结干燥，努责难以排下，舌红少津，苔黄燥，脉细数。

治则：润肠通便。

方例：当归苁蓉汤（见泻下方）加减。

9. 食积大肠　多因过饥暴食，或草料突换，或久渴失饮，或劳逸失度，或老畜咀嚼不全，致使草料停于肠中，而成此病。见于结症。

主证：粪便不通，肚腹胀满，回头观腹，不时起卧，饮食欲废绝，口腔酸臭，尿少色浓，口色赤红，舌苔黄厚，脉象沉而有力。

治则：通便攻下，行气止痛。

方例：大承气汤（见泻下方）加减。

10. 大肠湿热　外感暑湿，或感染疫疠之气，或喂霉败秽浊的或有毒的草料，以致湿热或疫毒蕴结，下注于肠，损伤气血而发病。见于急性胃肠炎、菌痢等病程中。

主证:发热,腹痛起卧,泻痢腥臭,甚则脓血混杂,口干舌燥,口渴贪饮,尿液短赤,口色红黄,舌苔黄腻或黄干,脉象滑数。

治则:清热利湿,调气和血。

方例:白头翁汤或郁金散(均见清热方)加减。

11. 大肠冷泻　多由外感风寒或内伤阴冷(如喂冰冻草料,暴饮冷水)而发病。

主证:耳鼻寒凉,肠鸣如雷,泻粪如水,或腹痛,尿少而清,口色青黄,舌苔白滑,脉象沉迟。

治则:温中散寒,渗湿利水。

方例:桂心散(见温里方)或橘皮散(见理气方)加减。

五、肾与膀胱病证

1. 肾阳虚　根据临床症状及病理变化特点可分为以下四种证型。

(1)肾阳虚。素体阳虚,或久病伤肾,或劳损过度,或年老体弱,下元亏损,均可导致肾阳虚衰。

主证:形寒肢冷,耳鼻四肢不温,腰痿,泄泻,小便减少,公畜性欲减退,阳痿不举。腰腿不灵,难起难卧,四肢下部浮肿,粪便稀软或垂缕不收,母畜宫寒不孕。口色淡,舌苔白,脉沉无力。

治则:温补肾阳。

方例:肾气散(见补虚方之六味地黄汤)加减。

(2)肾气不固。多由肾阳素亏,劳损过度,或久病失养,肾气亏耗,失其封藏固摄之权而致。

主证:小便频数而清,或尿后余沥不尽,甚至遗尿或小便失禁,腰腿不灵,难起难卧,公畜滑精早泄,母畜带下清稀,胎动不安,舌淡苔白,脉沉弱。

治则:固摄肾气。

方例:缩泉丸(乌药、益智仁、山药,《妇人良方》)或固精散(见收涩方)加减。

(3)肾不纳气。由于劳役过度,伤及肾气,或久病咳喘,肺虚及肾所引起。见于慢性支气管炎、慢性肺泡气肿等病程中。

主证:咳嗽,气喘,呼多吸少,动则喘甚,重则咳而遗尿,形寒肢冷,汗出,口色淡白,脉虚浮。

治则:温肾纳气。

方例:人参蛤蚧散(人参、蛤蚧、杏仁、甘草、茯苓、贝母、桑白皮、知母,《卫生宝鉴》)加减。

(4)肾虚水泛。素体虚弱,或久病失调,损伤肾阳,不能温化水液,致水邪泛滥而上逆，或外溢肌肤所致。见于慢性肾炎、心衰、胸腹下水肿、阴囊水肿等病程中。

主证：体虚无力，腰脊板硬，耳鼻四肢不温，尿量减少，四肢腹下浮肿，尤以两后肢浮肿较为多见，严重者宿水停脐，或阴囊水肿，或心悸，喘咳痰鸣，舌质淡胖，苔白，脉沉细。

治则：温阳利水。

方例：济生肾气丸（熟地、山药、山茱萸、茯苓、泽泻、牡丹皮、官桂、炮附子、牛膝、车前子）加减。

2. 肾阴虚　因伤精、失血、耗液而成；或急性热病耗伤肾阴，或其他脏腑阴虚而伤及于肾，或因过服温燥劫阴之药所致。见于久病体弱，慢性贫血，或某些慢性传染病过程中。

主证：形体瘦弱，腰胯无力，低热不退或午后潮热，盗汗，粪便干燥，公畜举阳滑精或精少不育，母畜不孕，视力减退，口干、色红，少苔，脉细数。

治则：滋阴补肾。

方例：六味地黄汤（见补虚方）加减。

3. 膀胱湿热　由湿热下注膀胱，气化功能受阻所致。

主证：尿频而急，尿液排出困难，常作排尿姿势，痛苦不安，或尿淋漓，尿色浑浊，或有脓血，或有砂石，口色红，苔黄腻，脉濡数。

治则：清利湿热。

方例：八正散（见祛湿方）加减。

第四节　气、血、津液辨证

气血津液辨证，是应用有关气血津液的理论，对气、血、津液病变的各种证候，加以提纲挈领的概括，以阐述和分析疾病的一种辨证方法。

气血津液是脏腑功能活动的物质基础，而其生成及运行又有赖于脏腑的功能活动，因此气血津液的病变与脏腑的功能活动密切相关。脏腑发生病变，可以影响到气血津液的变化，而气血津液的病变也必然会影响到脏腑的功能，故气血津液辨证应与脏腑辨证互相参照。

一、气病辨证

气的病证很多，如《素问·举痛论》说："百病生于气也"，即指出了气病的广泛性。临床常见的气病有气虚、气陷、气滞、气逆四种。

1. 气虚证　是全身或某一脏腑组织机能减退所表现出的证候。常见于某些慢性病,急性病的恢复期,或年老体弱动物。多因久病耗伤正气,或饲养管理不当,劳役过度,脏腑机能衰退所致。

主证:耳耷头低,被毛粗乱,役时多汗,四肢无力,气短而促,叫声低微,运动时诸症加剧,舌淡无苔,脉虚弱。

治则:补气。

方例:四君子汤(见补虚方)加减。

2. 气陷证　是气虚无力升举反而下陷的证候,属气虚证的一种,多由气虚进一步发展而来。常因劳役过度而又营养不足,或久病虚损,或用药不当,攻伐太过,使脏气受损而致。因其主要发生于中焦,故又称"中气下陷"。

主证:少气倦怠,内脏下垂,脱肛或阴道、子宫脱出,久泄久痢,口唇不收,弛缓下垂、舌淡,无苔,脉虚弱。

治则:升举中气。

方例:补中益气汤(见补虚方)加减。

3. 气滞证　是机体某一部位或某一脏腑的气机阻滞、运行不畅所表现出的证候。引起气滞的原因很多,如饲养管理不当,饮喂失调,或感受外邪,跌打损伤,或痰饮、瘀血、粪积、虫积等,均可使气的运行发生障碍而致气滞。此外,气虚运行无力,也可发生气滞。

主证:胀满,疼痛。

治则:行气。

方例:越鞠丸、橘皮散等(均见理气方)加减。

4. 气逆证　是指气的下降受阻,不降反逆所表现出的证候。多指肺、胃之气上逆。

主证:肺气上逆则见咳嗽,气喘;胃气上逆,则见嗳气,呕吐。

治则:降气镇逆。

方例:肺气上逆者,用苏子降气汤(见化痰止咳平喘方)加减;胃气上逆者,用旋覆代赭汤(旋覆花、党参、生姜、代赭石、半夏、甘草、大枣)加减。

二、血病辨证

血运行于脉中,对全身各脏腑组织器官起着营养和滋润作用。若外邪侵袭,脏腑失调,则血的化生和运行失常而出现病候。临床上常见的有血虚、血瘀、血热、血寒四种。

1. 血虚证　是血液亏虚,脏腑百脉失养,表现为全身虚弱的证候。成因有先天不足,或脾胃虚弱,生化乏源,或各种急慢性出血,或久病不愈,或瘀血不去,新血不生，或肠道寄生虫病等。

主证：可视黏膜淡白、苍白或黄白，四肢麻痹，甚至抽搐，心悸，苔白，脉细无力。

治则：补血。

方例：四物汤（见补虚方）加减。

2. 血瘀证　是畜体某一局部或某一脏腑的血液运行受阻，或存在离经之血的证候。引起血瘀的常见因素有寒凝、气滞、气虚、外伤及邪热与血互结等。

主证：局部见肿块，疼痛拒按，痛处固定不移，夜间痛甚，皮肤粗糙起鳞，出血，舌有瘀点、瘀斑，脉细涩。

治则：活血祛瘀。

方例：桃红四物汤（见理血方）加减。

3. 血热证　是热邪侵犯血分而引起的病证，多由外感热邪深入血分所致。

主证：躁动不安或昏迷，口干津少，舌质红绛，脉细数，并有各种出血现象。

治则：清热凉血。

方例：犀角地黄汤（见清热方）加减。

4. 血寒证　是局部脉络寒凝气滞，血行不畅所表现出的证候，常因感受寒邪而引起。

主证：形寒肢冷，喜暖恶寒，四肢疼痛，得温痛减，可视黏膜紫暗，舌淡暗，苔白，脉沉迟。

治则：温经散寒。

方例：四逆汤或参附汤（均见温里方）加减。

三、津液病辨证

津液有滋养脏腑，润滑关节，濡养肌肤等作用。津液病变，常表现为津液不足和水液停聚两个方面。

1. 津液不足　又称津亏、津伤，是津液亏少，全身或某些脏腑组织器官失其濡润滋养而出现的证候。津液不足的产生，有生成不足与丢失过多两个方面。脾胃虚弱，运化无权则津液生成减少；若渴而不得饮水则津液化生之源匮乏，二者均可导致津液生成减少；若热盛伤津耗液，或汗、吐、泻太过，或失血，多尿等导致津液大量丢失，亦可导致津液不足的证候。

主证：口渴咽干，唇燥舌干，甚者鼻镜龟裂无汗，皮毛干枯缺乏光泽，小便短少，大便干硬，甚至粪结，舌红，脉细数。

治则：增津补液。

方例：增液汤（玄参、生地、麦冬，《温病条辨》）加减。

2. 水湿内停　是指畜体局部或全身停积过量的水液。凡外感、内伤，影响了肺、脾、肾等脏腑对津液的输布、排泄功能，皆可使局部或全身蓄积过量水湿。多兼有水肿，痰饮。

主证：咳嗽痰多，呼吸有痰声，肚腹膨大下垂，小便短少，大便溏稀，少食纳呆，胸腹下、四肢末端浮肿，苔腻，脉濡。

治则：利水渗湿。

方例：五苓散（见祛湿方）加减。

第五节　卫气营血辨证

卫气营血辨证，是清代著名医家叶天士创立的用于辨外感温热病的一种辨证方法。它是在六经辨证的基础上发展起来的，又弥补了六经辨证的不足。

温病（温热病）是感受温热病邪所引起的多种急性热病的总称，是外感病的一大类别，以发展迅速，变化较多，热象偏重，易化燥伤阴为特征。

卫、气、营、血是对温热病四类证候的概括，同时又代表着温热病过程中由浅入深，由轻转重的四个阶段。具体来说，温热病邪首先犯卫，邪在卫分不解，则内传于气分；气分病邪不解，则入营分，邪在营分不解，则入血分。如此病邪步步深入，病情逐渐加重。就温热病四个阶段病变的部位来说，卫分主表，病在肺与皮毛；气分主里，病在肺、胃等脏腑；营分是邪热入于心营，病在心与心包；血分是邪热已深入肝、肾，重在动血、耗血。

温热病的一般治法是，病在卫分宜辛凉解表，病在气分宜清热生津，病在营分宜清营透热，病在血分宜清热凉血。

一、卫气营血证治

1. 卫分病证　是温热病邪侵犯肌表，卫分功能失常所表现出的证候。一般见于温热病的初期，属于表热证。

主证：发热重，恶寒轻，咳嗽，咽喉肿痛，口干微红，舌苔薄黄，脉浮数。

治则：辛凉解表。

方例：银翘散（见解表方）加减。

2. 气分病证　是温热病邪深入脏腑，正盛邪实，正邪相争激烈，阳热亢盛的里热证。多由卫分病传来，或由温热之邪直入气分所致。主要表现为但热不寒，呼吸喘粗，口干津少，口色鲜红，舌苔黄厚，脉洪大。但因温热之邪所侵袭的脏腑和部位的不同，又有不同的证候表现。常见的有温热在肺、热入阳明、热结肠道三种证型。

(1)温热在肺。

主证:发热,呼吸喘粗,咳嗽,口色鲜红,舌苔黄燥,脉洪数。

治则:清热宣肺,止咳平喘。

方例:麻杏石甘汤(见化痰止咳平喘方)加减。

(2)热入阳明。

主证:身热,大汗,口渴喜饮,口津干燥,口色鲜红,舌苔黄燥,脉洪大。

治则:清热生津。

方例:白虎汤(见清热方)加减。

(3)热结肠道。

主证:发热,肠燥便干,粪结不通或稀粪旁流,腹痛,尿短赤,口津干燥,口色深红,舌苔黄厚,脉沉实有力。

治则:滋阴,清热,通便。

方例:增液承气汤(见泻下方之大承气汤)加减。

3.营分病证　是温热病邪入血的轻浅阶段,以营阴受损,心神被扰为其特点。证见高热,舌质红绛,斑疹隐隐,神昏或躁动不安。

营分病证的形成,一是由卫分传入,即温热病邪由卫分不经气分而直入营分,称为“逆传心包”;二是由气分传来,即先见气分证的热象,而后出现营分证的症状;三是温热之邪直入营分,即温热病邪侵入机体,致使畜体起病后便出现营分症状。

营分证介于气分证和血分证之间,若疾病由营转气,是病情好转的表现;若由营入血,则病情更加深重。营分证有热伤营阴和热入心包两种证型。

(1)热伤营阴。

主证:高热不退,夜甚,躁动不安,呼吸喘促,舌质红绛,斑疹隐隐,脉细数。

治则:清营解毒,透热养阴。

方例:清营汤(见清热方)加减。

(2)热入心包。

主证:高热,神昏,四肢厥冷或抽搐,舌绛,脉数。

治则:清心开窍。

方例:清宫汤(玄参、莲子、竹叶心、麦冬、连翘、犀角,《温病条辨》)加减。

4.血分病证　是温热病的最后阶段,也是疾病发展过程中最为深重的阶段。血分证或由营分传来,即先见营分证的营阴受损,心神被扰的症状,而后才出现血分证见证;或由气分传变,即不经营分,直接由气分传入血分。肝藏血,肾藏精,故血分病以肝肾病变为主,临床上除具有较重的营分证候外,还有耗血、动血、伤阴、动风的病理变化。其特征是身热,神昏,舌质深绛,黏膜和皮肤发斑,便血,尿血,项背强直，阵阵抽搐，脉细数。常见的有血热妄行、气血两燔、肝热动风和血热伤阴等四种证型。

(1)血热妄行。

主证：身热，神昏，黏膜、皮肤发斑，尿血，便血，口色深绛，脉数。

治则：清热解毒，凉血散瘀。

方例：犀角地黄汤(见清热方)加减。

(2)气血两燔。

主证：身大热，口渴喜饮，口燥苔焦，舌质红绛，发斑，衄血，便血，脉数。

治则：清气分热，解血分毒。

方例：清瘟败毒饮(生石膏、生地、犀角、黄连、栀子、桔梗、黄芩、知母、玄参、连翘、甘草、丹皮、鲜竹叶，《疫诊一得》)加减。

(3)肝热动风。

主证：高热，项背强直，阵阵抽搐，口色深绛，脉弦数。

治则：清热平肝息风。

方例：羚羊钩藤汤(羚羊片、霜桑叶、川贝、生地、钩藤、菊花、茯神、白芍、甘草、竹茹，《通俗伤寒论》)加减。

(4)血热伤阴。

主证：低热不退，精神倦怠，口干舌燥，舌红无苔，尿赤，粪干，脉细数无力。

治则：清热养阴。

方例：青蒿鳖甲汤(见清热方)加减。

二、卫气营血的传变规律

外感温热病多起于卫分，病情较轻；继之表邪入里，传入气分，病情较重；进而深入营分，病情更重；最后邪陷血分，则病情最为深重。这种渐次深入是温热病发展的一般规律。如《外感温热篇》说："大凡看法，卫之后方言气，营之后方言血。"

由于季节气候的不同，病邪盛衰的差异，以及患畜体质强弱的不同，上述传变规律并不是固定不变的。临床上所见的温热病，有的起病就不经卫分，而直接从气分或营分开始。传变除循经而传的情况外，还有越经而传的。如卫分病可不经气分而传入营分，气分病不经营分而传入血分，酿成气血两燔。因此，在临床辨证时，应根据疾病的不同情况，具体分析，灵活运用，不得生搬硬套。

第七章 防治法则

第一节 预防

预防，就是采取一定的措施，防止动物疾病的发生和发展。前人称其为“治未病”。

祖国医学历来重视预防，如《素问·四时调神大论》中就有“是故圣人不治已病，治未病；不治已乱，治未乱。夫病已成而后药之，乱已成而后治之，譬犹渴而穿井，斗而铸锥，不亦晚乎!”的记载。这种“治未病”的预防思想，在指导后世医学的医疗实践中，起着极为重要的作用。

“治未病”包括两方面的内容，一是未病先防，一是既病防变。

一、未病先防

未病先防，就是在动物未发病之前，采取各种有效措施，预防疾病的发生。疾病的发生，关系到邪正两个方面。邪气侵犯是导致疾病发生的重要条件，而正气不足是疾病发生的内在原因和根据，外邪通过内因而起作用。所以，未病先防，重在培养机体的正气，增强其抗邪能力。培养正气，主要着手于以下三个方面。

1.加强饲养管理，合理使役 中兽医认为，加强饲养管理，合理使役是预防动物疾病发生的关键。正如《元亨疗马集》中所说：“冬暖，夏凉，春牧，秋厩，节刍水，知劳役，使寒暑无侵，则马骡无疴瘵也”。很多兽医古籍中都记载了有关动物饲养、管理和使役的注意事项，如《元亨疗马集·三饮三喂刍水论》中论述得就很详细。在饲养方面提出过于饥渴时不能暴食暴饮，劳役前后不能饮喂过饱，饮水和草料必须清洁，不能混有杂物；有汗和料后不能立即饮水，膘大马、休闲马和夏季要减料等。在管理方面，提出厩舍要冬暖夏凉，经常打扫干净。在使役方面，提出要先慢步，后快步，快慢要交替使用；使役后不可立即卸掉鞍具，待休息后方可饮喂等。这些都是很好的经验，至今仍有重要的参考价值。

2.针药调理 就是根据地区、气候，以及动物体质的情况，采用放六脉血和灌四季药的方法来预防疾病。这种通过针药调理，使动物更好地适应外界环境的条件变化，以减少疾病发生的方法在民间广为流传，至今仍有不少地区广泛使用。

3.疫病预防　中兽医对于疫病的认识可见于历代农书和兽医专著，如《元亨疗马集》说："都中战马，遍染瘟疫，……癖瘟癖瘴，不可不御也"；《三农纪·卷八》记载："人疫传人，畜疫传畜，染其形似者；豕疫可传牛，牛疫可传豕，当知避焉"；《陈敷农书》中说："已死之肉，经过村里，其气尚能相染也。欲病之不相染，勿令与不病者相近"；《三农纪》中还说："倘逢天时行灾，重加利剂，宜避疫之药常熏栏中"；《齐民要术》中还有对羊传染性疫病早期诊断与隔离的记载，指出"羊有病，辄相污。欲令别病，法当栏前作渎，深二尺，广四尺。往还皆跳过者，无病；不能过去，入渎中行，过，便别之"。从这些记载可以看出，古人很早就对动物的传染性疾病有了一定认识，并根据当时的社会条件和科学水平采取了一些有效的防治办法，如隔离，预防性给药（利剂的使用，贯仲、苍术等泡水，使动物饮用），药熏（苍术、石菖蒲、艾叶、雄黄等药物燃烟熏棚厩的定期消毒），粪便堆放发酵，以及搞好清洁卫生工作（水洁、料洁、草洁、槽洁、圈洁、动物体洁净等），均是预防动物疾病发生的重要措施。

二、既病防变

未病先防，是积极的预防措施。如果疾病已经发生，就应及早诊断和治疗，以防止疾病的进一步发展与传变，这就叫做既病防变，也是"治未病"的重要内容。

1.早期诊治　一般来说，疾病之初，病位较浅，病情多轻，病邪伤正程度轻浅，正气抗邪、抗损害和康复能力均较强，因而早期诊治有利于疾病的早日痊愈，防止因病邪深入而加重病情。如《素问·阴阳应象大论》说："邪风之至，疾如风雨，故善治者治皮毛，其次治肌肤，其次治筋脉，其次治六腑，其次治五脏，治五脏者，半死半生也。"这说明外邪侵入机体后，如果不作及时处理，病邪就有可能逐步深入，由表入里，侵犯内脏，使病情愈来愈复杂，治疗也愈来愈困难，由此可见早期诊治的重要性。《元亨疗马集》中也有"每遇饮马，就便看验有无病患，交点匹数，每三日一次，……令兽医遍看口色，有病者灌陷，甚者别槽医治"的记载，说明古代兽医就非常重视对病畜的早期发现，及早诊治，防止疾病进一步发展与恶化。

2.防止传变　动物体的各脏腑之间密切相关，一脏有病，可以影响它脏。因此，治疗时要掌握疾病传变的规律，先安未受邪之地，治其未病之脏腑，以防止疾病的传变。如《难经·七十七难》说："上工治未病，中工治已病者，何谓也？然：所谓治未病者，见肝之病，则知肝当传之于脾，故先实其脾气，无令得受肝之邪，故曰治未病也。中工治已病，见肝之病，不晓相传，但一心治肝，故曰治已病也。"就是强调根据肝病易于传脾的特点，在治疗肝病时应注意调补脾脏，使脾气充实，防止肝病向脾的传变，此为既病防变法则的具体体现。又如温热病伤及胃阴，若病势进一步发展多耗及肾阴，故应在甘寒养胃的方药中加入某些咸寒滋肾之品，这也是既病防变法则的具体应用。

第二节 治则

治则，就是治疗动物疾病的法则。它是以四诊所收集的客观资料为依据，在对疾病综合分析和判断的基础上提出的临证治疗规律，是各种证候具体治疗方法的指导原则。

中兽医学的治病法则，包括扶正与祛邪、治病求本、同治与异治，三因制宜和治疗与护养等方面的内容。这些原则，对于指导临床具体立法和处方用药具有重要的意义。

一、扶正与祛邪

疾病的过程，在一定意义上可以说是正气与邪气双方相互斗争的过程。正邪斗争的胜负，决定着疾病的进退，邪胜则病进，正胜则病退。因此，在治疗法则上也就离不开“扶正”和“祛邪”两个方面，即通过扶助正气或祛除邪气，借以改变正邪双方力量的对比，使疾病向痊愈的方面转化。总的来说，各种治疗措施都是根据扶正和祛邪这两个原则而制定的。

1.扶正与祛邪的概念及其关系 扶正，就是使用补益正气的方药及加强病畜护养等方法，以扶助机体正气，提高机体抵抗力，达到祛除邪气，战胜疾病，恢复健康的目的。祛邪，就是使用祛除邪气的方药，或采用针灸、手术等方法，以祛除病邪，达到邪去正复的目的。

扶正与祛邪，虽然方法不同，但二者密切相关，相互为用，相辅相成。扶正，能使正气加强，有助于机体抗御和祛除病邪，也就是说扶正是为了更好地祛邪；祛邪，能够排除病邪的侵害和干扰，使邪去正安，也就是说祛邪的目的是为了保存正气以及有利于正气的恢复。因此，从这个意义上可以说“扶正即可以祛邪，祛邪即可以安正”。但由于在疾病过程中，正气是矛盾的主要方面，任何治疗措施都是通过畜体的生理功能而起作用的，因此中兽医学非常重视机体的内在因素，在扶正与祛邪二者之间尤其强调扶助正气。然而，无论是扶正还是祛邪都要运用适当，做到祛邪而不伤正，扶正又不留邪。

2.扶正与祛邪的运用原则 扶正，适用于以正气虚为主而邪气也不盛的虚证，具体有益气、养血、滋阴、助阳等方法。祛邪，适用于以邪气盛为主而正气也未衰的实证，具体有发汗、攻下、清解、消导等方法。

中兽医学重视机体的内在因素，但并不排除外在因素的致病作用，亦不忽略祛除病邪在治疗上的重要作用。一般在临床运用的时候，须结合邪正盛衰消长的具体情况，根据正邪双方在疾病过程中所占的地位，区别扶正和祛邪的主次、先后，灵活掌握。当病情比较简单，或是正虚，或是邪实时，单独扶正或祛邪，即可达到治疗目的。但在很多疾病过程中，邪正虚实往往混杂出现，所以在运用中应把“扶正”与“祛邪”两方面辨证地结合起来，根据病畜的具体情况，分别采用“祛邪兼扶正”，“扶正兼祛邪”，“先扶正后祛邪”，“先祛邪后扶正”等方法，才能收到预期的效果。

(1)祛邪兼扶正。适用于邪盛为主，兼有正衰的病证。在处方用药时，应在祛邪的方剂中，稍加一些补益药。如治年老体虚、久病或产后津枯肠燥便秘的当归苁蓉汤就是一个实例。

(2)扶正兼祛邪。适用于正虚为主，兼有留邪的病证。在处方用药时应在补养的方剂中，稍加一些祛邪药。如治疗奶牛前胃弛缓而有食滞时就应采用此法。

(3)先扶正后祛邪。适用于正虚邪不盛，或正虚邪盛而以正虚为主的病证。如此时兼以祛邪，反而更伤正气，只有先扶正，待正气增强后再去祛邪。

(4)先祛邪后扶正。适用于邪盛正不太虚，或邪盛正虚的病证。如此时兼以扶正，反而会有留邪的弊端，故只能先祛邪，然后再扶正。如阳明腑证之热结肠腑，便闭不通，导致化燥化热而阴伤，则须急下存阴，以免热结愈甚而阴津更伤，故应先施以大承气汤泻下热结，待结去后再以养阴生津药物进行调理。

总之，扶正与祛邪是最基本的治则，在临床运用时，要根据病情，灵活掌握，特别是在需要扶正与祛邪同时并用时，应分清主次，有所偏重。

二、治病求本

本，指疾病的本质；标，指疾病的现象。治病求本，是指在治疗疾病时，必须寻求出疾病的本质，针对本质进行治疗。它是辨证论治的一个基本原则，对于疾病的治疗具有重要的指导意义。如《素问·阴阳应象大论》说：“治病必求于本。”

治病求本的具体内容很多，中兽医提出的“标本缓急”、“正治反治”即体现了这一基本原则。

(一)治标与治本

标与本是一个相对的概念，常用来概括说明事物的本质与现象，因果关系以及病变过程中矛盾的主次关系等。就其在治则中的运用而言，应随疾病过程中的具体情况加以区分。以正邪关系言，则正气为本，邪气为标；就病因与症状言，则病因为本，症状为标；以病之先后言，则先病为本，后病为标；原发病为本，继发病为标；就病位表里言，则脏腑病为本，肌表经络病为标；就本质与现象关系言，则本质是本,现象属标等等。

一般来说,本是疾病的主要矛盾或矛盾的主要方面,起着主导和决定的作用;标是病变的次要矛盾或矛盾的次要方面,处于从属和次要的地位。辨证论治的一个根本原则,就是要抓住疾病的本质,并针对本质进行治疗。例如,马患结症而继发肠臌气时,结症为本,气胀为标;如果病势缓慢,气胀不重,只要破除结症之本,气胀之标也就随之消失。正如《景岳全书·求本论》说:"直取其本,则所生诸病,无不随本皆退"。

但是,在疾病过程中矛盾是错综复杂的,在一定条件下是可以转化的。因此,标和本常有主次轻重的不同,治疗也就相应地有了先后缓急的区分。

1.急则治其标　指疾病过程中标症紧急,若不及时治疗就会危及患畜生命或影响本病治疗时所采取的一种急救治标法。例如,结症继发肠臌气,显然结症是本,臌气是标,但若臌气严重,病势急剧,如不能快速解除,就会危及患畜的生命,同时也影响了直肠入手破结,此时的当务之急就应是穿刺放气或用其他办法解除气胀以治标,待气胀缓解后再破结通肠以治本。由此可见,急则治其标仅为权宜急救之法,待危象消除,病势缓解后还必须治本,才能拔除病根。

2.缓则治其本　指在一般情况下,凡病势缓而不急的,皆需从本论治,即所谓"治病必求于本",它对指导慢性病的治疗更有意义。如脾虚泄泻之证,若泄泻不剧,无伤津脱液的严重症状,只须健脾补虚,使脾虚之本得治,则泄泻之标自除。

3.标本兼治　当标病与本病俱重,在时间或条件上又不允许单独治标或单独治本时,应采取标本同治的方法。当然,标本同治,也不是治标与治本不分主次地平均对待,而是仍然要分清主次,有所着重。例如气虚感冒时,先病正气虚为本,后感外邪为标,单纯益气则表邪难去,仅用发汗解表则更伤正气,所以常采用益气为主兼以解表,标本同治的原则。

应当指出,在临床应用时,不能将急则治其标、缓则治其本的原则绝对化,急的时候也未尝不可治本。如亡阳虚脱,急用回阳救逆,就是治本;大出血后,气随血脱之时,急用益气固脱也是治本。同样,缓的时候也不是不可以治标,有时治标反更有利于治本。总之,在辨证论治中,分清疾病的标本缓急,是抓主要矛盾,解决主要问题的一个重要原则。急则治标是基本要求,治病求本才是关键。若标本不明,主次不清,势必影响疗效,甚至延误病机,造成不良后果。

(二)正治与反治

1.正治　又称逆治,是逆着疾病症象而治的一种治疗法则。逆,是指所采用方药的性质与疾病症象的性质相反。

临床上,大多数疾病的现象与疾病的本质是一致的。如热证表现为热象,寒证表现为寒象，虚证表现为虚象，实证表现为实象。此时，应采用正治法，即采用“热者寒之”、“寒者热之”、“虚者补之”、“实者泻之”的治疗法则。正治含有正规和常规治疗的意思，是临床上常用的治疗方法。

2.反治　又称从治，是顺从疾病症象而治的一种治疗法则。从，是所指采用方药的性质与疾病症象的性质相同。

临床上，有时会因病情复杂或病势严重，机体不能如常地反映出正邪相争的情况，而出现一些与疾病性质不相符合的假象。如寒证出现热象，热证出现寒象，虚证出现实象，实证出现虚象等。在治疗时，就不能简单地见寒治寒，见热治热，而应透过现象，治其本质。因在此情况下，疾病所表现出的症状与疾病的本质相反，所以采用了和疾病症象性质相同的药物来治疗，但实际上仍是逆着疾病的本质进行的治疗。反治法有“热因热用”、“寒因寒用”、“塞因塞用”、“通因通用”等几种不同的具体运用。

(1)热因热用。指用温热性药物治疗具有热象病证的方法。主要适用于阴寒内盛，阳气格拒于外而呈现体表温热，脉大，色红的真寒假热证。因热象是假，而阳虚寒盛才是其本质，故仍应以温热药进行治疗。

(2)寒因寒用。指用寒凉性药物治疗具有寒象病证的方法。主要适用于里热极盛，格阴于外，证见四肢厥冷的真热假寒证。因寒象是假，而热盛才是其本质，故仍须用寒凉药物进行治疗。

(3)塞因塞用。指用补塞性药物治疗具有闭塞不通病证的方法。主要适用于真虚假实证。如因中气不足，脾虚不运所致的脘腹胀满，就得用健脾益气，以补开塞的方法来进行治疗。

(4)通因通用。指用通利的药物治疗通泄病证的方法。主要适用于真实假虚证。如由于食积停滞，影响运化所致的腹泻，则不仅不能用止泻药，反而应当用消导泻下药以去其积滞，方能奏效。

从上可以看出，正治法一般适用于病情比较单纯，疾病本质与症状表现相一致的病证；反治法一般适用于病情比较复杂，疾病本质与症状表现不一致的病证。但不管正治、反治，都是紧紧扣住治病求本的根本原则，从疾病的本质来分析，反治法仍不失热以治寒、寒以治热、补以治虚、泻以治实之意。因此，反治法在本质上和正治法是一致的。

此外，还有一种反佐法，也属反治法之范畴。当疾病发展到阴阳格拒的严重阶段而出现假象，或对大寒证、大热证进行治疗时，若单纯以热治寒，或以寒治热，往往会发生药物下咽即吐的格拒现象而影响治疗效果。此时，就要用反佐法以起诱导作用，防止疾病对药物的格拒、对抗作用。反佐法的具体运用有两种，一种是药物反佐，就是在临证配方时在大寒剂中佐以少许温热药，或在大热剂中佐以少许寒凉药；另一种是服法反佐，就是热证用寒凉药采取温服法，寒证用温热药采取冷服法。

三、同治与异治

同治与异治，即异病同治和同病异治。

1. 异病同治　指不同的疾病，由于病机相同或处于同一性质的病变阶段（证候相同），可以采用同一种治法。例如，久泄、久痢、脱肛、阴道脱和子宫脱等病证，凡属气虚下陷者，均可用补中益气的相同方法治疗。又如，在许多不同的传染病过程中，只要出现气分证（大热、大汗、大渴、脉洪大），都可以用清气（清热生津）的方法治疗。

2. 同病异治　指同一种疾病，由于病因、病机以及发展阶段的不同，而采用不同的治法。例如，同为感冒，由于有风寒和风热的不同病因和病机，治疗就有辛温解表和辛凉解表之分。又如，同属外感温热病，由于有卫、气、营、血四个病变阶段（证候不同），治疗也相应地有解表、清气、清营和凉血的不同治法。

四、三因制宜

三因制宜，包括因时制宜、因地制宜和因畜制宜三个方面。中兽医学认为动物体与外界环境之间有着密切的关系，四时气候、地域环境以及患畜本身的性别、年龄、体质等因素，对于疾病的发生、发展变化与转归，都有着不同程度的影响。因而，在治疗疾病时，就必须根据这些具体因素，区别对待，采取相应的治疗措施。

1. 因时制宜　就是根据不同季节的气候特点来考虑治疗用药的原则。如春夏季节，气候由温渐热，阳气升发，动物腠理疏松开泄，即使是患外感风寒，也不宜过用辛温发散之品，以免开泄太过，耗伤阳气；而秋冬季节，气候由凉变寒，阴气日增，动物腠理致密，阳气内敛，此时若非大热之证，就当慎用寒凉之品，以防苦寒伤阳。《素问·六气正纪大论篇》说“用热远热，用温远温，用寒远寒，用凉远凉”就是这个意思。再如，暑邪致病带有明显的季节性，且暑多扶湿，故暑天治病，应注意清暑化湿。

2. 因地制宜　就是根据不同地区的地理环境特点来考虑治疗用药的原则。如南方气候炎热而潮湿，病多湿热或温热，故多用清热化湿之品；北方气候寒冷而干燥，病多风寒或燥证，故常用温热润燥之味。即或是同一种疾病，地域不同，采用的治则可能也不同，如同为感冒，在东南地区，以风热为多，常用辛凉解表之法；而在西北地区，则以风寒居多，常用辛温发汗之法。即使相同的病证，治疗用药也应当考虑不同地域的特点，如外感风寒证，在西北、东北严寒地区，药量可以稍重，而在南方温热地区，药量就应稍轻。

3.因畜制宜　就是根据动物年龄、性别、体质等不同特点来考虑治疗用药的原则。

（1）年龄。成年动物正气旺盛，体质强健，病多实证，治宜攻邪泻实，药量亦可稍重。老龄动物生机减退，脏腑气血已衰，病多虚证或虚中挟实，治疗时要注意扶正补虚，即令祛邪也勿伤其正。幼龄仔畜生机旺盛，但脏腑娇嫩，气血未充，因而治疗幼仔疾患，忌用峻剂，药量宜轻。此外，幼畜多外感病和胃肠病，故又当重视宣肺散邪和调理脾胃功能。

（2）性别。性别不同，生理、病理特点各异，治疗用药亦各有不同。母畜有经产、妊娠、分娩等特点，治疗时要注意安胎，通经下乳，妊娠禁忌等问题。公畜有精室及性功能等特有病证，治疗多应补肾滋阴。

（3）体质。体质不同，机体的反应性也不相同，病证的属性有别，治法方药也就当有所不同。一般说来，体质强壮者，其病多为实证、热证，其体耐受攻伐，药量稍重亦无妨；体质瘦弱者，其病多为虚证、寒证或虚中挟实，其体不耐克伐，应注意采用温补之剂，即令有邪而挟实，也应攻补兼施。

三因制宜的原则，充分体现了中兽医治病的整体观念和在实际应用时的原则性和灵活性。只有把天时气候、地域环境、患畜的年龄性别体质因素，同疾病的病理变化结合起来全面分析，采用适宜的方法，才能取得较好的疗效。

五、治疗与护养

针药治疗与护理调养，是医治动物疾病不可分割的两个方面。俗话说："三分治疗，七分护理。"经验证明，对病畜护养的好坏，直接影响治疗效果。《三农纪》中指出："人但知药能治病，而不知调护，无药而治也。"《元亨疗马集·七十二症》中，每症也多有调理一项。例如，提出寒病忌凉，不可寒夜外拴，宜养于暖厩之中；热病忌热，栅内不可过温，宜拴于阴凉之处；伤食者少喂，伤水者少饮，伤热者宜饮凉水，伤冷者宜饮温水；表散之病忌风，勿拴巷道檐下；四肢拘挛，步行艰难之病，则昼夜放纵；低头难者宜用高槽；肩膊痛者宜用低槽；破伤风患畜，背上宜搭毡毯，养于安静光暗之厩舍，时时给以粒状饲料；患腰瘫腿瘓者，必须在卧地多垫软草，不可卧于潮湿之处；患肚痛起卧者，必须专人照料，防止跌滚。凡此种种，都是前人的宝贵经验。说明中兽医对病畜的护养工作向来十分重视，值得我们很好地学习运用。

第三节 治法

治法，指临证时对某一具体病证所确定的治疗方法，是治则理论在临床中的具体应用，主要包括内治法和外治法两大类。

一、内治法

（一）八法

即汗、吐、下、和、温、清、补、消八种药物治疗的基本方法。药物治疗是临床上应用最为广泛的一种方法，而八法又是其中最为主要的内容。正如《医学心悟》所说："论病之源，以内伤外感四字括之。论病之情，以寒、热、虚、实、表、里、阴、阳八字统之。而论治病之方，则以汗、吐、下、和、温、清、补、消八法尽之。盖一法之中，八法备焉，八法之中，百法备焉。"

1. *汗法* 又叫解表法，是运用具有解表发汗作用的药物，以开泄腠理，驱除病邪，解除表证的一种治疗方法。主要用于治疗表证。外邪致病，大多先侵犯肌表，继则由表及里，当病邪在肌表，尚未传里时，应采取发汗解表法，使表邪从汗而解，从而控制疾病的传变，达到早期治疗的目的。由于表证有表寒、表热之分，汗法又分辛温解表和辛凉解表两种。

辛温解表主要由味辛性温的解表药如麻黄、桂枝、紫苏、生姜等组成方剂，适用于表寒证，代表方为麻黄汤、桂枝汤等。

辛凉解表主要由味辛性凉的解表药如薄荷、柴胡、桑叶、菊花等组成方剂，适用于表热证，代表方为银翘散、桑菊饮等。

根据兼证的不同，汗法又有加减之变通。如阳虚者，宜补阳发汗；阴虚者，宜滋阴发汗；兼有湿邪在表的，如风湿证，则应于发汗药中配以祛风除湿药。

使用汗法时，应注意以下几点。

(1)体质虚弱、下痢、失血、自汗、盗汗、热病后期等有津亏情况时，原则上禁用汗法。若确有表证存在，必须用汗法时，也应妥善配以益气、养阴等药物。

(2)发汗应以汗出邪去为度，不可发汗太过，以防耗散津液，损伤正气。

(3)夏季或平素表虚多汗者，应慎用辛温发汗之剂。

(4)发汗后，应忌受寒凉。

2. *吐法* 又叫涌吐法或催吐法，是运用具有涌吐性能的药物，使病邪或有毒物质从口中吐出的一种治疗方法。主要适用于误食毒物、痰涎壅盛、食积胃脘等证。代表方为瓜蒂散、盐汤探吐方等。

吐法是一种急救方法，用之得当，收效迅速，用之不当，易伤元气，损伤胃脘。因此，如非急证，只是一般性的食积、痰壅，尽可能用导滞、化痰的方法，特别是马属动物，由于生理特点不易呕吐，更不适用吐法。

使用吐法时，应注意以下两点。

(1)心衰体弱的病畜不可用吐法。

(2)怀孕或产后、失血过多的动物，应慎用吐法。

3.下法　又叫攻下法或泻下法，是运用具有泻下通便作用的药物，以攻逐邪实，达到排除体内积滞和积水，以及解除实热壅结的一种治疗方法。主要适用于里实证，凡胃肠燥结、停水、虫积、实热等证，均可以用本法治疗。根据病情的缓急和患病动物体质的强弱，下法通常分攻下、润下和逐水三类。

攻下法也叫峻下法，是使用泻下作用猛烈的药物以泻火、攻逐胃肠内积滞的一种方法。适用于膘肥体壮，病情紧急，粪便秘结，腹痛起卧，脉洪大有力的病畜。代表方为大承气汤。

润下法也叫缓下法，是使用泻下作用较缓和的药物，治疗年老、体弱、久病、产后气血双亏所致津枯肠燥便秘的一种治疗方法。代表方为当归苁蓉汤。

逐水法是使用具有攻逐水湿功能的药物，治疗水饮聚积的实证如胸水、腹水、粪尿不通等的一种治疗方法。代表方是大戟散。

使用下法时，应注意以下几点。

(1)表邪未解不可用下法，以防引邪内陷。

(2)病在胃脘而有呕吐现象者不可用下法，以防造成胃破裂。

(3)体质虚弱，津液枯竭的便秘不可峻下。

(4)怀孕或产后体弱母畜的便秘不可峻下。

(5)攻下、逐水法，易伤气血，应用时必须根据病情和体质，掌握适当剂量，一般以邪去为度，不可过量使用或长期使用。

4.和法　又叫和解法，是运用具有疏通、和解作用的药物，以祛除病邪，扶助正气和调整脏腑间协调关系的一种治疗方法。主要适用于病邪既不在表，又未入里的半表半里证和脏腑气血不和的病证(如肝脾不和)。前者的代表方为小柴胡汤，后者为逍遥散、痛泄要方。

使用和法时，应注意以下几点。

(1)病邪在表，未入少阳经者，禁用和法。

(2)病邪已入里的实证，不宜用和法。

(3)病属阴寒，证见耳鼻俱凉，四肢厥逆者，禁用和法。

5.温法　又叫祛寒法或温寒法，是运用具有温热性质的药物，促进和提高机体的功能活动，以祛除体内寒邪，补益阳气的一种治疗方法。主要适用于里寒证或里虚证。根据“寒者热之”的治疗原则，按照寒邪所在的部位及其程度的不同，温法又可分为回阳救逆、温中散寒、温经散寒三种。

回阳救逆：适用于肾阳虚衰，阴寒内盛，阳虚欲脱的病证。代表方为四逆汤。

温中散寒：适用于脾胃阳虚所致的中焦虚寒证。代表方为理中汤。

温经散寒：适用于寒气偏盛，气血凝滞，经络不通，关节活动不利的痹证。代表方为黄芪桂枝五物汤。

使用温法时，应注意以下两点。

(1)素体阴虚，体瘦毛焦，阴液将脱者不用温法。

(2)热伏于内，格阴于外的真热假寒证禁用温法。

6.清法　又叫清热法，是运用具有寒凉性质的药物，清除体内热邪的一种治疗方法。主要适用于里热证。临床上常把清法分为清热泻火、清热解毒、清热凉血、清热燥湿、清热解暑几种。

清热泻火：适用于热在气分的里热证。由于热邪所在脏腑的不同，选择的方剂也不同，如白虎汤、麻杏石甘汤、龙胆泻肝汤、清胃散等。

清热解毒：适用于热毒亢盛所引起的病证。如疮黄肿毒等。代表方有消黄散、黄连解毒汤等。

清热凉血：适用于温热病邪入于营分、血分的病证。代表方有清营汤、犀角地黄汤等。

清热燥湿：适用于湿热证。根据湿热所在的脏腑不同，选用的方剂也不同，如茵陈蒿汤、白头翁汤、八正散等。

清热解暑：适用于暑热证。代表方为香薷散。

使用清法时，应注意以下几点。

(1)表邪未解，阳气被郁而发热者禁用清法。

(2)体质素虚，脏腑本寒，胃火不足，粪便稀薄者禁用清法。

(3)过劳及虚热证禁用清法。

(4)阴盛于内，格阳于外的真寒假热证禁用清法。

7.补法　又叫补虚法或补益法，是运用具有营养作用的药物，对畜体阴阳气血不足进行补益的一种治疗方法。适用于一切虚证。因临床上虚证有气虚、血虚、阴虚、阳虚的不同，故补法也就分为了补气、养血、滋阴、助阳四种。

补气适用于气虚证，是运用补气的药物如党参、黄芪、白术等以增强脏腑之气的方法。代表方有四君子汤、参苓白术散、补中益气汤等。因气能生血，故在以补血法治疗血虚时，也应注意补气以生血。

补血适用于血虚证，是运用补血的药物如当归、白芍、阿胶等以促进血液化生的方法。代表方为四物汤、当归补血汤等。

滋阴适用于阴虚证，是运用补阴的药物如熟地、枸杞子、麦冬等以补阴精或增津液的方法。代表方为六味地黄丸。

助阳适用于阳虚证，是运用补阳的药物如巴戟天、淫羊藿、肉苁蓉等以壮脾肾之阳的方法。代表方为肾气散。

气血阴阳是相互联系的，气虚常兼血虚，血虚常导致阴虚，气虚亦常导致阳虚，所以在使用补法时，必须针对病情，全面考虑，灵活运用，才能取得较好的疗效。

脾胃乃后天之本，水谷之海，气血生化之源，所以补气血应以补中焦脾胃为主；肾与命门为水火之脏，是真阴真阳化生之源，所以补阴阳应以补下焦肾与命门为主。

通常情况下，补不宜急，“虚则缓补”。但在特殊情况下，如大出血引起的虚脱症，必须用急补法。

使用补法时，应注意以下几点。

(1)在一般情况下，使用补法切忌纯补，应于补药之中配合少量疏肝和脾之药，达到补而不腻的目的。否则，易造成脾胃气滞，影响消化，不仅妨碍食欲，而且对药物的吸收也有限制，影响补益效果。

(2)应注意“大实有虚象”，诊断时必须认清虚实的真假，避免“误补益疾”的错治。

(3)在邪盛正虚或外邪尚未完全消除的情况下，忌用纯补法，以防“闭门留寇”而致留邪之弊。

8. 消法　又叫消导法或消散法，是运用具有消散破积作用的药物，以达到消散体内气滞、血瘀、食积等的一种治疗方法。临床上常用的有行气解郁、活血化瘀、消食导滞三种。行气解郁适用于气滞证。常用方剂如越鞠丸等。活血化瘀适用于瘀血停滞的瘀血证。常用方剂如桃红四物汤等。消食导滞适用于胃肠食积，常用方剂如曲蘖散等。

消法用于食积时，其作用与下法相似，都能驱除有形之实邪，但在临床运用上又有所不同。

下法着重解除粪便燥结，目的在于猛攻逐下，作用较强，适应急性病证；而消法则具有消积运化的功能，目的在于渐消缓散，作用缓和，适应慢性病证。

消法虽较下法作用缓和，但过度使用也可使患畜气血损耗，因此，当孕畜和虚弱动物患有积食、气滞、瘀血等证时，应配合补气养血药使用，并掌握好剂量。

(二)八法并用

汗、吐、下、和、温、清、补、消八种治疗方法,各有其适用范围,但疾病往往是错综复杂的,有时单用一种方法难以达到治疗目的,必须将八法配合使用,才能提高疗效。

1. 攻补并用 实证宜攻,虚证宜补,这是治疗的常规,但在临证时亦应灵活运用。如正虚而邪实的病证,若单纯用补法,会使邪气更加固结;若单纯用攻法,又恐正气不支,造成虚脱。在这种情况下,既不能先攻后补,也不能先补后攻,必须采取攻补并用的治疗方法,祛邪而又扶正,才是两全之计。临床上年老体弱或久病、产后动物所患的结症,就属于这种正虚邪实的证候,常用当归苁蓉汤等方剂,以当归、黄芪等药补气血,大黄、芒硝等药攻结粪,以期达到邪去正复的目的。

2. 温清并用 温法和清法本是两种互相对抗的疗法,原则上不能并用。但对寒热错杂的病证,如单纯使用温法或清法,皆会偏盛一方,引起不良的变证,使病情加重。对此,必须采取温清并用的方法,才能使寒热错杂的病情,趋于协调。例如,肺脏有火,表现气促喘粗,双鼻流涕,鼻液黏稠,口色鲜红;肾脏有寒,表现尿液清长,肠鸣便稀,舌根流滑涎,即为上热下寒的特有症状,对此病证只能温清并用。常用方剂为温清汤(知母、贝母、苏叶、桔梗、桑枝、郁李仁、白芷、官桂、二丑、小茴香、猪苓、泽泻)。此外,为了协助治疗兼证,也有温清并用的情况,如白术散治胎病,方中以温补为主,补脾养血,但因热能动血,故用黄芩以清热。

3. 消补并用 是把消导药和补养药结合起来使用的治疗方法。对正气虚弱,复有积滞,或积聚日久,正气虚弱,必须缓治而不能急攻的,皆可采取消补并用的方法进行治疗。如脾胃虚弱,消化不良,又贪食精料,致使草料停积胃中所形成的宿草不消,单用消导药效果不够显著,最好配合补养药,如用党参、白术以补脾胃,枳实、厚朴以宣气滞,神曲、麦芽、山楂以导积滞,即为消补并用的方法。临床上常将四君子汤和曲蘖散合用,就是这个道理。

4. 汗下清并用 邪在表宜用汗法,邪在里宜用下法,有热邪在宜用清法,如果既有表证,又有里证,且又寒热错杂之时,则当汗、下、清三法并用。例如,动物在夏季,内有实火,证见口腔干燥、粪干尿赤、苔黄厚、脉洪数,又外受雨淋,复患风寒感冒,又见发热、恶寒、精神沉郁、食欲不振等表证,对于这种风寒袭于表,蕴热结于里的复杂证候,应当采取汗、下、清三法并用,用麻黄、桂枝等疏散在表之邪,使其从汗而解,又用大黄、芒硝之类通利大肠,使实结从大便而解,更用栀子、黄芩等清除在里之热,共奏解表、泻下、清热之效。防风通圣散就是汗、下、清三法并用的方剂。

二、外治法

外治法是不通过内服药物的途径，直接使药物作用于病变部位的一种治疗方法。同内治法一样，在应用外治法时，要根据辨证的结果，针对不同的病证，选择不同的治法。外治法内容丰富，临床常见有贴敷、掺药、点眼、吹鼻、熏、洗、口噙、针灸等方法。

1. 贴敷法　把药物碾成细面，或把新鲜药物捣烂，加酒、或醋、或鸡清、或植物油、或水调和，贴敷在患部，使药物在较长时间内发挥作用。凡疮疡初起、肿毒、四肢关节和筋骨肿痛以及体外寄生虫，常用不同处方的药物贴敷。如《元亨疗马集》雄黄散用醋水调敷治疗疮疡初起，有清热消肿解毒的功用。

2. 掺药法　疮疡破溃后，疮口经过清理，在患部撒上药面叫掺药法。根据所用方药的不同，可具有消肿散瘀、拔毒去腐、止血敛口、生肌收口等不同作用。消肿散瘀的方药如治马心火舌疮的冰硼散、拔毒去腐的如九一丹等，多用于疮疡初期脓多之证；止血敛口常用的桃花散，不仅有止血、结痂、促进伤口愈合的作用，还有防止毒物吸收等作用；生肌收口常用的生肌散，适用于疮疡溃后久不收口。

3. 点眼法　是将极细药面或药液滴入眼中，以达明目退翳作用的方法。常用的有拨云散。

4. 吹鼻法　将药面吹入鼻内，使患畜打喷嚏，以达到理气辟秽、通关利窍作用的方法。如通关散吹鼻内治疗冷痛及高热神昏、痰迷心窍等。

5. 熏法　是将药物点燃后用烟熏治疗某些疾病的方法，如用硫黄熏治羊疥癣，用艾叶熏治袖口黄。

6. 洗法　是将药物煎熬成汤，趁热擦洗患部，以达活血止痛、消肿解毒作用的方法。常用于跌打损伤、疥癞、脱肛等。如防风汤，水煎去渣，候温洗直肠脱出部。

7. 口噙法　是将药面装入长形纱布袋内，两端系绳噙于口内，以达清热解毒、消肿止痛作用的方法。如将青黛散装入纱布袋内，噙于口内，治疗心火舌疮。

8. 针灸疗法　是运用各种不同针具，或用艾灸、熨、烙等方法，对动物体表的某些穴位或特定部位施以适当的刺激，从而达到治疗目的的方法。

中药方剂篇

第八章 中药与方剂基本知识

第一节 中药的产地、采集与储藏

中药的来源，除部分人工制品外，主要是天然的动物、植物和矿物。中药的产地、采集和储藏是否适宜是影响药材质量的重要因素，不合理的采集还会破坏药材资源，降低药材产量。早在《神农本草经》里已指出："阴干、暴干，采造时月，生熟，土地所出，真伪存新，并各有法。"唐代著名医家孙思邈在《千金翼方案·卷一》中，专论"采药时节"及"药出州土"，列举了 233 种中药的采收时节及 519 种中药的产地分布。历代医药学家都十分重视中药的产地与采集，并通过长期实践，积累了丰富的知识和经验。时至今日，人们利用现代科学技术，发现了中药的产地、采集及加工和储藏是否适宜，与药材有效成分含量有很大关系，并取得了诸多成果。重视药物的产地、采集和储藏，对保证药材质量和保护药材资源有着重要的意义。

一、中药的产地

天然药材的分布和生产，离不开一定的自然条件。我国幅员辽阔，自然地理状况十分复杂，水土、气候、日照、生物分布等生态环境各地不尽相同，甚至差别很大。因而天然中药材的生产多有一定的地域性，且产地与其产量、质量有密切关系。古代医药学家经过长期使用、观察和比较，知道即便是分布较广的药材，也由于自然条件的不同，各地所产，其质量优劣也不一样，并逐渐形成了"道地药材"的概念。

道地药材的确定，与药材产地、品种、质量等多种因素有关，而临床疗效则是其关键因素。如四川的黄连、川芎、附子，江苏的薄荷、苍术，广东的砂仁，东北的人参、细辛、五味子，宁夏的枸杞子，云南的茯苓，河南的四大怀药（地黄、牛膝、山药、菊花），山东的阿胶等，都是著名的道地药材，受到人们的称道。

道地药材是在长期的生产和用药实践中形成的，并不是一成不变的。环境条件的变化使山西上党人参几近灭绝，人们遂贵东北人参；三七原产广西，称为广三七、田七，云南产者后来居上，称为滇三七，成为三七的新道地产区。

长期的临床医疗实践证明，重视中药产地与质量的关系，强调道地药材的开发和应用，对于保证中药疗效，起着十分重要的作用。随着人民生活水平的提高，对肉、蛋、奶的需求量不断增多，畜牧业的发展对中药的需求量日益增加，再加上很多药材的生产周期较长，产量有限，因此，单靠强调道地药材产区扩大生产，已经无法满足药材需求。在这种情况下，进行药材的引种栽培以及药用动物的驯养，成为解决道地药材不足的重要途径。在现在技术条件下，我国已成功地对不少名贵或短缺药材进行异地引种，并开展药用动物的驯养。如天麻的大面积引种；人工培育牛黄；人工养鹿取茸；人工养麝及活麝取香；人工虫草菌的培养等等。当然，在药材的引种和驯养工作中，必须确保该品种原有的性能和疗效。

二、中药的采集

中药材所含有效成分是药物具有防病治病作用的物质基础，而有效成分的质和量与中药材的采收季节、时间和方法有着十分密切的关系。由此看来，中药材的采集是确保药物质量的重要环节之一，因而也是影响药物性能和疗效的重要因素。

（一）植物类药材的采收

不同的生长发育阶段，植物中化学成分的积累是不相同的，甚至会有很大差别。首先，植物生长年限的长短与药物中所含化学成分的质和量有着密切关系。据研究资料报道，甘草中的甘草酸为其主要有效成分，生长 3～4 年者含量较之生长一年者几乎高出 1 倍。人参总皂苷的含量，以 6～7 年采收者最高。其次，植物在生长过程中随月份的变化，有效成分的含量也各不相同。如丹参以有效成分含量最高的 7 月采收为宜。黄连中小檗碱含量大幅度升高的趋势可延续到第六年，而一年内又以 7 月份含量最高，因而黄连的最佳采收期是第六年的 7 月份。再者，时辰的变更与中药有效化学成分含量亦有密切关系。如金银花一天之内以早晨九时采摘最好，否则因花蕾开放而降低质量；曼陀罗中生物碱的含量，早晨叶子含量高，晚上根中含量高。

植物类药材其根、茎、叶、花、果实、种子各器官的生长成熟期有明显的季节性，根据前人长期的实践经验，其采收时节和方法通常以入药部位的生长特性为依据，大致可按药用部位归纳为以下几种情况。

1. 全草类　多数在植物充分生长、枝叶繁茂的花前期或刚开花时采收。有的割取植物的地上部分，如薄荷、荆芥、益母草、紫苏等。以带根全草入药的，则连根拔起全株，如车前草、蒲公英、紫花地丁等。茎叶同时入药的藤本植物，其采收原则与此相同，应在生长旺盛时割取，如夜交藤、忍冬藤等。

2. 叶类　叶类药材采集通常在花蕾将放或正在盛开的时候进行。此时正当植物生长茂盛的阶段，性味完壮，药力雄厚，最适宜采收，如大青叶、荷叶、艾叶、枇杷叶等，荷叶在荷花含苞欲放或盛开时采收者，色泽翠绿，质量最好。有些特定的品种，如霜桑叶，须在深秋或初冬经霜后采集。

3.花类　花的采收一般在花正开放时进行，由于花朵次第开放，所以要分次采集，采摘时间很重要。若采收过迟，则易致花瓣脱落和变色，气味散失，影响质量，如菊花、旋覆花；有些花要求在含苞欲放时采摘花蕾，如金银花、槐米、辛夷等；有的在刚开放时采摘最好，如月季花；而红花则宜于花冠由黄色变橙红色时采摘。至于蒲黄之类以花粉入药的，则须于花朵盛开时采收。

4.果实和种子类　多数果实类药材，应当于果实成熟后或将成熟时采收，如瓜蒌、枸杞子、马兜铃。少数品种有特殊要求，应当采用未成熟的幼嫩果实，如乌梅、青皮、枳实等。以种子入药的，如果同一果序成熟期相近，可以割取整个果序，悬挂在干燥通风处，以待果实全部成熟，然后进行脱粒。如果同一果序的果实次第成熟，则应分次摘取成熟果实。有些干果成熟后很快脱落，或果壳裂开，种子散失，如小茴香、白豆蔻、牵牛子等，最好在开始成熟时适时采收。容易变质的浆果，如枸杞子、女贞子，在略熟时清晨或傍晚采收为好。

5.根和根茎类　古人经验以阴历二、八月为佳，认为春初"津润始萌，未充枝叶，势力醇浓"，"至秋枝叶干枯，津润归流于下"，并指出"春宁宜早，秋宁宜晚"，这种认识是很正确的。早春2月，新芽未萌；深秋时节，多数植物的地上部分停止生长，其营养物质多储存于地下部分，有效成分含量高，此时采收质量好，产量高，如天麻、苍术、葛根、桔梗、大黄、玉竹等。天麻在冬季至翌年清明前茎苗未出时采收者称"冬麻"，体坚色亮，质量较佳；春季茎苗出土再采者称"春麻"，体轻色暗，质量较差。此外，也有少数例外的，如半夏、延胡索等则以夏季采收为宜。

6.树皮和根皮类　通常在清明和夏至间（即春、夏时节）剥取树皮。此时植物生长旺盛，不仅质量较佳，而且树木枝干内浆汁丰富，形成层细胞分裂迅速，树干易于剥离，如黄柏、厚朴、杜仲等。但肉桂多在10月采收，因此时油多容易剥离。木本植物生长周期长，应尽量避免伐树取皮或环剥树皮等简单方法以保护药源。至于根皮，则与根和根茎相类似，应于秋后苗枯或早春萌芽前采集，如牡丹皮、地骨皮、苦楝根皮等。

（二）动物类药物的采收

动物类药材因品种不同，采收各异。其具体时间，以保证药效及容易获得为原则。如桑螵蛸应在3月中旬采收，过时则虫卵已孵化；鹿茸应在清明后45～60日截取，过时则角化；驴皮应在冬至后剥取，其皮厚质佳；小昆虫等，应于数量较多的活动期捕获，如斑蝥于夏秋季清晨露水未干时捕捉。

（三）矿物类药物的采收

矿物类药物的采收一般不受时间限制，可随时采收，但应注意保护资源。

三、中药的储藏

中草药在贮存保管中，因受周围环境和自然条件等因素的影响，常会发生霉烂、虫蛀、变色、泛油等现象，导致药材变质，影响或失去疗效。因此必须贮存和保管好中药材，以保证药材的质量和疗效。

1.药材的防霉　大气中存在着大量的霉菌孢子，如果散落在药材表面上，在适当的温度(25℃左右)、湿度(空气中相对湿度在85%以上或药材含水率超过15%)以及适宜的环境(如阴暗不通风的场所)、足够的营养条件下，即萌发成菌丝，分泌酵素，分解和溶蚀药材而使药材腐坏，以及产生秽臭恶味。

因此，防霉的重要措施是保证药材的干燥、入库后防湿、防热、通风，对已生霉的药材，可以撞刷、晾晒等方法简单除霉，霉迹严重的，可用水、醋、酒等洗刷后再晾晒。

2.药材的防蛀　虫蛀对药材的影响甚大，虫害的预防和消灭，对于大量贮存保管的药材仓库，主要是用氯化苦、磷化铝等化学药剂熏蒸法杀虫。对于药房中少量保存的药材，除药剂杀虫外，可采用下列方法防虫。

(1)密封法。一般按件密封，可采用适当容器，用蜡封固，怕热的药材可用干沙或稻糠埋藏密封，贵细药材，可充二氧化碳或氮气密封。

(2)冷藏法。温度在5℃左右即不易生虫，因此可采用冷窖、冷库等设施干燥冷藏。

(3)对抗法。这是一种传统方法，适用于数量不多的药材。如泽泻与丹皮同贮、泽泻不生虫、丹皮不变色，蕲蛇中放花椒，鹿茸中放樟脑，瓜蒌、蛤士蟆油中放酒等均不生虫。

3.药材的其他变质情况

(1)变色：酶引起的变色，如药材中所含成分的结构中有酚羟基，则在酶作用下，经过氧化、聚合，形成了大分子的有色化合物，使药材变色；如含黄酮类，羟基蒽醌类，鞣质类等的药材，因此容易变色。非酶引起的变色原因比较复杂，或因药材中所含糖及糖酸分解产生糠醛及其类似化合物，与一些含氮化合物缩合成棕色色素；或因药材中含有的蛋白质中的氨基酸与还原糖作用，生成大分子的棕色物质，使药材变色。此外，某些外因如温度、湿度、日光、氧气、杀虫剂等多与变色的快慢有关。因此防止药材的变色，常需干燥避光冷藏保存。

(2)泛油。泛油指含油性药材的油性成分泛于药材表面以及某些药材受潮、变色后表面泛出油样物质。前者如柏子仁、杏仁、桃仁、郁李仁(含脂肪油)、当归、肉桂(含挥发油)，后者如天门冬、太子参、枸杞等(含糖质)。药材“泛油”，除油质成分损失外，常与药材的变质现象相联系，防止“泛油”的主要方法是冷藏和避光保存。

此外，有的中药由于化学成分自然分解、挥发、升华而不宜久贮，应注意贮存期限。

第二节　中药的炮制

炮制是药物在应用前或制成各种剂型之前必要的加工处理过程，包括对原药材进行一般修治整理和部分药材的特殊处理。古代称之为炮炙、修治、修事等。由于中药材大都是生药，在制备各种剂型之前，一般应根据医疗、配方、制剂的不同要求，并结合药材的自身特点，进行一定的加工处理，才能使之既充分发挥疗效又避免或减轻不良反应，在最大程度上符合临床用药的目的。药物炮制方法的应用与发展有着悠久的历史，方法多样，内容丰富。炮制是否得当，直接关系到药效优劣，少数毒性和烈性药物的合理炮制更是确保用药安全的重要措施。正如前人所说“不及则功效难求，太过则性味反失”。

一、炮制的目的

总的说来，药材炮制的目的大致可以归纳为以下五个方面。

1. 降低或消除药物的毒副作用，保证用药安全　如附子、川乌、草乌、半夏、天南星、马钱子等生用内服容易中毒，炮制后能降低其毒性。巴豆、续随子泻下作用剧烈，宜去油取霜用。常山用酒炒，可减轻其催吐的副作用。

2. 增强药物作用，提高临床疗效　如蜂蜜、酒、姜汁、胆汁等中药炮制中常用的液体辅料，本身就是药物，它们与被拌和的药物的某些作用之间，存在着协同配伍关系。如蜜炙百部、紫菀，能增强润肺止咳作用；酒炒川芎、当归，能增强其通经活血作用；醋炒延胡索、香附，能增强其止痛作用；姜汁炙可加强止呕作用，如姜黄连、姜竹茹；牛胆汁制南星能增强其息风止痉作用。其他如明矾煅为枯矾，可增强其燥湿、收敛作用；槐花炒炭，能增强其止血作用。

3. 改变药物的性能和功效，使之能适应病情的需要　药物的性味功效经过炮制处理后可在一定程度上得到改变，以适应不同的病情和体质的需要。如吴茱萸，味辛热燥烈，宜于里寒之症，若用黄连水拌炒，或用甘草水浸泡，去其温烈之性，对于肝火犯胃之呕吐腹痛，亦常用之；生地黄为甘、苦、寒之品，长于清热凉血，经入黄酒反复蒸晒后而变为熟地黄，其药性微温而以补血见长，适宜于血虚证；生姜煨熟，则能减缓其发散力，而增强温中之效，尤宜于治疗中寒腹痛之证；何首乌生用能泻下通便，制熟后则失去泻下作用而专补肝肾等。

再者，由于每一单味药物往往具有多种功效，这些互不相同的功效有时不能同时适用于某一病证。如麻黄具有辛温发汗解表和平喘止咳等功效，对于风寒表实而兼咳喘者，可全面发挥其功效；对于热壅于肺，汗出而咳喘者，其温散发汗作用，显然不利于病情，若通过炮制以蜜炙麻黄入药，则辛温发汗之力受到制约，而平喘止咳之力增强，宜用于咳喘之证。

4.改变药物的某些性状　一般的中药材在采集以后，均可直接使用鲜品。如地黄、芦根、石斛等许多鲜品的疗效，较之干品更佳。然而，由于产地、季节等因素的限制，多种药材无法直接使用鲜品，皆须干燥处理，才可储存、运输。多数药材可以日光曝晒，或人工烘烤进行干燥，但少数动物药及富含汁液的植物药，需经特殊处理。如肉苁蓉之肉质茎富含汁液，春季采者所含水分较少，可半埋于沙中晒干；而秋季采者，茎中水分较多，需投入盐水湖中，加工成盐苁蓉，方可避免变质。桑螵蛸为螳螂之卵鞘，内有虫卵，应蒸后晒干，杀死虫卵，以防贮存过程中因虫卵孵化而失效。

5.纯净药材　保证药材品质和用量准确及矫臭、矫味，以便于服用。

二、炮制的方法

炮制方法是历代逐渐发展和充实起来的，其内容丰富、方法多样。现代的炮制方法在古代炮制经验的基础上有很大的发展和改进，根据目前的实际应用情况，可分为五大类型。

1.修治

(1)纯净处理。采用挑、捡、簸、筛、刮、刷等方法，去掉灰屑、杂质及非药用部分，使药物清洁纯净。如捡去合欢花中的枝、叶；刷除枇杷叶、石韦叶背面的绒毛；刮去厚朴、肉桂的粗皮等。

(2)粉碎处理。采用捣、辗、镑、锉等方法，使药物粉碎，以符合制剂和其他炮制法的要求。如牡蛎、龙骨捣碎便于煎煮；川贝母捣粉便于吞服；水牛角、羚羊角镑成薄片，或锉成粉末等。

(3)切制处理。采用切、铡的方法，把药物制成一定的规格，便于进行其他炮制，也有利于干燥、贮藏和调剂时称量。根据药材的性质和临床需要，切片有很多规格。如天麻、槟榔宜切薄片，泽泻、白术宜切厚片，黄芪、鸡血藤宜切斜片，桑白皮、枇杷叶宜切丝，白茅根、麻黄宜铡成段，茯苓、葛根宜切成块等。

2.水制　是指用水或其他液体辅料处理药物的方法。水制的目的主要是清洁药材、软化药材以便于切制和调整药性。常用的有洗、淋、泡、浸、漂、润、水飞等。

(1)洗。将药材放入清水中，快速洗涤，除去上浮杂物及下沉脏物，及时捞出晒干备用。除少数易溶或不易干燥的花、叶、果及肉类药材外,大多需要淘洗。

(2)淋。将不宜浸泡的药材,用少量清水浇洒喷淋,使其清洁和软化。

(3)泡。将质地坚硬的药材,在保证药效的前提下,放入水中浸泡一段时间,使其软化。

(4)润。又称闷或伏。根据药材质地的软硬,加工时的气温、工具,用淋润、洗润、泡润、浸润、盖润、露润、包润、复润、双润等多种方法,使清水或其他液体辅料徐徐入内,在不损失或少损失药效的前提下,使药材软化,便于切制饮片,如淋润荆芥、泡润槟榔、酒洗润当归、姜汁浸润厚朴、伏润大黄等。

(5)漂。将药物置水池或长流水中浸渍一段时间,并反复换水,以去除腥味、盐分及毒性成分的方法。如将昆布、海藻、盐附子漂去盐分,紫河车漂去腥味等。

(6)水飞。系借药物在水中的沉降性质分取药材极细粉末的方法。将不溶于水的药材粉碎后置乳钵或辗槽内加水共研,大量生产则用球磨机研磨,再加入大量的水,搅拌,较粗的粉粒即下沉,细粉混悬于水中,倾出;粗粒再飞再研,倾出的混悬液沉淀后,分出,干燥即成极细粉末。此法所制粉末既细又减少了研磨中粉尘飞扬损失。常用于矿物类、贝甲类药材的制粉,如飞朱砂、飞炉甘石、飞雄黄。

3.火制　用火加热处理药物的方法。本法是使用最为广泛的炮制方法,常用的火制法有炒、炙、煅、煨、烘焙等。

(1)炒。有炒黄、炒焦、炒炭等程度不同的清炒法。用文火炒至药材表面焦黑,部分炭化,内部焦黄,但仍留有药材固有气味(即存性)者称炒炭。炒黄、炒焦使药物易于粉碎加工,并缓和药性。种子类药物炒后煎煮时有效成分更容易溶出。炒炭能缓和药物的烈性、副作用或增强其收敛止血的功效。除清炒外,还可拌固体辅料如土、麦麸、米炒,可减少药物的刺激性,增强疗效,如土炒白术、麸炒枳壳、米炒斑蝥等。与砂或滑石、蛤粉同炒的方法习称烫,药物受热均匀酥脆,易于煎出有效成分或便于服用,如砂炒穿山甲、蛤粉炒阿胶等。

(2)炙。是将药材与液体辅料拌炒,使辅料逐渐渗入药材内部的炮制方法。通常使用的液体辅料有蜜、酒、醋、姜汁、盐水、童便等。如蜜制黄芪、蜜制甘草、酒制川芎、醋制香附、盐水制杜仲等。炙可以改变药性,增强疗效或减少副作用。

(3)煅。将药材用猛火直接或间接煅烧,使质地松脆,易于粉碎,充分发挥疗效。其中直接放在炉火上或容器内而不密闭加热者,称为明煅,此法多用于矿物药或动物甲壳类药材,如煅牡蛎、煅石膏等。将药材置于密闭容器内加热煅烧者,称为密煅或焖煅,本法使用于质地轻松,可炭化的药材,如煅血余炭、煅棕榈炭等。

(4)煨。将药材包裹于湿面粉、湿纸中,放入热火灰中加热,或用草纸与饮片隔层分放加热的方法,称为煨法。其中以面糊包裹者,称面裹煨;以湿草纸包裹者,称纸裹煨；以草纸分层隔开者，称隔纸煨；将药材直接埋入火灰中，使其高热发泡者，称直接煨。

(5)烘焙。将药材用微火加热，使之干燥的方法称为烘焙。

4. 水火共制　常见的水火共制包括煮、蒸、潬、淬等。

(1)煮。是用清水或液体辅料与药物共同加热的方法，如醋制芫花、酒制黄芩。

(2)蒸。是利用水蒸气或隔水加热的方法。不加辅料者，称为清蒸；加辅料者，称为辅料蒸。加热的时间，视炮制的目的而定。如改变药物性味功效者，宜久蒸或反复蒸晒，如蒸制熟地黄、何首乌；为使药材软化，以便于切制者，以蒸软透心为度，如蒸茯苓、厚朴，为便于干燥或杀死虫卵，以利于贮存者，加热蒸至"园气"，即可取出晒干，如蒸银杏、女贞子、桑螵蛸。

(3)潬。是将药物快速放入沸水中短暂潦过，立即取出的方法。常用于种子类药物的去皮和肉质多汁药物的干燥处理，如杏仁、桃仁以去皮；马齿苋、天门冬以便于晒干贮存。

(4)淬。是将药物煅烧红后，迅速投入冷水或液体辅料中，使其酥脆的方法。淬后不仅易于粉碎，且辅料被其吸收，可发挥预期疗效。如醋淬自然铜、鳖甲、黄连煮汁淬炉甘石等。

5. 其他方法　除上述方法以外的一些特殊制法，均概括于此类。常用的有制霜、发酵、发芽等。

(1)制霜。种子类药材压榨去油或矿物药材的重结晶后的制品，称为霜。其相应的炮制法称为制霜。前者如巴豆霜，后者如西瓜霜。

(2)发酵。将药材与辅料拌和，在一定的温度和湿度的条件下，利用霉菌使其发泡、生霉，并改变原药的药性，以生产新药的方法，称为发酵法。如神曲、淡豆豉。

(3)发芽。将具有发芽能力的种子药材用水浸泡后，经常保持一定的湿度和温度，使其萌发幼芽。如谷芽、麦芽、大豆黄卷等。

第三节　中药的性能

中药的性能是指每味药物的性质和能力。它是药物用于防治畜禽疾病的物质基础。疾病的发生、发展都是畜禽生理机能紊乱、阴阳失去平衡所致的各种病理状态。药物的治疗作用则在于恢复生理机能、调节阴阳平衡，使动物迅速得到康复。这种以药物的作用来纠正动物机能的偏差，是由药物本身的性能所决定的。

中药的性能又称药性，是中药作用的基本性质和特征的高度概括。药性理论是中药理论的核心，主要包括四气五味、归经、升降沉浮、毒性等。

一、四气五味

《神农本草经》说“药有酸、咸、甘、苦、辛五味，又有寒、热、温、凉四气。”即指出了药物有四气和五味，分别代表药物的药性和药味两个方面。性味对于认识药物的共性和个性，以及指导临床用药，都有实际意义。

（一）四气

四气又称四性，是指药物的寒、热、温、凉四种不同的性质。此外，还有一些四气不甚显著的所谓平性药物，这些药物虽然药性属平、作用缓和，但是它们仍有偏温或偏凉的差别。所以对寒、热、温、凉、平五种药性，一般仍称为四气。

四气中，寒凉与温热是两类性质完全不同的药物，而寒与凉，或温与热，只是程度上的不同。具体地说，凉极为寒，微寒为凉；大温为热，微热为温。古人说：“寒为凉之极，凉为寒之渐；热为温之极，温为热之渐。”药性的寒、凉、温、热，是古人根据药物作用于机体所发生的反应和对于疾病所产生的治疗效果而作出的概括性的归纳，是同所治疗疾病的寒热性质相对而言的。凡是能减轻或消除热证的药物，一般属于寒性或凉性；反之，凡是能减轻或消除寒证的药物，大多属于热性或温性。正如《神农本草经》所说“疗寒以热药，疗热以寒药。”《素问》中说：“寒者热之，热者寒之。”这是治病的常规。如为寒热夹杂的病证，亦可寒热药物并用。

寒凉药大多具有清热、泻火、凉血、燥湿、攻下、解毒等作用。常用于肌肤发热、体温升高、口红、脉数的热证，如知母、石膏、黄连、茵陈、连翘、蒲公英等。温热药多具有散寒、温中、通络、助阳、补气、补血等作用，常用于形寒肢冷、口淡、脉迟的虚寒证，如附子、肉桂、干姜、菟丝子、党参、黄芪等。由此可见，如果用药不明四气，治病不分寒热，不但难于起效，而且往往会延误病情，甚至造成死亡。

（二）五味

五味，即酸、苦、甘、辛、咸五种不同的滋味，代表药物不同的功效和应用。五味也是药物作用的标志，另外有些药物具有淡味或涩味，因都分属于五味之中，所以仍然称为五味。五味的确定取决于两个方面，一是与实际口尝感觉有关，二是药物临床应用的归纳和总结。所以，把五味上升为药性理论来认识，已远远超出了味觉的概念，而是与药物功效应用密切相关。因此，本草书籍中记载的味，有时与实际口感味道并不相符。不同的味就有不同的作用。味相同的药物，其作用也有相近或共同之处。《内经》将五味归纳为酸收、苦坚、甘缓、辛散、咸软。其具体作用如下：

酸味药物有收敛和固涩作用。如乌梅、诃子治疗泻泄、脱肛；五味子、山茱萸能止虚汗、治遗精。涩与酸味相似，都有止泻、止血、涩精、固脱、止汗等作用。如龙骨、牡蛎、赤石脂、芡实等。所以，将涩味归于酸味。

辛味药物有发散、行气、活血的作用，常用治疗表证或气血阻滞证。如麻黄、桂枝之发散表邪，陈皮、木香之行气宽中，红花、川芎之活血化瘀的作用。

甘味药物有补益、和中、缓急等作用，常用治虚证，并缓和拘急疼痛，调和药性，解药食毒，如甘草、大枣之缓中，黄芪、党参能补中益气，熟地、阿胶能补血养血。

苦味药物有泄和燥的作用。泄，包括通泄，如大黄，适用于热结便秘；降泄，如杏仁适用于肺气上逆的喘咳；清泄，如栀子适用于热盛心烦等证。燥，即燥湿，用于湿证，有苦寒燥湿热、苦温燥寒湿之分。还有苦能坚阴之说。

咸味药物有软坚散结和泻下作用，多用于瘰疬、瘿瘤、痰核、癥瘕等证，如牡蛎、海藻能软坚消痰，芒硝、肉苁蓉能润下通便。

淡味药物有渗湿、利尿作用，多用治水肿、小便不利等证，如茯苓、通草等。

（三）四气和五味的关系

凡药物的性能都是气和味的综合，二者不可分割。如麦冬、黄连从四气来说，都属寒性，皆治热病，但从五味来说，麦冬味甘而性寒，治虚热，黄连味苦而性寒，治实热。又如麻黄、薄荷从五味来说都属辛味，辛能发热，但麻黄味辛而性温，为发散外感风寒，薄荷味辛而性凉，宜治外感风热。

同一种药性（气），而有五味的差别（即性同而味异）。例如同一温性药，有辛温（苏叶、生姜）、酸温（五味子、山萸肉）、甘温（党参、白术）、苦温（苍术、厚朴）、咸温（蛤蚧、肉苁蓉）的不同。同一种味，亦各有四性的不同（味同而性异），如以辛为例，有辛寒（浮萍）、辛凉（薄荷）、辛温（半夏）、辛热（附子）的不同。

临床常用者主要有以下几种：

酸温：有收敛、止汗、涩精等作用，如乌梅、山茱萸、五味子等。

酸寒：有敛肺、生津等作用，如枯矾、五倍子等。

苦温：有燥湿、散寒等作用，如苍术、艾叶等。

苦寒：有清热、泻火、燥湿、解毒、泻下等作用，如知母、黄连、茵陈、大黄等。

甘温：有补气、补血、助阳等作用，如黄芪、熟地、杜仲等。

甘寒：有养阴、生津、利水等作用，如麦冬、生地、芦根、车前子等。

辛温：有发散风寒（如麻黄）、行气（如厚朴）、活血（如红花）、温中（如干姜）等作用。

辛凉：有发散风热的作用，如薄荷等。

咸温：有温补肾阳的作用，如肉苁蓉等。

咸寒：软坚（如海藻）、泻下（如芒硝）、滋阴潜阳（如龟板、鳖甲等）作用。

以上是以味为主，配合两种性（温、寒），另外两种性（热、凉），可将热性包括于温性、凉性包括于寒性之中。

这仅是药物的共性，也有不少的例外，如甘寒药物能生津，而蝉蜕也属甘寒，但无生津作用，因此不能一概而论。

另外，还有不少药物是一性（气）而兼数味。如桂枝性辛味甘温，因辛能发散，甘能壮补，温能散寒，故本品有发散风寒、通经活络之功，常与补药同用。又如当归为甘辛苦温，而甘能补，辛能散，苦能泻，故本品为补而不滞之品。说明药物的性味是错综复杂的。这种复杂情况，也正体现了每种药物具有多种作用。

二、升降浮沉

升降沉浮是指药物作用于畜体的四种趋向。升是指向前、向上，降是指向后、向下，浮是指向上、向外，沉是指向后、向内，也就是说，升是上升，降是下降，浮是发散，沉是泄利。但升与浮、沉与降仅是程度上的差异，故有升极则浮，降极则沉之说。

由于各种疾病在病机和证候上，常有向上（如呕吐、喘咳）、向下（如泻痢、脱肛），或向外（如自汗、盗汗）、向内（如表证入里）等病势趋向的不同，以及在上、在下、在表、在里等病位的差异。因此，能够针对病情，改善或消除这些病证的药物，相对来说也就分别具有升降浮沉的不同作用趋向。药物的这种性能，有助于调整紊乱的脏腑气机，使之归于平顺；或因势利导，祛邪外出。

升浮药物属阳，具有上行（如桂枝）、提升（如升麻）、发散（如麻黄）、散寒（如附子）、祛风（如防风）等作用。沉降药物属阴，具有下行（如牛膝）、泻下（如大黄）、降逆（如代赭石）、清热（如黄连）、渗利（如木通）、潜阳（如龟板）等功效。凡病变部位在上、在表者，用药宜升浮不宜沉降，如外感风寒表证，当用麻黄、桂枝等升浮药来解表散寒；在下在里者，用药宜沉降不宜升浮，如肠燥便秘之里实证，当用大黄、芒硝等沉降药来泻下攻里。病势上逆者，宜降不宜升，如肝火上炎引起的双目红肿、羞明流泪，应选用石决明、龙胆等沉降药以清热泻火、平肝潜阳；病势下陷者，宜升不宜降，如久泻脱肛或子宫脱垂，当用黄芪、升麻等升浮药物益气升阳。一般说来。治疗用药不能够违反这一规律。

升降沉浮与药物的气味、质地、药用部分、炮制、配伍等均有关系。

1. *升降沉浮与药物气味的关系*　以药物的四气来说，温热药物主升浮，寒凉药物主沉降；以五味来说，辛、甘、淡主升浮，酸、苦、咸主沉降。这也正如李时珍所说的“酸咸无升，辛甘无降，寒无浮，热无沉，其性然也”。说明升降沉浮与四气五味有密切的关系。

2. *升降沉浮与药物质地、药用部分的关系*　凡质地轻而疏松的药物，如植物的叶、花、空心的根茎，大多具有升浮的作用，如薄荷、辛夷、升麻等。凡质地坚实的药物，如植物的子实、根茎及金石、贝壳类药物，大多具有沉降的作用，如苏子、大黄、磁石、牡蛎等。但这也不是绝对的，如“诸花皆升，旋覆独降”，“诸子皆降，荆子独升”等。又如苏子味辛性温，从气味上讲属升，但因质重而主降。

3. 升降沉浮与药物炮制和配伍的关系　以炮制来说，生用主升，熟用主降，酒制能升，生姜制能散，醋制能收，盐水炒能下行。

以药物配伍来说，如将升浮药物配于大队沉降药物之中，也能随之下降，而沉降药物配于大队升浮药物之中，也能随之上升。此外，桔梗专能载药上升，牛膝专能引药下行，所以，古人说：“升降在物，亦可在人”。因此，在临床用药时，除掌握药物的普遍规律外，还应知道它们的特殊性，才能更好地达到用药目的。

三、归经

归经，指药物对机体的选择性作用。即某药对某经（脏腑或经络）或某几经发生明显的作用，而对其他经则作用较小或没有作用。也就是说凡某种药物能治某经的病症，既为归入某经之药。如同属寒性的药物，都具有清热作用，然有黄连偏于清心热、黄芩偏于清肺热、龙胆偏于清肝热等不同。再如同为补药，有党参补脾、蛤蚧补肺、杜仲补肾等的区别。因此，将各种药物对机体各部位的治疗作用进行系统归纳，便形成了归经理论。

中药的归经，是以脏腑、经络理论为基础，以所治具体病证为根据的。由于经络沟通机体的内外表里，所以一旦机体发生病变，体表的病证可以通过经络而影响内在脏腑，而脏腑的病变也可以通过经络反映到所属体表。各个脏腑、经络发生病变时所发生的症状是各不相同的，如肺经病变多见咳嗽、喘气等症，心经病变多见心悸、神昏等症，脾经病变多见食滞、泄泻等症。在临床上，将药物的疗效与病因病机以及脏腑、经络联系起来，就可以说明药物和归经之间的相互关系。如桔梗的主要作用为止咳化痰，故归肺经；朱砂能够安神，则归心经；麦芽能消积化滞，故入脾经。由此可见，药物的归经理论，具体指出了药效的所在，是从客观疗效观察中总结出来的规律。还有一药而归数经者，即是其对数经的病变都能发挥作用。如杏仁归肺与大肠经，是因为它既能平喘止咳，又能润肠通便；石膏归肺与胃经，则能清肺火和胃火。

在应用中药的时候，如果只掌握其归经，而忽略了四气五味、升降浮沉等性能，是不够全面的。因为同一脏腑经络的病变，有寒、热、虚、实以及上逆、下陷等的不同，同归一经的药物，其作用也有温、清、补、泻以及上升、下降的区别。因此，不可只注意归经，而将入该经的药物不加区分的应用。如同归肺经的药物，黄芩清肺热，干姜温肺寒，百合补肺虚，葶苈子泻肺实，其功效是显著不同的。在其他脏腑经络方面，亦是如此，所以应用时必须认真区别。

中药的归经理论对于中药的临床应用具有重要的指导意义。一是根据动物脏腑经络的病变"按经选药"，如肺热咳喘，应选用入肺经的黄芩、桑白皮；胃热，宜选用入胃经的石膏、黄连；肝热，当选用入肝经的龙胆、夏枯草；心火亢盛，应选用入心经的黄连、连翘等。二是根据脏腑经络病变的相互影响和传变规律选择用药，即选用入它经的药物配合治疗。如肺气虚而见脾虚者，在选择入肺经的药物的同时，选择入脾经的补脾药物以补脾益肺(培土生金)，使肺有所养而逐渐恢复；又如肝阳上亢而见肾水不足者，在选用入肝经药物的同时，选择入肾经滋补肾阴的药物以滋肾养肝(滋水涵木)，使肝有所养而虚阳自潜。总之，既要全面了解和掌握中药性能，又要熟悉脏腑经络之间的相互关系，才能更好地指导临床用药。

四、毒性

毒性是指药物对机体的伤害作用，即毒副作用。中药的毒性与副作用不同，前者对动物体的危害性较大，甚至可危及生命；后者是指在常用剂量时出现的与治疗需要无关的不良反应，一般比较轻微，对机体危害不大，停药后能消失。为了确保用药安全，必须认识中药的毒性，了解产生毒性的原因，掌握中药中毒的解救方法和预防措施。

有毒药物的毒副作用有程度的不同，故历代本草中常标明"无毒"、"小毒"、"有毒"、"大毒"、"巨毒"等，以示区别。这是掌握药性必须注意的问题。

无毒：指所标示的药物服用后一般无副作用，使用安全。

小毒：指所标示的药物使用较安全，虽可出现一些副作用，但一般不会导致严重后果。

有毒、大毒：指所标示的药物容易使人畜中毒，使用时必须谨慎。而标示为"大毒"者，其毒性比"有毒"者更甚。

巨毒：指所标示的药物毒性强烈，多供外用，或只可极少量入丸散内服，并要严格掌握炮制、剂量、服法、宜忌等。

一般来说，有毒药物的中毒剂量与治疗量比较接近，临床应用安全系数较小，或对机体组织器官损害严重，甚至导致死亡。因此，在使用有毒特别是大毒药物时，为保证用药安全，必须注意以下几点。

1. 严格控制用量　用量过大是发生中毒的主要原因之一。因此，使用有毒药物时，必须根据患畜的年龄、体质、病情轻重，严格控制用量，中病即止，以防过量或蓄积性中毒。

2.注意正确用法　了解此类药物的用法各有不同，是防止中药中毒的重要环节。有的宜入丸散，不宜煎服；有的只供外用，禁止内服；有的入汤剂当久煎等。临床应用每因用法不当而引起中毒，如乌头、附子中毒，多因煎煮时间过短所致。

3.遵守炮制工艺　炮制的目的之一是降低或消除药物的毒副作用。因此，严格的炮制工艺，科学的质量标准，是临床安全用药的重要保证。

此外，利用合理的配伍、避免配伍禁忌等，都是应当特别注意的。

任何事物都具有双重性，药物的毒性亦然。有毒药物偏性强，根据以偏纠偏、以毒攻毒的原则，有其可以利用的一面。古往今来，人们在利用有毒中药治疗恶疮肿毒、疥癣、瘰疬、瘿瘤、癌肿等病时，积累了大量经验，获得了肯定疗效。

以上是现今有关药物毒性的概念。在古代本草中，还常把药物的偏性称为毒，把药物统称为毒药，这是广义的毒，与本节毒性的含义不同，当知区别。

第四节　中药的配伍

配伍是指根据动物病情的需要和药物的性能特点，有目的地将两味以上的药物配合在一起使用，这是中药应用的基本形式。

前人把单味药的应用同药与药之间的配伍关系称为药物的“七情”。“七情”的提法首见于《神农本草经》，其序例云：“药……有单行者，有相须者，有相使者，有相畏者，有相恶者，有相反者，有相杀者。凡此七情，合和视之。”其中首先谈到“单行”，单行就是指单味药治病。病情比较单纯选用一味针对性较强的药物即能获得疗效，如清金散单用黄芩治轻度的肺热咳血；现代单用鹤草芽驱除绦虫，以及许多行之有效的“单方”等。它符合简便廉验的要求，便于使用和推广。但若病情较重，或病情比较复杂，单味药力量有限，且难全面兼顾治疗要求；有的药物具有毒副作用，单味应用难以避免不良反应，因此往往需要同时使用两种以上的药物。药物配合使用，药与药之间会发生某些相互作用，如有的能增强或降低原有药效，有的能抑制或消除毒副作用，有的则能产生或增强毒副反应。因此，在使用两味以上药物时，必须有所选择，这就提出了药物的配伍关系问题。前人总结的“七情”之中，除单行外，其余六个方面都是讲配伍关系。另外，中草药的配伍还存在配伍禁忌、妊娠禁忌及饮食禁忌等，现分述如下。

一、配伍关系

1.相须　即性能功效相类似的药物配合应用，可以增强原有疗效。如石膏和知母配合，能明显增强清热泻火的治疗效果；大黄与芒硝配合，能明显增强攻下泻热的治疗效果；全蝎与蜈蚣同用，能明显增强止痉定搐的作用。

2.相使　即在性能功效方面有某些共性，或性能功效虽不相同，但治疗目的一致的药物配合应用，以一味药为主，另一味药为辅，能提高主药疗效。如补气利水的黄芪与利水健脾的茯苓配合时，茯苓能提高补气药黄芪的利水功效；黄连配木香治湿热泻痢，腹痛里急，以黄连清热燥湿、解毒止痢为主，木香调中宣滞、行气止痛为辅，可增强黄连治疗湿热泻痢的效果；雷丸驱虫，配伍泻下通便的大黄，可增强雷丸的驱虫效果。

3.相畏　即一种药物的毒性反应或副作用，能被另一种药物减轻或消除。如生半夏和生南星的毒性或副作用能被生姜减轻或消除，所以说生半夏和生南星畏生姜。

4.相杀　即一种药物能减轻或消除另一种药物的毒性或副作用。如生姜能减轻或消除生半夏和生南星的毒性或副作用，所以说生姜杀生半夏和生南星的毒。由此可知，相畏、相杀实际上是同一配伍关系的两种说法。

5.相恶　即两药合用，一种药物能使另一种药物原有的功效降低，甚至丧失。如人参恶莱菔子，因莱菔子能削弱人参的补气作用。

相恶只是两药的某些方面或某几方面的功效减弱或丧失，并非二药的功效全部相恶。如生姜恶黄芩，只是生姜的温肺、温胃功效与黄芩的清肺、清胃功效互相牵制而疗效降低，但生姜还能开胃治不欲饮食并喜呕之证，黄芩尚可清泄少阳以除热邪，在这些方面，两药并不一定相恶。

6.相反　即两种药物合用，能产生或增强毒性反应或副作用。如甘草反甘遂，乌头反半夏等。古人将其总结为“十八反”、“十九畏”(见配伍禁忌)。

上述除单行外的六个方面，其变化关系可以概括为四项，即在配伍应用的情况下：①有些药物因产生协同作用而增进疗效，是临床用药时要充分利用的；②有些药物可能互相拮抗而抵消或削弱原有功效，用药时应加以注意；③有些药物则由于相互作用，而能减轻或消除原有的毒性或副作用，在应用毒性药或烈性药时必须考虑选用；④一些药物因相互作用而产生或增强毒副作用，属于配伍禁忌，原则上应避免配用。正如李时珍在《本草纲目》中对“药性七情”的论述“独行者，单方不用辅也；相须者，同类不可离也；相使者，我之佐使也；相畏者，受彼之制也；相杀者，制彼之毒也；相恶者，夺我之能也；相反者，两不相合也。凡此七情，合而视之，当用相须相使者良，勿用相恶相反者。若有毒制宜，可用相畏相杀者，不尔不合用也”。

综上所述，可知从单味药到配伍应用，是通过很长的实践与认识过程逐渐积累丰富起来的。药物按一定法度加以组合，并确定一定的分量比例，制成适当剂型，即为方剂。方剂是药物配伍的发展，也是药物配伍应用的较高形式。

二、用药禁忌

药物具有治疗作用和毒副作用双重性，利用前者、避免后者是选药组方的基本原则。后者就是用药禁忌的问题，包括配伍禁忌、妊娠禁忌等内容。

1.配伍禁忌　中药“七情”中的“相恶”和“相反”的配伍关系，均属用药禁忌。有关反药的内容，历代古籍中记载并不一致，被后世公认并影响较大的是金元时期概括的“十八反”和“十九畏”：

(1)十八反。甘草反甘遂、大戟、海藻、芫花；乌头反贝母、瓜蒌、半夏、白蔹、白及；藜芦反人参、沙参、丹参、玄参、细辛、芍药。编成歌诀为“本草明言十八反，半蒌贝蔹及攻乌，藻戟遂芫俱战草，诸参辛芍叛藜芦”。如此便于诵读记忆。

(2)十九畏。硫黄畏朴硝，水银畏砒霜，狼毒畏密陀僧，巴豆畏牵牛，丁香畏郁金，川乌、草乌畏犀角，牙硝畏三棱，官桂畏赤石脂，人参畏五灵脂。

十八反和十九畏诸药，一般均作为用药的配伍禁忌。但在古今方剂中，也有一些应用十八反和十九畏的例子。据研究，当甘草与甘遂合用时，毒性的大小主要取决于甘草与甘遂的用量比例，甘草的剂量若与甘遂相等或大于甘遂，则毒性较大；又如贝母和半夏分别与乌头配伍，则未见明显的增强毒性。而细辛配伍藜芦，可导致实验动物中毒死亡。由于对“十九畏”和“十八反”的研究还有待进一步作较深入的实验和观察，并研究其机理，因此，目前应采取慎重态度。一般说来，对于其中一些药物，若无充分根据和应用经验，仍须避免盲目配合应用。

2.妊娠禁忌　某些药物具有损害胎元以致堕胎的副作用，应该作为妊娠禁忌的药物。根据药物对于胎元损害程度的不同，一般可分为禁用与慎用二类。禁用的大多是毒性较强，或药性猛烈的药物，如巴豆、牵牛、大戟、斑蝥、商陆、麝香、三棱、莪术、水蛭、虻虫等；慎用的包括通经祛瘀、行气破滞，以及辛热等药物，如桃仁、红花、大黄、枳实、附子、干姜、肉桂等。

凡禁用的药物，绝对不能使用；慎用的药物，则可根据孕畜患病的情况，酌情使用。但没有特殊需要时，应尽量避免，以防发生事故。

3.服药时的饮食禁忌　饮食禁忌简称食忌，也就是通常所说的忌口。在古代文献上有常山忌葱；地黄、何首乌忌葱、蒜、萝卜；薄荷忌鳖肉；茯苓忌醋；鳖甲忌苋菜，以及蜜反生葱等记载。这说明服用某些药物时不可同吃某些食物。另外，由于疾病的关系，在服药期间，凡属生冷、黏腻、腥臭等不易消化及有特殊刺激性的食物，都应根据需要予以避免。

第五节 方剂的基本结构与成方的加减变化

方剂又称处方，俗称为汤头。方含有方法之意，剂是指调剂。方剂是在单味药治病的基础上进一步发展起来的，是为了适应复杂病情和提高治疗效果，按照一定的原则和方法把药物组合调剂而成。

一、方剂的基本结构

中兽医的理、法、方、药是互相衔接，一脉相承的。因此，在辨证施治过程中，治法是方剂的依据，方是从属于法的，即古人所说："方从法立，以法统方"。方剂是治法的具体体现，只有以治法为指导选药组方施治，才能较好地完成辨证施治全过程。

药物通过配伍组成方剂之后，不仅能使药物相互协调，加强药效；并能减少或缓和某些药物的毒性，消除不利作用；药物配合，全面兼顾，还能更好地适应复杂病情的需要。即"药有个性之特长，方有合群之妙用"。方剂是以治法为依据，按照一定的原则选择药物配合而成。一个完整的方剂包括主、辅、佐、使四个部分。

1. 主药　即君药。是指方剂中针对病因或主证起主要治疗作用的药物。如麻黄汤中的麻黄；大承气汤中的大黄。一般方剂中主药为一味，药量相应较大。若主证复杂时，主药也可两味以上，如百合固金汤中的百合、生地为主药。

2. 辅药　即臣药。指辅助主药起治疗作用的药物。如补中益气汤中的党参、白术、甘草补脾益胃，协助黄芪加强补中益气作用为辅药；麻黄汤中桂枝能增强麻黄发汗解表为辅药。

3. 佐药　在方剂中其作用有三。一是治疗兼证或次要证候的药物，如银翘散中的桔梗、牛蒡子宣肺祛痰、利咽止咳，治疗兼证为佐药；二是制约主药的毒性或烈性的药物，如四逆汤中的炙甘草，能缓和干姜、附子燥烈之性，为佐药；三是用作反佐，如在温热剂中加入少量的寒凉药，或在寒凉剂中加入少量的温热药，其作用在于消除病势拒药（格拒不纳）的现象。

4. 使药　引导诸药直达病所，或起调和药性的作用。如牛膝引药下行；桔梗上行入肺，这类药通称为引经药，俗称药引子。甘草性平味甘，在许多方剂中配伍应用，起调和诸药的作用，是常用的使药。

例如，麻黄汤是治疗外感风寒表实证的代表方。方中的麻黄辛温发汗，解表散寒为主药；桂枝辛温通阳，可助麻黄发汗散寒为辅药；杏仁苦平利肺止咳，治兼证气喘咳嗽为佐药;甘草甘缓和中,协调诸药为使药。

主、辅、佐、使的组方原则,是为了使用处方时注意药物的配伍和主次关系,并不是死板格式。有的方剂由单味、两味或三味药组方,只有主药、主辅药或主辅佐药;有时一味药可兼有辅、佐或佐使之双重作用;有的方剂则只分出主次两个部分即可。

二、方剂的加减变化

方剂的组成有一定的原则,但在临床应用时尚需随证加减。须根据病情、体质、年龄、性别的不同,以及饲养管理、气候、地区的差异,灵活化裁,加减使用,才能收到预期的治疗效果。常用的加减变化有以下几种。

1. 药味增减　指在方剂的主药、主证不变的情况下,随着兼证的不同,适当增加或减去一些药物,也称为随证加减。如郁金散治疗肠黄热甚者,宜去诃子,加金银花、连翘以清热解毒;腹痛重者,加乳香、没药、延胡索以活血止痛;水泻不止,去大黄,加茯苓、猪苓、泽泻、乌梅以利水止泻。

2. 药量增减　指方中的药味不变,只增减药量,就能改变方剂药力的大小,改变其功效和主治,甚至方名也因而改变。如小建中汤(芍药、桂枝、炙甘草、生姜、大枣、饴糖)即桂枝汤中芍药倍量于桂枝和加饴糖组成,而使解肌发表的桂枝汤,变为温中补虚的小建中汤。桂枝汤以桂枝为主药,小建中汤则以芍药为主药。由此看出,虽然药物组方基本相同,但由于方中药物用量的改变,功用也就发生了变化。

3. 配伍变化　指方中主药不变而配伍药物发生改变,有时可直接影响该方的主要作用。如麻黄汤中配伍桂枝可增强辛温解表、发汗散寒的作用;若不配伍桂枝而改配清热泻火的石膏,则成麻杏石甘汤,有辛凉宣泄、清肺平喘的作用,而由辛温散寒化成了辛凉清热的方剂。

4. 合方　指两个或两个以上的方剂合并成一个方剂使用,目的是为了扩大方剂的作用,增强疗效。如四君子汤补气,四物汤补血,两方合并名八珍汤,则成气血双补之剂。又如平胃散燥湿运脾,五苓散健脾利水,两方合用名胃苓汤,具有健脾渗湿、利水止泻之功,用治水湿泄泻等证,功效更好。

5. 剂型变化　同一个方剂,由于剂型不同,作用也有变化。一般来讲,汤剂和散剂作用快而力峻,适用于病情较重或较急者;丸剂作用慢而力缓,多用于病情较轻或较缓者。

从上述加减变化可以看出。方剂的运用,既有严格的原则,又要根据病情灵活变化。只有这样,才能做到用药有法,即“师其法而不泥其方”。

第六节 中药的剂型、剂量与用法

一、中药的剂型

所谓剂型是指将原料药(植物、动物或矿物类中药材)加工制成适合于医疗或预防应用的形式,称药物剂型。如汤剂、散剂、丸剂、片剂、注射剂、口服液等。中药的应用古代以汤剂为其最主要的形式,也有制成丸、散、膏、丹等剂型内服或外用。目前中药剂型有40多种,按其形态可分为液体剂型、固体剂型、半固体剂型、气体剂型四大类。现将常用的剂型予以介绍。

(一)液体剂型

(1)汤剂:是指将药材饮片或粗颗粒加水煎煮,去渣取汁供内服或外用的液体剂型。它是从古至今兽医临床上广泛应用的一种剂型。

(2)溶液剂:是指不挥发性药物溶解于水、醇或油中制成的供内服或外用的澄明溶液,如金银花露等。

(3)混悬液:是指水溶性较小的药物以微粒形式分散在溶媒中形成的液体制剂,如金黄散洗剂等。

(4)乳剂:是指两种互不相溶的液体在第三种物质(乳化剂)的作用下,一种液体以小液滴的形式分散在另一种液体中形成的一种剂型,可供内服或外用。

(5)注射剂:俗称针剂,是指灌装于特定容器中的灭菌溶液、混悬液、乳浊液或粉末(粉针剂),用注射方法给药的一种剂型。

(6)酊剂:是指用不同浓度的乙醇提取药材,去渣取液,或用乙醇溶解化学药物而制得的液体剂型。

(7)酒剂:又称药酒。是指药材用蒸馏酒浸提药材而制得的澄清液体剂型。多供内服,并可加糖或蜂蜜矫味着色。

(8)醑剂:是指挥发性药物的乙醇溶液,可供内服或外用。

(9)流浸膏剂:是指将药材浸出液浓缩除去部分溶媒而制得的液体剂型,除另有规定外,一般流浸膏每毫升相当于原药材1 g,多供内服用。

(10)搽剂:是由刺激性药物制成的油性或醇性液体剂型。多供外用,涂擦于完整的皮肤表面。

(11)滴眼剂:是用于眼部的外用剂型,除水溶液外还有少数混悬液应用,其质量要求同注射剂相同。

(二)半固体剂型

(1)软膏剂:是药物与适宜的基质混合而制成的供外用的一种半固体剂型。供眼用的灭菌软膏称为眼膏。

(2)浸膏剂:是药材的浸出液经浓缩除去溶媒而制成的膏状或干粉状的半固体或固体型。除另有规定外,浸膏剂每克相当于原药材 2～5 g。浸膏剂多作为制备其他制剂的原料,也可直接应用。

(3)糊剂:是指粉末状药物与油脂性成分(如凡士林、羊毛脂、液体石蜡、植物油等)或水溶性成分(如明胶、淀粉、甘油等)混合制成的一种半固体剂型,如氧化锌糊。

(三)固体剂型

(1)散剂:是多种药物经粉碎、过筛、均匀混合而制成的一种固体剂型。可供内服或外用,在兽医临床上应用广泛。

(2)丸剂:是由药物加适宜的黏合剂和其他辅料制成的一种球状固体剂型。供内服用。

(3)片剂:是一种或多种药物与赋形剂混合后,经压制而制成一定形状分剂量剂型。主要供内服用。此外还有肠溶片、注射用片等。

(4)胶囊剂:是将药物盛装于空胶囊中而制成的一种固体剂型。空胶囊大多用明胶制成。

(5)颗粒剂:是指药物与赋形剂混合加黏合剂或润湿剂而制成的一种颗粒状的固体剂型。

(6)微囊剂:是利用天然的或合成的高分子材料(囊材)将固体或液体药物(囊心物)包裹而成的微型胶囊。可用微囊制成散剂、片剂、胶囊剂、注射剂、软膏剂等,以延长药效,提高稳定性或掩盖不良气味等。

(7)栓剂:是药物与基质混合制成专供塞入动物腔道的一种固体剂型。可起局部作用或全身作用,有阴道栓和肛门栓两种。

(四)气体剂型

以气体为分散介质,常见的有以下两种。

(1)气雾剂:是将药物和抛射剂(液化气体或压缩气体)共同装于具有阀门系统的耐压容器中,使用时掀按阀门,借抛射剂的压力将药物喷出的一种剂型。可供吸入给药、皮肤、黏膜给药或空间消毒用。

(2)喷雾剂:是借助于机械(喷雾器或雾化器)将药物喷出的一种剂型。可用于消毒。

(五)中药新剂型

随着中药研究的深入,利用现代科技将中药制成各种新剂型的成药不断增多,这些新剂型各有其独特的特点,有些可起到长效作用,有些具有靶向作用,有些能更好的被动物机体吸收,提高药物的疗效。例如脂质体、毫微型胶囊、前体药物制剂及β-环糊精包合物等。

目前中药的应用以原药材直接制备成汤剂用于兽医临床,或者通过提取其中有效成分,再按照一定的工艺制成各种剂型的制剂(即中成药)应用临床。这样满足了防治畜禽疾病的不同要求,使中药的应用更加广泛。

二、中药的用药剂量

剂量是药物在临床应用时的分量。一般包括重量(kg、g、mg)、容量(L、mL)及数量(如大枣五枚、蜈蚣一条)等。古代计量单位不同年代有所不同,现在统一使用公制单位。重量以t、kg、g、mg为单位,容量以L、mL为单位,少量的药物仍采用数量计(如生姜三片、葱白五个等)。

中成药的用药剂量在说明书上均有标示,动物的用量可以按说明书来使用。直接使用原药材时,是指每味药每头或每只动物一次的用量,或按畜禽每千克体重给药量的多少。

剂量与中药的药性、疗效以及患畜的畜种、病情、年龄、体质都有密切的关系。所以在用药时应该考虑这些因素。

(1)剂量与药性、疗效的关系。性质平和的药物用量稍多时反应不大,性质峻烈的药物用量大则易产生毒性、副作用,甚至中毒死亡,所以应严格控制其剂量。剂量与药物的疗效也有非常密切的关系,剂量合适有利于药物充分发挥应有的疗效、减少毒副作用。

(2)剂量与病情的关系。若病势重剧,用药力弱、药量轻,则疗效不佳,若病势轻,用药力猛、药量大,则易损正气。因此,药物的剂量应根据病情恰到好处,尽量做到祛邪而不伤正,扶正而不留邪。

(3)剂量与畜种、年龄、体质的关系。畜种不同,其体格大小不同,对药物的耐受也有很大差别。同种畜禽,其幼畜禽、老龄畜禽和成年畜禽也有差别,成年畜禽用药量可稍大,幼畜禽、老龄畜禽用药量应相对减少。正常家畜和孕畜或哺乳畜在用药品种和剂量上都应有所区别。体格健壮的家畜对药物耐受性强,剂量可稍重;体质虚弱的家畜对药物耐受性差,剂量宜稍轻。

三、中药的用法

中药的用药方法根据治疗要求和药物剂型而定。分经口给药和非经口给药两个方面。经口给药是最常用的给药方法,通常所用的剂型为汤剂、散剂、丸剂、片剂、颗粒剂、胶囊剂、口服液、酒剂、流浸膏剂等。可利用混饲、混饮和经口投药(或灌药)的给药方法。混饲即将药物粉碎加入饲料中拌匀让畜禽自由采食(多为固体药物);混饮即将药物加入水中混匀让畜禽自由饮用(多为液体药物或易溶于水的药物);经口投药(或灌药)即将中药丸剂、片剂、或颗粒剂、汤剂、流浸膏剂等直接经口投入或灌入畜禽胃内。固体剂型可用水调成糊状或用水溶解成液体状再灌入,也可直接将药物经投药器投服。给药前后,病畜禽应停食 2~4 h,以利于药物的吸收,对胃有刺激性的药物可不停食。灌服中药一般每日一次或两次,液体药物不宜过热或过冷。

非经口给药的方法很多,可通过涂、敷、洗、熏蒸、塞入直肠或阴道、植入、灌肠、注射(包括皮下注射、皮内注射、肌肉注射、静脉注射、穴位注射、脊柱腔注射等)。所用剂型有外用散剂、软膏剂、硬膏剂、洗剂、汤剂、栓剂、植入剂、灌肠剂、注射剂等。

第七节 中药的化学成分简介

一、中药的化学成分概述

中药 95%以上来源于植物,其所含的化学成分十分复杂,有时一种药材有多种临床应用,其有效成分可以有多种。例如鸦片中的吗啡具有镇痛作用,罂粟碱有解痉作用,而可待因有止咳作用。中药成分概括说来可以分:有效成分、辅助成分、无效成分和组织成分。

1. 有效成分　指具有显著生理活性和药理作用,在临床上有一定应用价值的成分。这类成分仅存在于某些植物中,包括生物碱类、苷类、挥发油类等,如小檗碱是黄连抗菌的有效成分,苦杏仁苷是苦杏仁止咳平喘的有效成分,薄荷挥发油中的薄荷醇和薄荷酮是薄荷辛凉解表的有效成分。

2. 辅助成分　指具有次要生理活性和药理作用的成分,有时它们在临床上也有一定的应用价值。有些辅助成分能促进有效成分的吸收,增强疗效,如洋地黄皂苷能促进洋地黄强心苷的吸收,从而增强洋地黄的强心作用。有些辅助成分能使有效成分更好地发挥作用,如槟榔中的鞣质,可保护槟榔碱在胃液中不溶解,而到肠中才被游离出来。

3. 无效成分　指无生理活性，在临床上没有医疗作用的成分。它们包括蛋白质、鞣质、黏液质、色素、树脂等。

4. 组织物质　组织物质是指一些构成药材细胞或其他不溶性物质，如纤维素、栓皮、石细胞等。

上述分类并不是绝对的和固定不变的，应根据具体的中药进行具体分析，才能确定某成分是否是有效成分、辅助成分、无效成分或组织物质。如鞣质在地榆与五倍子中为有效成分，在大黄中为辅助成分，而在肉桂中为无效成分。同时应从发展的观点来分析，随着人们的不断实践，特别是现代科学技术的发展，中药中越来越多的化学成分被认识，用于药理研究，进而被开发利用。原来认为是“无效”成分，现在不少已发现了它们的医疗价值，而成为“有效”成分了。如天花粉蛋白质有引产、抗癌作用，叶绿素能促使肉芽生长，菠萝蛋白酶有驱虫、抗炎、抗水肿的作用。中药的化学成分不仅与药理作用、临床应用有密切的联系，而且对于生药的鉴定、品质评价、新制剂的开发研究、新资源的发掘利用均有密切联系。

二、中药的化学成分分类

1. 生物碱类　生物碱类是存在于生物体(主要为植物)中的一类含氮碱性有机化合物，大多数有复杂的环状结构，氮多包含在环内，有显著的生物活性，是中草药中重要的有效成分之一。如黄连中的小檗碱(黄连素)、麻黄中的麻黄碱、喜树中的喜树碱、长春花中的长春新碱等。

含生物碱的中草药很多，如麻黄、黄连、乌头、延胡索、粉防己、颠茄、洋金花、贝母、槟榔、百部等，分布于100多科中。以罂粟科、豆科、防己科、毛茛科、夹竹桃科、茄科、石蒜科等植物中分布较多。同一科属或亲缘关系较近的科常含有同一结构或类似结构的生物碱，但同一种生物碱亦可分布在不同科中，如小檗碱在毛茛科、芸香科、小檗科的一些植物中都有存在。中草药中生物碱含量一般都较低，大多少于1%，但有少数含量特别多或特别少的特殊情况，如黄连中小檗碱含量可高达8%～9%，金鸡纳树皮中生物碱含量为10%～15%，而长春花中的长春新碱含量只有百万分之一。

2. 苷类　苷又称配糖体，是由糖或糖的衍生物(如糖醛酸)的半缩醛羟基与另一非糖物质中的羟基以缩醛键(苷键)脱水缩合而成的环状缩醛衍生物。水解后能生成糖与非糖化合物，非糖部分称为苷元，通常有酚类、蒽醌类、黄酮类等化合物。这类成分大多具有生物活性，如柳树皮和杨树皮中的水杨苷有解热镇痛作用；牡丹皮和徐长卿中的牡丹酚有镇痛镇静作用。杜鹃花科植物中所含的熊果苷有抗菌作用。黄酮类及黄酮苷在植物界分布广泛，有多方面的药理作用。许多中草药均含本类成分，如槐花米、黄芩、陈皮、葛根、野菊花、水飞蓟、银杏叶等；香豆素以豆科、芸香科、菊科、唇形科的植物中较多，一般具降压、抗菌作用，目前还发现有抑制肿瘤细胞与防护紫外线损伤的作用。强心苷易被酶、酸或碱水解。强心苷的生物活性与其化学结构有很大关系，如果被水解成苷元或内酯环被破坏，强心作用就减弱或消失。在采集、贮藏、制造含强心苷的中草药过程中更应注意防止水解问题。

3.挥发油类　挥发油又称精油，是一类具有挥发性可随水蒸气蒸馏出来的油状液体，大部分具有香气，如薄荷油、丁香油等。含挥发油的中草药非常多，多具芳香气味，尤以唇形科(薄荷、紫苏、藿香等)、伞形科(茴香、当归、白芷、川芎等)、菊科(艾叶、茵陈蒿、苍术、白术、木香等)、芸香科(橙、橘、花椒等)、樟科(肉桂等)、姜科(生姜、姜黄、郁金等)等更为丰富。含挥发油的中药或提取出的挥发油大多具有发汗、理气、止痛、抑菌、矫味等作用。

4.树脂类　树脂类是许多植物正常生长过程中分泌的一类物质，在植物体内常与挥发油、树胶、有机酸等混合存在。与挥发油共存的称油树脂，如松油脂；与树胶共存的称胶树脂，如阿魏；与大量芳香族有机酸共存的称香树脂，如安息香。这种与树脂共存的芳香酸通称为香脂酸，有些树脂与糖结合成苷，称苷树脂，如牵牛苷树脂。树脂由多种成分混合而成，其中有树脂酸、树脂醇、树脂烃以及它们的一些更高的聚合物。近年研究已知这些成分多为二萜、三萜的衍生物，有时还有木脂素类。树脂在植物体内分布广泛，如乳香、没药可活血、止痛、消肿，安息香活血、防腐，苏合香芳香开窍，阿魏用于散痞块，松香有祛风止痛作用等。大多数中草药中含有的少量树脂在制药时均作为杂质而除去。

5.有机酸类　有机酸类是分子结构中含有羧基(—COOH)的化合物。在中草药的叶、根、特别是果实中广泛分布，如乌梅、五味子、覆盆子等。常见的植物中的有机酸如酒石酸、草酸、苹果酸、枸橼酸、抗坏血酸(维生素C)、苯甲酸、水杨酸、咖啡酸等。除少数以游离状态存在外，一般都与钾、钠、钙等结合成盐，有些与生物碱类结合成盐。脂肪酸多与甘油结合成酯或与高级醇结合成蜡。有的有机酸是挥发油与树脂的组成成分。一般认为脂肪族有机酸无特殊生物活性，但有些有机酸如酒石酸、枸橼酸作药用。有报告认为苹果酸、枸橼酸、酒石酸、抗坏血酸等综合作用于中枢神经。有些特殊的酸是某些中草药的有效成分，如土槿皮中的土槿皮酸有抗真菌作用。咖啡酸的衍生物有一定的生物活性，如绿原酸为许多中草药的有效成分。有抗菌、利胆、升高白细胞等作用。

6.糖类　糖类在中草药里普遍存在，按其组成可分为三类：单糖、低聚糖和多聚糖。多聚糖水解后生成单糖或低聚糖，淀粉、菊糖、树胶、黏液、纤维素是中草药中最常见的多糖。这类成分大多数均视为无效成分而在制剂时被除去。有些成分具有一定的作用，如阿拉伯胶、西黄芪胶等少数树胶在医药上作赋形剂。现代研究发现，许多多糖成分有药理活性，如黄芪多糖的增强免疫作用等。

7. 氨基酸、蛋白质和酶类　蛋白质是高分子化合物，由 α-氨基酸组成，这些氨基酸约有 30 种。酶是生物有机体内具有特殊催化能力的蛋白质。蛋白质的性质不稳定，遇酸、碱、热或某些试剂作用都可沉淀，例如将含蛋白质的水溶液加热至沸或加入乙醇等溶剂，或加入中性盐类（如氯化钠）或醋酸铅等试剂，都可使蛋白质沉淀，中草药中蛋白质可据此种性质提取或去除。

蛋白质与酶等在制药时一般都被视为杂质而除去，因糖浆中有大量蛋白质时易霉变，注射剂中有蛋白质时易产生混浊以及注射后产生疼痛等。但最近也发现有一些蛋白质、氨基酸与酶具有生物活性作用，如从天花粉中提取的天花粉蛋白可用于人工引产与治疗绒毛膜上皮癌（即恶性葡萄胎），菠萝蛋白酶用于抗水肿与抗炎，南瓜子中提取的南瓜子氨酸可用于抑制血吸虫、绦虫、蛲虫的生长，使君子中的使君子氨酸可驱蛔虫等。

8. 鞣质类　鞣质又称单宁，是一类结构复杂的酚类化合物，在植物中广泛分布，尤以树皮中为多，具有收敛、止血、抗菌作用。鞣质类成分味涩，大多数为无定形物质，较难提纯，能与蛋白质结合生成沉淀，此性质在工业上用以鞣革。

根据鞣质的结构可将鞣质分为两类。一类为水解鞣质，具有酯式或苷式结构，大多数由没食子酸或其衍生物与葡萄糖结合而成，可被酸、碱、酶水解。含这类鞣质的中草药有五倍子、没食子、石榴果皮等。水解鞣质在医药上已提纯应用为消炎收敛药，名鞣酸。另一类是缩合鞣质，一般由儿茶素组成，结构复杂，不能水解，加酸加热能产生一种缩合物质——鞣酐（鞣红），中草药中的鞣质多数属于缩合鞣质。

9. 植物色素类　植物色素类在中草药中分布很广，主要有脂溶性色素与水溶性色素两类。脂溶性色素主要为叶绿素、叶黄素与胡萝卜素，三者常共存。此外尚有藏红花素、辣椒红素等。叶绿素等在制药或提取其他有效成分时常须作为杂质去除，以使药物纯化，中草药（特别是叶类、全草类）的乙醇提取液中含有多量叶绿素、可在浓缩液中加水使之沉出，也可通过氧化铝、碳酸钙等吸附剂而除去。叶绿素本身有抑菌作用，可制备成消炎的药物。水溶性色素主要为花色苷类，又称花青素，普遍存在于花中，花色苷在制药或提取有效成分时，常作为杂质去除。

10. 油脂和蜡类　油脂是脂肪油和脂肪的总称，植物油脂在种子内含量最多，动物油脂多存在于脂肪组织中，在室温呈液态的称为脂肪油，呈固态或半固态的称为脂肪。油脂可供食用与药用。蜡性质稳定，不溶于水，其化学组成为分子质量较大的一元醇的长链脂肪酸酯。具有药理作用的油脂或含油脂的中草药如蓖麻油作为泻下剂，郁李仁、火麻仁具润肠作用，大风子油抑菌，薏苡仁油脂中的薏苡仁酯据报告有驱蛔虫与抗癌等作用。大多数的油脂与蜡在医药上作为制造油注射剂、软膏、硬膏的赋形剂，如麻油、花生油、棉子油、蜂蜡等。

11. 无机成分　植物中的无机成分多为钾、钠、钙的盐类，它们或与各种有机物质结合存在于细胞中，或成各种结晶状态，如草酸钙、碳酸钙、硅酸盐等。一般情况下中草药中的无机成分均为无效成分。但有的中草药内无机盐成分含量很高，如夏枯草内主要无机成分为钾盐，其含量在3%以上，可起钾盐的药理作用。有些无机成分如附子中的钙，其与强心作用有关，海带、海藻所含的碘，福寿草中的钾都有一定的治疗作用。

第九章　常用中草药与方剂

第一节　解表药与解表方

一、解表药

1.概念　主要依从汗法，通过发散表邪，以治疗表证为主要作用的中药，称为解表药，又叫发表药。

2.分类　根据药性及临床应用不同，解表药分为辛温解表药（发散风寒药）和辛凉解表药（发散风热药）。

3.性能特点　本类药物性分为温和凉两类，以辛味为主；主入肺、膀胱经；以升浮趋势为主；大多无毒。

4.功效　本类药物辛散轻扬，偏行肌表，有促进发汗，使病邪由汗出而解，以达到治疗表证，防止病邪入里传变的目的。即《内经》所谓："其在皮者，汗而发之"。解表药除主要具有发汗解表作用外，一些药物兼有利水消肿、止咳平喘、宣痹止痛、透发斑疹、开宣肺气、发汗祛湿等作用。

5.应用　解表药主要用于治疗恶寒、发热、全身疼痛、四肢拘谨、无汗或有汗不畅、脉浮之外感表证。另外，部分药物适当配伍和炮制，还可用于治疗咳喘、水肿、斑疹、垂脱、胎动不安、出血、泻痢、痹证、肝脾不和、寒热往来、呕吐、目赤肿痛、咽喉肿痛、疮痈肿痛等证。

6.使用与配伍　使用解表药应根据四时气候变化及病畜体质恰当选择，配伍用药。表寒者，选用辛凉解表药；表热者，选用辛温解表药；表实无汗者，选用发汗力峻的解表药；表虚者，选用发汗力缓者，有时需配伍扶正固表或收敛止汗之品；兼有湿邪者，配伍祛风湿药；兼有暑气者，配伍解暑之品；发热甚者，适当配伍清热之品；炎热季节，用解表药宜轻，寒冷季节，用解表药宜重。

7.注意事项

(1)严格控制用量和用药时间的长短，解表时微汗即可，以防大汗损伤津液，甚或导致亡阴亡阳。

(2)用解表药时应注意动物所处地区寒热，以及用药季节。寒冷环境用量宜大，炎热环境用量宜小。

(3)表虚自汗、阳虚、阴虚、血虚患畜慎用或忌用，如使用，则适当配伍补益收敛药。

(4)解表药多为辛散之药，入汤剂不宜久煎。

麻　黄

为麻黄科植物草麻黄、中麻黄或木贼麻黄的干燥草质茎。除去木质茎、残根及杂质，切段，生用或蜜炙用。主产于山西、内蒙古、河北等地，以山西大同产者为佳。

【性味归经】辛、微苦，温。入肺、膀胱经。

【功效】发汗散寒，宣肺平喘，利水消肿。

【主治】风寒表实证，肺经实喘，水肿实证。

【临床应用】①外感风寒表实证：外感风寒，恶寒发热，表实无汗者，常与桂枝相须为用，如麻黄汤。②实性咳喘：风寒外束，肺气壅遏的实性咳喘，常配伍杏仁、甘草同用，如三拗汤；寒痰停饮，咳嗽气喘，痰多清稀，常配伍细辛、干姜、半夏等，如小青龙汤；肺热壅盛，高热喘急者，常配伍石膏、杏仁、甘草同用，如麻杏石甘汤。③水肿实证兼有表证者：对风邪袭表，肺失宣降的水肿、小便不利兼有表证的风水证，每与甘草同用，如甘草麻黄汤。

【用量】马、牛 15～30 g；猪、羊 3～10 g；犬 3～5 g。

【注意事项】表虚多汗、肺虚咳嗽及脾虚水肿者忌用。解表生用，平喘炙用。

【化学成分】含麻黄碱、伪麻黄碱、甲基麻黄碱、麻黄次碱、苄甲胺和松油醇等。

【药理研究】①麻黄碱能松弛支气管平滑肌，且其作用较和缓而持久，并有兴奋心脏、收缩血管、升高血压及兴奋中枢等作用。②伪麻黄碱有显著的利尿作用，并能缓解支气管平滑肌痉挛。③挥发油具有解热、降温和发汗作用，并对流感病毒有抑制作用。④麻黄生物碱液对金黄色葡萄球菌的代谢作用的最佳用药浓度为 1.125 mg/mL，其抑制效果略高于益母草生物碱。

[附] 麻黄根

为草麻黄或中麻黄的根及根茎。本品性平、味甘，归心、肺经；功专止汗；主治自汗和盗汗。

桂　枝

为樟科植物肉桂的干燥嫩枝。切成薄片或小段后入药。主产于广西、广东、云南等地，尤以广西为多。

【性味归经】辛、甘，温。入心、肺、膀胱经。

【功效】发汗解肌，温通经脉，助阳化气。

【主治】风寒表证，前肢风湿痹证，脾肾阳虚之水肿证。

【临床应用】①外感风寒：外感风寒，恶寒发热，表实无汗者，常与麻黄相须为用，如麻黄汤；外感风寒，表虚自汗者，常配伍白芍、生姜、大枣等，如桂枝汤。②风寒湿痹：外感风寒湿邪，肢体疼痛，关节不利者，常配伍附子、羌活、防风等，如桂枝附子汤；尤其善治前肢关节、肌肉的麻木疼痛，可为前肢的引经药。③虚性水肿：脾阳不振，痰饮、心悸者，常与茯苓、白术等同用；若膀胱气化失司，小便不利、水肿者，每与猪苓、泽泻等配伍，如五苓散。④心悸：心阳不振，血脉不畅，心悸动、脉结代者，每与甘草、党参、麦冬同用，如炙甘草汤。

【用量】马、牛 15～45 g；猪、羊 3～10 g；犬 3～5 g；兔、禽 0.5～1.5 g。

【注意事项】温热病、阴虚火旺及血热妄行所致的出血证忌用；孕畜慎服。

【化学成分】含桂皮醛、肉桂酸、2-甲氧基肉桂酸、1,4-苯基丁二酮、香豆素、β-谷甾醇、丁香醛、5α,8α-过氧化麦角甾醇等。

【药理研究】①桂皮醛能刺激汗腺分泌，扩张皮肤血管，并通过发汗，加速散热而起解热作用。桂皮油能促进唾液及胃液分泌，帮助消化，故有健胃作用。此外，还能解除内脏平滑肌痉挛，故又能缓解腹痛。②乙醇浸出液在体外可抑制炭疽杆菌、金黄色葡萄球菌、沙门氏菌等。煎剂在试管内对金黄色葡萄球菌、伤寒杆菌等有显著的抗菌作用。

防 风

为伞形科植物防风的干燥根。切片生用或炒用。主产于黑龙江、吉林、内蒙古、辽宁等地。

【性味归经】辛、甘，微温。入膀胱、肝、脾经。

【功效】祛风发表，胜湿解痉。

【主治】外感表证，风湿痹症，破伤风。

【临床应用】①外感表证：外感风寒，兼有湿邪，肌肉强硬、关节拘谨者，常配伍荆芥、羌活、独活等，如荆防败毒散；外感风热，发热恶风、咽喉肿痛者，常配伍薄荷、蝉蜕、连翘等同用。②风湿痹痛：外感风湿，关节疼痛者，常配伍羌活、独活、附子、升麻等，如防风散。③风疹瘙痒：多配伍苦参、荆芥、当归等散风止痒、活血消瘀药同用，如消风散。④破伤风：常配伍天麻、天南星、白附子等，如玉真散。⑤腹痛泄泻：本品炒用，可用治肝郁侮脾之腹痛泄泻，常配伍陈皮、白芍、白术等，如痛泻要方。

【用量】马、牛 15～60 g；猪、羊 5～15 g；犬 3～8 g；兔、禽 1.5～3 g。

【注意事项】阴虚火旺及血虚发痉者忌用。

【化学成分】含石防风素、补骨脂内酯、香柑内酯、欧前胡素、花椒毒素、亥茅酚、木蜡酸等。

【药理研究】①煎剂和浸剂对人工发热家兔，用药后 0.5 h 即出现明显解热作用，煎剂作用较浸剂强，且解热作用可维持 2 h 以上。②煎剂可降低由醋酸致小鼠扭体反应次数，升高用热板法测定的痛阈。③煎剂和醇浸剂对巴豆油引起的耳炎及大鼠蛋清性足肿有一定抑制作用。

荆 芥

为唇形科植物荆芥的全草或花穗。切段生用、炒黄或炒炭用。主产于江苏、浙江、江西等地。

【性味归经】辛，温。入肺、肝经。

【功效】祛风解表，止血。

【主治】外感表证，多种出血。

【临床应用】①外感表证：风寒感冒，恶寒发热无汗者，常配伍防风、羌活、独活等，如荆防败毒散；风热感冒，头痛目赤，常配伍金银花、连翘、薄荷等，如银翘散。②多种出血证：本品炒炭能入血分而有止血作用，可用于衄血、便血、尿血、子宫出血等，常配伍其他止血药。③麻疹、风疹：表邪外束，麻疹不透，常与蝉蜕、薄荷、紫草等药配伍，如透疹汤；风疹瘙痒，或湿疹痒痛，常配伍苦参、防风、赤芍等，如消风散。

【用量】马、牛 15～60 g；猪、羊 6～12 g；犬 2～5 g；兔、禽 1.5～3 g。

【注意事项】一般无汗生用，有汗炒用，止血炒炭。

【化学成分】含挥发油，油中含薄荷酮、异薄荷酮、胡薄荷酮、异胡薄荷酮、柠檬烯等。

【药理研究】①煎剂或浸剂对实验性发热有解热作用。②能促进皮肤血液循环，增强汗腺分泌以及缓解平滑肌痉挛。③煎剂体外对金黄色葡萄球菌有较强的抗菌作用；④荆芥炭能缩短出血和凝血的时间。

[附] 荆芥穗

为荆芥的干燥花穗。本品性微温，味辛；归肺、肝经；荆芥穗发汗之力大于荆芥，其他功效同荆芥；主治同荆芥。

白 芷

为伞形科植物白芷或杭白芷的干燥根。切片入药。主产于四川、东北、浙江、江西、河北等地。

【性味归经】辛，温。入肺、胃经。

【功效】祛风止痛，消肿排脓，通鼻窍。

【主治】风寒感冒，风湿痹痛，疮黄肿痛，脑颡鼻脓。

【临床应用】①外感风寒：常与荆芥、防风、川芎等配伍。②风湿痹痛：常配伍独活、桑枝、秦艽等。③脑颡鼻脓：鼻流浊涕不止，常配伍辛夷、苍耳子、薄荷等。④疮痈肿毒：常配伍金银花、当归、穿山甲等，如仙方活命饮；治乳痈肿痛，常配伍瓜蒌、贝母、蒲公英等同用。

【用量】马、牛 15～30 g；猪、羊 5～10 g；犬、猫 0.5～3 g。

【注意事项】痈疽已溃，脓出通畅者慎用。

【化学成分】含比克白芷素、比克白芷醚、欧前胡素、异欧前胡素、东莨菪内酯、白当归素、白当归脑等。

【药理研究】①煎液灌胃对皮下注射蛋白胨所致小鼠高热模型有明显解热镇痛作用。对小鼠醋酸扭体反应有抑制作用，能明显提高小鼠热板法致痛的痛阈，对二甲苯所致小鼠耳部炎症也有显著抑制作用。②对大肠杆菌、宋氏痢疾杆菌、弗氏痢疾杆菌、变形杆菌、伤寒杆菌、副伤寒杆菌、绿脓杆菌、霍乱弧菌及人型结核杆菌等有不同程度抑制作用。

薄 荷

为唇形科植物薄荷的干燥全草。切段生用。主产于江苏、江西、浙江等地。

【性味归经】辛，凉。入肺、肝经。

【功效】疏散风热，清利头目。

【主治】外感风热，目赤肿痛，咽喉肿痛。

【临床应用】①风热感冒，温病初起：常配伍金银花、连翘、牛蒡子、荆芥等，如银翘散。②目赤肿痛，咽喉肿痛：风热上攻所致目赤肿痛，常配伍桑叶、菊花、蔓荆子等同用；风热壅盛，咽喉肿痛，常与桔梗、生甘草、僵蚕、荆芥、防风等配伍。③麻疹、风疹：麻疹不透，常配伍蝉蜕、荆芥、牛蒡子、紫草等，如透疹汤；风疹瘙痒，常配伍苦参、白鲜皮、防风等同用。

【用量】马、牛 15～45 g；猪、羊 3～9 g；犬 3～5 g；兔、禽 0.5～1.5 g。

【注意事项】表虚自汗及阴虚发热者忌用。

【化学成分】含薄荷酮、薄荷醇、桉树脑、柠檬烯、蒎烯、大黄素、大黄酚、大黄素甲醚、桂皮酸和熊果酸等。

【药理研究】①薄荷油有明显的利胆作用、一定的解痉作用和较弱的抗炎镇痛作用。②少量内服能兴奋中枢神经，使皮肤血管扩张，促进汗腺分泌，增加散热，有发汗解热作用。③薄荷醇能促进气管分泌，使黏液稀释而表现祛痰作用。④煎剂对人型结核杆菌有抑制作用，对伤寒杆菌亦有明显的抗菌作用。

菊　花

为菊科植物菊的干燥头状花序。烘干或蒸后晒干入药。主产于浙江、安徽、河南、四川、山东等地。

【性味归经】甘、苦，微寒。入肺、肝经。

【功效】疏风清热，清肝明目，清热解毒。

【主治】风热感冒，目赤肿痛，疮黄肿毒。

【临床应用】①表热证：风热感冒或温病初起，常配伍桑叶、连翘、薄荷、桔梗等，如桑菊饮。②目赤肿痛，眼目昏花：肝经风热，肝火上炎引起的目赤肿痛，常配伍桑叶、决明子、龙胆草、夏枯草等同用；肝肾不足，目暗昏花，常配伍枸杞子、熟地黄、山萸肉等，如杞菊地黄丸。③疮黄肿毒：热毒疮疡，红肿热痛者，既可内服，又可外敷，常与金银花、甘草等配伍。

【用量】马、牛 15～60 g；猪、羊 3～10 g；犬 2～5 g；兔、禽 1.5～3 g。

【注意事项】清热解毒治疗热毒疮肿多用野菊花。

【化学成分】含挥发油、黄酮类、绿原酸、微量元素等。

【药理研究】①具有抗菌、消炎、解热和降血压的作用。②对葡萄球菌、链球菌、痢疾杆菌、绿脓杆菌、流感病毒等均有抑制作用。

[附] 野菊花

为菊科植物野菊的干燥头状花序。本品性微寒，味苦、辛；归肝、心经；功能清热解毒，平肝明目；多用治疮痈肿毒，目赤肿痛。

柴　胡

为伞形科植物柴胡或狭叶柴胡的干燥根。前者习称北柴胡，后者习称南柴胡。切片生用或醋炒用。北柴胡主产于辽宁、甘肃、河北、河南等地；南柴胡主产于湖北、江苏、四川等地。

【性味归经】苦，微寒。入肝、胆、心包、三焦经。

【功效】和解退热，疏肝理气，升举阳气。

【主治】寒热往来，肝脾不和，久泻脱肛，子宫脱垂。

【临床应用】①寒热往来：常配伍黄芩、半夏、甘草等，如小柴胡汤；②发热：感冒发热，常配伍甘草同用；发热甚者，常与葛根、黄芩、石膏等配伍，如柴葛解肌汤；现有用柴胡制成的单味或复方注射液，对于外感发热，有较好的解热作用。③肝脾不和：肝郁气滞，食欲不振，腹痛泄泻，常配伍当归、白芍等，如逍遥散。④胸胁疼痛：不论内伤肝郁，外伤跌扑所致胸胁疼痛，常与香附、川芎、芍药等配伍使用。⑤中气下陷：久泻脱肛，子宫脱垂等证，常配伍升麻、党参、黄芪等，如补中益气汤。⑥疟疾：疟疾寒热，常配伍黄芩、常山、草果等同用。

【用量】马、牛 15～45 g；猪、羊 3～10 g；犬 3～5 g；兔、禽 1～3 g。

【注意事项】大叶柴胡的干燥根茎，表面密生环节，有毒，不可当柴胡用。

【化学成分】含挥发油、有机酸、植物甾醇等。

【药理研究】①煎剂有解热、镇静、镇痛、利胆和抗肝损伤的作用。②对疟原虫、结核杆菌、流感病毒有抑制作用。③煎剂对牛瘤胃细菌混合配伍有刺激生长作用，对纤维分解菌有抑制作用。

升　麻

为毛茛科植物大三叶升麻、兴安升麻或升麻的干燥根茎。切片生用或炙用。主产于辽宁、黑龙江、湖南、山西等地。

【性味归经】甘、辛，微寒。入肺、脾、胃、大肠经。

【功效】发表透疹，清热解毒，升阳举陷。

【主治】痘疹，疮疡肿毒，久泻脱肛。

【临床应用】①痘疹、麻疹：痘疹透发不畅，麻疹不透，常配伍葛根同用，如升麻葛根汤。②热毒疮肿：胃火上攻，口舌生疮，常与石膏、黄连、丹皮等配伍；咽喉肿痛，常配伍黄芩、黄连、玄参等，如普济消毒饮；温毒发斑，常配伍石膏，大青叶、紫草等同用。③中气下陷：气虚下陷、久泻脱肛，子宫下垂等，常与党参、黄芪、柴胡等配伍，如补中益气汤。

【用量】马、牛 15～45 g；猪、羊 3～10 g；兔、禽 1～3 g。

【注意事项】阴虚火旺者忌用。

【化学成分】含升麻素、升麻苷、升麻宁、异阿魏酸等。

【药理研究】①异阿魏酸可明显抑制醋酸引起的小鼠扭体反应，还可以降低流感病毒侵染小鼠支气管肺泡灌洗液中的白细胞介素 8 的水平。②提取物能有效预防小鼠四氯化碳诱导引起的肝损伤及血清中谷草转氨酶和谷丙转氨酶的升高。③兴安升麻提取物具有镇静、降压作用，并可阻止樟脑或士的宁引起的小鼠惊厥反应。

其他解表药见表 9-1。

表 9-1 其他解表药

药名	性味归经	功效	临床应用	用量
紫苏（苏梗）	辛，温。归肺、脾经	发汗解表，行气宽中	①常配伍杏仁、前胡、桔梗等用治外感风寒，痰多咳嗽，如杏苏散；②常配伍藿香、陈皮、半夏等用治脾胃气滞之食欲不振，肚腹胀满，反胃呕吐，如藿香正气散；③苏梗常配伍砂仁、陈皮等用治胎动不安	马、牛 15～45 g；猪、羊 6～12 g
细辛	辛，温。有小毒。归肺、肾、心经	祛风散寒，通窍，止痛，温肺化饮	①常配伍羌活、防风、白芷等用治外感风寒；②常配伍独活、桑寄生、防风等用治风湿痹痛，如独活寄生汤；③常配伍干姜、桂枝、麻黄、半夏等，用治寒痰咳喘；④闭证：常与皂荚研末和匀，吹少许入鼻中取嚏；亦可单用为散，吹鼻取嚏	马、牛 10～15 g；猪、羊 1.5～3 g。外用适量
辛夷	辛，温。入肺、胃经	疏风解表，通利肺窍	①常配伍细辛、升麻、藁本、川芎、白芷等用治外感风寒表实证；②常配伍知母、黄柏、沙参、木香、郁金等用治脑颡鼻脓，如辛夷散	马、牛 15～45 g；猪、羊 5～10 g
苍耳子	苦、辛，温。有小毒。入肺经	祛风除湿，通利鼻窍	①常配伍辛夷、白芷、薄荷等用治外感风寒之鼻窍不通、浊涕下流，脑颡流鼻等证；②常配伍威灵仙、苍术、羌活等用治风湿痹痛	马、牛 15～45 g；猪、羊 6～12 g
生姜	辛，温。归肺、脾、胃经	发汗解表，温中止呕，温肺止咳	①单煎或配葱白，可用治风寒感冒轻证；常加入辛温解表剂中，治疗外感风寒，如桂枝汤；②常配伍半夏、陈皮等用治胃寒呕吐；配伍黄连、竹茹等用治胃热呕吐；③常配伍杏仁、紫苏、陈皮、半夏等用治风寒咳嗽；④解毒：解半夏、天南星及鱼蟹毒	马、牛 15～60 g；猪、羊 5～15 g
葱白	辛，温。入肺、胃经	发汗解表，散寒通阳	①配合生姜煎服多用治风寒感冒轻证；②常配伍附子、干姜等用治寒凝腹痛	马、牛 30～90 g；猪、羊 15～30 g

续表 9-1

药名	性味归经	功效	临床应用	用量
桑叶	苦、甘，寒。归肺、肝经	疏散风热，清肺润燥，平肝明目	①常配伍菊花、连翘、杏仁等用治风热感冒或温病初起，如桑菊饮；②配伍杏仁、沙参、贝母等或配伍生石膏、麦冬、阿胶等用治肺热燥咳，如桑杏汤、清燥救肺汤；③常配伍菊花、夏枯草、车前子等用治肝经风热，肝火上攻所致目赤肿痛；常配伍黑芝麻等用治肝肾不足之眼目昏花	马、牛 15～60 g；猪、羊 6～15 g。外用煎水洗眼
葛根	甘、辛，凉。归脾、胃经	解肌退热，透发麻疹，生津止渴，升阳止泻	①常配伍柴胡、黄芩、白芷等用治外感表热证，如柴葛解肌汤；常配伍麻黄、桂枝、白芍等用治外感表寒，兼有项背强硬证；②常配伍芦根、天花粉、知母等用治热病伤津；常配伍乌梅、天花粉、麦冬、党参、黄芪等用治阴虚消渴；③常配伍黄芩、黄连、甘草等用治热痢、泄泻，如葛根芩连汤；常配伍党参、茯苓、甘草等用治脾虚泄泻；④常配伍升麻、芍药、甘草等用治麻疹不透，如升麻葛根汤	马、牛 15～60 g；猪、羊 5～15 g
牛蒡子	辛、苦，寒。归肺、胃经	疏散风热，透疹利咽，解毒散肿	①常配伍金银花、连翘、荆芥、桔梗等用治风热感冒，咽喉肿痛，如银翘散；②常配伍大黄、栀子、连翘、薄荷等用治痈肿疮毒；③常配伍薄荷、荆芥、蝉蜕、紫草等用治麻疹不透或透而复隐，如透疹汤	马、牛 15～45 g；猪、羊 5～15 g
蝉蜕	甘，寒。归肺、肝经	疏散风热，透疹止痒，明目退翳，止痉	①常配伍薄荷、桑叶、菊花、升麻、葛根等用治外感风热、温病初期或痘疹初期有表证者；②常配伍薄荷、牛蒡子、紫草等用治麻疹不透，如透疹汤；常配伍荆芥、防风、苦参等用治风疹湿疹、皮肤瘙痒，如消风散；③常配伍菊花、蒺藜，决明子等用治外感风热或肝火上炎所致的目赤肿痛；④破伤风：轻证可单用本品研末，以黄酒冲服，重证可配伍天麻、僵蚕，全蝎同用，如五虎追风散	马、牛 15～60 g；猪、羊 5～15 g。一般病证用量宜小；止痉则需大量

二、解表方

以解表药为主组成，具有发汗解表作用，用以解除表证的一类方剂，称解表方。属“八法”中的“汗法”。

因表证有表寒与表热的不同，故解表方也有辛温解表和辛凉解表之分。

1. *辛温解表方* 适用于外感风寒引起的表寒证。病的初期一般以荆芥、防风为主药；病情较重者，可用麻黄、桂枝为主药；对于表虚证，则应在辛温解表药中配用白芍等，以敛阴止汗，防止耗伤正气。

2. *辛凉解表方* 适用于外感风热引起的表热证。若为风热伤肺的轻证，可以疏散风热的桑叶、菊花、薄荷等为主药；若发热明显，则应配清热解毒的金银花、连翘、牛蒡子等。

使用解表方，必须先辨明是表寒证还是表热证，辛温、辛凉不可误用。既有表证，又有里证，宜先解表后治里；表里俱急，则表里双解；若动物兼见气、血、阴、阳不足，应在解表方中相应地配伍补气、补血、滋阴、助阳的药物，以扶正祛邪。解表取汗以微微汗出为宜，服药后，应避风寒。

麻黄汤(《伤寒论》)

【组成】麻黄(去节)45 g、桂枝 45 g、杏仁 60 g、炙甘草 20 g。

水煎，候温灌服；或为细末，稍煎，候温灌服。

【功效】发汗解表，宣肺平喘。

【主治】外感风寒表实证。证见恶寒发热，无汗咳喘，苔薄白，脉浮紧。

【方解】本方是辛温解表的代表方。风寒表实证乃寒邪束表，肺气失于宣降所致。治宜发汗解表，宣肺平喘。方中麻黄辛温，能发汗解表以散风寒，又能宣利肺气以平喘咳，为主药；桂枝发汗解肌，温通经脉，与麻黄合用则发表之力大增，并能解除肢体疼痛，为辅药；杏仁宣降肺气，助麻黄止咳平喘，为佐药；甘草协调诸药，为使药。四药同用，共收发汗解表，宣肺平喘之效。

【临床应用】本方用于风寒表实证。临床上常以本方加减治疗感冒、流感和急性气管炎等属于风寒表实证者。本方去桂枝，加生姜，名三拗汤(《和剂局方》)，功能宣肺止咳，主治外感风寒，咳嗽痰多；若倍用麻黄、桂枝，加石膏、生姜、大枣，名大青龙汤(《伤寒论》)，功能发汗解表，清热除烦，主治风寒表实证兼有里热而见发热恶寒、寒热俱重、无汗而烦躁者。

本方为发汗之峻剂，凡表虚自汗、外感风热、体虚外感、产后血虚等不宜应用。

本方不宜久服，一经出汗，即应停药。

【方歌】麻黄汤中用桂枝，杏仁甘草四般施，发热恶寒流清涕，风寒无汗服之宜。

桂枝汤(《伤寒论》)

【组成】桂枝 45 g、白芍 45 g、炙甘草 45 g、生姜 60 g、大枣 60 g。

水煎，候温灌服；或为细末，稍煎，候温灌服。

【功效】解肌发表，调和营卫。

【主治】外感风寒表虚证。证见恶风发热，汗出，鼻流清涕，舌苔薄白，脉浮缓。

【方解】本方证系因风寒之邪客于肌表，营卫不和所致。治宜解肌发表，调和营卫。方中桂枝解肌发表为主药；辅以白芍敛阴和营，使桂枝辛散风寒又不致伤阴，桂、芍二药配伍，一散一收，使营卫调和，表邪得解；生姜助桂枝散风寒，大枣助白芍和营卫，共为佐药；甘草调和诸药，为使药。诸药相合，共奏解肌发表，调和营卫之功。

【临床应用】本方主要用于外感风寒表虚证，对流感、外感性腹痛、产后发热等均有良效。若喘咳，可加厚朴、杏仁，以平喘止咳，名桂枝加厚朴杏子汤(《伤寒论》)；本方倍用芍药，加饴糖，名小建中汤(《伤寒论》)，治虚寒腹痛；再加黄芪，名黄芪建中汤(《金匮要略》)，治疗气虚而腹痛者。

本方重在解肌发表，调和营卫，与专于发汗的方剂不同，只适用于外感风寒的表虚证。表实无汗者不宜应用，表热证也当忌用。

【方歌】风寒表虚桂枝汤，调和营卫用此方，桂枝芍药同甘草，再加大枣与生姜。

荆防败毒散(《摄生众妙方》)

【组成】荆芥 30 g、防风 30 g、羌活 25 g、独活 25 g、柴胡 25 g、前胡 25 g、桔梗 30 g、枳壳 25 g、茯苓 45 g、甘草 15 g、川芎 20 g。

为末，开水冲调，候温灌服，或煎汤灌服。注：《中华人民共和国兽药典·二部》(2000 版)收载的荆防败毒散加薄荷一味。

【功效】发汗解表，散寒祛湿。

【主治】外感挟湿的表寒证。证见发热无汗，恶寒颤抖，皮紧肉硬，肢体疼痛，咳嗽，舌苔白腻，脉浮。

【方解】本方证系因外感风寒湿邪所致。治宜发汗解表，散寒祛湿。方中荆芥、防风发散肌表风寒，羌活、独活祛除全身风湿，四药共用以解表祛邪为主药；川芎散风止痛，柴胡助荆芥、防风疏解表邪，茯苓渗湿健脾，均为辅药；枳壳理气宽胸，前胡、桔梗宣肺止咳为佐药；甘草益气和中，调和诸药为使药。诸药相合，共奏发汗解表，散寒祛湿之效。

【临床应用】本方是治疗感冒的常用方，对于时疫、痢疾、疮疡而挟湿的表寒证均可酌情应用。如无湿邪，可去独活；若兼气虚，可加党参。本方辛温解表作用较强，对于风热表证及湿而兼热者，不宜应用。

【方歌】荆防败毒草苓芎，羌独柴前枳桔同，风寒挟湿致畜病，解表祛湿有良功。

银翘散(《温病条辨》)

【组成】金银花 60 g、连翘 45 g、淡豆豉 30 g、桔梗 25 g、荆芥 30 g、淡竹叶 20 g、薄荷 30 g、牛蒡子 45 g、芦根 30 g、甘草 20 g。

为末，开水冲调，候温灌服，或煎汤服。

【功效】辛凉解表，清热解毒。

【主治】外感风热或温病初起。证见发热无汗或微汗，微恶风寒，口渴咽痛，咳嗽，舌苔薄白或薄黄，脉浮数。

【方解】本方证乃外感温邪所致。温病初起，邪在卫分，故治宜辛凉解表，清热解毒。方中金银花、连翘清热解毒，辛凉透表为主药；薄荷、荆芥穗、淡豆豉发散表邪，助主药透热外出，为辅药；牛蒡子、桔梗、甘草合用能宣肺祛痰、利咽止咳，芦根、竹叶清热生津止渴，治疗兼证，为佐使药。诸药相合，共奏辛凉透表，清热解毒之功。

【临床应用】本方由清热解毒药与解表药组成，是辛凉解表的主要方剂，常用于治疗各种家畜的风热感冒或温病初起，也用于治疗流感、急性咽喉炎、支气管炎、肺炎及某些感染性疾病初期而见有表热证者。本方防治禽霍乱有效。发热甚者，加栀子、黄芩、石膏以清热；津伤口渴甚者，加天花粉生津止渴；咽喉肿痛甚者，加马勃、射干、板蓝根以利咽消肿；痈疮初起，有风热表证者，应酌加紫花地丁、蒲公英等以增强清热解毒之力。

【方歌】银翘散主上焦疴，竹叶荆牛豉薄荷，甘桔芦根凉解法，风温初感此方卓。

其他解表方见表 9-2。

表 9-2 其他解表方

方名	来源	组成	功效	主治
小柴胡汤	《伤寒论》	柴胡 45 g、黄芩 45 g、党参 45 g、制半夏 30 g、炙甘草 15 g、生姜 20 g、大枣 60 g	和解少阳、扶正祛邪	少阳病。证见寒热往来，精神不振，饥不欲食，口色淡红，脉弦
发汗散	《元亨疗马集》	麻黄 25 g、升麻 20 g、当归 30 g、川芎 30 g、葛根 20 g、白芍 20 g、党参 30 g、紫荆皮 15 g、香附 15 g。葱白 3 根、生姜 15 g、白酒 60 mL 为引	发表散寒，补气和血	气血不足兼外感风寒证。证见恶寒发热无汗，咳嗽流涕，体瘦食少，脉浮
防风通圣散	《宣明论》	防风 15 g、荆芥 15 g、连翘 15 g、麻黄 15 g、薄荷 15 g、当归 15 g、川芎 15 g、白芍(炒)15 g、白术 15 g、栀子(炒) 15 g、大黄(酒蒸) 15 g、芒硝 15 g、生石膏 30 g、黄芩 30 g、桔梗 30 g、滑石 60 g、甘草 60 g	解表通里，疏风清热	外感风邪，内有蕴热，表里俱实之证。证见恶寒发热，口干舌燥，咽喉不利，便秘尿赤，舌苔黄腻，脉洪数或弦滑
桑菊饮	《温病条辨》	桑叶 30 g、菊花 30 g、薄荷 20 g、杏仁 25 g、桔梗 30 g、连翘 30 g、芦根 20 g、甘草 10 g	疏风清热，宣肺止咳	外感风热，风温初起咳嗽。证见微恶风寒，发热轻，咳嗽较重，鼻塞，口干舌燥，苔薄黄，脉浮数

第二节 清热药与清热方

一、清热药

1. 概念　主要依从清法，通过清解里热，以治疗里热证为主要作用的中药，称为清热药。

2. 分类　根据药性及临床应用，清热药分为清热泻火药、清热燥湿药、清热解毒药、清热凉血药、清热解暑药五类。

3. 性能特点　本类药药性寒凉，味多以苦、辛、甘为主；归经广泛，涉及五脏六腑；以沉降趋势为主；大多无毒。

4.功效　本类药寒凉，具有清热泻火、燥湿、凉血、解毒及清虚热等功效。即《内经》所谓“热者寒之”及《本经》所谓“疗热以寒药”。此外，部分清热药还具有滋阴、生津、止咳功能。

5.应用　清热药主要用于治疗表邪已解、里热炽盛，而无积滞的里热病证，如外感热病，高热烦渴，湿热泻痢，温毒发斑，痈肿疮毒及阴虚发热等。

6.使用与配伍　使用清热药应首先辨别热证虚实，实热证有清热泻火、清营凉血、气血两清的用药不同；虚热证用药又有清热凉血、养阴透热及滋阴清热凉血除蒸之别。同时还要注意有无兼证，如兼有表证者，当先解表后清里，或与解表药同用，以期表里双解；若里热兼有积滞者，则应配伍泻下药；兼有脾胃虚弱的患畜若需用时宜辅以健脾补气药；阴虚患畜需用时，应配伍滋阴药。

7.注意事项

(1)本类药物，药性寒凉，易伤脾胃，凡脾胃气虚，食少便溏者慎用。

(2)热证易伤津液，苦寒药物又易化燥伤阴，故阴虚患畜应慎用；阴盛格阳，真寒假热证，禁用清热药。

石　膏

为硫酸盐类矿物硬石膏族石膏，主含含水硫酸钙($CaSO_4 \cdot 2H_2O$)。粉碎成粗粉，生用或煅用。分布很广，主产于湖北、甘肃、四川等地，以湖北、安徽产者为佳。

【性味归经】辛、甘，大寒。入肺、胃经。

【功效】清热泻火，外用收敛生肌。

【主治】气分实热，肺热咳喘，湿疹湿疮，疮疡不敛。

【临床应用】①气分实热：温热病邪在气分，壮热、烦渴、汗出、脉洪大等实热证，常与知母相须为用，如白虎汤；气血两燔，神昏发斑，常配伍生地、丹皮、水牛角等清热凉血药同用，以气血两清，如化斑汤。②肺热喘咳：邪热郁肺，气急喘促、咳嗽痰稠、发热口渴证，常配伍麻黄、杏仁等，如麻杏石甘汤。③胃火上炎：常与升麻、黄连等配伍，如清胃散。④湿疹湿疮，疮疡不敛：本品煅用有清热收湿、敛疮生肌之效，可用于疮疡溃烂，久不收口，以及湿疹浸淫，水火烫伤等，常配伍黄柏、青黛等研粉外用。

【用量】马、牛 60～120 g；猪、羊 15～30 g；犬、猫 3～5 g；兔、禽 1～3 g。

【注意事项】①石膏大寒而质重，主治热在肺、胃气分，长于解肌退热，应生用打碎先煎。②煅后收涩作用强，多作外用。③胃无实热、脾胃虚寒及阴虚内热患畜忌用。

【化学成分】生石膏的主要成分为含水硫酸钙，煅石膏主要为脱水硫酸钙。

【药理研究】①生石膏可抑制发热中枢而起解热作用。②石膏注射液对炎症早期反应有明显而持久的抑制作用，对炎症晚期反应具有明显减轻肉芽肿重量的作用。③扭体法和热板法动物实验显示明显的阵痛作用。

知 母

为百合科植物知母的干燥根茎。切片生用，盐炒或酒炒用。主产于河北、山西及山东等地。

【性味归经】苦，寒。入肺、胃、肾经。

【功效】清热，滋阴，润肺，生津。

【主治】胃热口渴，肺热咳嗽，阴虚内热，肠燥便秘。

【临床应用】①气分实热：常配合石膏同用，如白虎汤。②燥热咳嗽：肺热咳嗽、痰黄黏稠，常与黄芩、瓜蒌、贝母等配伍；阴虚燥咳、干咳少痰者，多与贝母同用，如二母丸。③阴虚火旺，骨蒸潮热、盗汗：常与黄柏同用，配入养阴药中，以加强滋阴降火之效，如知柏地黄丸。④阴虚消渴，肠燥便秘：热病伤津，消渴，常配伍天花粉、葛根等同用；肠燥便秘，常与生首乌、当归、麻仁等配伍，又有润肠通便之效。

【用量】马、牛 20～60 g；猪、羊 5～15 g；犬 3～8 g；兔、禽 1～2 g。

【注意事项】脾虚泄泻者慎用。知母苦寒，重在清润，用于里热盛而津已伤者；生石膏辛甘大寒；重在清解，用于里热而津未伤者。

【化学成分】含知母皂苷、菝葜皂苷元、宝藿苷、淫羊藿苷、芒果苷、二十九烷醇、二十八烷酸等。

【药理研究】①水提物及总多糖能显著抑制二甲苯致小鼠耳廓肿胀和醋酸致腹腔毛细血管通透性增高。②煎剂对葡萄球菌、伤寒杆菌、痢疾杆菌、副伤寒杆菌、枯草杆菌、霍乱弧菌有较强的抑制作用。③知母皂苷及皂苷元对正常鼠肝脏的氧耗率有降低趋势。

栀 子

为茜草科植物栀子的干燥成熟果实。生用、炒用或炒炭用。产于长江以南各地。

【性味归经】苦，寒。入心、肝、肺、胃经。

【功效】清热泻火，凉血解毒。

【主治】目赤肿痛，湿热黄疸，热淋，尿血，衄血。

【临床应用】①三焦热盛：火毒炽盛，高热烦躁，三焦俱热者，常配伍黄芩、黄连、黄柏同用，如黄连解毒汤。②湿热黄疸：肝胆湿热郁结所致黄疸、发热、小便短赤，常与茵陈、大黄同用，如茵陈蒿汤。③血热吐衄：血热妄行之吐血、衄血、尿血等,常配伍白茅根、侧柏叶、大蓟、小蓟等同用。④疮疡肿毒:热毒疮疡,红肿热痛,常与金银花、连翘、蒲公英等配伍。

【用量】马、牛 15～60 g;猪、羊 5～10 g;犬 3～6 g;兔、禽 1～2 g。

【注意事项】脾胃虚寒,食少便溏者慎用。

【化学成分】含栀子素、果酸、鞣酸、藏红花酸、栀子苷、栀子次苷等。

【药理研究】①能增加胆汁分泌量,有利胆作用,并能抑制血中胆红素升高。②抑制体温中枢而有解热作用,并有降压、镇静、止血作用。③对金黄色葡萄球菌、脑膜炎双球菌、卡他球菌等有抑制作用,其水浸液对多种皮肤真菌有抑制作用。

黄　连

为毛茛科植物黄连、三角叶黄连或云连的干燥根茎。生用,姜汁炒或酒炒用。主产于四川、云南及我国中部、南部各地。

【性味归经】苦,寒。入心、肝、胃、大肠经。

【功效】清热燥湿,泻火解毒。

【主治】湿热泻痢,心火亢盛,火毒疮痈,目赤肿痛。

【临床应用】①湿热泻痢:本品善除脾胃大肠湿热,为治湿热泻痢要药。轻者单用有效;若泻痢腹痛,里急后重,常配伍木香同用,如香连丸;若泻痢发热者,常配伍葛根、黄芩、甘草同用,如葛根芩连汤;治肠黄可配郁金、诃子、黄芩、大黄、黄柏、栀子、白芍,如郁金散。②口舌生疮:心火亢盛所致口舌生疮等,常配伍黄芩、黄柏、栀子、天花粉、桔梗、木通等,如洗心散。③疮黄肿毒:火热炽盛,疮黄肿毒,目赤肿痛,常配伍黄芩、黄柏、栀子同用,如黄连解毒汤。④胃热呕吐:胃火炽盛的呕吐,常与竹茹、陈皮、半夏等配伍。

【用量】马、牛 15～30 g;猪、羊 5～10 g;犬 3～8 g;兔、禽 0.5～1 g。

【注意事项】本品大苦大寒,过服久服易伤脾胃,脾胃虚寒,非实火湿热者忌用。苦燥伤津,阴虚津伤者慎用。

【化学成分】含小檗碱(5%～8%)、黄连碱、甲基黄连碱、药根碱等。

【药理研究】①对痢疾杆菌、伤寒杆菌、大肠杆菌、绿脓杆菌、葡萄球菌、溶血性链球菌、肺炎双球菌等均有抑制作用。对流感病毒、钩端螺旋体、阿米巴原虫及皮肤真菌亦有抑制作用。②能增强白细胞的吞噬能力,并有利胆、扩张末梢血管、降压以及和缓的解热作用。③黄连碱和 8-氧化黄连碱对胃黏膜具有明显的保护作用。

黄　芩

为唇形科植物黄芩的干燥根。切片生用或酒炒用。主产于河北、山西、内蒙古、河南及陕西等地。

【性味归经】苦，寒。入肺、胆、大肠经。

【功效】清热燥湿，泻火解毒，安胎。

【主治】湿热泻痢，咳嗽，疮黄，黄疸，胎动不安。

【临床应用】①湿热泻痢：单用或配伍葛根、黄连等，如葛根芩连汤。②肺热咳嗽：常与知母、桑白皮等配伍；风热犯肺，常配伍栀子、杏仁、桔梗、连翘、薄荷等同用。③湿热黄疸：常与栀子、茵陈等配伍。④痈肿疮毒，咽喉肿痛：常配伍金银花、连翘、牛蒡子、板蓝根等同用。⑤少阳寒热往来：本品兼入少阳胆经，有和解少阳之功，治邪在少阳寒热往来，常配伍柴胡等，如小柴胡汤。⑥胎动不安：胎热不安，常与白术、当归等配伍。

【用量】马、牛 20～60 g；猪、羊 5～15 g；犬 3～5 g；兔、禽 1.5～2.5 g。

【注意事项】本品苦寒伤胃，脾胃虚寒者及无湿热实火者不宜使用。

【化学成分】含黄芩苷、黄芩素、汉黄芩素、汉黄芩苷、千层纸素等。

【药理研究】①黄芩血清及黄芩苷通过抑制单核细胞 DNA，Pr 合成及 Ca^{2+} 内流阻，组织内生致热源的产生而具有一定的解热作用。②乙醇提取物及黄芩素、黄芩苷、汉黄芩素能明显抑制醋酸引起的小鼠腹腔渗出物，抑制大鼠佐剂性关节炎，抗炎机理主要是干扰前列腺素和花生四烯酸的代谢。③水煎剂和醇浸液对金黄色葡萄球菌、肺炎球菌、痢疾杆菌、大肠杆菌、流感病毒及多种皮肤真菌等均有抑制作用。

黄 柏

为芸香科植物黄檗或黄皮树的干燥树皮。前者习称关黄柏，后者习称川黄柏。切丝生用或盐水炒用。产于东北、华北、内蒙古、四川、云南等地。

【性味归经】苦，寒。入肾、膀胱、大肠经。

【功效】清湿热，泻火毒，退虚热。

【主治】湿热泻痢，黄疸，阴虚盗汗，疮疡肿毒。

【临床应用】①湿热泻痢：常配伍白头翁、黄连、秦皮等，如白头翁汤。②膀胱湿热：尿浊，涩痛，淋漓不尽，常配伍车前子、滑石、木通等同用。③湿热黄疸：常与茵陈、栀子等配伍。④阴虚发热：常配伍知母、地黄等，如知柏地黄汤。⑤湿疹，湿疮：湿疹湿疮，阴痒阴肿，常与荆芥、苦参、蛇床子等配伍，内服外洗均可，也可配青黛、滑石、甘草研细末撒敷。

【用量】马、牛 10～45 g；猪、羊 5～10 g；犬 5～6 g；兔、禽 0.5～2 g。

【注意事项】本品苦寒，容易损伤胃气，故脾胃虚寒者忌用。

【化学成分】含小檗碱、小檗胺、药根碱、木兰花碱、掌叶防己碱等。

【药理研究】①具有抑制细胞免疫反应的作用，其活性物质为黄柏碱和木兰花碱。②血凝实验表明黄柏水提物对肾盂肾炎大肠杆菌的黏附特性有抑制作用，可能为黄柏治疗尿路感染的机制。

龙胆草

为龙胆科植物龙胆、条叶龙胆或三花龙胆的干燥根及根茎。切段生用。我国南北各地均产。

【性味归经】苦，寒。入肝、胆、膀胱经。

【功效】清热燥湿，清肝泻火。

【主治】肝胆湿热，湿疹，目赤肿痛。

【临床应用】①湿热黄疸：常配伍茵陈、栀子等同用。②湿疹：常与黄柏、苦参、茯苓等配伍。③肝经风热：肝火上炎所致目赤肿痛，常配伍栀子、黄芩、柴胡、木通等，如龙胆泻肝汤；肝经热盛，热极生风，抽搐痉挛等，常配伍钩藤、牛黄、黄连等同用。

【用量】马、牛 15～45 g；猪、羊 6～15 g；犬、猫 1～5 g；兔、禽 1.5～3 g。

【注意事项】脾胃虚寒者不宜用；阴虚津伤者慎用。

【化学成分】含龙胆苦苷、龙胆三糖、龙胆碱、龙胆黄碱、当药苷等。

【药理研究】①龙胆苦苷能直接刺激胃液和胃酸的分泌，具有健胃作用。②水浸剂(1∶4)有抗皮肤真菌的作用。③对绿脓杆菌、痢疾杆菌、金黄色葡萄球菌等有抑制作用。

苦　参

为豆科植物苦参的干燥根。切片生用。主产于山西、河南、河北等地。

【性味归经】苦，寒。入心、肝、胃、大肠、膀胱经。

【功效】清热燥湿，祛风杀虫，利尿。

【主治】湿热黄疸，泻痢，疥癣。

【临床应用】①湿热泻痢：脾胃湿热，热痢便血，急慢肠黄，常配伍木香、甘草等同用。②湿热黄疸：常与栀子、龙胆等配伍。③疥癣：常配伍雄黄、枯矾等同用。④肺风毛燥，皮肤瘙痒：常与党参、玄参等配伍。⑤膀胱湿热：湿热内蕴，小便不利，常配伍当归、木通、车前子等同用。

【用量】马、牛 15～60 g；猪、羊 6～15 g；犬 3～8 g；兔、禽 0.3～1.5 g。

【注意事项】本品苦寒伤胃、伤阴，脾胃虚寒、食少便溏及阴虚津伤者忌用。不宜与藜芦同用。

【化学成分】含苦参碱、槐果碱、金雀花碱、苦参酮、苦参醇等。

【药理研究】①对痢疾杆菌、大肠杆菌、变形杆菌、金黄色葡萄球菌和乙型链球菌有明显抑制作用;对结核杆菌和皮肤致病性真菌也有不同程度的抑制作用。②苦参碱具有抗乙肝病毒作用,苦参总碱具有抗柯萨奇病毒的作用。③提取物对盐酸、乙醇、消炎痛引起的胃黏膜损伤有明显的保护作用。④能抑制或杀灭蓝氏贾第鞭毛虫和阿米巴原虫;在体外其醇浸膏有抗滴虫作用。

金银花

为忍冬科植物忍冬、红腺忍冬、山银花或毛花柱忍冬的干燥花蕾。生用或炙用。除新疆外,全国均产,主产于河南、山东等地。

【性味归经】甘,寒。入肺、胃、大肠经。

【功效】清热解毒,疏散风热。

【主治】风热感冒,热毒泻痢,热毒痈肿。

【临床应用】①热毒痈肿:凡表现为红、肿、热、痛属阳证者,常配伍当归、陈皮、防风、白芷、贝母、天花粉、乳香、穿山甲等,如真人活命饮。②外感风热,温病初起:常配伍连翘、薄荷、牛蒡子等,如银翘散。③热毒泻痢:热毒血痢便脓血者,单用浓煎即可奏效,亦可配伍黄芩、黄连、白头翁等同用。

【用量】马、牛 15～60 g;猪、羊 5～10 g;犬、猫 3～5 g;兔、禽 1～3 g。

【注意事项】脾胃虚寒作泻及气虚疮疡脓清者忌用。

【化学成分】含绿原酸、异绿原酸、木犀草素等。

【药理研究】①对金黄色葡萄球菌、链球菌、大肠杆菌、痢疾杆菌、肺炎球菌、绿脓杆菌、脑膜炎双球菌、结核杆菌等均有较好的抑制作用,其主要活性成分为绿原酸及异绿原酸。②金银花 1∶20 的水煎剂对流感病毒、疱疹病毒有效,具有细胞外抑制柯萨病毒、埃可病毒作用。③注射给药能明显抑制新鲜鸡蛋清、角叉菜胶等所致的大鼠跖水肿,明显抑制实验性炎性渗出与炎性增生,体外还能抑制 γ-球蛋白的铜离子热变性。

[附]忍冬藤

为忍冬的干燥茎枝。本品性寒,味甘;归肺、胃经;功能清热解毒,疏风通络;多用于温病发热,热毒血痢,疮黄疔毒,风湿热痹。清热解毒效力不及金银花,但祛风活络作用较强。

连　翘

为木犀科植物连翘的干燥成熟果实。生用。主产于山西、陕西、河南等地,甘肃、河北、山东、湖北亦产。

【性味归经】苦,微寒。入心、肺、胆经。

【功效】清热解毒，消肿散结。

【主治】外感风热，疮黄肿毒。

【临床应用】①痈肿疮毒，瘰疬痰核：本品有"疮家圣药"之称。痈肿疮毒，常配伍金银花、蒲公英、野菊花等同用；瘰疬痰核，常与夏枯草、贝母、玄参、牡蛎等配伍。②外感风热，温病初起：常配伍金银花、薄荷、牛蒡子等，如银翘散。③热入营血：舌绛神昏，常配伍玄参、丹皮、金银花等，以清热解毒，透热转气，如清营汤；热入心包，高热神昏，常用清心泻火的连翘心配伍麦冬、莲子心等同用。

【用量】马、牛 20～30 g；猪、羊 10～15 g；犬 3～6 g；兔、禽 1～2 g。

【注意事项】体虚发热、脾胃虚寒及阴疮经久不愈、气虚脓清者不宜用。

【化学成分】含连翘酚、连翘酯苷、齐墩果酸、熊果酸、槲皮素、芦丁等。

【药理研究】①对多种革兰氏阳性及阴性细菌有抑制作用。②提取物对麻醉犬有显著的利尿作用，所含的齐墩果酸有轻微利尿强心作用。③煎剂灌胃能抑制家鸽静脉注射洋地黄的催吐作用，减少呕吐次数。④煎剂灌胃可使静脉注射枯草浸液引起的家兔体温升高显著下降。

板蓝根

为十字花科植物菘蓝的干燥根。切片生用。主产于江苏、河北、安徽、河南等地。

【性味归经】苦，寒。入心、肺经。

【功效】清热解毒，凉血，利咽。

【主治】外感风温时疫，热毒发斑，血痢，咽喉肿痛。

【临床应用】①各种热毒、温疫、疮黄肿毒：常配伍黄芩、连翘、牛蒡子等，如普济消毒饮；外感风热，发热头痛或温病初起，常与金银花、连翘、荆芥等配伍。②热毒斑疹、丹毒、血痢肠黄：常配伍黄连、栀子、赤芍、升麻等同用。③咽喉肿痛、口舌生疮：常与金银花、桔梗、甘草等配伍。

【用量】马、牛 30～100 g；猪、羊 15～30 g；犬、猫 3～5 g；兔、禽 1～2 g。

【注意事项】脾胃虚寒者慎用。

【化学成分】含靛苷、靛红、靛蓝、葡萄糖芸香素、棕榈酸及氨基酸等。

【药理研究】①水浸液对金黄色葡萄球菌、表皮葡萄球菌、枯草杆菌、大肠杆菌、伤寒杆菌、肺炎双球菌、流感杆菌、脑膜炎双球菌均有抑制作用，并具有抗大肠杆菌内毒素作用。②水提液及制剂对流感病毒、甲型流感病毒、乙型脑炎病毒和肝炎病毒等均有抑制作用。③板蓝根多糖对特异性、非特异性免疫、体液免疫及细胞免疫均起一定促进作用。

[附] **大青叶、青黛**

大青叶为板蓝根的干燥叶。本品性寒、味苦、咸,归心、肺经;功效与板蓝根基本相似,能清热解毒,凉血消斑;多用治各种热毒痈肿、温疫、斑疹等证。

青黛为大青叶的加工品,系用大青叶加水打烂后,再加入石灰水等,捞取浮在上面的靛蓝粉末,晒干而成。本品性寒、味苦、咸,归肝、肺、胃经;其功效与大青叶相似;多用于温毒发斑、吐血衄血、火毒疮疡等证。

穿心莲

为爵床科植物穿心莲的干燥地上部分。切段,晒干生用,或鲜用。华南、西南、华东等地均有栽培。

【性味归经】苦,寒。入肺、胃、大肠、小肠经。

【功效】清热解毒,燥湿止泻。

【主治】肺热咳喘,肠黄作泻,泻痢。

【临床应用】①肺热咳喘:常配伍桑白皮、黄芩等同用。②咽喉肿痛:常与山豆根、牛蒡子等配伍。③肠黄作泻,泻痢:常配伍秦皮,白头翁等同用。

【用量】马、牛 60～120 g;猪、羊 30～60 g;犬、猫 3～10 g;兔、禽 1～3 g。

【注意事项】脾胃虚寒者不宜用。

【化学成分】含穿心莲内酯、脱氧穿心莲内酯、脱水穿心莲内酯、新穿心莲内酯等。

【药理研究】①浸出液对大肠杆菌、金黄色葡萄球菌、绿脓杆菌、甲型链球菌、乙型链球菌有明显的抑制作用。②内酯成分具有明显的抗炎作用,能抑制急性炎症早期的毛细血管通透性增高,改善渗出、水肿状况。③穿心莲内酯可拮抗埃博拉病毒和呼吸道合孢病毒。④穿心莲内酯具有抑制和延缓肺炎链球菌和溶血性乙型链球菌所引起的体温升高的作用。

鱼腥草

为三白草科蕺菜的干燥地上部分。切段生用。主产于江苏、浙江、江西、安徽、四川、云南、贵州、广东、广西等。

【性味归经】辛,微寒。入肺经。

【功效】清热解毒,消肿排脓,利尿通淋。

【主治】肺痈,泻痢,淋浊。

【临床应用】①肺痈:本品为治疗痰热壅肺,发为肺痈,咳吐脓血之要药,常与桔梗、芦根、瓜蒌等药配伍。②肺热咳嗽:常配伍黄芩,贝母,知母等同用。③湿热淋证:膀胱湿热所致的尿短赤、淋涩疼痛,常与车前草、白茅根、海金沙等同用。

④湿热泻痢：单用本品或配伍黄连、木香等同用。⑤热毒疮疡：常与野菊花、蒲公英、金银花等配伍；亦可单用鲜品捣烂外敷。

【用量】马、牛 30～120 g；猪、羊 15～30 g；犬、猫 3～5 g；兔、禽 1～3 g。

【注意事项】本品含挥发油，不宜久煎。

【化学成分】含挥发油 0.05%，主要成分为癸酰乙醛、软脂酸和亚油酸、软脂酸和甲基正壬酮等。

【药理研究】①癸酰乙醛对溶血性链球菌、肺炎球菌和金黄色葡萄球菌有较强抑制作用。②癸酰乙醛对多种致炎剂引起的炎症渗出和组织水肿均有明显抑制作用，显著降低小鼠耳肿胀和大鼠足肿胀程度，降低小鼠腹腔毛细血管通透性。③癸酰乙醛能明显提高小鼠腹腔巨噬细胞的吞噬功能，增强超敏反应强度。

射　干

为鸢尾科植物射干的干燥根茎。切片生用。主产于浙江、湖北、河南、安徽、江苏等地。

【性味归经】苦，寒。入肺经。

【功效】清热解毒，祛痰利咽。

【主治】肺热咳喘，咽喉肿痛。

【临床应用】①咽喉肿痛：热毒郁肺，结于咽喉而致的咽喉肿痛，常与黄芩、牛蒡子、山豆根、甘草等配伍。②痰多咳喘：肺热咳嗽痰多，常配伍前胡、贝母、瓜蒌等同用；寒痰气喘，咳嗽痰多，常配伍细辛、生姜、半夏等同用。

【用量】马、牛 15～45 g；猪、羊 5～10 g。

【注意事项】孕畜忌用或慎用，脾胃虚寒者慎用。

【化学成分】含鸢尾苷、鸢尾黄素、野鸢尾黄素、射干酚、射干醛等。

【药理研究】①对早期或晚期炎症都有明显的抑制作用，能显著抑制组织胺所致小鼠皮肤毛细管通透性的增高。②煎剂或浸剂，在试管中对常见的致病性皮肤癣菌有抑制作用。③射干醛有兴奋咽喉黏膜的作用。

地　黄

为玄参科植物地黄的新鲜或干燥块根。切片生用。新鲜者，习称鲜地黄；慢慢焙至约八成干者，习称地黄。主产于河南、河北、东北及内蒙古。全国大部分地区都有栽培。

【性味归经】甘、苦，寒。入心、肝、肾经。

【功效】清热凉血，养阴生津。

【主治】阴虚内热，鼻衄，尿血，津亏便秘。

【临床应用】①热入营血：温热病热入营血，壮热神昏，口干舌绛，常配伍玄参等，如清营汤。②血热出血：血热妄行所致的尿血、鼻衄等出血证，常与侧柏叶、丹皮、茜草等配伍。③热病伤津：热病伤津，口干舌红，肠燥便秘，常配伍玄参、麦冬等，如增液汤。④阴虚内热：热病后期，余热未尽，阴液已伤，低烧不退，夜热早凉，盗汗等，常配伍鳖甲、青蒿、知母等，如青蒿鳖甲汤。

【用量】马、牛 30～60 g；猪、羊 5～15 g；犬 3～6 g；兔、禽 1～2 g。

【注意事项】本品性寒而滞，脾虚湿滞腹满便溏者，不宜使用。

【化学成分】含梓醇、二氢梓醇、乙酰梓醇、甘露醇、豆甾醇、十七烷酸、阿魏酸、胡萝卜苷、8-表番木鳖酸等。

【药理研究】①煎液可拮抗阿司匹林诱导的小鼠凝血时间延长，具有止血作用。②煎液能使实验性阴虚小鼠的脾脏淋巴细胞碱性磷酸酶的表达能力明显增强。③煎液、浸剂或醇提取物能明显降低家兔正常血糖。

牡丹皮

为毛茛科植物牡丹的干燥根皮。切片生用或炒用。主产于安徽、山东、湖南、四川、贵州等地。

【性味归经】苦、辛，微寒。入心、肝、肾经。

【功效】清热凉血，活血散瘀。

【主治】血热出血，瘀血肿痛。

【临床应用】①热入营血：温病热入营血，迫血妄行，发斑发疹，吐血衄血，常配伍生地、赤芍等同用。②瘀血肿痛：血瘀癥瘕等，常与桃仁、赤芍、桂枝等配伍；跌打损伤，瘀血肿痛，常配伍当归，桃仁、乳香等同用。③温邪伤阴，阴虚发热：温病后期，邪伏阴分，津液已伤，夜热早凉，热退无汗之证，常配伍鳖甲、生地、知母等，如青蒿鳖甲汤。④疮痈肿毒：火毒炽盛，痈肿疮毒，常配伍金银花、连翘、蒲公英等同用；肠痈初起，常与大黄、桃仁、芒硝等配伍。

【用量】马、牛 15～30 g；猪、羊 3～10 g；犬 3～6 g；兔、禽 1～2 g。

【注意事项】血虚有寒，脾胃虚弱及孕畜忌用。

【化学成分】含牡丹酚、白桦脂酸、齐墩果酸、没食子酸等。

【药理研究】①牡丹皮酚有镇静、镇痛、抗惊、解热、抗过敏等作用。②丹皮酚有抗心律失常、抗缺血、抗血栓形成等作用。③丹皮酚对黄色八叠球菌、福氏痢疾杆菌、枯草芽孢杆菌、金黄色葡萄球菌、大肠埃希氏菌等有较强的抑制作用。

白头翁

为毛茛科植物白头翁的干燥根。生用。主产于东北、内蒙古及华北等地。

【性味归经】苦,寒。入大肠、胃经。

【功效】清热解毒,凉血止痢。

【主治】湿热泄泻,热毒血痢。

【临床应用】①热毒血痢:本品苦寒降泄,清热解毒,凉血止痢,尤善于清胃肠湿热及血分热毒,为治热毒血痢的良药,可单用,或配伍黄连、黄柏、秦皮同用,如白头翁汤。②疟疾:常配伍柴胡、黄芩、槟榔等同用。

【用量】马、牛 15～60 g;猪、羊 6～15 g;犬、猫 1～5 g;兔、禽 1.5～3 g。

【注意事项】虚寒下痢者忌用。

【化学成分】含白头翁皂苷、白头翁素、原白头翁素和白桦酯酸等。

【药理研究】①白头翁素有镇静、镇痛及抗痉挛的作用。②鲜汁、煎剂和乙醇提取物对金黄色葡萄球菌、绿脓杆菌、痢疾杆菌、枯草杆菌、伤寒杆菌等有明显抑制作用。③煎剂、白头翁皂苷均能抑制阿米巴的繁殖和生长。

玄　参

为玄参科植物玄参的干燥根。切片生用。主产于浙江、湖北、安徽、山东、四川、河北、江西等地。

【性味归经】甘、苦、咸,寒。入肺、胃、肾经。

【功效】清热养阴,润燥解毒。

【主治】阴虚内热,咽喉肿痛,阴虚便秘。

【临床应用】①热入营血:温病热入营分,身热夜甚、烦躁口渴、舌绛脉数,常配伍生地、麦冬等,如清营汤;温病邪陷心包,神昏癫狂,常与麦冬,连翘心等配伍;温热病气血两燔,发斑发疹,常配伍石膏、知母等,如化斑汤。②咽喉肿痛:外感瘟毒,热毒壅盛之咽喉肿痛,常配伍生地、桔梗、栀子、薄荷、连翘、板蓝根等同用;阴虚火旺之咽喉肿痛,常与麦冬、桔梗、甘草等配伍。③阴虚便秘:常配伍生地、麦冬等,如增液汤。

【用量】马、牛 15～45 g;猪、羊 5～15 g;犬、猫 2～5 g;兔、禽 1～3 g。

【注意事项】本品性寒而滞,脾胃虚寒、食少便溏者不宜服用。反藜芦。

【化学成分】含有环烯醚萜类、苯丙素苷、黄酮类、脂肪酸及挥发油等。

【药理研究】①醇提取物及所含的甲氧基肉桂酸对注射伤寒菌苗所致的家兔发热有良好的退热作用。②提取液具有较好抗炎和抗氧化作用,且主要与苯丙素苷类成分有关。③提取物对于脑缺血损伤具有保护作用，这主要与提高脑血流量有关。

青　蒿

为菊科植物青蒿和黄花蒿的干燥茎叶。切段生用。各地均产。

【性味归经】苦，寒。入肝、胆经。

【功效】清热解暑，退虚热。

【主治】外感暑热，阴虚发热，疟疾寒热。

【临床应用】①外感暑热：常配伍藿香、佩兰、滑石等同用。②阴虚发热：常配伍生地、鳖甲、知母、丹皮等，如青蒿鳖甲汤；骨蒸劳热，常配伍银柴胡、胡黄连、知母、鳖甲等，如清骨散。③疟疾寒热：本品有截疟与解除疟疾寒热之功，可单用较大剂量鲜品捣汁服，或随证配伍桂心、滑石、青黛等同用。

【用量】马、牛 15～60 g；猪、羊 5～15 g；犬 3～5 g；兔、禽 1～2 g。

【注意事项】脾胃虚弱，泄泻者忌服。

【化学成分】含青蒿素及挥发油，油中主要含青蒎烯、桉树脑、樟脑、桃金娘烯醛、法呢醛等。

【药理研究】青蒿素及其衍生物具有显著的抗疟原虫、血吸虫、弓形虫、卡氏肺孢子虫、犬附红细胞体和球虫的作用。

香　薷

为唇形科植物石香薷的干燥全草。切段生用。主产于江西、安徽、河南等地。

【性味归经】辛，微温。入肺、胃经。

【功效】祛暑解表，利湿行水。

【主治】外感风邪暑湿，水肿，小便不利。

【临床应用】①中暑：外感伤暑，常配伍黄芩、黄连、天花粉等，如香薷散；暑湿，常配伍扁豆、厚朴等同用。②水肿，小便不利：常与白术、茯苓等配伍。

【用量】马、牛 15～45 g；猪、羊 3～10 g；犬 2～4 g；兔、禽 1～2 g。

【化学成分】含黄酮、香豆素、木脂素、萜类和挥发油等。挥发油中含有百里香酚、香荆芥酚、对聚伞花素等。

【药理研究】①挥发油对沙门氏菌、志贺氏杆菌、大肠杆菌及金黄色葡萄球菌等有较强抗菌活性。②挥发油具有镇痛作用，对中枢神经系统具有抑制作用。③挥发油能增强机体的特异性和非特异性免疫功能。④挥发油对动物的离体平滑肌具有松弛作用。

其他清热药见表 9-3。

表 9-3　其他清热药

药名	性味归经	功效	临床应用	用量
天花粉	甘、微苦，微寒。归肺、胃经	清热生津，清肺润燥，解毒消痈	①常配伍芦根、麦冬等用治热病伤津；常配伍葛根、山药等用治阴虚内热，消渴多饮；②常配伍天冬、麦冬、生地等用治肺热燥咳；③常配伍金银花、白芷、穿山甲等用治痈肿疮疡，如仙方活命饮	马、牛 15～30 g；猪、羊 12～15 g
芦根	甘，寒。归肺、胃经	清热生津，除烦止呕	①常配伍天花粉、麦门冬等用治热病伤津；②常配伍瓜蒌、贝母、黄芩等用治肺热咳嗽；常配伍桑叶、菊花、桔梗等用治外感风热，身热咳嗽，如桑菊饮；常配伍薏苡仁、冬瓜仁等用治肺痈吐脓，如苇茎汤；③常配伍竹茹、姜汁等用治胃热呕逆；④常配伍白茅根、车前子等用治热淋	马、牛 20～60 g；猪、羊 10～15 g
夏枯草	苦、辛，寒。归肝、胆经	清肝火，散郁结	①常配伍菊花、决明子、黄芩等用治肝火上炎之目赤肿痛；②常配伍玄参、贝母、牡蛎、昆布等用治疮肿瘰疬；③常配伍蒲公英、连翘等用治乳痈	马、牛 15～60 g；猪、羊 6～15 g
淡竹叶	甘、淡，寒。入心、胃、小肠经	清热，利尿	①常配伍木通，生地等用治心经实热之口舌生疮、小便赤短；②常配伍石膏、麦冬等用治胃热；③常配伍薄荷、荆芥、金银花等用治外感风热；④常配伍车前子、槐花、侧柏叶、艾叶等用治尿血	马、牛 15～45 g；猪、羊 6～12 g
秦皮	苦，寒。入肝、胆、大肠经	清热燥湿，清肝明目	①常配伍白头翁、黄连等用治湿热泻痢，如白头翁汤；②常配伍黄连、竹叶等用治肝热上炎之目赤肿痛	马、牛 15～45 g；猪、羊 6～15 g
三颗针	苦，寒。入肝、胃、大肠经	清热燥湿，泻火解毒	①常配伍委陵菜、辣蓼等用治泻痢；②常配伍金银花，连翘、甘草等用治肺热咳嗽，咽喉肿痛和疮痈肿毒等证	马、牛 60～90 g；猪、羊 15～30 g
胡黄连	苦，寒。入心、肝，胃、大肠经	清热燥湿，退虚热，杀虫	①常配伍地榆、车前子、苍术、茵陈等用治湿热泻痢；②常配伍银柴胡、地骨皮等用治阴虚发热；③常配伍使君子等用治消化道寄生虫	马、牛 15～30 g；猪、羊 3～9 g

续表 9-3

药名	性味归经	功效	临床应用	用量
蒲公英	苦、甘、寒。归肝、胃经	清热解毒，消痈散结，利湿通淋	①常配伍金银花、野菊花、紫花地丁等用治痈疽疔毒；常配伍鱼腥草、芦根等用治肺痈吐脓；常配伍赤芍、紫花地丁、丹皮等用治肠痈腹痛；常配伍金银花、连翘、通草、穿山甲等用治乳痈，如公英散；②常配伍茵陈、栀子、大黄等用治湿热黄疸；③常配伍白茅根、金钱草等用治热淋	马、牛 20～60 g；猪、羊 6～12 g。外用适量
山豆根	苦，寒。归肺、胃经	清热解毒，利咽消肿	①常配伍黄芩、牛蒡子、山豆根、甘草等用治热毒郁肺，结于咽喉而致的咽喉肿痛；②常配伍前胡、贝母、瓜蒌等用治肺热咳嗽痰多；常配伍细辛、生姜、半夏等用治寒痰咳嗽	马、牛 15～45 g；猪、羊 5～15 g。外用适量
紫花地丁	苦、辛，寒。入心、肝经	清热解毒	①常配伍蒲公英、金银花、野菊花、紫背天葵等用治痈肿疮毒，如五味消毒饮；②鲜品捣烂外敷，或与蒲公英、金银花、王不留行等配伍用治乳痈	马、牛 30～60 g；猪、羊 5～15 g
黄药子	苦，平。有小毒。入心、肺、脾经	清热凉血，解毒消肿	①常配伍黄芩、桑白皮等用治肺热咳喘；②常配伍栀子、黄芩、黄连，白药子等用治疮痈肿毒，如消黄散；③常配伍山豆根、射干、牛蒡子等用治咽喉肿痛；④常配伍栀子、生地等用治衄血	马、牛 15～60 g；猪、羊 5～15 g
白药子	苦，寒。入心、肺、脾经	清热解毒，凉血止血，散瘀消肿	①常配伍桑白皮、贝母、当归、芍药、天花粉、桔梗、白芷等用治肺热咳喘，咽喉肿痛；②常配伍黄药子等用治疮黄肿毒	马、牛 20～60 g；猪、羊 5～15 g
地骨皮	甘、淡，寒。归肺、肝、肾经	凉血退蒸，清肺降火	①常配伍生地、丹皮、白茅根、侧柏叶等用治血热妄行所致吐血、衄血、尿血等证；②常配伍知母、鳖甲、银柴胡等用治阴虚发热；③常配伍桑白皮、甘草等用治肺热咳嗽	马、牛 15～50 g；猪、羊 6～15 g
绿豆	甘，寒。入心、胃经	清热解毒，消暑止渴	①常配伍甘草、葛根、黄连等用治暑热烦渴、痈肿热毒、泻痢；②常与甘草配伍用治中毒	马、牛 90～500 g；猪、羊 30～60 g
荷叶	苦，平。入肝、脾、胃经	解暑清热，升发清阳，散瘀止血	①常配伍白术、扁豆等用治暑热泄泻；常配伍藿香、佩兰等用治暑热，尿短赤等；②单用本品或配伍其他凉血止血之品用治衄血、便血	马、牛 30～90 g；猪、羊 12～18 g

二、清热方

以清热药为主组成，具有清热泻火、凉血解毒等作用，用以治疗里热证的一类方剂，称为清热方。属于“八法”中的“清法”。

里热证，有气分、血分之分，实热、虚热之别，脏腑偏胜之殊，以及湿热、暑热之异。因而清热剂又可分为清泄气分、清营凉血、清热解毒、清脏腑热、清热燥湿、清热解暑以及清虚热等类。

1. 清泄气分方　适用于热在气分的病证。多以石膏、知母之类清泄肺、胃为主。

2. 清营凉血方　适用于邪热侵入营血的病证。多以水牛角、生地、玄参、丹皮、赤芍等清营凉血为主。

3. 清热解毒方　适用于瘟疫、毒痢、疮痈等热毒证。多以金银花、连翘、栀子、黄连、黄柏、大青叶、板蓝根、蒲公英、紫花地丁、射干、山豆根等清热解毒为主。

4. 清脏腑热方　适用于热邪偏盛于某一脏腑的病证，根据各个脏腑热胜的特点，用药有所不同。

5. 清热解暑方　适用于暑热炎天，心经壅热，高热倦怠的暑热证，常以香薷之类发散暑邪为主。

6. 清热燥湿方　适用于湿热内盛的黄疸、热淋等证。多以黄芩、黄连、黄柏、栀子等清热燥湿为主。

7. 清虚热方　适用于暮热早凉，潮热骨蒸，低热不退的虚热证。常以鳖甲、青蒿、丹皮、地骨皮等退虚热为主。

使用清热剂时，应先辨明里热的真假。如真热假寒，当用清热法；真寒假热，则应使用温里回阳之剂。屡用清热剂而热仍不退者，属阴虚火旺之证，当用滋阴壮水之法，使阴复而热自退。此外，使用清热剂，还应根据病情轻重和患畜体质强弱来选药定量，避免因使用寒凉药太过而损伤脾胃阳气。

白虎汤(《伤寒论》)

【组成】石膏(打碎先煎)250 g、知母 45 g、甘草 25 g、粳米 45 g。

水煎至米熟汤成，去渣温服。

【功效】清热生津。

【主治】阳明经证或气分热盛。证见高热大汗，口干舌燥，大渴贪饮，脉洪大有力。

【方解】本方为治阳明经热盛或气分实热的代表方。方中石膏辛甘大寒，清阳明气分实热而除烦，为主药；知母苦寒质润，清热润燥，为辅药；甘草、粳米益胃养阴，且又能缓和石膏、知母寒凉伤胃之弊，共为佐使药。四药合用，有清热生津之效。

【临床应用】本方用于治疗阳明经证或气分实热证。如乙型脑炎、中暑、肺炎等热性病而有上述见证者，均可在本方基础上加减应用。本方加人参，名人参白虎汤(《伤寒论》)，用于伤寒表证已解，热盛于里，气津两伤，口干，汗多，脉浮大无力者。本方加玄参、犀角，名化斑汤(《温病条辨》)，清热解毒，滋阴凉血，主治温病发斑。

【方歌】石膏知母白虎汤，再加甘草粳米襄，热蒸汗出兼烦渴，气耗津伤人参尝。

清营汤(《温病条辨》)

【组成】犀角 10 g(锉细末冲服，可用 10 倍量水牛角代)、生地 60 g、玄参 45 g、竹叶心 15 g、金银花 45 g、连翘 30 g、黄连 25 g、丹参 30 g、麦冬 45 g。

为末，开水冲调，候凉灌服，或水煎服。

【功效】清营解毒，透热养阴。

【主治】热邪初入营分。证见高热，口渴或不渴，烦躁或时有神昏，舌红口干，或见斑疹隐现，脉细数。

【方解】本方专为温热病邪由气分传入营分而设。热入营分，治宜清泄营分之热。方中以犀角清解营分热毒为主药；热盛伤阴，故以生地、玄参、麦冬养阴清热，为辅药；又因热邪初入营分，气分热邪尚未解尽，根据“入营犹可透热转气”的理论，佐以黄连、银花、连翘、竹叶心清解气分热毒，使营分邪热转出气分而解，防止邪热进一步内陷，体现了气营两清的治法；丹参助主药清热凉血，还能活血散瘀，防止血与热结，且又能引导诸药入心经以清热，为使药。诸药相合，共奏清营解毒，透热养阴之功。

【临床应用】本方用于治疗温热病邪由气分初入营分之证，是清营透气的代表方。凡脑炎、败血证而有上述见证者，均可酌情加减应用。若气分热重而营分热轻，应重用金银花、连翘、黄连、竹叶心，并相应减少犀角、生地、玄参的用量。

【方歌】清营汤治热传营，脉数舌绛辨分明，犀地丹玄麦凉血，银翘连竹气亦清。

犀角地黄汤(《千金方》)

【组成】犀角 10 g(用 10 倍量水牛角代)、生地 150 g、白芍 60 g、丹皮 45 g。

为末，开水冲调，候凉灌服，或水煎服。

【功效】清热解毒，凉血散瘀。

【主治】温热病之血分证或热入血分，有热甚动血，热扰心营见证者。

【方解】本方所治为温热之邪燔于血分。血分热毒炽盛，可出现动血伤阴及热扰心神等证，故方中以犀角清营凉血，清热解毒，为主药；生地养阴清热，凉血止血，助主药解血分热毒，为辅药；芍药（伤阴甚者用白芍，瘀血重者用赤芍）、丹皮清热凉血，活血散瘀，共为佐使药。四药合用，清热之中兼以养阴，使热清血宁而不耗血，凉血之中兼以散瘀，使血止而不留瘀。

【临床应用】本方为治热入血分之各种出血证的重要方剂，临床应用时可随证加减。鼻衄者，加白茅根、侧柏叶以凉血止血；便血者，加地榆、槐花以清肠止血；尿血者，加白茅根、小蓟以利尿止血；心火盛者，加黄连、栀子以清心泻火。

【方歌】犀角地黄芍药丹，热在血分服之安。

黄连解毒汤（《外台秘要》）

【组成】黄连 30 g、黄芩 60 g、黄柏 60 g、栀子 45 g。

为末，开水冲调，候温灌服，或煎汤服。

【功效】泻火解毒。

【主治】三焦热盛或疮疡肿毒。证见大热烦躁，甚则发狂，或见发斑，以及外科疮疡肿毒等。

【方解】本方证乃热毒壅盛所致，治宜泻火解毒。方中黄连泻心火，兼泻中焦之火，为主药；黄芩泻上焦之火，黄柏泻下焦之火，栀子通泻三焦之火，且导热下行从膀胱而出，共为辅药。四药合用，苦寒直折，使邪去而热毒解。

【临床应用】本方为泻火解毒之要方，适用于三焦火邪壅盛之证，但以津液未伤为宜。可用于败血证、脓毒血证、痢疾、肺炎及各种急性炎症等属于火毒炽盛者。本方去黄柏、栀子，加大黄名泻心汤（《金匮要略》），功效似本方而尤适用于口舌生疮、胃肠积热；本方还可用于治疗疮疡肿毒，不但可以内服，还可以调敷外用。

【方歌】黄连解毒汤四味，黄柏黄芩栀子配，大热狂燥火炽盛，疮疡肿毒皆可退。

清瘟败毒散（《疫疹一得》）

【组成】石膏（先煎）120 g、知母 30 g、犀角 6 g（锉细末冲服，可用 10 倍量水牛角代）、生地 30 g、丹皮 20 g、玄参 25 g、赤芍 25 g、黄连 20 g、栀子 30 g、黄芩 25 g、连翘 30 g、桔梗 25 g、竹叶 25 g、甘草 15 g。

为末，开水冲调，候温灌服，或煎汤服。

【功效】清气凉血，泻下解毒。

【主治】热毒炽盛，气血两燔。证见大热躁动，渴饮，昏狂，发斑，舌绛，脉数。

【方解】本方所治乃热毒充斥，气血两燔之证。本方可看作由白虎汤、黄连解毒汤、清营汤三方加减化裁而成。方中重用石膏、知母大清气分热，为主药；犀角、生地、丹皮、玄参、赤芍清营凉血解毒，黄连、栀子、黄芩、连翘通泻三焦火热为辅药；竹叶清心利尿，导热下行，桔梗载药上行，共为佐药；使以甘草清热解毒，调和诸药。各药配合，气血两清作用颇强，可使热毒迅速清除。

【临床应用】适用于温热疫毒及一切火热之证。凡丹毒、脑炎、败血症等属于气血两燔者，均可酌情加减应用。若见惊厥抽搐，可加僵蚕、石菖蒲、钩藤等；热毒炽盛发斑紫暗者，可加金银花、大青叶、紫草等；若粪干便秘，加大黄、芒硝；气喘，加枳壳、瓜蒌。

【方歌】清瘟败毒地连芩，丹石栀甘竹叶寻，犀角玄翘知芍桔，清邪泻毒亦滋阴。

龙胆泻肝汤(《医宗金鉴》)

【组成】龙胆草(酒炒)45 g、黄芩(酒炒)30 g、栀子(酒炒)30 g、泽泻 30 g、木通 30 g、车前子 20 g、当归(酒炒)25 g、柴胡 30 g、甘草 15 g、生地(酒洗)45 g。

水煎服或为末，开水冲调，候温灌服。

【功效】泻肝胆实火，清三焦湿热。

【主治】肝火上炎或湿热下注。证见目赤肿痛，尿淋浊、涩痛，阴肿等。

【方解】本方证乃肝胆实火上炎，或肝经湿热下注所致。方中以龙胆草泻肝经实火，除下焦湿热为主药；辅以栀子、黄芩泻火清热，助龙胆草清肝胆实火，泽泻、木通、车前子利尿，引湿热从尿而出，以助龙胆草清利肝胆湿热；当归活血，生地养血，柴胡疏肝均为佐药；甘草调和诸药，为使药。诸药合用，泻中有补，清中有养，既能泻肝火，清湿热，又能养阴血。

【临床应用】本方适用于肝胆实火上炎，或肝经湿热下注所致的各种病证，如急性结膜炎、胆囊炎、急性湿疹、尿路感染、睾丸炎等。治疗急性结膜炎，可加菊花、白蒺藜；治疗急性尿路感染，可加萹蓄、金钱草等。

【方歌】龙胆泻肝栀芩柴，生地车前泽泻偕，木通甘草当归合，肝经湿热力能排。

郁金散(《元亨疗马集》)

【组成】郁金 30 g、诃子 15 g、黄芩 30 g、大黄 60 g、黄连 30 g、栀子 30 g、白芍 15 g、黄柏 30 g。

为末，开水冲调，候温灌服。

【功效】清热解毒，涩肠止泻。

【主治】肠黄。证见泄泻腹痛，荡泻如水，泻粪腥臭，舌红苔黄，渴欲饮水，脉数。

【方解】本方所治乃马热毒炽盛，积于大肠而引起的肠黄。方中郁金清热凉血，行气散瘀，为主药；黄连、黄芩、黄柏、栀子清三焦郁火兼化湿热，为辅药；白芍、诃子敛阴涩肠而止泻，更以大黄清血热，下积滞，推陈致新，共为佐药。诸药合用，具有清热解毒，涩肠止泻之功。

【临床应用】本方是治马急性肠炎的基础方，临床上可根据病情加减使用。肠黄初期，内有热毒积滞，应重用大黄，加芒硝、枳壳、厚朴，少用或不用诃子、白芍，以防留邪于内；如果热毒盛，应加金银花、连翘；腹痛甚，加乳香、没药；黄疸重，则应重用栀子，并加茵陈；热毒已解，泄泻不止者，则可重用诃子、白芍，并加乌梅、石榴皮，少用或不用大黄。

本方如果与白头翁汤配合使用，效果更好。

【方歌】郁金散中黄柏芩，黄连大黄栀子寻，白芍更加诃子肉，肠黄热泻此方珍。

白头翁汤(《伤寒论》)

【组成】白头翁 60 g、黄柏 30 g、黄连 45 g、秦皮 60 g。

为末，开水冲调，候温灌服。

【功效】清热解毒，凉血止痢。

【主治】热毒血痢。证见里急后重，泻痢频繁，或大便脓血，发热，渴欲饮水，舌红苔黄，脉弦数。

【方解】本方证为热毒熏灼肠胃，深陷血分所致。方中白头翁清热解毒、凉血，清大肠血热而专治热毒血痢，为主药；黄连、黄柏、秦皮助主药清热解毒，燥湿止痢，共为辅佐药。合而用之，可清热解毒，凉血止痢。

【临床应用】本方为治热毒血痢之要方，常用于细菌性痢疾和阿米巴痢疾。对体弱血虚的患畜，加阿胶、甘草以养血滋阴，名白头翁加甘草阿胶汤(《金匮要略》)；本方去秦皮，加黄芩、枳壳、砂仁、厚朴、苍术、猪苓、泽泻，名三黄加白散(《中兽医治疗学》)，清热燥湿作用更强；若高热，粪少且带黏液或脓血者，减砂仁、苍术，加生地、花粉、大黄、芒硝等。

【方歌】白头翁汤治热痢，黄连黄柏与秦皮，味苦性寒清肠热，坚阴止痢称良剂。

茵陈蒿汤(《伤寒论》)

【组成】茵陈蒿 250 g、栀子 60 g、大黄 45 g。

水煎服。

【功效】清热，利湿，退黄。

【主治】湿热黄疸。证见结膜、口色皆黄，鲜明如橘色，尿短赤，苔黄腻，脉滑数等。

【方解】本方证为湿热与瘀热蕴结于里而成的阳黄证，治宜清热利湿。方中茵陈利胆清热，祛湿退黄为主药；辅以栀子清利三焦湿热，使湿热由小便而出；大黄通泄郁热，使湿热由粪便而下，为佐药；三药均为苦寒之品，能清热利湿，使湿热从二便排出，则黄疸自退。

【临床应用】本方是治疗湿热黄疸的基础方，凡属阳证、实证、热证者，均可加减使用。本方去栀子、大黄，加干姜、附子、甘草等药，名"茵陈四逆汤"(《玉机微义》)，可治阴黄证。

【方歌】茵陈蒿汤治阳黄，栀子大黄组成方。

其他清热方见表 9-4。

表 9-4 其他清热方

方名	来源	组成	功效	主治
五味消毒饮	《医宗金鉴》	金银花 60 g、野菊花 60 g、蒲公英 60 g、紫花地丁 60 g、紫背天葵 30 g	清热解毒，消疮散痈	各种疮痈肿毒。证见局部红肿热痛，身热，口色红，脉数
消黄散	《元亨疗马集》	知母 30 g、浙贝 25 g、黄芩 25 g、连翘 25 g、黄连 30 g、大黄 30 g、栀子 30 g、芒硝 60～150 g、黄药子 30 g、白药子 30 g、郁金 30 g、甘草 15 g	清热泻火，凉血解毒	三焦热盛、热毒、黄肿
仙方活命饮	《妇人良方》	金银花 90 g、当归 25 g、防风 20 g、甘草 15 g、浙贝母 20 g、天花粉 20 g、乳香 15 g、没药 15 g、赤芍 15 g、穿山甲（哈粉炒）30 g、皂角刺 15 g	清热解毒，消肿止痛	痈疮肿毒之阳症。证见局部红肿热痛，或见发热恶寒，脉数有力
加减普济消毒饮	《牛经备要医方》	大黄 60 g、酒黄芩 30 g、酒黄连 25 g、甘草 30 g、马勃 20 g、薄荷 60 g、玄参 60 g、牛蒡子 30 g、升麻 20 g、柴胡 60 g、桔梗 60 g、滑石 120 g、板蓝根 60 g、青黛 30 g、陈皮 30 g、连翘 60 g、荆芥 60 g	清热解毒，疏风消肿	热毒上攻头部引起的头面肿痛，腮腺硬肿。证见颈项间漫肿无头，角热目赤，口角流涎，便干尿赤，舌红苔黄等

续表 9-4

方名	来源	组成	功效	主治
清肺散	《元亨疗马集》	板蓝根 90 g、葶苈子 50 g、甘草 25 g、浙贝母 50 g、桔梗 30 g。蜂蜜 120 g 为引	清肺平喘，化痰止咳	肺热咳喘，咽喉肿痛。证见气促喘粗，咳嗽，口干，舌红等
香薷散	《元亨疗马集》	香薷 60 g、黄芩 45 g、黄连 30 g、甘草 15 g、柴胡 25 g、当归 30 g、连翘 30 g、天花粉 60 g、栀子 30 g。蜂蜜 60 g 为引	清心解暑，养血生津	马、牛中暑。证见发热气促，精神倦怠，四肢无力，眼闭不睁，口干，舌红，粪干，尿短赤，脉数
洗心散	《元亨疗马集》	天花粉 25 g、黄芩 45 g、黄连 30 g、连翘 30 g、茯神 20 g、黄柏 30 g、桔梗 25 g、栀子 30 g、牛蒡子 45 g、木通 20 g、白芷 15 g	清热，泻火，解毒	心经积热，口舌生疮。证见舌红，舌体肿胀溃烂，口内垂涎，草料难咽
苇茎汤	《千金方》	苇茎 150 g、冬瓜仁 120 g、薏苡仁 150 g、桃仁 45 g	清肺化痰，祛瘀排脓	肺痈。证见发热咳嗽，痰黄稠或带脓血，口干舌红，苔黄腻，脉滑数
青蒿鳖甲汤	《温病条辨》	青蒿 45 g、鳖甲 90 g、生地 60 g、知母 45 g、丹皮 60 g	养阴透热	温热病后期，阴液耗伤，邪留于营血。证见低热不退，夜热早凉，口干舌红少苔，脉细数
三子散	《中华人民共和国兽药典·二部》2010 年版	栀子 200 g、诃子 200 g、川楝子 200 g	清热解毒	三焦热盛，疮黄肿毒，脏腑实热
公英散	《中兽医治疗学》	蒲公英 60 g、银花 60 g、连翘 60 g、丝瓜络 30 g、通草 25 g、芙蓉叶 25 g、浙贝母 30 g	清热解毒，消肿散痈	乳痈初起，局部红肿热痛
通肠芍药汤	《牛经备要医方》	大黄 60 g、槟榔 30 g、山楂 60 g、芍药 30 g、木香 25 g、黄连 10 g、黄芩 45 g、玄明粉 150 g、枳实 30 g	清热燥湿，行气导滞	湿热积滞，肠黄泻痢
止痢散	《中兽医方剂》	雄黄 40 g、滑石 150 g、藿香 110 g	清热解毒，化湿止痢	仔猪白痢。证见里急后重，粪稀量少，味腥臭，色灰暗或灰黄，并混有胶冻样物等

第三节 泻下药与泻下方

一、泻下药

1. 概念　主要依从下法，通过通泻大便，以治疗里实证为主要作用的中药，称为泻下药。

2. 性能特点　本类药药性多属寒凉、少数性温或平，味多以苦为主；主入大肠经；以沉降趋势为主；部分药物有毒，使用宜慎。

3. 分类　根据泻下药的作用强度和应用范围，泻下药分为攻下药、润下药和峻下逐水药三类。

4. 功效　本类药大多寒凉沉降，有刺激或润滑肠道作用，能引起腹泻和润肠通便。具有泻下通便，清除胃肠道各种积滞，导热下行，清热泻火，逐水消肿的作用。即所谓“实则泻之”。此外，部分泻下药还具有杀虫、祛瘀及消痈散结等功能。

5. 应用　泻下药主要用于治疗各种里实积滞，如便秘、实性水肿、里实热、积食、胀肚等，部分药物还可用于治疗疮痈肿痛、虫积腹痛、血瘀肿痛等证。

6. 使用与配伍　使用泻下药应首先辨别表里虚实，泻下药的使用以表邪以解，里实已成为宜。里实兼有表证者，当先解表后功里，必要时可用泻下药配合解表药同用，以期表里双解；里有积滞而兼有正虚者，应配伍补益药同用，以期攻补兼施；高热大便干结者，宜配伍清热药同用；大便燥结者，宜配伍滋阴润燥之品；阴血亏虚而致大便秘结者，宜配伍补血滋阴之品；寒性便秘，宜配伍温中散寒之品；食积肚胀者，宜配伍消食药和行气药使用；里实热，尤其上焦高热，常配伍清热药及利尿药，以期釜底抽薪，导热下行；虫积腹痛者，配伍驱虫药同用；肚腹胀满者，配伍行气药同用。

7. 注意事项

(1)泻下药的使用，以表邪已解，里实已成为原则，如表证未解，当先解表，然后攻里，若表邪未解而里实已成，则应表里双解，以防表邪陷里。

(2)攻下药、逐水药攻逐力较猛，易伤正气，凡虚证及孕畜不宜使用，如必要时可适当配伍补益药，攻补兼施。

(3)本类药物中部分药物具有毒性，使用过程应合理炮制、配伍、酌定用量，以免中毒。

(4)泻下药的作用强度与剂量、配伍有关，使用过程中应根据病情掌握用药的剂量与配伍。

大 黄

为蓼科植物药用大黄、掌叶大黄或唐古特大黄的干燥根及根茎。生用，或酒制、蒸熟、炒黑用。主产于四川、甘肃、青海、湖北、云南、贵州等地。

【性味归经】苦，寒。入脾、胃、大肠、肝、心包经。

【功效】攻积导滞，泻火凉血，活血祛瘀。

【主治】热结便秘，热毒疮肿，瘀血阻滞，烧伤烫伤。

【临床应用】①便秘：本品为治疗积滞便秘之要药，尤善治热结便秘之证。温热病热结便秘、高热不退，或杂病热结便秘者，常配伍芒硝、枳实、厚朴同用，如大承气汤；脾阳不足，冷积便秘者，须配伍附子、干姜等温里药同用，如温脾汤；湿热痢疾初起，腹痛里急后重者，常配伍黄连、木香等同用；食积腹痛，泻而不畅者，可与青皮、木香等配伍。②血热出血及热毒疮肿：血热妄行之吐血、衄血、咯血，以及火邪上炎所致的目赤、咽喉肿痛等，常配伍黄连、黄芩等，如泻心汤；热毒痈肿疔疮，常配伍金银花、蒲公英、连翘等同用；肠痈腹痛，常与牡丹皮、桃仁等配伍。③瘀血阻滞：本品有较好的活血祛瘀作用，为治疗血瘀证的常用药物。瘀血阻滞诸证，常配伍黄芩、黄连、丹皮等同用；跌打损伤，瘀血肿痛，常配伍桃仁、红花、穿山甲等同用。④湿热黄疸：常配伍茵陈、栀子同用，如茵陈蒿汤。⑤湿热淋证：常配伍木通，车前子、栀子等，如八正散。⑥烧伤烫伤：常与地榆、黄柏、生石膏等配伍。

【用量】马、牛 20～120 g；猪、羊 6～12 g；犬、猫 3～5 g；兔、禽 1.5～3 g 。

【注意事项】凡血分无热郁结，肠胃无积滞，以及孕畜应慎用或忌用。用于泻下不宜久煎。

【化学成分】含大黄素、大黄酚、芦荟大黄素、大黄酸、大黄素甲醚、葡萄糖没食子鞣苷、儿茶鞣质、游离没食子酸等。

【药理研究】①具有广谱抗菌作用，蒽醌衍生物为主要抗菌活性成分。②大黄酸可显著抑制巨噬细胞脂类炎性介质活化过程。③大黄素能刺激大肠，使其推进性蠕动增加，而利于排便，但不妨碍小肠对营养物质的吸收。④大黄素能显著抑制角叉菜胶致小鼠足跖肿胀，并随剂量增大，抑制作用增大，能显著抑制醋酸引起的小鼠毛细血管通透性的增加。

芒 硝

为硫酸盐类矿物芒硝族芒硝，经精制而成的结晶体。主含含水硫酸钠($Na_2SO_4 \cdot 10H_2O$)。煎炼后结于盆底凝结成块者，称为朴硝；结于上面的细芒如针者，称为芒硝。芒硝与萝卜同煮，待硝溶解后，去萝卜，倾于盆中，冷后所形成的结晶称为玄明粉。主产于河北、河南、山东、江西、江苏及安徽等地。

【性味归经】苦、咸，大寒。入胃、大肠经。

【功效】泻热通便，润燥软坚，清热泻火。

【主治】实热便秘，粪便燥结，热毒疮肿。

【临床应用】①燥热便秘：实热积滞、粪便燥结、肚腹胀满等证，常配伍大黄等，如大承气汤。②热毒疮肿：热毒所致的痈肿疮毒，目赤肿痛，口舌生疮，常选用玄明粉，配伍硼砂、冰片、朱砂同用，如冰硼散。

【用量】马 200～500 g；牛 300～800 g；羊 40～100 g；猪 25～50 g；犬、猫 5～15 g；兔、禽 2～4 g。

【注意事项】孕畜禁用。不宜与三棱同用。

【化学成分】含硫酸钠以及少量的氯化钠、硫酸镁等。

【药理研究】①硫酸钠口服后，在肠中不易吸收，形成高渗盐溶液，使肠道保持大量水分，肠内容积增大，刺激肠黏膜，反射性地引起肠蠕动亢进而致泻。②芒硝及朴硝均有较强的泻下作用，但抗炎和抑菌作用不明显；朴硝由于含杂质较多，对家兔眼结膜有一定刺激性。

[附] **玄明粉**

为芒硝风化干燥制得。主含硫酸钠（Na_2SO_4）。本品性寒，味咸、苦；归胃、大肠经；功能清热消肿；多用治咽喉肿痛、口舌生疮、目赤痈肿等证。

番泻叶

为豆科植物狭叶番泻或尖叶番泻的干燥小叶。生用。狭叶番泻叶主产于印度、埃及、苏丹，尖叶番泻叶主产于埃及。

【性味归经】甘、苦，寒。入大肠经。

【功效】泻热导滞。

【主治】热结便秘，腹痛起卧，水肿。

【临床应用】①热结便秘：腹痛起卧等，常与大黄、芒硝、厚朴等配伍。②宿食积滞：消化不良，常配伍槟榔、大黄、山楂等同用。③腹水：常与牵牛子、大腹皮等配伍。

【用量】马、牛 30～60 g；猪、羊 5～10 g；犬 3～5 g；兔、禽 1～2 g。

【注意事项】孕畜慎用。

【化学成分】含番泻苷、芦荟大黄素双蒽酮苷、大黄酸葡萄糖苷、芦荟大黄素葡萄糖、芦荟大黄素、大黄酸等。

【药理研究】①蒽醌衍化物，泻下作用及刺激性较含蒽醌类的其他泻药更强，有效成分主要为番泻苷 A 和 B。②对大肠杆菌、痢疾杆菌、变形杆菌、甲型链球菌和白色念珠菌均有明显抑制作用，对星形奴卡氏菌等也有抑制作用。

火麻仁

为桑科植物大麻的干燥成熟果实。去壳生用。主产于东北、华北、西南等地。

【性味归经】甘，平。入脾、胃、大肠经。

【功效】润肠通便，滋养益津。

【主治】肠燥便秘，血虚便秘。

【临床应用】①肠燥便秘：邪热伤阴，津枯肠燥所致粪便燥结，常与大黄、杏仁、白芍等配伍。②血虚便秘：病后津亏及产后血虚所致的肠燥便秘，常配伍当归、生地等同用。

【用量】马、牛 120～180 g；猪、羊 10～30 g；犬、猫 2～6 g。

【注意事项】孕畜慎用。

【化学成分】含脂肪油、蛋白质、挥发油、菜油甾醇、大麻酚、大麻酰胺等。

【药理研究】①能刺激肠黏膜，使分泌增多，蠕动加快，减少大肠吸收水分，故有泻下作用。②醇提物灌胃，能明显抑制小鼠水浸应激性溃疡、盐酸性溃疡和吲哚美辛-乙醇性溃疡形成。③醇提物能显著促进大鼠胆汁分泌，作用持续 1 h。

牵牛子

为旋花科植物裂叶牵牛或圆叶牵牛的干燥成熟种子，又称二丑或黑白丑。生用。各地均产。

【性味归经】苦，寒。有毒。入肺、肾、大肠经。

【功效】泻下攻积，逐水消肿，杀虫。

【主治】水肿，粪便秘结，虫积。

【临床应用】①粪便秘结：肠胃实热壅滞大便秘结，肚腹胀满，常配伍芒硝、大黄、槟榔、枳壳、枳实等同用。②实性水肿：水肿胀满实证者，常与甘遂、大戟等配伍。③虫积腹痛：肠道蛔虫，绦虫，常配伍槟榔、使君子等同用。

【用量】马、牛 15～60 g；猪、羊 3～10 g；犬 2～4 g；兔、禽 0.5～1.5 g。

【注意事项】孕畜禁用，不宜与巴豆、巴豆霜同用。

【化学成分】含牵牛子苷、大黄素甲醚、大黄素、大黄酚、咖啡酸乙酯、咖啡酸，β-胡萝卜苷、β-谷甾醇等。

【药理研究】①牵牛子苷在肠内遇到胆汁及肠液分解出牵牛子素，刺激肠黏膜，增进肠蠕动，导致腹泻。②能加速菊糖在肾脏中的排出，提示可能有利尿作用。③牵牛子苷对离体兔肠及离体大鼠子宫有兴奋作用。

其他泻下药见表 9-5。

表 9-5 其他泻下药

药名	性味归经	功效	临床应用	用量
芦荟	苦,寒。归肝、胃、大肠经	泻热导滞	①常配伍大黄、芒硝等用治热结便秘;常配伍龙胆草、栀子、青黛等用治热结便秘,又兼有肝经实热所致的头痛、惊痫抽搐等;②可单用也可配合其他驱虫药物用治虫积	马、牛 20~35 g,猪、羊 3~7 g
郁李仁	辛、甘、平。入大肠、小肠经	润肠通便,利水消肿	①常配伍火麻仁、瓜蒌仁等用治老弱病畜之肠燥便秘;②常配伍薏苡仁、茯苓等用治小便不利及四肢浮肿	马、牛 20~60 g;猪、羊 6~12 g
蜂蜜	甘,平。入肺、脾、大肠经	滑肠通便,润肺止咳,解毒,补中	①单用或配伍其他泻下药用治体虚之肠燥便秘;②润肺佳品,用治肺燥干咳、久咳;③单用适量用治脾虚胃弱;④解毒:缓解乌头、附子等药的毒性;外用涂敷烫伤、疮肿,以解毒和保护疮面	马、牛 120~240 g;猪、羊 9~30 g
食用油	甘、寒。入大肠经	润燥滑肠	单用或与其他泻下药配伍用治肠津枯燥,粪便秘结	马、牛 250~500 g;猪、羊 90~120 g
续随子	辛、温。有毒。入肝、肾经	泻下逐水、破血散瘀	①常配伍木通、牵牛子、滑石等用治大肠燥热便秘实证;②常配伍大黄、大戟、牵牛子、木通等用治二便不利之水肿;③常配伍桃仁、红花等用治血瘀证	马、牛 10~20 g;猪、羊 2~6 g
甘遂	苦,寒。有毒。归肺、肾、大肠经	泻水逐饮,消肿散结	①常配伍大戟、芫花等用治胸腹积水;②甘遂末水调外敷用治疮痈肿毒	入丸散服,马、牛 15~25 g;猪、羊 2~6 g。外用适量
大戟	苦、寒。有毒。入肺、大肠、肾经	泻水逐饮,消肿散结	①常配伍甘遂、牵牛子等用治水饮泛滥所致的水肿喘满,胸腹积水等证,多用红大戟,如大戟散;②常配伍甘遂、牵牛子、滑石、大黄等用治水草肚胀或宿草不转,多用京大戟;③常配伍雄黄等用治热毒壅滞所致的疮黄肿毒	马、牛 10~15 g,猪、羊 2~6 g

续表 9-5

药名	性味归经	功效	临床应用	用量
芫花	苦，寒。有毒。入肺、大肠、肾经	泻水逐饮，祛痰止咳	①常配伍大戟、甘遂、大枣等用治胸腹积水；②常单味药适量外用以治疥癣	马、牛 15～25 g；猪、羊 2～6 g
商陆	苦，寒。有毒。入肺、大肠、肾经	泻下利水，消散肿毒	①常配伍大戟、甘遂等用治水肿、宿水停脐；②常以新鲜商陆捣烂外敷用治痈疮肿毒	马、牛 15～30 g；猪、羊 2～6 g
巴豆	辛、热。有大毒。入胃、大肠、肺经	泻下寒积，逐水退肿，祛痰蚀疮	①常配伍干姜、大黄等用治寒积便秘；②常配伍甘遂、杏仁等用治实性水肿；③常配伍乳香、没药等外用以治疮疡脓熟而未溃破者	巴豆霜：马、牛 5～10 g；猪、羊 1.5～3 g

二、泻下方

以泻下药为主组成，具有通导大便、排除胃肠积滞、荡涤实热、攻逐水饮作用，以治疗里实证的方剂，称为泻下方，又叫作攻里方。属“八法”中的“下法”。

根据病邪性质的不同及畜体的体质情况的差异，泻下剂常分为攻下、润下和峻下逐水几类。临床应用时，必须根据动物正气的强弱，邪气的盛衰，而选择适当的泻下剂。

1.攻下剂　泻下作用猛烈，适用于正气未衰的里实证。常以大黄、芒硝等为主药。

2.润下剂　泻下作用和缓，适用于体虚便秘之证。常以火麻仁、郁李仁、肉苁蓉等为主药。

3.逐水剂　泻下作用峻烈，仅适用于水肿或水饮停聚而体质强壮者。常以牵牛子、续随子、大戟等为主药。

泻下剂大多药性峻猛，凡孕畜、产后、老弱以及伤津亡血者，均应慎用。必要时，可考虑攻补兼施，或先攻后补。对于表证未解，里实未成者，不宜使用泻下剂。如表证未解而里实已盛，宜先解表，后治里，或表里双解。又因泻下剂易伤胃气，应得效即止，切勿过投。

大承气汤（《伤寒论》）

【组成】大黄 60 g（后下）、芒硝 180 g、厚朴 30 g、枳实 30 g。

水煎服或为末开水冲调，候温灌服。

【功效】攻下热结，破结通肠。

【主治】结症，便秘。证见粪便秘结，腹部胀满，二便不通，口干、舌燥，苔厚，脉沉实。

【方解】本方证乃大肠气机阻滞，肠道胀满燥实所致的粪便燥结不通，治宜行气破结。方中大黄苦寒泻热通便，为主药；辅以芒硝咸寒软坚润燥；厚朴、枳实行气散结，消痞除满，并助大黄、芒硝加速积滞的排泄，共为佐药。四药相合，有峻下热结，承顺胃气下行之功。

【临床应用】本方适用于阳明腑实证，患畜主要表现为实热便秘，以“痞、满、燥、实”为本证特点。“痞、满”指腹部胀满，“燥、实”指燥粪结于肠道，腹痛拒按。临床应用时，可根据病情在本方基础上加减化裁。本方去芒硝，名小承气汤(《伤寒论》)，主治证候为仅具痞、满、实三证而无燥证者；去枳实、厚朴，加炙甘草，名调胃承气汤(《伤寒论》)，主治燥热内结之证，配甘草乃取其和中调胃，下不伤正；若病程较长，导致热结阴亏，可用原方去枳实、厚朴，加生地、玄参、麦冬，名增液承气汤(《温病条辨》)。

【方歌】大承气中用硝黄，枳实厚朴共成方，结症起卧需急下，加入槟榔力更强。

当归苁蓉汤(《中兽医治疗学》)

【组成】当归 180 g、肉苁蓉 90 g、番泻叶 45 g、广木香 12 g、厚朴 45 g、炒枳壳 30 g、醋香附 45 g、瞿麦 15 g、通草 12 g、六曲 60 g。

水煎取汁，候温加麻油 250～500 g，同调灌服。

【功效】润燥滑肠，理气通便。

【主治】老弱、久病、体虚患畜之便秘。

【方解】本方原为治疗马大肠燥结的润下剂。方中以当归补血润肠，肉苁蓉补肾润肠，共为主药；辅以番泻叶泻热通便，麻油润肠通下，木香、香附、厚朴、枳壳通行滞气，助主药理气通便；瞿麦、通草利尿以清燥粪所化之热，皆为佐药。

【临床应用】本方药性平和，马的一般结症都可应用，但偏重于治疗老弱久病、胎产家畜的结症。用时可随证加减，体瘦气虚者加黄芪；孕畜去瞿麦、通草，加白芍。

【方歌】当归苁蓉汤木香，泻叶枳朴瞿麦尝，通草香附和麻油，大肠燥结功效良。

其他泻下方见表 9-6。

表 9-6　其他泻下方

方名	来源	组成	功效	主治
马价丸	《痊骥通玄论》	大黄 60 g、五灵脂 60 g、牵牛 60 g、木通 60 g、续随子 60 g、甘遂 60 g、滑石 60 g、大戟 60 g、瞿麦 60 g、香附子 60 个、巴豆 200 粒	峻泻通肠，理气止痛	马属动物中结。证见粪结不通，肚腹胀满，疼痛起卧等
无失丹	《痊骥通玄论》	木香 25 g、槟榔 20 g、青皮 35 g、大黄 75 g、芒硝 200 g、牵牛子 45 g、荆三棱 25 g、木通 20 g、郁李仁 60 g	泻下通肠	结症，便秘
猪膏散	《元亨疗马集》	滑石 60 g、牵牛子 30 g、大黄 60 g、官桂 15 g、甘遂 25 g、大戟 25 g、续随子 30 g、白芷 10 g、地榆皮 60 g、甘草 25 g。猪油 250 g、蜂蜜 100 g 为引	润燥滑肠，消积导滞	牛百叶干。证见身瘦毛枯，食欲、反刍停止，腹缩粪紧，鼻镜无汗，口色淡红，脉象沉涩等
十枣汤	《伤寒论》	大枣 150 g、大戟、甘遂、芫花各等份，后三味共为细末，每服 30～60 g，大枣煎汤调服。	攻逐水饮	胸腹积水，属实证者

第四节　消导药与消导方

一、消导药

1. 概念　主要依从消法，通过健运脾胃，促进消化，以治疗积食证为主要作用的中药，称为消导药。

2. 性能特点　本类药药性温或平，味多甘；主入脾、胃经；无毒。

3. 功效　本类药甘温，具有健脾开胃，消积导滞，促进消化等作用。此外，部分消导药还具有行气散瘀、回乳消胀、降气化痰、涩精止遗等功能。

4. 应用　消导药主要用于治疗饮食积滞，肚腹胀满，食欲不振，大便失常等脾胃虚弱的消化不良；部分药物还可用于治疗瘀滞腹痛、乳房胀痛、尿石症、痰湿咳喘等证。

5. 使用与配伍　临床应用消导药时，不可单纯依靠消导药取效，应根据不同病情而配伍其他药物。食积兼有气滞胀痛时，常配伍理气药同用；食积便秘，常配伍泻下药同用；脾胃虚弱，常配伍健胃补脾药同用；脾胃有寒，常配伍温中散寒药同用;湿浊内阻,常配伍芳香化湿药同用;积滞化热,宜配合清热药同用。

6. 注意事项

(1)消导药作用较为缓和,如遇积滞较重,肚腹胀满者,应以泻下行气为主,以消导为辅。

(2)消导药虽然作用缓和,但过度使用也可耗伤气血,因此对于体虚、孕畜动物使用时应配合补益药同用。

常用消导药见表 9-7。

表 9-7 常用消导药

药名	性味归经	功效	临床应用	用量
山楂	酸、甘,微温。入脾、胃、肝经	消食健胃,活血化瘀	①常配伍木香、青皮、枳实等用治消化不良,肚腹胀满;②常配伍神曲、半夏、茯苓等用治伤食泄泻,如保和丸;③单用本品水煎服,或配伍川芎、当归、益母草等用治产后瘀阻腹痛、恶露不尽;④焦山楂水煎服,或配伍木香、槟榔、枳壳等用治泻痢腹痛	马、牛 20~60 g;猪、羊 10~15 g;犬、猫 3~6 g;兔、禽 1~2 g
麦芽	甘,平。入脾、胃经	消食健胃,回乳消胀	①常配伍山楂、陈皮等用治消化不良;②常配伍白术、砂仁、甘草等用治脾胃虚弱,食欲不振;③单用本品或配伍其他活血行气、消胀止痛药用于断乳,乳房胀痛	马、牛 20~60 g;猪、羊 10~15 g;犬 5~8 g;兔、禽 1.5~5 g
神曲	甘、辛,温。归脾、胃经	消食和胃	常配伍山楂、麦芽等用治消化不良之草料积滞、食欲不振、肚腹胀满、脾虚泄泻等,如曲蘗散	马、牛 20~60 g;猪、羊 10~15 g;犬 5~8 g
鸡内金	甘,平。入脾、胃、小肠、膀胱经	消食健脾,化石通淋	①常配伍山楂、麦芽等用治草料停滞、肚腹胀满;②常配伍白术、干姜等用治脾虚泄泻;③常配伍金钱草、海金沙、牛膝等用治砂淋、石淋	马、牛 15~30 g;猪、羊 3~9 g;兔、禽 1~2 g
莱菔子	辛、甘,平。入肺、脾经	消食导滞,理气化痰	①常配伍神曲、山楂、厚朴等用治食积气滞之肚腹胀满、嗳气酸臭、腹痛、腹泻等;②常配伍苏子、白芥子、苏子等用治痰饮咳喘,如三子养亲汤	马、牛 20~60 g;猪、羊 5~15 g;犬 3~6 g;兔、禽 1.5~2 g

二、消导方

以消导药为主组成，具有消食化积功能，以治疗积滞痞块的一类方剂，称为消导方。属“八法”中的“消法”。

消导方应用甚为广泛，凡由气、血、痰、湿、食等壅滞而成的积滞痞块，均可用之。本节内容主要讨论消食导滞方面的方剂。消导方与泻下方均有消除有形实邪的作用，但在临床运用上，两者有所不同。泻下方一般用于急性有形实邪，是猛攻急下的方剂；消导方一般用于慢性的积滞胀满，属渐消缓散的方剂。

水谷停滞，往往因脾失健运，胃失和降而逐渐产生，家畜出现食欲减退、肚腹胀满等症，除重用山楂、六曲、麦芽等消导药外，还需配伍行气宽中及理气健脾的药物。如积滞郁而化热，则宜配伍清热药；若积滞兼寒，宜配伍祛寒药等。消导方虽较泻下方作用缓和，然而毕竟是克伐之剂，对于脾胃虚弱、气血不足者，还须配伍补益药物，消补兼施。

常用消导方见表 9-8。

表 9-8 常用消导方

方名	来源	组成	功效	主治
保和丸	《丹溪心法》	山楂 60 g、六曲 60 g、半夏 30 g、茯苓 30 g、陈皮 30 g、连翘 30 g、莱菔子 30 g	消食和胃，清热利湿	食积停滞。证见肚腹胀满，食欲不振，嗳气酸臭，或大便失常，舌苔厚腻，脉滑等
木香导滞丸	《松崖医经》	木香 20 g、槟榔 20 g、枳实 45 g、大黄 60 g、六曲 45 g、茯苓 30 g、黄芩 20 g、黄连 15 g、白术 20 g、泽泻 15 g	调气导滞，清热利湿	湿热、食积所致的下痢后重
曲蘖散	《元亨疗马集》	六曲 60 g、麦芽 30 g、山楂 30 g、厚朴 25 g、枳壳 25 g、陈皮 25 g、苍术 25 g、青皮 25 g、甘草 15 g	消积化谷，破气宽肠	料伤。证见精神倦怠，眼闭头低，拘行束步，四足如攒，口色鲜红。脉洪大
和胃消食汤	《牛经大全》	刘寄奴 120 g、厚朴 45 g、青皮 45 g、木通 45 g、神曲 60 g、山楂 90 g、枳壳 30 g、槟榔 30 g、香附 30 g、茯苓 45 g、甘草 20 g	消食和胃，理气和血	牛宿草不转、腹胀、伤食泄泻等

第五节 化痰止咳平喘药与化痰止咳平喘方

一、化痰止咳平喘药

1. 概念 凡能消除痰涎，制止或减轻咳喘证的药物，称为止咳化痰平喘药。

2. 分类 根据化痰止咳平喘药性味和功效的不同，可将其分为温化寒痰药、清化热痰药和止咳平喘药三类。

3. 性能特点 温化寒痰药性温，味多以辛为主，主入肺经，部分药物有毒，使用宜慎。清化热痰药性多寒凉，味多以甘、苦、辛为主，主入肺经，本类药物均属无毒。止咳平喘药性多为温，部分药物性寒或平，味多以辛、苦为主，主入肺经，部分药物有毒。

4. 功效 温化寒痰药药性温燥，具有温肺祛寒、燥湿化痰的作用；清化热痰药以清化热痰为主要功能；止咳平喘药具有镇咳、平喘的作用。此外，本章药物中部分药物还兼有行气散结、润肠通便等功能。

5. 应用 温化寒痰药适用于寒痰、湿痰所致的咳嗽气喘，痰液稀薄等。清化热痰药适用于热痰郁肺所引起的咳嗽气喘，痰液黏稠等。止咳平喘药主要用于各种原因引起的咳喘证。另外本章部分药物还可用于治疗其他病证，如肠燥便秘、水肿、风痰证、痰核瘰疬等证。

6. 使用与配伍 应用本章药物，除应根据病证不同，针对性地选择不同的化痰药及止咳、平喘药外，因咳喘每多夹痰，痰多易发喘咳，故化痰、止咳、平喘三者常配伍同用。再则应根据痰、咳、喘的不同病因病机而配伍，以治病求本，标本兼顾，如外感而致者，当配解表药；火热而致者，应配清热泻火药；里寒者，配温里散寒药；虚劳者，配补虚药。此外，如痰厥、眩晕、昏迷者，则当配平肝息风、开窍、安神药；痰核、瘰疬者，配软坚散结之品等。

应用时除分清不同痰证而选用不同的化痰药外，应据成痰之因，审因论治。“脾为生痰之源”，脾虚则津液不归正化而聚湿生痰，故常配健脾燥湿药同用，以标本兼顾，又因痰易阻滞气机，“气滞则痰凝，气行则痰消”，故常配理气药同用，以加强化痰之功。

7. 注意事项

(1)某些温燥之性强烈的刺激性化痰药，凡痰中带血等有出血倾向者，宜慎用。

(2)麻疹初起有表邪之咳嗽，不宜单投止咳药，当以透解清宣为主，以免恋邪而致久喘不已及影响麻疹之透发，对收敛性及温燥之药尤为所忌。

(3)个别麻醉镇咳定喘药,因易成瘾,易恋邪,用之宜慎。

半　夏

为天南星科植物半夏的干燥块茎。原药为生半夏,如用凉水浸泡至口尝无麻辣感,晒干加白矾共煮透,取出切片晾干者为清半夏;如与姜、矾共煮透,晾干切片入药者为姜半夏;以浸泡至口尝无麻辣感的半夏,与甘草煎汤泡石灰块的水混合液同浸泡至内无白心者称法半夏。主产于四川、湖北、安徽、江苏、山东、福建等地。

【性味归经】辛,温。有毒。入脾、胃经。

【功效】降逆止呕,燥湿祛痰,宽中消痞,下气散结。

【主治】湿痰咳喘,反胃呕吐,肚腹胀满,外用治痈肿。

【临床应用】①湿痰咳喘:痰湿阻肺之咳嗽气逆,痰多质稠者,常配伍陈皮同用,如二陈汤。②反胃呕吐:半夏为止呕要药,各种原因的呕吐,皆可随证配伍用之。痰饮或胃寒呕吐,常配伍生姜等,如小半夏汤;胃热呕吐,常配伍黄连同用;胃阴虚呕吐,常与石斛、麦冬等配伍。③肚腹胀满:常配伍黄芩、黄连、干姜等同用。④疮黄肿毒:鲜半夏适量和生姜等少许捣烂,米醋调敷。⑤瘿瘤痰核:常与昆布、海藻、贝母等配伍。

【用量】马、牛 15～45 g;猪、羊 3～9 g;犬、猫 1～5 g。

【注意事项】阴虚燥咳、伤津口渴、血证、痰热稠黏及孕畜禁用。反乌头。本品剂量过大或生品内服可引起中毒。

【化学成分】含有半夏淀粉、生物碱、β-谷甾醇、葡萄糖苷、胡萝卜苷等。

【药理研究】①半夏生品、半夏酸法制品以及药典法制品均有不同程度的止咳作用。②清半夏能显著延长小鼠在水浴中甩尾的潜伏期,并能显著抑制小鼠对乙酸引起的扭体反应,其主要活性物质是生物碱。③生物碱具止呕作用,其机制与中枢抑制有关。

旋覆花

为菊科植物旋覆花或欧亚旋覆花的干燥头状花序。原药生用。主产于广西、广东、江苏、浙江等地。

【性味归经】苦、辛、咸,微温。入肺、大肠经。

【功效】降气平喘,消痰行水。

【主治】风寒咳嗽,痰饮蓄积,呕吐。

【临床应用】①气逆咳嗽:寒痰咳喘,常配伍苏子、半夏等同用;痰热咳嗽,常与桑白皮、瓜蒌等配伍。②呕吐:脾胃虚寒,痰浊中阻,胃气上逆而嗳气呕吐,常配伍代赭石、半夏、生姜等,如旋覆代赭汤。

【用量】马、牛 15～45 g；猪、羊 5～10 g；犬 3～6 g。

【注意事项】阴虚燥咳，泄泻者忌用。宜布包煎。

【化学成分】含旋覆花次内酯、天人菊内酯、槲皮素、槲皮黄苷、异槲皮苷和槲皮万寿菊苷。

【药理研究】①黄酮类对组织胺引起的豚鼠支气管痉挛有缓解作用，其煎剂腹腔给药有止咳作用。②煎剂对金黄色葡萄球菌、乙型溶血性链球菌、炭疽杆菌、白喉杆菌、肺炎球菌、白色葡萄球菌等有抑制作用。③小鼠腹腔注射旋覆花水煎剂有显著的镇咳与抗炎作用，腹腔注射湖北旋覆花水煎剂有抗炎作用。

白 前

为萝藦科植物柳叶白前或芫花叶白前的干燥根茎及须根。切段生用。主产于浙江、山东、安徽、河南、广东、江苏等地。

【性味归经】辛、甘，微温。入肺经。

【功效】祛痰，降气止咳。

【主治】肺气壅滞，痰多咳喘。

【临床应用】肺气壅滞，痰多咳喘：肺气壅塞、痰多诸证，均可应用。偏寒者，常配伍紫菀、半夏等同用；偏热者，常配伍桑白皮、地骨皮等同用；外感咳嗽者，常配伍荆芥、桔梗、陈皮等，如止嗽散。

【用量】马、牛 15～45 g；猪、羊 5～15 g；兔、禽 1～2 g。

【化学成分】柳叶白前含 β-谷甾醇、脂肪酸和华北白前醇等。

【药理研究】①柳叶白前醇提物和醚提物小鼠灌胃给药具有明显镇咳和祛痰作用，醇提物的镇咳作用强于祛痰作用；水提物灌胃给药有一定祛痰作用，但镇咳作用不明显。②腹腔注射给药时对巴豆油致炎剂引起的小鼠耳肿胀有明显的抗炎作用。

桔 梗

为桔梗科植物桔梗的干燥根。切片生用。主产于安徽、江苏、浙江、湖北、河南等地。

【性味归经】苦、辛，寒。入肺经。

【功效】宣肺祛痰，排脓消肿。

【主治】咳嗽痰多，咽喉肿痛，肺痈。

【临床应用】①咳嗽痰多：外感风寒咳嗽者，常配伍紫苏、杏仁等，如杏苏散；风热所致咳嗽者，常配伍桑叶、菊花、杏仁等，如桑菊饮；肺热咳喘，常配伍贝母、板蓝根、甘草、蜂蜜等，如清肺散。②咽喉肿痛：常配伍射干、马勃，板蓝根等同用。③肺痈：常配伍鱼腥草、冬瓜仁等同用。④载药上行：本品能开提肺气，疏通胃肠，并为载药上行之主药。

【用量】马、牛 15～45 g；猪、羊 3～10 g；犬 2～5 g；兔、禽 1～1.5 g。

【注意事项】阴虚久咳者忌用。

【化学成分】含桔梗皂苷、菊糖、甾醇、脂肪油、脂肪酸、维生素和氨基酸等。

【药理研究】①有促进支气管黏液膜分泌及类固醇、胆酸分泌的作用。②有一定的抗菌消炎作用。③野生桔梗与栽培品对小鼠均有止咳作用，两者无显著差异。

前　胡

为伞形科植物紫花前胡或白花前胡的干燥根。切片生用。主产于江苏、浙江、江西、广西、安徽等地。

【性味归经】苦、辛，微寒。入肺经。

【功效】降气祛痰，宣散风热。

【主治】气喘痰多，风热咳嗽。

【临床应用】①气喘痰多：痰热阻肺，肺气失降，痰多咳嗽者，常配伍杏仁、桑皮、贝母等同用；寒痰湿痰咳嗽者，常配伍白前等同用。②外感咳嗽：外感风热咳嗽有痰者，常配伍桑叶、牛蒡子、桔梗等同用；外感风寒咳嗽者，常配伍荆芥、紫菀等同用。

【用量】马、牛 15～45 g；猪、羊 5～10 g；兔、禽 1～3 g。

【注意事项】阴虚火嗽、寒饮咳嗽均不宜用。

【化学成分】白花前胡含多种香豆精类；紫花前胡含佛手柑内酯；丁二酸、甘露醇、二十五烷酸、β-谷甾醇和β-胡萝卜苷等。

【药理研究】①有显著增加呼吸道分泌作用，祛痰效力与桔梗相当，但煎剂无显著镇咳作用。②白花前胡总香豆素对酵母引起的大鼠发热有显著解热作用；对热板所致的小鼠疼痛和醋酸所致的小鼠扭体反应均有显著抑制作用；并能对抗二甲苯所致的小鼠耳肿胀和蛋清所致的大鼠足肿胀。③白花前胡挥发油对大肠杆菌、伤寒杆菌和弗氏志贺氏杆菌有一定的抑制或杀灭能力。

贝　母

为百合科植物川贝母或浙贝母的干燥鳞茎，又称大贝或尖贝。原药均生用，主产于四川、浙江、青海、甘肃、云南、江苏、河北等地。

【性味归经】川贝：苦、甘，微寒。浙贝：苦，寒。均入心、肺经。

【功效】止咳化痰，清热散结。

【主治】咳嗽，疮痈肿毒。

【临床应用】①痰热咳嗽:肺热肺燥咳嗽,多与贝母同用;风热咳嗽,常配伍桑叶,前胡等同用;②虚劳咳嗽:肺虚劳咳,阴虚久咳有痰者,常与沙参、麦冬等配伍。③疮痈肿毒:痰火郁结之瘰疬,常配伍玄参、牡蛎等同用;疮痈,常配伍连翘、蒲公英等;热毒壅结肺痈,常配伍蒲公英、鱼腥草等同用;乳痈肿痛,常与天花粉、连翘、蒲公英、当归、青皮等配伍。

【用量】马、牛 15～30 g;猪、羊 3～10 g;犬、猫 1～2 g;兔、禽 0.5～1 g。

【注意事项】脾胃虚寒及有湿痰者忌用。反乌头。

【化学成分】川贝母含川贝碱、炉贝碱、青贝碱等;浙贝母含浙贝甲素、浙贝乙素、贝母新、贝母酚,贝母丁、贝母替丁、原贝母碱、浙贝母苷等。

【药理研究】①川贝醇提物对豚鼠离体气管平滑肌有明显松弛作用,而浙贝松弛作用较差。②生物碱类具有明显镇咳作用。③总皂苷具有非常显著的祛痰作用。

杏仁

为蔷薇科植物杏、山杏、西伯利亚杏、或东北杏的干燥成熟种子。除去核壳和种仁皮尖,生用或炒用。主产于我国北方各地。

【性味归经】苦,温。有小毒。入肺、大肠经。

【功效】止咳平喘,润肠通便。

【主治】咳嗽气喘,肠燥便秘。

【临床应用】①咳嗽气喘:本品为治咳喘之要药,随证配伍可用于多种咳喘病证。风寒咳喘,常配伍麻黄、甘草同用,如三拗汤;风热咳嗽,常配伍桑叶、菊花等,如桑菊饮;燥热咳嗽,常配伍桑叶、贝母、沙参等同用;肺热咳喘,常配伍石膏、麻黄等,如麻杏石甘汤。②肠燥便秘:老弱病畜肠燥便秘和产后便秘,常配伍桃仁、火麻仁、当归、生地、枳壳等同用。

【用量】马、牛 25～45 g;猪、羊 5～15 g;犬 3～8 g。

【注意事项】阴虚咳嗽者忌用;内服不宜过量,以免中毒。

【化学成分】含苦杏仁苷、蛋白质、氨基酸、微量元素等。

【药理研究】①苦杏仁苷水解后产生的微量氢氰酸等,有镇咳平喘作用。②大量服用后会严重中毒,其机理主要是氢氰酸与细胞线粒体内的细胞色素氧化酶 3 价铁起反应,从而抑制酶的活性,使组织细胞呼吸受阻,导致死亡。

款冬花

为菊科植物款冬的干燥花蕾。生用或蜜炙用。主产于河南、陕西、甘肃、浙江等地。

【性味归经】辛,温。入肺经.

【功效】润肺下气,止咳化痰。

【主治】咳嗽气喘。

【临床应用】多种咳嗽:本品为治咳常用药,药性功效与紫菀相似,紫菀长于化痰,款冬花长于止咳,二者常相须而用。风寒咳嗽,常配伍麻黄等同用;肺热咳喘,常配伍桑白皮、瓜蒌等同用;肺气虚而咳者,常配伍人参、黄芪等同用;阴虚燥咳,常配伍沙参、麦冬等同用;喘咳日久痰中带血,常配伍百合同用;肺痈咳吐脓痰,常配伍桔梗、薏苡仁等同用。

【用量】马、牛 15～45 g;猪、羊 3～10 g;犬 2～5 g;兔、禽 0.5～1.5 g。

【化学成分】含款冬花酮、新款冬花内酯、金丝桃苷、芦丁、咖啡酸、丁二酸等。

【药理研究】①煎液对氨水引起的小鼠咳嗽有明显抑制作用,并能明显增加小鼠气管酚红排泌量。②醇提液具有显著抑制二甲苯致小鼠耳肿和角叉菜胶所致的小鼠足跖肿胀。③醇提液小鼠灌服具有显著抗蓖麻油所致的小鼠腹泻作用。

百　部

为百部科植物蔓生百部、直立百部或对叶百部的干燥块根。生用或蜜炙用。主产于江苏、安徽、山东、河南、浙江、福建、湖北、江西等地。

【性味归经】甘、苦,微温。有小毒。入肺经。

【功效】润肺止咳,杀虫灭虱。

【主治】咳嗽,体虱,蛲虫病。

【临床应用】①咳嗽:对新久咳嗽均有疗效。风寒咳喘,常配伍麻黄、杏仁等同用;阴虚久咳,常配伍百合、麦冬、桑白皮、茯苓、沙参、地骨皮等同用;久咳不已,气阴两虚者,常配伍黄芪、沙参、麦冬等同用;肺热咳嗽,常配伍知母、贝母、黄芩、栀子等同用。②体虱:20%的醇浸液,或 50%的水浸液外用,对畜、禽体虱、虱卵均具有杀灭力。③蛲虫:蛲虫病,以本品浓煎,内服。

【用量】马、牛 15～30 g;猪、羊 6～12 g;犬、猫 3～5 g。

【化学成分】蔓生百部含百部碱、脱氢百部碱、原百部碱等;对叶百部含对叶百部酮、对叶百部烯酮、脱氢对叶百部碱和氧化对叶百部碱。

【药理研究】①所含生物碱能降低呼吸中枢的兴奋性,有助于抑制咳嗽,而起镇咳作用。②对结核杆菌、炭疽杆菌、金黄色葡萄球菌、白色葡萄球菌、肺炎杆菌等有抗菌作用。③对猪蛔虫、蛲虫、虱有杀灭作用。④过量可引起中毒,重者导致呼吸中枢麻痹。

其他化痰止咳平喘药见表 9-9。

表 9-9 其他化痰止咳平喘药

药名	性味归经	功效	临床应用	用量
天南星	苦、辛，温。有毒。入肺、肝、脾经	燥湿化痰，祛风解痉，消肿散结	①常配伍半夏、枳实等用治湿痰咳嗽；常配伍黄芩、瓜蒌等用治痰热咳嗽；②常配伍半夏、天麻等用治风痰眩晕；常配伍半夏，川乌、白附子风痰留滞经络之瘫痪，四肢麻木、口眼歪斜等；常配伍白附子、天麻、防风等用治破伤风；③常配伍大黄、黄柏、姜黄、陈皮、苍术等用治痈疽肿痛；④常配伍雄黄外敷用治毒蛇咬伤	马、牛 15～25 g；猪、羊 3～10 g；犬 1～2 g
白芥子	辛，温。归肺经	温肺化痰，散结止痛	①常配伍苏子、莱菔子等用治寒痰咳嗽；配伍甘遂、大戟等用治痰饮停滞；②常配伍桂枝、白附子等用治痰湿留滞经络之肢体关节疼痛	马、牛 30～60 g；猪、羊 10～20 g；犬 6～8 g
瓜蒌	甘，寒。入肺、胃、大肠经	清热化痰，利气散结，润肠通便	①常配伍贝母、桔梗、杏仁等用治痰热咳喘；常配伍黄芩、胆南星、枳实等用治痰热内结，咳痰黄稠，胸闷而大便不畅；②常配伍鱼腥草、芦根等用治肺痈；常配伍败酱草，红藻等用治肠痈；常配伍当归、乳香、没药，或配伍蒲公英、金银花、牛蒡子等用治乳痈初起，红肿热痛；③常配伍火麻仁，郁李仁等用治肠燥便秘	马、牛 30～60 g；猪、羊 10～20 g；犬 6～8 g；兔、禽 0.5～1.5 g
天竺黄	甘，寒。入肝、心经	清化热痰，凉心定惊	①常配伍朱砂、僵蚕、牛黄、郁金、黄连等用治痰热惊搐、中风痰壅；②常配伍瓜蒌、贝母等用治肺热咳嗽痰多	马、牛 20～45 g；猪、羊 6～10 g；犬 3～5 g
竹沥	甘，寒。归心、肺，肝经	清热豁痰，定惊利窍	①常配伍半夏、黄芩等，用治痰热咳喘；②常配胆南星、牛黄等用治中风痰迷，惊痫癫狂等	马、牛 20～45 g；猪、羊 6～10 g；犬 3～5 g
竹茹	甘，微寒。归肺、胃经	清热化痰，除烦止呕	①常配伍瓜蒌，桑白皮等用治肺热咳嗽，痰黄稠者；②常配伍枳实、半夏、茯苓等用治痰火内扰、烦躁不安等，如温胆汤；③常配伍黄连、半夏等用治胃热呕吐	马、牛 20～45 g；猪、羊 6～10 g；犬 3～5 g

续表 9-9

药名	性味归经	功效	临床应用	用量
紫菀	辛、苦，温。入肺经	化痰止咳，润肺下气	用治多种咳嗽。配伍款冬花、苏子、麻黄、半夏、杏仁等用治风寒咳嗽；常配伍百部、桔梗、白前、荆芥等用治外感咳嗽痰多，如止嗽散；常配伍栀子、黄芩、葶苈子、天花粉等用治肺热咳嗽；常配伍知母、贝母、桔梗、阿胶、党参、茯苓、甘草等用治阴虚劳咳，痰中带血	马、牛 15～45 g；猪、羊 3～6 g；犬 2～5 g
苏子	辛，温。入肺经	止咳平喘，降气化痰，润肠通便	①常配伍白芥子、莱菔子用治咳嗽气喘，如三子养亲汤；常配伍肉桂、当归、厚朴等用治上实下虚之久咳痰喘，如苏子降气汤；②常配伍火麻仁、瓜蒌仁、杏仁等用治肠燥便秘	马、牛 15～60 g；猪、羊 5～10 g；犬 3～8 g；兔、禽 0.5～1.5 g
枇杷叶	苦，平。入肺、胃经	清肺化痰，和胃降逆	①常配伍黄连、桑白皮等用治肺热咳喘；②常配伍沙参等用治肺燥咳嗽；③常配伍沙参、石斛、玉竹、竹茹等用治胃热呕吐	马、牛 30～60 g；猪、羊 10～20 g；兔、禽 1～2 g
葶苈子	辛、苦，大寒。入肺、膀胱、大肠经	泻肺平喘，利水消肿	①常配伍板蓝根、贝母、桔梗等用治肺热咳喘，有痰，如清肺散；②常配伍苏子、车前子、防己等用治胸腹积水、小便不利等实性水肿	马、牛 15～30 g；猪、羊 5～10 g；犬、猫 3～5 g；兔、禽 1～2 g
马兜铃	苦、微辛，寒。入肺、大肠经	清肺降气，止咳平喘	多种咳喘。常配伍桑白皮、黄芩、枇杷叶等用治肺热咳喘；常配伍阿胶、牛蒡子、杏仁等用治阴虚久咳，喘咳咽干，或痰中带血；常配伍蛤蚧、苏子、知母、白药子等用治肺燥咳嗽，鼻流脓涕，如理肺散	马、牛 15～30 g；猪、羊 3～6 g；犬 2～5 g
桑白皮	甘，寒。入肺经	泻肺平喘，利水消肿	①本品性寒入肺经，常配伍桔梗、贝母、地骨皮等治疗肺热咳喘；配伍麻黄、杏仁、葶苈子等用治水饮停肺，胀满喘急；配人参、五味子、熟地等用治肺虚有热而咳喘气短、潮热、盗汗；②常配伍茯苓皮、大腹皮等用治全身水肿，如五皮饮	马、牛 15～60 g；猪、羊 6～12 g；犬、猫 3～5 g

续表 9-9

药名	性味归经	功效	临床应用	用量
白果	甘、苦、涩，平。有小毒。入肺经	敛肺定喘，收涩除湿	①常配伍麻黄、杏仁、黄芩、桑白皮、苏子、款冬花等用治久病、肺虚及肺肾两虚之虚喘；常配伍麻黄、黄芩等用治外感风寒内有壅热而喘者，如定喘汤；常配伍天冬、麦冬、款冬花等用治肺热燥咳，干咳无痰；②常配伍芡实、黄柏等用治湿热尿浊	马、牛 15～45 g；猪、羊 5～10 g；犬、猫 1～5 g
洋金花	辛，温。有毒。入肺经	止咳平喘，止痛解痉	①常配伍桑白皮、桔梗等用治气喘咳嗽；②单用或配伍川乌、姜黄等用治风湿痹痛；③常配伍全蝎、天麻、天南星等用治癫痫，惊风	马、牛 15～30 g；猪、羊 1.5～3 g

二、化痰止咳平喘方

以化痰、止咳、平喘药为主组成，具有消除痰涎、缓解或制止咳喘的作用，用以治疗肺经疾病的方剂，称为化痰止咳平喘方。

咳嗽与痰、喘在病机上关系密切，咳嗽每多挟痰，而痰多亦每致咳嗽，久咳则肺气上逆而作喘，三者可互为因果。在治法上，化痰、止咳、平喘常配合应用。因此，将化痰止咳平喘的方剂归为一类。

痰病的成因很多，素有“脾为生痰之源，肺为贮痰之器”之说。如脾不健运，湿聚成痰者，治宜燥湿化痰；火热内郁，炼液为痰者，治宜清化热痰；肺燥阴虚，灼津为痰者，治宜润肺化痰；肺寒留饮者，治宜温阳化痰等。《景岳全书》云：“五脏之病，虽俱能生痰，然无不由乎脾肾。”因此，治疗时不能单攻其痰，应重视治其生痰之本，即所谓“善治痰者，治其生痰之源”。

此外，痰随气升降，气壅则痰聚，气顺则痰消，故在祛痰止咳剂中，每配伍理气药物。如《证治准绳》说：“擅治痰者，不治痰而治气，气顺则一身津液亦随气而顺矣。”

二陈汤(《和剂局方》)

【组成】制半夏 45 g、陈皮(原方用橘红)50 g、茯苓 30 g、炙甘草 15 g。

水煎服或为末，开水冲调，候温灌服。

【功效】燥湿化痰，理气和中。

【主治】湿痰咳嗽，呕吐，腹胀。证见咳嗽痰多、色白，舌苔白润。

【方解】本方证乃脾失健运，湿邪凝聚，气机阻滞所致。治宜燥湿化痰，理气和中。方中半夏燥湿化痰，降逆止呕为主药；气顺则痰降，气化则痰消，故辅以陈皮理气化痰；又因痰由湿生，脾复健运则湿可化，湿去则痰消，故以茯苓健脾利湿为佐；使以甘草和中健脾，协调诸药。四药合用，具有燥湿化痰，理气和中的功效。

【临床应用】本方为治疗以湿痰为主的多种痰证的基础方，多用于治疗因脾阳不足，运化失职，水湿凝聚成痰所引起的咳嗽、呕吐等证。本方加紫苏、杏仁、前胡、桔梗、枳壳可治风寒咳嗽；加党参、白芍可治脾胃虚弱、食少便溏、湿咳等证；本方加沙参、麦冬、芍药、丹皮、贝母、杏仁、蜂蜜，名沙参散，治劳伤咳嗽、久咳不止（慢性气管炎）。

【方歌】二陈汤用夏和陈，益以甘草和茯苓，利气调中兼去湿，痰湿咳嗽此方珍。

麻杏石甘汤（《伤寒论》）

【组成】麻黄 30 g、杏仁 30 g、炙甘草 30 g、石膏（打碎先煎）150 g。

为末，开水冲调，候温灌服，或煎汤服。

【功效】辛凉泄热，宣肺平喘。

【主治】肺热气喘。证见咳嗽喘急，发热有汗或无汗，口干渴，舌红，苔薄白或黄，脉浮滑而数。

【方解】本方证之形成，多为外感风邪，化热犯肺所致。治宜宣肺，清热，平喘。方中麻黄辛苦宣肺解表平喘，为主药；辅以大剂量石膏，辛凉宣泄，二药配合，发散肺经郁热而平喘；杏仁宣降肺气，助麻黄止咳平喘，为佐药；甘草协调诸药，为使药。四药合用，则有宣肺，清热，平喘之效。

【临床应用】本方是治疗肺热气喘的常用方剂，使用时以喘急身热为依据。若热甚可加黄芩、栀子、连翘、金银花；若兼有咳嗽者，可加贝母、桔梗等。

【方歌】平喘麻杏甘石汤，四药组成法度良，辛凉宣泄能清肺，清热平喘效力彰。

苏子降气汤（《和剂局方》）

【组成】苏子 60 g、制半夏 30 g、前胡 45 g、厚朴 30 g、陈皮 45 g、肉桂 15 g、当归 45 g、生姜 10 g、炙甘草 15 g。

水煎服。

【功效】降气平喘，温肾纳气。

【主治】上实下虚的喘咳证。证见痰涎壅盛，咳喘气短，舌苔白滑等。

【方解】本方所治为上实下虚的咳喘证。“上实”是指痰涎壅盛于肺，肺气不得宣畅，升降失常，气逆于上，则为喘咳；“下虚”是指肾阳虚，肾不纳气，则上下不相接续，以致气急而短，呼多吸少，发生喘咳。治宜降气，化痰，平喘，以治上实为主，下虚为辅。方中用苏子降气平喘为主药；辅以陈皮、半夏、前胡、厚朴、生姜化痰止咳，理气降逆，以疏通上实，加入肉桂温肾以助纳气，而治下虚；咳喘患畜，久病多虚，在化痰止咳平喘的大队药物中，配当归养血补虚，且缓和本方药物的温燥之性为佐药；甘草和中，协调诸药为使药。综观本方，肺肾同治，而以治肺为主；上实下虚同治，而以降气化痰治上实为主。

【临床应用】临床上常用于治疗慢性气管炎、支气管炎、轻度肺气肿属痰涎壅盛，肾气不足者。方中入沉香，去肉桂，则温肾之力减弱，而降气平喘之力增强；若兼有气虚，可加党参、五味子；若兼有风寒表证，应减去肉桂、当归，加入麻黄、杏仁等，以疏散风寒。全方药性偏温燥，故肺肾两虚或肺热咳喘者，均不宜应用。

【方歌】苏子降气橘半宜，前归桂朴草姜依，上实下虚痰喘嗽，或入沉香去桂施。

其他化痰止咳平喘方见表 9-10。

表 9-10 其他化痰止咳平喘方

方名	来源	组成	功效	主治
半夏散	《元亨疗马集》	半夏 30 g、升麻 45 g、防风 25 g、枯矾 45 g、生姜 30 g。蜂蜜 60 g 为引	燥湿化痰，平胃止呕	马肺寒吐沫。证见频频锉牙，吐沫垂涎，口鼻俱凉，呼气感冷，耳耷头低，口色淡白，脉沉迟
止嗽散	《医学心悟》	荆芥 30 g、桔梗 30 g、紫菀 30 g、百部 30 g、白前 30 g、陈皮 10 g、甘草 6 g	止咳化痰，疏风解表	外感风邪，肺气不宣。证见咳嗽痰多，日久不愈，苔白，脉浮缓
款冬花散	《元亨疗马集》	款冬花 60 g、黄药子 60 g、僵蚕 30 g、郁金 30 g、白芍 60 g、玄参 60 g	滋阴降火，止咳平喘	阴虚肺热。证见咳嗽气急，咽喉肿痛
清燥救肺汤	《医门法律》	石膏(煅)75 g、桑叶 45 g、麦冬 30 g、阿胶(烊化)15 g、胡麻仁 15 g、杏仁(炒)30 g、枇杷叶(去毛蜜炙)25 g、党参 30 g、甘草 15 g	清肺润燥	温燥伤肺。证见发热，干咳无痰，咽干口燥，无舌苔

续表 9-10

方名	来源	组成	功效	主治
百合散	《痊骥通玄论》	百合 45 g、贝母 30 g、大黄 30 g、甘草 20 g、天花粉 45 g。为末，加蜂蜜 120 g、荞面 60 g、萝卜汤一碗，水适量冲调，候温灌服	滋阴清热，润肺化痰	肺壅鼻脓。证见喘粗鼻咋，连声咳嗽，鼻孔流脓，肷吊毛焦，口色红，脉洪数
辛夷散	《中兽医治疗学》	辛夷 60 g、酒知母 30 g、酒黄柏 30 g、沙参 30 g、木香 15 g、郁金 30 g、明矾 20 g	清热滋阴，疏风通窍	脑颡鼻脓。证见鼻部肿胀，涕液稀白或呈豆腐渣样，恶臭，多为一侧单发

第六节 温里药与温里方

一、温里药

1. *概念* 主要依从温法，通过温里祛寒，以治疗里寒证为主要作用的药物，称为温里药，又叫祛寒药。

2. *性能特点* 本类药药性多属温热、个别药物为大热，味多以辛为主；归经广泛；以升散趋势为主；部分药物有毒，使用宜慎。

3. *功效* 本类药辛温行散，一般具有温中散寒、温经散寒、回阳救逆等作用。此外，部分温里药还具有助阳、行气止痛等功能。

4. *应用* 本类药物因其归经不同而奏多种效用。其主入脾胃经者，能温中散寒止痛，可用治脾胃受寒或脾胃虚寒证，证见脘腹冷痛、呕吐泄泻、舌淡苔白等；其主入肺经者，能温肺化饮而治肺寒痰饮证，证见痰鸣咳喘、痰白清稀、舌淡苔白滑等；其主入肝经者，能温肝散寒止痛而治肝经受寒少腹痛、寒疝作痛或厥阴头痛等，其主入肾经者，能温肾助阳而治肾阳不足证等；其主入心肾两经者，能温阳通脉而治心肾阳虚证，证见心悸怔忡、畏寒肢冷、小便不利、肢体浮肿等，或能回阳救逆而治亡阳厥逆证，证见畏寒倦卧、汗出神疲、四肢厥逆、脉微欲绝等。即《内经》所谓“寒者热之”、《本经》所谓“疗寒以热药”。

5. *使用与配伍* 使用本类药物应根据不同证候作适当配伍。若外寒内侵，表寒未解者，须配辛温解表药用；寒凝经脉、气滞血瘀者，须配行气活血药用；寒湿内阻者，宜配芳香化湿或温燥去湿药用；脾胃阳虚者，宜配温补脾胃药用；气虚欲脱者，宜配大补元气药用。

6. 注意事项 本类药物性多辛热燥烈，易耗阴助火，凡实热证、阴虚火旺、津血亏虚者忌用；孕畜及气候炎热时慎用。

附 子

为毛茛科植物乌头的子根加工品。主产于广西、广东、云南、贵州、四川等地。

【性味归经】大辛，大热。有毒。入心、脾、肾经。

【功效】温中散寒，回阳救逆，祛湿止痛。

【主治】大汗亡阳，四肢厥冷，伤水冷痛，风寒湿痹。

【临床应用】①亡阳证：本品能上助心阳、中温脾阳、下补肾阳，为“回阳救逆第一品”。久病体虚，阳气衰微，阴寒内盛，或大汗、大吐、大泻所致四肢厥冷，脉微欲绝之亡阳证，常配伍干姜、甘草同用，如四逆汤；久病气虚欲脱或出血过多，气随血脱者，常配伍人参同用，如参附汤。②寒痛泄泻：凡阴寒内盛之脾虚不运、伤水腹痛、冷肠泄泻、胃寒草少、肚腹冷痛等，常配伍干姜同用。③虚寒证：肾阳不足，命门火衰所致腰膝冷痛，常配伍肉桂、山茱萸、熟地等同用；脾肾阳虚、寒湿内盛的脘腹冷痛，大便溏泻，常配伍党参、白术、干姜等，如附子理中汤；脾肾阳虚的阴寒水肿，常配伍白术、茯苓、生姜等同用；脾阳不足、寒湿内阻的阴黄证，常配伍茵陈、白术、干姜等同用。④风寒湿痹：寒痹痛剧者，常配伍桂枝、生姜、白术、甘草等同用。

【用量】马、牛 15～30 g；猪、羊 3～9 g；犬、猫 1～3 g；兔、禽 0.5～1 g。

【注意事项】热证、阴虚火旺及孕畜忌用。不宜与半夏、瓜蒌、天花粉、贝母、白蔹、白及同用。

【化学成分】含乌头碱、次乌头碱、新乌头碱、去氧乌头碱和卡乌头碱等。

【药理研究】①能使麻醉药物引起的休克犬和猫的心肌收缩力增强，心输出量增加，血压回升。②水煎剂能减少小鼠腹腔注射酒石酸锑钾或乙酸引起的扭体反应次数，延长小鼠对热痛反应的潜伏期，且镇痛效应呈剂量依赖性。③水煎剂大鼠灌服或腹腔注射均能明显对抗甲醛或蛋清引起的踝关节肿胀。

[附] 乌头

乌头和附子来源于同一种植物，乌头祛风湿和镇痛作用比附子强，但祛寒作用不如附子。乌头辛散温通，善于逐风邪、祛寒湿，故能温经止痛，适用于寒证的疝痛及风寒湿痹等。

干 姜

为姜科植物姜的干燥根状茎。切片生用。炒黑后称炮姜，主产于四川、陕西、河南、安徽、山东等地。

【性味归经】辛，温。入心、脾、胃、肾、肺、大肠经。

【功效】温中散寒，回阳通脉。

【主治】脾胃虚寒，冷痛泄泻，四肢厥冷。

【临床应用】①脾胃虚寒：常配伍党参、白术、甘草同用，如理中汤。②胃冷吐涎：常配伍桂心、青皮、益智仁、白术、厚朴、砂仁等，如桂心散；胃寒呕吐，脘腹冷痛，常配伍高良姜同用，即二姜丸。③亡阳证：常与附子相须为用，如四逆汤。④寒痰咳喘：常配伍细辛、五味子、麻黄等，如小青龙汤。

【用量】马、牛 15～30 g；猪、羊 3～10 g；犬、猫 1～3 g；兔、禽 0.3～1 g。

【注意事项】热证、阴虚及孕畜忌用。

【化学成分】含姜酚、姜烯、姜黄烯、谷甾醇、棕榈酸、胡萝卜苷、环丁二酸酐等。

【药理研究】①姜酚为干姜解热、镇痛、抗炎、抑制环氧化酶和脂氧化酶的有效成分。②姜酚可致豚鼠离体回肠明显收缩，并呈一定量效关系，东莨菪碱、异丙嗪可抑制此效应。③石油醚提取物和水提取物能对抗胃溃疡形成和对抗蓖麻油引起的腹泻。

肉　桂

为樟科植物肉桂的干燥树皮。生用。主产于广东、广西、云南、贵州等地。

【性味归经】辛、甘，大热。入脾、肾、肝经。

【功效】暖肾壮阳，温中祛寒，活血止痛。

【主治】肾阳不足，脾胃虚寒，风湿痹痛，产后寒痛。

【临床应用】①肾阳不足：肾阳不足，命门火衰的四肢厥冷，常配伍附子、熟地、山萸肉等同用。②脾胃虚寒，伤水冷痛，冷肠泄泻：常配伍附子、茯苓、白术、干姜等同用。③寒疝腹痛：常配伍吴茱萸、小茴香等同用。④风湿痹痛：寒伤腰胯所致的腰脊紧硬、起卧困难，常配伍独活、桑寄生、杜仲等，如独活寄生汤。⑤气血衰弱：本品有鼓舞气血生长之功效，常配伍补益气血之品，如十全大补汤。

【用量】马、牛 15～30 g；猪、羊 5～10 g；犬 2～5 g；兔、禽 1～2 g。

【注意事项】有出血倾向者及孕畜慎用，不宜与赤石脂同用。孕畜慎用。

【备注】桂心是肉桂的中层，官桂是肉桂的细枝干皮，肉桂的细枝称为桂枝。

【化学成分】含肉桂醛、肉桂醇、苯甲醛和苯丙醛等。

【药理研究】①醇提取物对金黄色葡萄球菌、大肠杆菌、汉逊氏酵母菌及黑曲霉有较强抑制作用。②水溶性提取物能抑制小鼠水浸应激性溃疡、冷刺激应激性溃疡形成，也能抑制盐酸或 5-羟色胺性大鼠和冷刺激应激性大鼠溃疡形成。③桂皮油能缓解胃肠痉挛，并抑制肠内的异常发酵，故有止痛作用。

其他温里药见表 9-11。

表 9-11 其他温里药

药名	性味归经	功效	临床应用	用量
吴茱萸	辛、苦，温。有小毒。入肝、肾、脾、胃经	温中止痛，理气止呕	①常配伍小茴香、川楝子、木香等用治寒疝腹痛；②常配伍干姜、肉桂等用治脾虚慢草、伤水冷痛、胃寒不食；③常配伍人参、生姜等用治中焦虚寒呕吐泛酸，如吴茱萸汤；常配伍半夏、生姜等用治外寒内侵，胃失和降之呕吐；④常配伍补骨脂、肉豆蔻、五味子等用治脾肾阳虚之泄泻，如四神丸	马、牛 10～30 g；猪、羊 3～10 g；犬 2～5 g
艾叶	苦、辛，温。入脾、肝、肾经	散寒止痛，温经止血，安胎	①常配伍小茴香、肉桂等用治肚腹冷痛；②常配伍阿胶、地黄等用治虚寒子宫出血；③常配伍香附、当归、肉桂等用治宫寒不孕；④常配伍川断、桑寄生等用治胎动不安；⑤灸术：制绒后是灸治的主要原料	马、牛 15～45 g；猪、羊 6～12 g；犬、猫 1～3 g；兔、禽 1～1.5 g
花椒	辛，温。入肺、脾、肾经	冷肠泄泻，虫积，湿疹	①常配伍干姜、党参等用治脾胃虚寒；常配伍生姜、白豆蔻等用治胃寒腹痛、呕吐；常配伍苍术、砂仁，草豆蔻等用治寒湿困脾，腹痛吐泻；②常配伍乌梅、干姜、黄柏等用治虫积腹痛。③常配伍黄柏、苦参等同用，或单用煎液热水外洗用治湿疹瘙痒	马、牛 10～20 g；猪、羊 6～10 g
小茴香	辛，温。入肺、肾、脾、胃经	祛寒止痛，理气和胃，暖腰肾	①常配伍干姜、木香等用治脾胃虚寒；②常配伍益智仁、白术、干姜等用治胃寒草少；③常配伍肉桂、槟榔、白术、巴戟天、白附子等用治寒伤腰胯，如茴香散	马、牛 15～60 g；猪、羊 5～10 g；犬、猫 1～3 g；兔、禽 0.5～2 g
丁香	辛，温。入肺、胃、脾、肾经	温中降逆，暖肾助阳	①常配伍高良姜、吴茱萸、生姜等用治胃寒呕吐；②常配伍砂仁、白术等用治脾胃虚寒；③常配伍茴香、附子、肉桂等用治肾阳不足之泄泻、阳痿和子宫虚冷等	马、牛 10～30 g；猪、羊 3～6 g；犬、猫 1～2 g；兔、禽 0.3～0.6 g
高良姜	辛，温。入脾、胃经	温中散寒，消食止痛，温胃止呕	常配伍香附、半夏、厚朴、生姜等用治胃寒草少、伤水冷痛、气滞腹痛等证；每与炮姜相须为用治疗胃寒冷痛	马、牛 15～30 g；猪、羊 3～10 g；兔、禽 0.3～1 g

二、温里方

以温热药为主组成，具有温中散寒，回阳救逆，温经通脉等作用，用于治疗里寒证的一类方剂，称为温里方或祛寒方。属“八法”中的“温法”。

寒证，有表寒和里寒之别。表寒证当用辛温解表方治疗，已在解表方中论述，本节专论治疗里寒证的方剂。

里寒证的形成，不外乎寒邪直中与寒从内生两个方面，根据“寒者热之”的原则，应以温里祛寒的药物治疗。由于寒邪所侵脏腑经络的不同，以及病情轻重缓急的差异，温里方可分为温中散寒、回阳救逆、温经散寒三类。又因寒邪易伤阳气，故本类方剂中还经常配伍助阳补气的药物。

1. *温中散寒方* 常以干姜、吴茱萸等药物为主组成，适用于中焦脾胃虚寒证。

2. *回阳救逆方* 常以附子、肉桂、干姜等药物为主组成，适用于脾肾阳虚、心肾阳虚之阴寒重证。

3. *温经散寒方* 由温经散寒的桂枝、细辛和养血和血的当归、熟地、白芍等药物组成，适用于寒凝经脉的痹证。

温里方多由辛热温燥之品组成，应用时应首先辨明寒热真假，真热假寒绝非所适；其次，对阴虚或失血动物，当注意用量，切不可过量。

理中汤(《伤寒论》)

【组成】党参 60 g、干姜 60 g、白术 60 g、炙甘草 60 g。

水煎服，或共为末，开水冲调，候温灌服。

【功效】补气健脾，温中散寒。

【主治】脾胃虚寒证。证见慢草不食，腹痛泄泻，完谷不化，口不渴，口色淡白，脉象沉细或沉迟。

【方解】本方为温中散寒的代表方。脾主运化而升清阳，胃主受纳而降浊。脾胃虚寒，升降失职，故出现食欲减退，腹痛泄泻等症。治宜温中祛寒，补气健脾，助运化而复升降。方中干姜辛热温中焦脾胃而祛里寒，为主药；党参甘温，益气健脾，助干姜振脾胃之升降，为辅药；脾虚则生湿，以白术燥湿健脾，为佐药；炙甘草益气和中而调诸药，为使药。四药合用，温中焦之阳，补脾胃之虚，复升降之常，升清降浊，共奏“理中”之效。

【临床应用】本方是治疗脾胃虚寒的代表方剂。对于脾胃虚寒引起的慢草不食，腹痛泄泻等均可应用，如慢性胃肠炎、胃及十二指肠溃疡等属脾胃虚寒者。寒甚者，重用干姜；虚甚者，重用党参；呕吐者，加生姜、吴茱萸；泄泻甚者，加肉豆蔻、诃子。本方加附子，名附子理中汤(《和剂局方》)，温阳祛寒，益气健脾，主治脾胃虚寒，腹痛，泄泻，四肢厥逆，拘急等。

【方歌】 理中汤主理中乡，甘草党参术干姜，腹痛泄泻阴寒盛，祛寒健脾是妙方。

桂心散（《元亨疗马集》）

【组成】 桂心 20 g、青皮 15 g、益智仁 20 g、白术 30 g、厚朴 20 g、干姜 25 g、当归 20 g、陈皮 30 g、砂仁 15 g、五味子 15 g、肉豆蔻 15 g、炙甘草 15 g。

共为末，开水冲调，候温加炒盐 15 g、青葱 3 根、酒 60 mL 灌服，或水煎汁，候温灌服。

【功效】 温中散寒，健脾理气。

【主治】 脾胃阴寒所致的吐涎不食，腹痛，肠鸣泄泻等证。

【方解】 本方为治马脾胃阴寒的方剂。脾胃阴寒皆因久渴失饮，空腹饮冷水太过，或食冰冻草料，或寒邪直中，阴寒之气积于脏腑，寒湿流注脾经，传于胃，脾胃合之阴冷，土衰火弱不能运化所致。治宜温中散寒，健脾理气。方中桂心温中散寒，暖胃，为主药。干姜、砂仁、益智仁、肉豆蔻助主药温中散寒，增强温脾暖胃之力，为辅药。白术、五味子、厚朴健脾燥湿；青皮、陈皮、当归理气活血，共为佐药。甘草健脾和中，协调诸药，为使药。各药合用，温中散寒，健脾燥湿，活血理气。

【临床应用】 凡冷肠泄泻，胃寒草少，伤水腹痛者均可加减应用。若慢草不食重者，可加三仙各 30 g；泄泻重者，可加猪苓 20 g、泽泻 30 g，去厚朴、当归；冷痛严重者，可加木香 15 g，去五味子、肉豆蔻。

【方歌】 温脾暖胃桂心散，青陈术朴益智仁，姜砂归草五味蔻，炒盐大葱白酒饮。

【备注】《元亨疗马集》中还有桂心散（桂心、厚朴、当归、细辛、青皮、牵牛子、陈皮、桑白皮），主治马冷饮过多，伤脾作泻，作用与本方相似。《司牧安骥集》的桂心散（牛蒡子、桂心、甘草、酒、猪脂）治乳痈，与本方有别。

四逆汤（《伤寒论》）

【组成】 熟附子 45 g、干姜 45 g、炙甘草 30 g。

水煎服，或共为末，开水冲调，候温灌服。

【功效】 回阳救逆。

【主治】 少阴病或太阳病误汗亡阳。证见四肢厥逆，恶寒倦卧，神疲力乏，呕吐不渴，腹痛泄泻，舌淡苔白，脉沉微细。

【方解】 本方为肾阳衰微，阴寒内盛而设，是回阳救逆的代表方剂。四肢为诸阳之本，肾阳为一身阳气之根。阳气不足，阴寒内盛，阳气不能敷布周身，故四肢厥冷；脾肾阳衰，故呕吐，腹痛泄泻，下利清谷；阴盛阳衰，则神疲力乏，恶寒倦卧；阳气虚衰，不能鼓动血液运行，则见脉象沉微。当此阳衰证急之时，非用大辛大热纯阳之品不能破阴寒而复阳气。方中附子大辛大热，祛散寒邪，救命门火衰，为回阳救逆第一要药，为君药。"附子无干姜则不热"，干姜温脾散寒，助附子回阳救逆，为臣药。炙甘草和中益气，并缓和姜、附燥烈之性。三药合用，药简效宏，有回阳救逆之功。

【临床应用】本方剂以四肢厥冷，神疲力乏，舌苔淡白，脉微沉细为应用要点。临床实践中，若因急性胃肠炎、大汗、大泻、阳虚阴盛而致的四肢厥逆，均可用本方治疗。若正虚体衰，加入人参或党参，名四逆加人参汤(《伤寒论》)，以益气复阴与回阳救逆兼顾。

现代临床常用于急性心衰、休克、急慢性胃肠炎吐泻失水过多、或急性病大汗出而见休克等属阴虚阳衰者。

本方中皆为纯阳药物，若为阳热郁闭、邪热内陷之真热假寒四肢厥冷者，则不宜应用。

【方歌】四逆汤中草附姜，四肢厥冷急煎尝，腹痛吐泻脉沉微，救逆回阳赖此方。

其他温里方见表 9-12。

表 9-12 其他温里方

方名	来源	组成	功效	主治
参附汤	《校注妇人良方》	人参 45 g、制附子 30 g	回阳、益气、救脱	元气大亏，阳气暴脱。证见四肢厥冷，神衰眼闭，汗出、呼吸微弱，脉细微，甚则无脉
茴香散	《元亨疗马集》	茴香 30 g、肉桂 20 g、槟榔 10 g、白术 25 g、巴戟天 25 g、当归 30 g、牵牛子 10 g、藁本 25 g、白附子 15 g、川楝子 25 g、肉豆蔻 15 g、荜澄茄 20 g、木通 20 g	温肾散寒，祛湿止痛	风寒湿邪引起的腰胯疼痛
温脾散	《元亨疗马集》	当归 25 g、厚朴 25 g、陈皮 25 g、青皮 25 g、苍术 25 g、益智仁 30 g、牵牛子 15 g、细辛 10 g、甘草 20 g	温中散寒，理气活血	脾胃寒冷、冷痛等。证见腹痛剧烈，不时起卧，频频摆尾，前蹄刨地，肠鸣如雷，泻粪如水，鼻寒耳冷，口色青黄，口津滑利，脉象沉迟

续表 9-12

方名	来源	组成	功效	主治
阳和汤	《外科证治全生集》	熟地 90 g、白芥子 15 g、肉桂 15 g、鹿角胶 25 g、炮姜 10 g、麻黄 10 g、生甘草 20 g	补血温阳，散寒通脉	一切阴疽之证。证见患部漫肿无头，皮色不变、不热、舌淡、脉沉细或迟细
丁香散	《元亨疗马集》	丁香 30 g、汉防己 45 g、当归 30 g、茴香 60 g、官桂 20 g、麻黄 20 g、川乌 20 g、元胡 20 g、羌活 30 g	温肾壮阳，祛风除湿	内肾积冷，腰胯疼痛
吴茱萸汤	《伤寒论》	吴茱萸 30 g、党参 30 g、大枣 20 g、生姜 30 g	温肝暖胃，降逆止呕	肝胃虚寒证。证见肚腹疼痛，呕吐嗳气，口吐涎沫，舌淡苔白滑，脉细迟

第七节 祛湿药与祛湿方

一、祛湿药

1. 概念　凡能祛除湿邪、治疗水湿证的药物，称为祛湿药。

2. 分类　根据祛湿药的性能特点和适应证，可将其分为祛风湿药、利湿药和化湿药三类。

3. 性能特点　祛风湿药性多为温，部分药物性寒或平，味多以辛、苦为主；主入肝、肾、膀胱经；部分药物有毒，使用宜慎。利湿药性多寒凉或平，味多以甘、淡、苦为主；主入肺、肾、膀胱经；本类药物均属无毒。化湿药性多为温，味多以辛为主，兼有芳香性，主入脾、胃经；本类药物均属无毒。

4. 功效　祛风湿药具有祛风除湿、散寒止痛、通气血、补肝肾、强筋骨之功效。利湿药具有利尿通淋、消水肿、除水饮、止水泻的功效，还能引导湿热下行。利湿药常用于尿赤涩、淋浊、水肿、水泻、黄疸和风湿性关节疼痛等证。此外，本章中部分药物还兼有解表散寒，补益肝肾，清热利湿，通经下乳，利胆退黄，解暑等功能。

5. 应用　祛风湿药适用于风湿在表而出现的皮紧腰硬、肢节疼痛、颈项强直、拘行束步、卧地难起、筋络拘急、风寒湿痹等证。化湿药常用于湿浊内阻、脾为湿困、运化失调等所致的肚腹胀满或呕吐草少、粪稀泄泻、精神短少、四肢无力、舌苔白腻等证。另外本章部分药物还可用于治疗其他病证，如风寒感冒、尿石、湿热黄疸、乳汁不通等证。

6. 使用与配伍　应用祛风湿药时，可根据痹证的类型、病程新久，或邪犯部位的不同，作适当的选择和相应的配伍。如风邪偏盛的行痹，宜选善能祛风的祛风湿药，佐以活血养血之品；湿邪偏重的着痹，宜选温燥的祛风湿药，佐以燥湿，利湿健脾药；寒邪偏重的痛痹，宜选散寒止痛的祛风湿药，佐以通阳温经活血之品；郁久化热、关节红肿者，选用寒凉的祛风湿药，佐以凉血清热药；感邪初期，病邪在表，多配解表药；病邪入里，肝肾虚损，当选用强筋骨的祛风湿药，配补肝肾之药；久病体虚，正气不足的动物，应与补益气血药同用，以助正气而祛邪外出。

应用利湿药时，须视不同病证，选用有关药物，作适当配伍。如水肿骤起有表证者，配宣肺发汗药；水肿日久，脾肾阳虚者，配温补脾肾药；湿热合邪者，配清热药；寒湿相关者，配祛寒药；热伤血络而尿血者，配凉血止血药；至于泄泻、痰饮、湿温、黄疸等，则应分别与健脾、芳香化湿、或清热燥湿药配伍。此外，气行则水行，气滞则水停，故利水渗湿药还常与行气药配伍，以提高疗效。

应用化湿药时，亦应根据不同证候，作适当的配伍。如脾胃虚弱者，配补脾健胃药；湿阻气滞、脘腹胀甚者，配行气药；寒湿中阻者，配温里药；若里湿化热者，配清热燥湿药等。

7. 注意事项

(1)祛风湿药其性多燥，易耗伤阴血，故阴虚血亏动物应慎用。

(2)利水渗湿药，易耗伤津液，对阴亏津少、老幼体虚患畜及孕畜，宜慎用或忌用。

(3)化湿药多属辛温香燥之品，易于耗气伤阴，故阴虚血燥及气虚者宜慎用。又因其芳香，多含挥发油，系其有效成分，故入煎剂宜后下，不宜久煎，以免降低疗效。

羌　活

为伞形科植物羌活或宽叶羌活的干燥根茎及根。切片生用。主产于陕西、四川、甘肃等地。

【性味归经】辛，温。入膀胱、肾经。

【功效】发汗解表，祛风止痛。

【主治】外感风寒，风湿痹痛。

【临床应用】①外感风寒：风寒感冒，颈项强硬，四肢拘挛等，常配伍独活、防风、白芷、川芎等同用。②风湿痹痛：本品为祛上部风湿主药，多用于项背、前肢风湿痹痛。风湿在表，腰脊僵硬，常配伍独活、防风、藁本、川芎、蔓荆子、甘草等同用。

【用量】马、牛 15～45 g；猪、羊 3～10 g；犬 2～5 g；兔、禽 0.5～1.5 g。

【注意事项】阴虚火旺，产后血虚者慎用。

【化学成分】含羌活酚、羌活醇、镰叶芹二醇、异欧芹素乙、佛手柑内酯、花椒毒酚、紫花前胡、β-谷甾醇、蒎烯和柠檬烯等。

【药理研究】①醇提取物能抑制角叉菜胶足肿胀，对醋酸引起的扭体反应有抑制倾向，对热痛刺激所致的小鼠甩尾反应潜伏期有延长作用。②对流感病毒导致的小鼠死亡有很好的保护作用，能明显延长小鼠的平均存活时间，高剂量组能直接杀灭小鼠肺内的流感病毒、降低血凝滴度。③镰叶芹二醇对金黄色葡萄球菌有显著抑制作用。

独 活

为伞形科植物重齿毛当归的干燥根。切片生用。主产于四川、陕西、云南、甘肃、内蒙古等地。

【性味归经】辛，温。入肝、肾经。

【功效】祛风胜湿，散寒止痛。

【主治】风寒湿痹，腰肢疼痛。

【临床应用】①外感风寒：外感风寒挟湿，四肢关节疼痛等，常配伍羌活、防风、荆芥等同用。②风寒湿痹：本品善治风寒湿痹，尤其是腰胯、后肢痹痛，常配伍桑寄生、防风、细辛等，如独活寄生汤。

【用量】马、牛 15～45 g；猪、羊 3～10 g；犬 2～5 g；兔、禽 0.5～1.5 g。

【注意事项】气血亏虚者忌用。

【化学成分】含香豆素、萜类和挥发油等。挥发油中主要含 α-蒎烯、α-萜品烯、β-水芹烯、D-3-蒈烯、1-柠檬烯、4-甲氧基苯基乙烯酮、环茴香萜等。

【药理研究】煎剂或浸膏对小鼠有镇静、催眠、镇痛作用，从活性部分得到的甲氧基欧芹素能显著抑制角叉菜胶所致的小鼠足肿胀和醋酸引起的疼痛反应。

五加皮

为五加科植物细柱五加的干燥根皮。切片生用或炒用。主产于四川、湖北、河南、安徽等地。

【性味归经】辛、苦，温。入肝、肾经。

【功效】祛风湿，强筋骨。

【主治】风寒湿痹，腰肢痿软，水肿。

【临床应用】①风湿痹痛：筋脉拘挛，屈伸不利者，常配伍木瓜、松节等同用。②筋骨痿软：肝肾不足，腰膝软弱，常配伍牛膝、杜仲等同用。③水肿、小便不利：常配伍茯苓皮、大腹皮等，如五皮饮。

【用量】马、牛 15～45 g;猪、羊 5～10 g;犬、猫 2～5 g;兔、禽 1.5～3 g。

【化学成分】含 4-甲基水杨醛、苯丙烯酸糖苷、丁香苷、硬脂酸、*D*-芝麻酸、*β*-谷甾醇、鞣质、棕榈酸、亚麻酸、黄嘌呤、次黄嘌呤、维生素 A 和维生素 B_2 等。

【药理研究】①乙醇浸膏、总苷灌胃给药能显著延长小鼠持续游泳时间。有抗关节炎和镇痛作用。②具有拮抗丝裂霉素 C 诱发的体细胞和生殖细胞遗传损伤的作用。

茯　苓

为多孔菌科真菌茯苓的干燥菌核。寄生于松树根。其傍附松根而生者,称为茯苓;抱附松根而生者,谓之茯神;内部色白者,称白茯苓;色淡红者,称赤茯苓;外皮称茯苓皮,均可供药用。晒干切片生用。主产于云南、安徽、江苏等地。

【性味归经】甘、淡,平。入脾、胃、心、肺、肾经。

【功效】渗湿利水,健脾补中,宁心安神。

【主治】脾胃虚弱,痰湿水肿,躁动不安。

【临床应用】①水湿内停、小便不利及水肿证:表邪不解,随经入腑之膀胱蓄水证,或水肿、小便不利,常配伍猪苓、白术、泽泻等,如五苓散;水热互结,阴虚小便不利之水肿,常配伍滑石、阿胶、泽泻等同用;脾肾阳虚水肿,常配伍附子、生姜等同用。②脾胃虚弱:脾胃虚弱,食少纳呆,倦怠乏力等,常配伍党参、白术、甘草同用,如四君子汤;若脾虚泄泻,常配伍山药、白术、薏苡仁等,如参苓白术散。③躁动不安:多用茯神,常与朱砂拌用。

【用量】马、牛 20～60 g;猪、羊 5～10 g;犬 3～6 g;兔、禽 1.5～3 g。

【化学成分】含茯苓多糖、茯苓素、茯苓酸、松苓酸、组氨酸、胆碱和葡萄糖等。

【药理研究】①茯苓素对 Na^+-K^+-ATP 酶和细胞中总 ATP 酶的激活作用,说明其也可能具有改进心肌运动和促进机体水盐代谢的功能。②茯苓多糖能抑制小鼠 S_{180} 实体瘤的生长,延长艾氏腹水癌小鼠生存时间,使腹水量减少。③茯苓多糖具有抗胸腺萎缩及抗脾脏增大和抑制肿瘤生长的作用。

[附] **茯苓皮、茯神**

茯苓皮为茯苓菌核的外皮。本品性平,味甘、淡;归膀胱、肾经;功能利水消肿;主治水肿。

茯神为茯苓菌核中间抱有松根的部分。本品性平,味甘;归心经;功能宁心安神;主治心悸怔忡等。

猪　苓

为多孔菌科真菌猪苓的干燥菌核。切片生用。主产于山西、陕西、河北等地。

【性味归经】甘、淡，平。入肾、膀胱经。

【功效】利水通淋，利湿退肿。

【主治】泄泻水肿，小便不利。

【临床应用】①小便不利，水肿：湿热淋浊，常配伍茯苓、白术、泽泻等，如五苓散；阴虚性小便不利、水肿，常配伍阿胶、滑石等同用。②冷肠泄泻，脾虚久泻：常配伍泽泻、肉桂、干姜等同用。

【用量】马、牛 25～60 g；猪、羊 10～20 g；犬 3～6 g。

【化学成分】含有猪苓多糖、麦角甾醇、生物素和蛋白质等。

【药理研究】①猪苓多糖可抵消肿瘤细胞上清的免疫抑制作用，下调肿瘤细胞 S_{180} 合成和分泌免疫抑制物质，具有提高小鼠免疫器官重量的作用。②煎剂静脉注射或肌肉注射，对不麻醉犬具有较明显的利尿作用，并能促进钠、氯、钾等电解质的排出。③醇提取液对金黄色葡萄球菌、大肠杆菌有抑制作用。

泽 泻

为泽泻科植物泽泻的干燥块茎。切片生用。主产于福建、广东、江西、四川等地。

【性味归经】甘、淡，寒。入肾、膀胱经。

【功效】利水渗湿，清泻肾火。

【主治】水肿，小便不利，泄泻，淋浊。

【临床应用】①水肿，小便不利，泄泻：常配伍茯苓、猪苓、白术等同用。②淋浊：膀胱湿热所致的尿涩、尿血、尿浊等，常配伍猪苓、茯苓、薏苡仁等同用。③肾阴不足，虚火偏亢，可配丹皮、熟地等，如六味地黄汤。

【用量】马、牛 20～45 g；猪、羊 10～15 g；犬 5～8 g；兔、禽 0.5～1 g。

【注意事项】无湿及肾虚滑精者禁用。

【化学成分】含泽泻萜醇、泽泻二萜醇、泽泻二萜苷、11-乙酰-25-脱水泽泻醇 A、24-乙酰-25-脱水泽泻醇 A、新泽泻醇、泽泻醇 A、24-乙酰泽泻醇 A 和 25-脱水泽泻醇 A 等。

【药理研究】①对金黄色葡萄球菌、肺炎链球菌和结核杆菌等均有抑制作用。②煎剂腹腔给药能明显减轻二甲苯引起的小鼠耳廓肿胀，抑制大鼠棉球肉芽组织增生。③水提物和醇提物对肥胖小鼠均有降血脂的作用。

车前子

为车前科植物车前或平车前的干燥成熟种子。生用或炒用。主产于浙江、安徽、江西等地。

【性味归经】甘、淡，寒。入肝、肾、小肠经。

【功效】清热利尿，渗湿通淋，清肝明目。

【主治】湿热淋浊，泄泻，目赤肿痛。

【临床应用】①水肿，淋证：湿热下注于膀胱而致小便淋漓涩痛、尿血等，常配伍木通、滑石、萹蓄等，如八正散。②水湿泄泻：湿盛于大肠而小便不利之水泻，常配伍白术、茯苓、泽泻等同用。③目赤肿痛：肝经风热所致目赤涩痛，翳障，常配伍菊花、决明子等同用。④肺热咳嗽：咳嗽痰多，常配伍瓜蒌、贝母、枇杷叶等同用。

【用量】马、牛 20～30 g；猪、羊 10～15 g；犬、猫 3～6 g；兔、禽 1～3 g。

【注意事项】内无湿热及肾虚滑精者忌用。

【备注】全草为车前草，功效与车前子相似，兼有清热解毒和止血的作用。

【化学成分】含有车前子酸、车前子胶、车前子糖、琥珀酸、棕榈酸、硬脂酸、花生酸、亚油酸、亚麻酸、腺嘌呤及胆碱。

【药理研究】①水提醇沉液给小鼠灌胃，对二甲苯致耳壳肿胀，蛋清致足跖肿胀有明显抑制作用，能降低皮肤及腹腔毛细血管的通透性及红细胞膜的通透性。②有利尿作用，能增加尿素、尿酸及氯化钠的排泄。③煎剂具有较强镇咳、平喘和祛痰作用。④水浸剂对同心性毛癣菌、羊毛状小芽孢癣菌、星形奴卡氏菌等有不同程度的抑制作用，且对金黄色葡萄球菌高度敏感，醇提取物可杀灭钩端螺旋体。⑤能有效降低高脂血症大鼠血脂水平，提高抗氧化能力。

滑　石

为硅酸盐类矿物滑石族滑石。主含含水硅酸镁［$Mg_3(Si_4O_{10})\cdot(OH)_2$］。打碎成小块，水飞或研细生用。主产于广东、广西、云南、山东、四川等地。

【性味归经】甘，寒。入胃、膀胱经。

【功效】利水通淋，清热解暑。外用祛湿敛湿。

【主治】热淋，石淋，暑热，湿热泄泻，湿疹。

【临床应用】①热淋，石淋，水肿：湿热下注之小便不利，热淋以及尿闭等，常配伍木通、车前子、瞿麦等，如八正散；用治石淋，常配伍海金沙、金钱草、木通等同用。②暑热、暑温、暑湿泄泻：暑热烦渴，小便短赤，常配伍甘草同用，如六一散；暑温，胸闷、气机不畅，常配伍薏苡仁、白蔻仁、杏仁等，如三仁汤。③湿疮、湿疹：常配伍石膏、枯矾或黄柏等外用。

【用量】马、牛 25～45 g；猪、羊 10～20 g；犬 3～9 g；兔、禽 1.5～3 g。

【注意事项】内无湿热，尿过多及孕畜忌用。

【化学成分】含硅酸镁、氧化铝、氧化镍等。

【药理研究】①硅酸镁有吸附和收敛作用,内服能保护肠壁,止泻而不引起臌胀。②滑石粉撒布创面形成被膜,有保护创面、吸收分泌物、促进结痂的作用。

木 通

为马兜铃科植物东北马兜铃(关木通)、毛茛科植物小木通或其同属植物绣球藤的干燥藤茎。主产于湖南、贵州、四川、吉林、辽宁等地。

【性味归经】苦,寒。入心、小肠、膀胱经。

【功效】清热利水,通经下乳。

【主治】口舌生疮,膀胱湿热,乳汁不通。

【临床应用】①口舌生疮:心火上炎,口舌生疮,或心火下移小肠而致的心烦尿赤等证,常配伍生地、甘草、竹叶等同用。②膀胱湿热:小便短赤,淋漓涩痛,常配伍萹蓄、瞿麦等,如八正散。③水肿:小便不利之水肿,常配伍猪苓、槟榔等同用。④乳汁短少或不通:常配伍王不留行、穿山甲、漏芦等同用。⑤湿热痹痛:常配伍秦艽、防己、薏苡仁等同用。

【用量】马、牛 25～40 g;猪、羊 3～6 g;犬 2～4 g。

【注意事项】孕畜慎用。

【化学成分】含马兜铃酸、马兜铃酸 BⅡ 甲酯、对羟基桂皮酸、β谷甾醇、豆甾烷-3,6-二酮、6-羟基-豆甾-4-烯-3-酮、胡萝卜苷和二十八酸甘油酯等。

【药理研究】①有利尿和强心作用,其利尿作用较猪苓弱,较淡竹叶强。②对革兰氏阳性菌、痢疾杆菌、伤寒杆菌有抑制作用。马兜铃酸有抑制癌细胞生长作用。③东北马兜铃及其复方均出现肾毒性,肾组织病理表现为皮质浅层近端肾小管上皮细胞变性、脱落,间质血管瘀血,肾小球基本正常或有轻度基膜皱缩。东北马兜铃及其主要成分马兜铃酸的鼠血清均对牛肾间质成纤维细胞的生长明显抑制作用。

茵 陈

为菊科植物茵陈蒿或滨蒿的干燥幼嫩茎叶。晒干生用。主产于安徽、山西、陕西等地。

【性味归经】苦,微寒。入脾、胃、肝、胆经。

【功效】清湿热,利黄疸。

【主治】黄疸,小便不利。

【临床应用】①黄疸:本品为治黄疸要药。湿热阳黄,常配伍栀子、大黄同用,如茵陈蒿汤;阳黄湿重于热者,常配伍茯苓、猪苓等,如茵陈五苓散;脾胃寒湿郁滞,阳气不得宣运之阴黄,常配伍附子、干姜等,如茵陈四逆汤。②湿疮瘙痒:常配伍黄柏、苦参、蛇床子、地肤子等同用。也可煎汤外洗。

【用量】马、牛 20～45 g；猪、羊 5～15 g；犬 3～8 g；兔、禽 1～2 g。

【化学成分】滨蒿中含茵陈色原酮、7-甲氧基香豆素、6,7-二甲氧基香豆素、6-羟基-7-甲氧基香豆素、7-羟基-甲氧基香豆素、绿原酸正丁酯、β-谷甾醇。

【药理研究】①煎剂对金黄色葡萄球菌有明显抑制作用，对痢疾杆菌、溶血性链球菌、大肠杆菌、伤寒杆菌等有不同程度抑制作用。②煎剂、水浸剂、挥发油均具有显著利胆作用，可松弛胆道括约肌、加速胆汁排泄，且能增加胆中胆酸、胆红素的排泄量。③煎剂对 CCl_4 所致的动物急性肝损伤具有良好保护作用。

薏苡仁

为禾本科植物薏苡的干燥成熟种仁。生用或炒用。主产于山东、福建、河北、辽宁、江苏等地。

【性味归经】甘、淡，微寒。入脾、肺、肾经。

【功效】清热除湿，健脾止泻，除痹。

【主治】脾虚泄泻，风湿热痹，肺痈。

【临床应用】①脾虚泄泻：脾虚湿盛之水肿腹胀，食少泄泻等，常配伍茯苓、白术、黄芪等药同用。②风湿热痹：四肢拘挛，红肿疼痛，常配伍防己、桂枝等同用。③肺痈，肠痈：肺痈胸痛，咳吐脓痰，常配伍苇茎、冬瓜仁、桃仁等，如苇茎汤；肠痈，常配伍附子、败酱草、丹皮等同用。④水肿、浮肿、沙石热淋：常配伍滑石、木通等同用。

【用量】马、牛 30～60 g；猪、羊 10～25 g；犬 3～12 g；兔、禽 3～6 g。

【化学成分】含有薏苡仁多糖、薏苡素、薏苡酯、蛋白质、脂肪油、碳水化合物、维生素 B_1 及氨基酸等。

【药理研究】①薏苡仁油对离体的心脏、肠管、子宫、骨骼肌及运动神经末梢等，低浓度兴奋，高浓度则呈现麻痹作用。②薏苡仁酯和薏苡仁油及总提取物均具有显著的抗肿瘤活性。③薏苡仁多糖对四氧嘧啶糖尿病模型小鼠及肾上腺素高血糖模型小鼠有显著降血糖作用。

藿　香

为唇形花科植物藿香或广藿香的干燥茎叶。晒干切碎生用。主产于广东、吉林、贵州等地。

【性味归经】辛，微温。入脾、胃、肺经。

【功效】化湿和中，祛暑解表，行气化滞。

【主治】夏伤暑湿，脾受湿困。

【临床应用】①夏伤暑湿：恶寒发热、呕吐或泄泻等，常配伍紫苏、厚朴、半夏等，如藿香正气散。②湿困脾土：神疲体倦、食少、肚胀、泄泻等，常配伍厚朴、苍术、半夏等同用。③呕吐：湿浊中阻所致之呕吐，常配伍半夏同用；偏于寒湿者，常配伍丁香、白豆蔻等同用；偏于湿热者，常配伍黄连、竹茹等同用；妊娠呕吐，常配伍砂仁、苏梗等同用；脾胃虚弱者，常配伍党参、白术等同用。

【用量】马、牛 15～45 g；猪、羊 5～10 g；犬 3～5 g；兔、禽 1～2 g。

【注意事项】表虚汗多、阴虚无湿及胃虚作呕者忌用。不宜久煎。

【化学成分】含广藿香醇、甲基胡椒酚、爱草脑、胡薄荷酮、薄荷酮、山楂酸、齐墩果酸、β-谷甾醇和石竹烯等。

【药理研究】①己烷、氯仿、甲醇提取物可使硫酸铜所致的家鸽干呕次数减少，其有效成分为广藿香醇。②对胃肠神经有镇静作用，并能扩张微血管，略有发汗作用。③提取物对同心性毛癣菌等有抗菌作用，煎剂对钩端螺旋体有抑制作用。

佩　兰

为菊科植物佩兰的干燥茎叶。晒干切段生用。主产于江苏、浙江、安徽、山东等地。

【性味归经】辛，平。入脾经。

【功效】醒脾化湿，解暑生津。

【主治】外感暑湿，暑湿内阻。

【临床应用】①暑湿表证：外感暑湿所致的恶寒发热、神疲力倦等，常配伍藿香、青蒿、荷叶等同用。②暑湿内阻：草少、肚胀、呕吐或泄泻等，常配伍藿香、厚朴、白豆蔻等同用。

【用量】马、牛 15～40 g；猪、羊 5～15 g。

【注意事项】阴虚血燥，气虚者不宜用。

【化学成分】含挥发油，油中含石竹烯、β-红没药烯、7-榄香烯、β-荜澄茄烯、α-石竹烯、γ-杜松烯和十六酸等。

【药理研究】超临界二氧化碳萃取物对金黄色葡萄球菌、沙门氏菌、蜡状芽孢杆菌、枯草芽孢杆菌和霉菌等均有较强抑制作用。

苍　术

为菊科植物茅苍术或北苍术的干燥根茎。晒干，烧去毛，切片生用或炒用。主产于江苏、安徽、浙江、河北、内蒙古等地。

【性味归经】辛、苦，温。入脾、胃经。

【功效】燥湿健脾，发汗解表，祛风湿。

【主治】湿阻脾胃，风寒湿痹，夜盲。

【临床应用】①湿阻脾胃：湿胜中焦，脾失健运而致脘腹胀闷，呕恶食少，吐泻乏力，舌苔白腻等，常配伍厚朴、陈皮等，如平胃散。②风湿痹痛：痹证湿胜者尤宜，常配伍独活、秦艽、牛膝等同用；③外感风寒挟湿证：风寒湿邪袭表，而致恶寒发热，全身紧痛，无汗等，常配伍白芷、细辛等同用。④夜盲：单用或与石决明同用。

【用量】马、牛 15～60 g；猪、羊 3～15 g；犬 5～8 g；兔、禽 1～3 g。

【注意事项】阴虚有热或多汗者忌用。

【化学成分】含挥发油，油中含苍术醇、苍术酮、苍术素、α-桉叶油醇、β-芹子烯、茅术醇以及苍术烯内酯丙、谷甾醇、香草酸和胡萝卜苷等。

【药理研究】①对金黄色葡萄球菌、枯草杆菌黑色变种芽孢均有较强杀菌作用。②水煎剂能增加番泻叶灌胃所致的脾虚泄泻动物的体重，抑制小肠推进运动，提高血清锌铁含量，降低血清铜含量，并能对抗实验性大鼠胃溃疡的形成。③对结核杆菌、金黄色葡萄球菌、大肠杆菌、枯叶杆菌和绿脓杆菌有明显灭菌作用。

砂 仁

为姜科植物阳春砂、绿壳砂或海南砂的干燥成熟果实。生用或炒用。主产于云南、广东、广西等地。

【性味归经】辛，温。入胃、脾、肾经。

【功效】化湿行气，健脾止泻，安胎。

【主治】脾胃气滞，气虚，虚寒，胎动不安。

【临床应用】①脾胃气滞：寒湿困脾所致脾胃不和，肚腹胀满、少食便溏者，常配伍厚朴、陈皮、枳实等同用；脾虚气滞，常配伍党参、白术、茯苓等，如香砂六君子汤。②脾虚泄泻：脾胃虚寒，清阳下陷而致泄泻，呕吐，常配伍干姜、附子等同用。③胎动不安：气滞胎动不安，常配伍白术、桑寄生、续断等同用。

【用量】马、牛 15～30 g；猪、羊 3～10 g；犬 1～3 g；兔、禽 1～2 g。

【注意事项】胃肠热结者慎用。

【化学成分】含挥发油，阳春砂主要成分为乙酸龙脑酯、樟烯、樟脑、龙脑、柠檬烯及α-蒎烯等。海南砂为α-蒎烯、β-蒎烯、桉叶醇、对聚花伞素、柠檬烯、樟烯、乙酸龙脑酯及樟脑等。绿壳砂为樟脑、橙花叔醇、乙酸龙脑酯、龙脑、柠檬烯及α-蒎烯等。

【药理研究】①挥发油对离体回肠正常运动和痉挛状态都具有明显抑制作用，能预防大鼠幽门结扎性溃疡的形成，但对胃酸和胃液的分泌无影响。②挥发油的主要成分乙酸龙脑酯具有较显著的镇痛抗炎作用。③水浸液具有一定的镇痛作用。

其他祛湿药见表 9-13。

表 9-13　其他祛湿药

药名	性味归经	功效	临床应用	用量
秦艽	苦、辛，平。入肝、胆、胃、大肠经	祛风湿，退虚热，止痹痛	①常配伍忍冬藤、防己、黄柏等用治热痹；常配伍天麻、羌活、当归、川芎等用治风寒湿痹；②常配伍知母、地骨皮、鳖甲等用治阴虚发热；③常配伍茵陈蒿、栀子、猪苓等用治湿热黄疸；④常配伍瞿麦、当归、蒲黄、山栀等用治弩伤尿血，如秦艽散	马、牛 15～45 g；猪、羊 3～10 g；犬 2～6 g；兔、禽 1～1.5 g
防己	苦、辛，寒。入膀胱、肺经	风湿痹痛，小便不利，水肿	①常配伍薏苡仁、滑石等用治风湿热痹；常配伍附子、桂心、白术等用治风寒湿痹；②常配伍黄芪、白术等用治风水证，如防已黄芪汤；常配伍茯苓、黄芪、桂枝等用治脾肾阳虚之水肿	马、牛 15～45 g；猪、羊 5～10 g；犬 3～6 g；兔、禽 1～2 g
藁本	辛，温。入膀胱经	祛风散寒，胜湿止痛	①常配伍羌活、独活、川芎、白芷、防风、细辛等用治外感风寒挟湿证；②常配伍羌活、防风、威灵仙、苍术等用治风寒湿痹	马、牛 15～30 g；猪、羊 3～10 g；兔、禽 0.5～1.5 g
木瓜	酸，温。入肝、脾、胃经	舒筋活络，化湿和胃	①常配伍独活、威灵仙等用治风湿痹痛；并为后肢痹痛的引经药；②常配伍吴茱萸、半夏、黄连等用治湿浊中阻，升降失常所致呕吐泄泻、腹痛转筋者	马、牛 15～45 g；猪、羊 5～10 g；犬、猫 2～5 g；兔、禽 1～2 g
威灵仙	辛、咸，温。入膀胱经	祛风除湿，通经止痛	①常配伍羌活、独活、秦艽、乳香、没药等用治风湿痹痛；②常配伍桃仁、红花、赤芍等用治跌打损伤，瘀血肿痛；③单用或加砂糖、醋煎汤，慢慢咽下，一般可使骨哽消失	马、牛 15～60 g；猪、羊 3～10 g；犬、猫 3～5 g；兔、禽 0.5～1.5 g
桑寄生	苦，平。入肝、肾经	补肝肾，祛风湿，强筋骨，益血安胎	①，常配伍独活、秦艽、桂枝、杜仲、当归等用治肝肾不足之风湿痹痛，如独活寄生汤；②常配伍阿胶、艾叶等用治肝肾虚损之胎动不安	马、牛 30～60 g；猪、羊 5～15 g；犬 3～6 g
马钱子	苦，寒。有大毒。入肝、脾经	通络止痛，散结消肿	①常配伍羌活、川乌、乳香、没药等用治风湿痹痛；②常配伍自然铜、土鳖虫、骨碎补、乳香、没药等用治跌打损伤，瘀滞肿痛；③常配伍雄黄、乳香、穿山甲等用治痈肿疮毒	马、牛 3～6 g；猪、羊 0.3～0.6 g；犬 0.1～0.2 g

续表 9-13

药 名	性味归经	功 效	临床应用	用 量
丝瓜络	甘，平，归肺、胃、肝经	通络，活血，祛风	①常配伍薏苡仁、滑石、防己、茯苓等用治风湿痹痛；②常配伍瓜蒌、香附、通草、当归、青皮等用治乳汁不通	马、牛 30～120 g；猪、羊 15～30 g；犬 5～8 g
路路通	辛、苦，平。归肝、胃、膀胱经	祛风通络，利水，下乳	①常配伍独活、牛膝、桑寄生、杜仲等用治风湿痹痛；②单用或配伍王不留行、皂角刺、川芎等用治乳汁不通；③常配伍赤芍、蒲公英、当归等用治乳痈	马、牛 30～60 g；猪、羊 15～30 g；犬 5～8 g
通草	甘、淡，寒。入肺、胃经	清热利水，通气下乳	①常配伍滑石、生地等用治膀胱湿热之尿淋涩痛及水肿等；②常配伍木通、王不留行、穿山甲等用治乳汁不通	马、牛 15～30 g；猪、羊 3～10 g；犬 2～5 g；兔、禽 0.5～2 g
豨莶草	苦，寒。有小毒。入肝、肾经	祛风湿，通经络，安神	①单用或配伍海桐皮、五加皮等用治风湿痹痛；②常配伍含羞草、松叶等用治神志不安	马、牛 20～60 g；猪、羊 10～15 g；犬 5～8 g
瞿麦	苦，寒。入心、小肠经	清热利水，行血祛瘀	常配伍木通、萹蓄、车前子、滑石、栀子等用治小便短赤、尿血、便血、石淋、水肿等证，如八正散	马、牛 30～45 g；猪、羊 10～15 g；犬 3～6 g；兔、禽 0.5～1.5 g
萹蓄	苦、辛，寒。入胃、膀胱经	利水通淋，杀虫止痒	①常配伍瞿麦、滑石、木通、车前、大黄等用治淋证，尿短赤涩、黄疸、尿血等证；②可用鲜品煎液外洗治疗湿疹	马、牛 30～60 g；猪、羊 5～10 g；兔、禽 0.5～1.5 g
海金沙	甘，寒。入小肠、膀胱经	清湿热，通淋	常配伍萹蓄、瞿麦、金钱草等用治膀胱湿热、尿淋、尿石、尿血等证	马、牛 30～45 g；猪、羊 10～20 g；兔、禽 1～2 g
地肤子	甘、苦，寒。入经	清热利湿，祛风止痒	①常配伍猪苓、通草、瞿麦等用治膀胱湿热之小便不利，湿热淋痛；②常配伍黄柏、滑石、白鲜皮等用治湿疮瘙痒	马、牛 15～45 g；猪、羊 5～10 g；兔、禽 1～3 g
萆薢	苦，平。入肝、胃经	祛风湿，利湿热	①常配伍茯苓、石菖蒲、乌药等用治下焦湿浊所致的尿液淋浊；②风湿痹痛：常配伍附子等用治风寒湿痹；常配伍桑枝、秦艽、薏苡仁等用治湿热痹痛	马、牛 25～45 g；猪、羊 5～15 g；犬 3～8 g

续表 9-13

药 名	性味归经	功 效	临床应用	用 量
金钱草	微咸，平。入肝、胆、肾、膀胱经	清热利湿，通淋消肿，排石止痛	①常配伍茵陈，栀子、虎杖等用治湿热黄疸；②常配伍石韦、鸡内金、海金沙等用治石淋、热淋；③可配鲜品捣汁内服或外敷患处用治跌打损伤	马、牛 30～120 g；猪、羊 6～25 g；犬 3～12 g
白豆蔻	辛，温。芳香。入肺、脾、胃经	芳香化湿，行气和中，化痰消滞	①常配伍苍术、厚朴、陈皮、半夏等用治暑湿或寒湿气滞之草少、肚胀、泻痢腹痛等；湿盛者配薏苡仁、厚朴；热盛者配黄芩、黄连、滑石；②常配伍砂仁、神曲等用治脾胃气滞之肚胀、食积不消；③常配伍半夏、藿香、生姜等用治胃寒呕吐	马、牛 15～30 g；猪、羊 3～6 g；犬 2～5 g；兔、禽 0.5～1.5 g
草豆蔻	辛，温。气芳香。入脾、胃经	温中燥湿，健脾和胃	①常配伍砂仁、陈皮、建曲等用治脾胃虚寒；②常配伍高良姜、生姜、吴茱萸等用治胃寒呕吐	马、牛 15～30 g；猪、羊 3～6 g；犬 2～5 g

二、祛湿方

以祛湿药物为主组成，具有化湿利水，祛风除湿作用，治疗水湿和风湿病证的一类方剂，称为祛湿方。

湿邪为病，有外湿内湿之分，所犯部位有上下表里之别。外湿由外感受，常伤及畜体肌表经络；内湿由内而生，多因脾失健运所致，常常伤及脏腑气血。外湿内湿为病，有时相互兼见。

湿邪又多与风、寒、暑、热等邪气相挟，并有化热、化寒的转机。

临床治疗时，首先，应辨别湿邪所在部位的内外上下。在外在上，宜微汗以解之；在内在下，宜健脾行水以利之。其次，应审其寒热虚实。如湿从寒化，宜温阳化湿；湿从热化，宜清热祛湿；体虚湿盛者，宜祛湿与扶正兼顾；水湿壅盛脉证俱实者，宜用逐水之方。

根据治法的不同，祛湿方一般分为祛风湿、利水和化湿三类。

1. 祛风湿方　适用于风寒湿邪侵袭肌表经络所致的痹痛等证，常以独活、羌活、秦艽、桑寄生等祛风胜湿药为方中主药。

2. 利水方　适用于水湿停滞所引起的各种病证，如小便不利、泄泻、水肿、尿淋、尿闭等，常以茯苓、猪苓、泽泻、车前子、木通、滑石等渗湿利水药为方中主药。

3.化湿方　适用于湿浊内阻，脾为湿困，运化失职之证，常以苍术、藿香、陈皮、砂仁、草豆蔻等芳香燥湿药为方中主药。

本类方剂多属于辛温香燥或淡渗利水之品，容易伤阴耗液，对津液亏损之证，一般不宜使用，必要时须配伍养阴药同用。此外，湿邪重着黏腻，易于阻碍气机，故祛湿剂中，常配伍理气药，以求"气化则湿亦化"。

独活寄生汤(《备急千金要方》)

【组成】独活 30 g、桑寄生 45 g、秦艽 30 g、防风 25 g、细辛 6 g、当归 30 g、白芍 25 g、川芎 15 g、熟地 45 g、杜仲 30 g、牛膝 30 g、党参 30 g、茯苓 30 g、桂心 15 g、甘草 20 g

水煎服，或研末，开水冲调，候温灌服。

【功效】益肝肾，补气血，祛风湿，止痹痛。

【主治】风寒湿痹，肝肾两亏，气血不足诸证。证见腰胯疼痛，四肢关节屈伸不利、疼痛，筋脉拘挛，脉沉细弱等。

【方解】本方是治疗风寒湿痹日久，肝肾不足，气血两虚证的方剂。方中以独活、秦艽、防风、细辛祛风湿，止痹痛，为主药。重用桑寄生，配伍杜仲、牛膝以益肝肾，强筋骨，兼祛风湿，为辅药。当归、川芎、白芍、熟地养血兼活血；党参、茯苓补气健脾；桂心温通血脉，共为佐药。甘草益气扶正，调和诸药为使。诸药合用，祛邪扶正，标本兼治，使气血足而风湿除，肝肾强而痹痛愈。

【临床应用】本方为治疗痹证日久，肝肾气血不足之证的常用方剂。临床上对肝肾两虚，风寒湿三气夹杂，痹阻经脉导致的慢性肌肉风湿、腰胯及四肢关节疼痛、慢性风湿性关节炎及牛产后瘫痪等皆可酌情加减应用。若疼痛较甚者，可加制川乌、红花、地龙、白花蛇等；寒邪偏重者，可加附子、干姜；湿邪重者，加防己、苍术。

【方歌】独活寄生艽防辛，芎归地芍桂苓君，杜仲牛膝党参草，冷风顽痹能屈伸。

五苓散(《伤寒论》)

【组成】猪苓 30 g、茯苓 30 g、泽泻 45 g、白术 30 g、桂枝 25 g

共为细末，开水冲调，候温灌服，或煎汤服。

【功效】渗湿利水，温阳化气，和胃止呕。

【主治】外有表证，内停水湿。证见发热恶寒，口渴贪饮，小便不利，舌苔白，脉浮。亦可治水湿内停之水肿、泄泻、小便不利或痰饮、吐涎等证。

【方解】本方具有化水行气之效，是利尿消肿的常用方剂。水湿内停兼有表证，治宜利水渗湿，温阳化气，兼解表邪。方中重用泽泻，甘淡性寒，渗湿利水，为主药。以茯苓、猪苓淡渗，助主药以增强利水之力；加白术健脾燥湿，运化水湿，共为辅药。又以桂枝通阳化气，疏散表邪为佐药。五药合用，有行水化气，健脾祛湿兼解表邪之效。

【临床应用】本方是利尿消肿的常用方剂。临床上凡脾虚不运，气不化水之水湿内停，小便不利，或为蓄水，或为水逆，或为痰饮，或为水肿，泄泻等，均可用本方加减治疗。若无表证，可将方中桂枝改为肉桂，以增强祛寒化气利水的作用。本方合平胃散(陈皮、苍术、厚朴、甘草)名胃苓汤，具有行气利水，祛湿和胃的作用，用于治疗寒湿泄泻，腹胀，水肿，小便不利；本方加茵陈，名茵陈五苓散，具有利湿清热退黄疸的作用，治疗湿热性黄疸；本方去桂枝名“四苓散”，功专渗湿利水，治脾虚湿阻，粪便溏泻。

现代临床常用于治疗肾炎、心源性水肿、急性肠炎、尿潴留等属于水湿内停者。

【方歌】五苓散是治水方，泽泻白术猪茯苓，桂枝化气兼解表，小便不利水饮除。

八正散(《和剂局方》)

【组成】木通 30 g、瞿麦 30 g、车前子 45 g、萹蓄 30 g、滑石 10 g、甘草梢 25 g、栀子 25 g、大黄 25 g，灯心草 10 g。

共为细末，开水冲调，候温灌服，或水煎服。

【功效】清热泻火，利水通淋。

【主治】湿热下注引起的热淋、石淋。证见尿频、尿痛或闭而不通，或小便浑赤，淋漓不畅，口干舌红，苔黄腻，脉象滑数。

【方解】本方为苦寒通利之剂，所治之证系湿热下注膀胱所致。湿热结于膀胱，则小便涩痛，淋漓不尽，甚至闭而不通；邪热内蕴，故口干舌红，苔黄，脉象滑数。治宜清热泻火，利水通淋。方中木通、瞿麦、车前子、萹蓄、滑石清热利湿，利水通淋，为主辅药。栀子、大黄泄热降火，导热下行为佐药。灯心草清心利水；甘草梢调和诸药，缓急止痛为使药。诸药合而用之，共奏清热通淋之功。

【临床应用】本方为治疗热淋的常用方剂。凡淋证属于湿热者，均可用本方加减治疗。若治血淋，宜加小蓟、白茅根以凉血止血；如有结石(石淋)，宜加金钱草、海金沙、石苇以化石通淋；如小便浑浊(膏淋)，宜加萆薢、菖蒲以分清化浊；内热甚，加蒲公英、金银花等，以清热解毒。

临床上，本方被广泛用于治疗泌尿系感染、泌尿系结石、急性肾炎等属于下焦湿热者。

【方歌】八正车前和木通，大黄栀滑加萹蓄，瞿麦草梢灯心草，热淋血淋病能除。

藿香正气散(《和剂局方》)

【组成】藿香 90 g、紫苏 30 g、白芷 30 g、大腹皮 30 g、茯苓 30 g、白术 60 g、半夏曲 60 g、厚朴(姜汁炙)60 g、桔梗 60 g、炙甘草 75 g。

共为末,生姜、大枣煎水冲调,候温灌服,或水煎灌服。

【功效】解表化湿,理气和中。

【主治】外感风寒,内伤湿滞,中暑。证见发热恶寒,肚腹胀满、疼痛,呕吐,肠鸣泄泻,舌苔白腻,脉象滑。

【方解】本方证由外感风寒,内伤湿滞,清浊不分,升降失常所致。外感风寒,卫阳被郁,则恶寒发热;湿浊内阻,气机不畅,则胸腹胀满,肚腹疼痛;湿滞肠胃,清气不升,浊气不降,则恶心呕吐,肠鸣泄泻;而舌苔白腻为湿郁之象。治宜外散风寒,内化湿浊,兼以和中理气。方中重用藿香,既能辛散风寒,又能芳香化浊,和中止呕,为主药。配以紫苏、白芷辛香发散,助藿香外解风寒,芳香化浊,为辅药。用半夏曲、陈皮燥湿和胃,降逆止呕;茯苓、白术健脾运湿,和中止泻;厚朴、大腹皮行气化湿,畅中除满;桔梗宣肺利膈,既利于解表,又益于化湿,共为佐药。生姜、大枣、甘草调和诸药为使药。诸药合用,外散风寒,内化湿浊,升清降浊,气机通畅,诸证自愈。

【临床应用】本方为治外感风寒,内伤湿滞的常用方。对暑月感冒,中暑,脾胃失和者最为适宜。如表邪偏重,恶寒无汗,可加香薷以助其解表;如兼食积,可加炒莱菔子、焦三仙以消食导滞;如泄泻严重,加白扁豆、薏苡仁以祛湿止泻;若小便短少,可加泽泻、车前子以利水除湿。

现代兽医临床上常用本方加减治疗家畜急性胃肠炎、胃肠型感冒、消化不良等属于外感风寒、内伤湿滞者和牛的流行热等。

本方作汤剂时,不宜久煎,以免药性耗散,影响疗效。

【方歌】藿香正气陈甘桔,腹皮苓术加厚朴,白芷紫苏加姜枣,风寒暑湿皆能除。

平胃散(《和剂局方》、《元亨疗马集》)

【组成】苍术 60 g、厚朴 45 g、陈皮 45 g、甘草 20 g、生姜 20 g、大枣 90 g。

共为末,开水冲调,候温灌服,或水煎服。

【功效】健脾燥湿,行气和胃,消胀除满。

【主治】胃寒食少、寒湿困脾。证见食欲减退、肚腹胀满、大便溏泻、嗳气呕吐、舌苔白腻而厚、脉缓。

【方解】本方为治湿滞脾胃的主方。脾主运化,喜燥恶湿,湿浊困阻脾胃,运化失司，则食欲减少，大便溏泻；湿阻气滞，则肚腹胀满；胃失和降，则嗳气呕吐；舌苔白腻、脉缓为湿郁之象。治宜燥湿健脾，行气和胃，消胀除满。方中重用苍术，苦温性燥，祛湿健脾，为主药。厚朴行气化湿，消胀除满，为辅药。陈皮理气化滞，和胃止呕为佐药。甘草甘缓和中，调和诸药；生姜、大枣调和脾胃，共为使药。诸药合用，共同发挥化湿浊、畅气机、健脾运、和胃气的作用。

【临床应用】本方为健脾燥湿的基本方，临床治疗脾胃病证的许多方剂都由此演化而来。本方加藿香、半夏，名不换金正气散(《和剂局方》)，化湿解表，和中止呕，主治脾虚胃寒，兼受外感而致的腹痛呕吐、肚腹胀满、寒热腹泻、舌苔白腻等证。加槟榔、山楂，名消食平胃散(《中华人民共和国兽药典·二部》2000年版)，主治寒湿困脾，宿食不化。加山楂、香附子、砂仁，名消积平胃散(《元亨疗马集》)，主治马伤料不食。加神曲、草果、焦山楂、青皮、法半夏、槟榔、枳壳、枳实、焦麦芽，去陈皮，名承气平胃散(《牛医金鉴》)，主治牛草伤脾胃。加砂仁、草果、枳实、青皮、山楂、山药、扁豆、牵牛子、车前子、前胡、木通，亦名平胃散(《抱犊集》)，主治牛胃寒不食草，呕吐。如湿郁化热，加黄芩、黄连以清热燥湿；如属寒湿，加干姜、肉桂以温化寒湿；如兼见表证，加藿香或苏叶以芳香解表；如兼见食滞，加山楂、神曲以消食化滞；如气滞甚者，加砂仁、木香以行气宽中。

现代兽医临床经常用于治疗食欲减退，急慢性胃肠炎，胃肠神经官能症等属于湿郁气滞。

【方歌】平胃散用苍术朴，甘草陈皮共四药，湿滞脾胃腹胀满，行气和胃有奇功。

其他祛湿方见表9-14。

表9-14 其他祛湿方

方名	来源	组成	功效	主治
独活散	《元亨疗马集》	独活30 g、羌活30 g、防风30 g、肉桂30 g、泽泻30 g、酒黄柏30 g、大黄30 g、当归15 g、桃仁10 g、连翘15 g、汉防己15 g、炙甘草15 g。黄酒120 mL为引	疏风祛湿，活血止痛	风湿痹痛
活络丹	《和剂局方》	制川乌180 g、制草乌180 g、地龙180 g、制天南星180、乳香60 g、没药60 g。共为细末，酒面糊为丸。亦可作散剂用	祛风活络，祛湿止痛	寒湿痹痛及湿痰留滞经络，肢体疼痛，关节屈伸不利等证

续表 9-14

方名	来源	组成	功效	主治
五皮饮	《华氏中藏经》	桑白皮 60 g、陈橘皮 60 g、生姜皮 60 g、茯苓皮 60 g、大腹皮 60 g	健脾化湿，利水消肿	脾虚湿盛，水肿及妊娠水肿
防己黄芪汤	《金匮要略》	防己 12 g、黄芪 15 g、甘草 6 g、炒白术 9 g	益气祛风，健脾利水	风水或风湿
防风散	《元亨疗马集》	防风 30 g、独活 25 g、羌活 25 g、连翘 15 g、升麻 25 g、柴胡 20 g、制附子 15 g、乌药 20 g、当归 25 g、葛根 20 g、山药 25 g、甘草 15 g	宣散表湿，调和气血	肌表风湿。证见恶寒微热，肌肉紧硬，腰肢疼痛
滑石散	《元亨疗马集》	滑石 60 g、泽泻 25 g、灯心草 15 g、茵陈 25 g、知母 25 g、酒黄柏 25 g、猪苓 20 g	清热化湿，利尿通淋	马胞转，即小便不利。证见尿液短赤、淋漓，肚腹胀痛，蹲腰、踏地等

第八节　理气药与理气方

一、理气药

1. 概念　凡以疏理气机、治疗气滞或气逆证为主要作用的药物，称为理气药，又叫行气药。

2. 性能特点　本类药药性多为温，味以辛、苦为主，兼有芳香气味；主入脾、肝、肺经；以发散趋势为主。本节药物均属无毒。

3. 功效　理气药性味多辛苦温而芳香。其味辛能行散，味苦能疏泄，芳香能走窜，性温能通行，故有疏理气机的作用。因本类药物主归脾、肝、肺经，故有理气健脾、疏肝解郁、理气宽胸、行气止痛、破气散结等功效。此外，本章部分药物还具有健胃、祛痰、散结等功效。

4. 应用　本类药物中具有理气健脾作用的药物，主要用治脾胃气滞所致肚腹胀满、疼痛不安、嗳气酸臭、食欲不振、粪便失常等；具有疏肝解郁作用的药物，主要用治肝气郁滞所致胁肋胀痛，疝气疼痛、乳房胀痛等；具有理气宽胸作用的药物，主要用治肺气壅滞所致胸闷胸痛、咳嗽气喘等。

5. 使用与配伍　使用本类药物，须针对病证选择相应功效的药物，并进行必要的配伍。如脾胃气滞因于饮食积滞者，配消导药用，因于脾胃气虚者，配补中益气药用，因于湿热阻滞者，配清热除湿药用；因于寒湿困脾者，配苦温燥湿药用。肝气郁滞因于肝血不足者，配养血柔肝药用；因于肝经受寒者，配温肝散寒药用；用于瘀血阻滞者，配活血祛瘀药用。肺气壅滞因于外邪客肺者，配宣肺解表药用；因于痰饮阻肺者，配祛痰化饮药用。

6. 注意事项 理气药多辛温香燥，易耗气伤阴，故对气虚、阴虚的病畜应慎用，必要时可配伍补气、养阴药。

陈 皮

为芸香科植物橘及其栽培变种的干燥成熟果皮。生用或炒用。主产于长江以南各省区。

【性味归经】辛、苦，温。入脾、肺经。

【功效】理气健脾，燥湿化痰。

【主治】食欲减少，肚腹胀满，泄泻，痰湿咳嗽。

【临床应用】①脾胃气滞：中气不和而引起的肚腹胀满、食欲不振、呕吐、腹泻等，常配伍生姜、白术、木香等同用；脾胃气滞较甚，脘腹胀痛较剧者，常配伍木香、枳实等同用。②湿痰，寒痰咳嗽：湿痰咳嗽，常配伍半夏、茯苓等，如二陈汤；寒痰咳嗽，多与干姜、细辛、五味子等同用。

【用量】马、牛 14～45；猪、羊 5～10 g；犬、猫 2～5 g；兔、禽 1～3 g。

【注意事项】阴虚燥热、舌赤少津、内有实热者慎用。

【化学成分】含挥发油 2 %～4%，主要为 *D*-柠檬烯、*β*-松油烯、*β*-月桂烯、间-伞花烯和 *β*-蒎烯以及橙皮苷，川皮酮、肌醇、维生素 B_1、维生素 C 等。

【药理研究】①水提液对离体唾液淀粉酶活性有明显的促进作用。②提取物具有抗氧化作用。③可使兔主动脉平滑肌收缩，此作用可能与激活平滑肌细胞膜上肾上腺素能 *α*-受体、胆碱能 M 受体及异搏定敏感 Ca^{2+} 通道有关。④给麻醉大鼠皮下注射甲基橙皮苷，可增加胆汁及胆汁内固体物的排泄量，合用维生素 C 及维生素 K_4 可增强利胆效果。⑤煎剂用于家兔气管灌流，可使支气管扩张，灌流速度加快，醇提物可对抗组织胺所致豚鼠离体血管痉挛性收缩。

青 皮

为芸香科植物橘及其栽培变种的干燥幼果或未成熟果实的果皮。切片生用或炒用。主产于长江以南各省区。

【性味归经】苦、辛，温。入肝、胆经。

【功效】疏肝止痛，破气消积。

【主治】胸胁胀痛，食积不化，乳痈。

【临床应用】①肝气郁结：肝郁胸胁胀痛，常配伍柴胡、郁金、香附等同用；乳房胀痛或结块，常配伍柴胡、贝母、橘叶等同用；治寒疝疼痛，常配伍乌药、小茴香、木香等，如天台乌药散。②乳痈肿痛：常配伍瓜蒌皮、金银花、蒲公英等同用。③食积腹痛：食积气滞，脘腹胀痛，常配伍山楂、神曲、麦芽等同用；若气滞甚者，常配伍木香、槟榔或枳实、大黄等同用。④癥瘕积聚：常配伍三棱、莪术、丹参等同用。

【用量】马、牛 15～30 g；猪、羊 5～10 g；犬 3～5 g；兔、禽 1.5～3 g。

【注意事项】阴虚火旺慎用。

【化学成分】含挥发油，油中含 *D*-1-8-萜二烯、*P*-薄荷-1,4(8)-二烯、1,4-二甲基-7-(1-甲基亚乙基)-1-十[h5]氢化萘醇以及橙皮苷、辛福林和 N-甲基络胺等。

【药理研究】①挥发油对胃肠道有温和的刺激作用，促进消化液分泌和排除肠内气体，主要表现为调整胃肠功能的作用，注射液除抑制离体平滑肌外，静脉注射也能抑制麻醉犬在体空肠的蠕动。②挥发油有祛痰作用，其祛痰作用是由于呼吸道分泌细胞受到局部刺激使黏液分泌增加，痰液容易咯出所致，注射液能拮抗组胺引起的离体支气管痉挛性收缩，并能减轻组胺引起的豚鼠支气管肺灌流量减少。③青皮与醋制青皮不同浓度的水煎剂对离体大鼠肠管均有抑制作用。

木 香

为菊科植物木香的干燥根。切片生用。主产于云南、四川等地。

【性味归经】辛、微苦，温。入脾、胃、大肠、胆经。

【功效】行气止痛，和胃止泻。

【主治】脾胃气滞，食积不化，湿热泻痢。

【临床应用】①气滞胀痛：本品为治疗脾胃气滞，肚腹疼痛之要药。脾胃气滞，脘腹胀痛，常配伍陈皮、砂仁等同用；脾虚气滞，脘腹胀满、食少便溏，常配伍党参、白术、陈皮等，如香砂六君子汤；胸腹疼痛，常配伍枳实、川楝子、茵陈等同用。②泻痢腹痛：湿热泻痢，里急后重，常配伍黄连同用，如香连丸；饮食积滞的脘腹胀满、大便秘结或泻而不爽，常配伍槟榔、青皮、大黄等，如木香槟榔丸。③胁痛，黄疸：脾失运化、肝失疏泄而致湿热郁蒸、气机阻滞之脘腹胀痛、胁痛、黄疸，常配伍郁金、大黄、茵陈等同用。

【用量】马、牛 30～60 g；猪、羊 6～12 g；犬、猫 2～5 g；兔、禽 0.3～1 g。

【注意事项】血枯阴虚、热盛伤津者忌用。

【化学成分】含挥发油，油中含异土木香内酯、土木香内酯、*β*-榄香烯、芹子烯、愈创木烯、同-顺-*β*-香柠檬烯 1,3-环辛二烯、桉叶-4(14),11-二烯和 7-十四碳烯等。

【药理研究】①水煎剂给小鼠灌胃后，能提高正常小鼠的小肠推进率。②乙醇提取物能抑制二甲苯引起的小鼠耳肿、角叉菜胶引起的小鼠跖肿胀。③丙酮提取物能抑制由盐酸—乙醇混合溶液诱发的大鼠胃溃疡。

厚 朴

为木兰科植物厚朴或凹叶厚朴的干燥干皮、根皮或枝皮。切片生用或制用。

主产于四川、云南、福建、贵州、湖北等地。

【性味归经】苦、辛，温。入脾、胃、大肠经。

【功效】行气燥湿，降逆平喘。

【主治】宿食不消，肚腹胀满，气逆咳喘。

【临床应用】①脾胃气滞：湿阻中焦，气滞不利所致的肚腹胀满，腹痛，或呕逆等，常配伍苍术、陈皮等，如平胃散；大便秘结，肠胃积滞所致胃肠气滞，脘腹胀满，常配伍枳实、大黄同用，如厚朴三物汤；热结便秘者，常配伍大黄、芒硝、枳实同用，如大承气汤。②气逆咳喘：外感风寒而发者，常配伍桂枝、杏仁等同用；痰湿内阻之咳喘，常配伍苏子、半夏等同用。

【用量】马、牛 15～45 g；猪、羊 5～15 g；犬 3～5 g；兔、禽 1.5～3 g。

【注意事项】脾胃无积滞者慎用。

【化学成分】含厚朴酚、挥发油和生物碱等。酚类主要为厚朴酚与和厚朴酚等；挥发油中含愈创醇和桉叶醇，而叶油醇及其异构体占 40%～55%，聚伞花素为 10%～20%。

【药理研究】①挥发油具有祛风健胃作用，其煎液对家兔、豚鼠、小鼠离体肠管活动低浓度兴奋，高浓度抑制；厚朴酚对应激反应时胃液分泌的增加有抑制作用，并对应激反应引起的胃黏膜对胃液抵抗力减弱带来的胃出血具有强烈的抑制效果。②煎剂对金黄色葡萄球菌、溶血性链球菌、伤寒杆菌、副伤寒杆菌、枯草杆菌、痢疾杆菌、霍乱弧菌、大肠杆菌、绿脓杆菌等有抑制作用。③厚朴酚具有显著抑制抗 IgE 抗体刺激的细胞白三烯的产后和细胞内 Ca^{2+} 浓度升高。

枳　实

为芸香科植物酸橙及其栽培变种或甜橙的干燥幼果。切片晒干生用、清炒、麸炒及酒炒用。主产于浙江、福建、广东、江苏、湖南等地。

【性味归经】苦，微寒。入脾、胃经。

【功效】破气消积，通便除满。

【主治】肚腹胀满，热结便秘。

【临床应用】①脾胃气滞：饮食积滞，脘腹痞满胀痛，常配伍山楂、麦芽、神曲等同用。②热结便秘：肚腹胀满，常配伍大黄、芒硝、厚朴等，如大承气汤。③湿热泻痢：里急后重，常配伍黄芩、黄连等同用。④痰滞胸脘：胸阳不振、痰阻胸痹，常配伍桂枝、瓜蒌等同用；痰热结胸，常配伍黄连、瓜蒌、半夏等同用。

【用量】马、牛 15～45 g；猪、羊 5～10 g；犬、猫 2～4 g；兔、禽 1～3 g。

【注意事项】脾胃虚弱和孕畜忌服。

【化学成分】含挥发油，主要成分为 α-柠檬烯约 90%，并有枸橼酸、d-芳香醇和邻氨基苯甲酸甲酯等。含黄酮类约 1%，主要为酸橙素、苦橙苷、橙皮苷、新橙皮苷、枸橘苷、苦橙丁等，另含辛弗林、乙酰去甲辛弗林、N-甲基酪胺、γ-氨基丁酸及维生素 A、维生素 B 和维生素 C 等。

【药理研究】①黄酮苷对大鼠离体肠平滑肌的收缩呈抑制作用，挥发油对大鼠离体肠平滑肌的收缩呈先兴奋后抑制作用。②挥发油能显著减少醋酸引起的小鼠扭体反应次数及小鼠自发活动次数。③能显著减小结肠肌条的平均收缩幅度及频率，抑制大鼠离体结肠肌条的收缩活动，该抑制作用部分与 α 受体有关。④有兴奋离体家兔环行阴道平滑肌的作用，能诱发肌条的节律性收缩活动或加强原有自发性收缩肌条的收缩力及收缩频率。

[附] 枳壳

枳壳、枳实同为一物，枳壳为已成熟的果实，偏于破胸膈之浊气，用治肚腹胀满、呼吸喘急等；枳实为未成熟者，偏于破肠中浊气，用治肚腹胀满、粪便秘结等。从作用快慢来说，枳壳性缓而枳实性速。

其他理气药见表 9-15。

表 9-15 其他理气药

药名	性味归经	功效	临床应用	用量
香附	辛、微苦，平。入肝、胆、脾经	理气解郁，散结止痛	①常配伍柴胡、川芎、枳壳等用治肝气郁结之胁肋胀痛；常配伍柴胡、青皮、瓜蒌皮等用治肝郁乳房胀痛；②常配伍高良姜用治寒凝气滞、肝气犯胃之胃脘疼痛，如良附丸；常配伍小茴香、乌药、吴茱萸等用治寒疝腹痛；③常配伍艾叶、当归等用治产后腹痛	马、牛 15～45 g；猪、羊 10～15 g；犬 4～8 g；兔、禽 1～3 g
乌药	辛，温。入脾、胃、肺、肾经	行气止痛，温肾散寒	①常配伍木香，香附等用治寒郁气滞所致肚腹胀痛，冷痛；②常配伍益智仁，山药等用治下焦虚寒之尿频、遗精等证	马、牛 30～60 g；猪、羊 10～15 g；犬、猫 3～6 g；兔、禽 1.5～3 g
草果	辛，温。入脾、胃经	温中燥湿，除痰祛寒	①常配伍槟榔、厚朴、黄芩等用治痰阻中焦；②常配伍草豆蔻、厚朴、苍术等用治寒湿困脾	马、牛 20～45 g；猪、羊 3～6 g
代赭石	苦，寒。入肝、心包经	平肝潜阳，降逆，止血	①常配伍牡蛎、白芍等用治肝阳上亢所致目赤肿痛；②单用或配伍苏子、陈皮等用治肺气上逆之咳喘；常配伍旋覆花、半夏、生姜等用治胃气上逆之呕吐、呃逆等，如旋覆代赭石汤。③常配伍生地、芍药、栀子等用治血热之便血、衄血等证	马、牛 15～60 g；猪、羊 6～15 g；犬 6～10 g

二、理气方

以理气药为主组成，具有调理气分，舒畅气机，消除气滞、气逆作用，用于治疗各种气分证的方剂，称为理气方。

气分证有气滞、气逆、气虚三种。一般地说，气滞以肝郁气滞和脾胃气滞为主，临床表现以胀、痛为特征；气逆以肺气上逆和胃气上逆为主，以咳嗽、气喘、呕吐、嗳气等为主要表现；气虚则表现为气的不足。治疗时，气滞宜行气，气逆宜降气，气虚宜补气。因此，理气方的内容概括起来有行气、降气和补气三个方面，补气方和降气方分别在补虚方和化痰止咳平喘方中介绍，本节仅介绍行气方。

行气方主要由辛温香窜的理气药或破气药组成，适用于肝郁气滞和脾胃气滞的病证，临床常见慢草、腹胀、腹痛、下痢、泄泻等。

本类方剂多辛温香燥，容易伤津耗气，临床应用时当中病即止，勿过量使用。此外，气滞常有寒热虚实之分，又兼有食积、痰湿、血瘀等不同，故应随证化裁，灵活配伍其他药物。

橘皮散（《元亨疗马集》）

【组成】青皮 25 g、陈皮 30 g、厚朴 30 g、桂心 15 g、细辛 5 g、茴香 30 g、当归 25 g、白芷 15 g、槟榔 15 g。

共为末，开水冲，候温加葱白 3 支、炒盐 10 g、醋 120 mL，同调灌服。

【功效】理气散寒，和血止痛。

【主治】马伤水起卧。证见腹痛起卧、肠鸣如雷、口色淡青、脉象沉迟等。

【方解】本方证为伤水腹痛起卧，伤水为本，腹痛为标。急则治其标，气滞血瘀则疼痛，气血通调，则疼痛可止。方中青皮、陈皮、当归理气活血为主药；水为阴邪，"阴盛则寒"，故以桂心、茴香、厚朴、大葱等辛温散寒之品，以祛里寒，均为辅药；白芷、细辛、槟榔等温经行水，以祛肠内积水为佐药；盐、醋引经为使药。诸药合用，具有理气活血，散寒止痛，温经行水之效。

【临床应用】本方广泛用于治疗马属动物伤水冷痛。如小便不利，可加滑石、茵陈、木通；若肠鸣如雷，可加苍术。

【方歌】橘皮散中青陈朴，辛桂茴香归芷和，槟榔醋葱炒盐入，伤水腹痛此方卓。

【备注】《元亨疗马集》中另有一方亦名为橘皮散，其组成除官桂易桂心外，还增加枳壳、白术、木通、甘草、砂仁、益智仁等六味，具有健脾理气、散寒止痛的作用，适用于脾胃虚寒引起的肚腹冷痛。《痊骥通玄论》中的厚朴散，即本方去槟榔，亦用治疗马的冷痛。

越鞠丸(《丹溪心法》)

【组成】香附 30 g、苍术 30 g、川芎 30 g、六曲 30 g、栀子 30 g。

水煎服,或研末,开水冲调,候温灌服。

【功效】行气解郁,疏肝理脾。

【主治】由于气、火、血、痰、湿、食诸郁所致的肚腹胀满、嗳气呕吐、水谷不消等属于实证者。

【方解】本方长于发越郁滞,治疗气、火、血、痰、湿、食六郁之证。六郁之中,以气郁为主,气行则郁散。六郁之生成,主要是由于脾胃气机不畅,升降失常而致气郁,故见肚腹胀痛、嗳气呕吐、草谷不消等证。气郁可由湿、食、痰、火、血诸郁所致,气郁也可导致湿、食、痰、火、血诸郁。因此,本方重在行气解郁,调畅气机,气机通畅则血、湿、食、痰、火诸郁自解。方中香附行气解郁,以治气郁为主药;川芎行气活血,以治血郁诸痛;苍术燥湿健脾,以治湿郁;六曲消食和胃,以治食郁;栀子泻火清热,以治火郁,皆为辅佐药。至于痰郁,多因水湿凝聚而成,亦与气、火、食郁有关,尤是气郁更使湿聚而痰生,若气机通畅,五郁得解,则痰郁亦随之而解,况方中配有苍术,可增加祛痰解郁之功,故不另用治痰郁之药。综观本方,六郁并治,但以行气解郁治疗气郁为主。

【临床应用】本方是治疗六郁证的基础方,临床应用时根据六郁的偏甚,适当配伍,以提高疗效。如气郁偏重,以香附为主,并加入厚朴、枳壳、木香、青皮等,以加强行气解郁的功用;若湿郁偏重,以苍术为主,加入茯苓、泽泻以利湿;如食郁偏重,以六曲为主,加山楂、麦芽、莱菔子等以加强消食作用;如血郁偏重,以川芎为主,加入桃仁、红花等加强活血作用;如火郁偏重,以栀子为主,再加黄连、黄芩等以清热;如以痰郁为主,加半夏、陈皮、胆南星、瓜蒌等以化痰;若挟寒者,加吴茱萸以祛除寒邪。总之,应随证加减,灵活使用。

现代兽医临床上常用本方治疗胃肠神经官能症、胃及十二指肠溃疡、慢性胃炎及其他慢性胃肠病和消化不良等属于六郁所致者。

【方歌】越鞠丸治六般郁,食气血湿痰火郁,芎苍曲附并栀添,行气解郁病自痊。

旋覆代赭汤(《伤寒论》)

【组成】旋覆花 30 g、党参 40 g、生姜 30 g、代赭石 50 g、炙甘草 20 g、半夏 30 g、大枣 10 枚。

水煎服,或研末,开水冲调,候温灌服。

【功效】降逆化痰,益气和胃。

【主治】胃气虚弱,痰湿内阻,胃气上逆而致的反胃呕吐,吐涎等。

【方解】本方用于胃虚痰阻,气逆不降之证。由于胃气上逆,故嗳气频发,反胃呕吐;痰湿内阻,升降失常,致使呕吐涎沫。治则降逆化痰,益气和胃。方中旋覆花降气消痰,代赭石重镇逆气,以治胃气上逆,呕吐,为主药;党参补气益胃,以治其虚,半夏降逆祛痰,为辅药;甘草、大枣助党参以益气和中,生姜配半夏以降逆止呕,共为佐使。诸药合用,可收降逆化痰,益气和胃之功。

【临床应用】本方现代多用于神经性呕吐,急、慢性胃炎,胃扩张,幽门不完全梗阻,胃及十二指肠溃疡等属胃虚痰阻、气逆下降者。

【方歌】旋覆代赭用姜枣,半夏党参炙甘草。

其他理气方见表9-16。

表9-16 其他理气方

方名	来源	组成	功效	主治
健脾散	《元亨疗马集》	当归30 g、白术30 g、甘草15 g、菖蒲25 g、泽泻25 g、厚朴30 g、官桂30 g、青皮25 g、陈皮30 g、干姜30 g、茯苓30 g、五味子20 g	温中健脾,行气利水	脾气痛。证见蹇唇似笑,泄泻肠鸣,摆头打尾,卧地蹲腰等
三香散	《中华人民共和国兽药典·二部》2010年版	丁香25 g、木香45 g、藿香45 g、青皮45 g、陈皮45 g、槟榔15 g、炒牵牛子45 g	破气消胀,宽肠通便	胃肠臌气
柴胡疏肝散	《景岳全书》	陈皮(醋炒)30 g、柴胡30 g、川芎25 g、枳壳(麸炒)25 g、芍药25 g、香附25 g、炙甘草10 g	疏肝解郁	胁肋疼痛,寒热往来
天台乌药散	《医学发明》	天台乌药、木香、茴香(炒)、青皮(去白)、良姜(炒)各15 g、槟榔2个(锉)、川楝子10个、巴豆70粒	行气疏肝,散寒止痛	寒凝气滞所致的小肠疝气,少腹痛引睾丸,喜暖畏寒

第九节 理血药与理血方

一、理血药

1. 概念 凡能调理和治疗血分病证的药物,称为理血药。

2. 分类 因血分病证一般分为血虚、出血、血热和血瘀四种,血虚宜补血,出血宜止血，血热宜凉血，血瘀宜活血，故理血药有补血、活血化瘀、清热凉血和止血四类。清热凉血药已在清热药中叙述，补血药将在补益药中叙述，本章只介绍活血化瘀药和止血药两类。

3. 性能特点　活血化瘀药性多属平、温，少数性寒凉，味多以辛、苦为主；主入肝、心经；以辛散趋势为主；部分药物有毒，使用宜慎。止血药性多属平、微寒，少数性温，味多以甘、苦、涩为主；归经复杂；以收敛趋势为主；本类药物均属无毒。

4. 功效　活血化瘀药具有活血化瘀、疏通血脉的作用，并通过活血化瘀作用，而产生止痛、破血消癥、疗伤消肿、活血消痈等作用。止血药均具有制止内外出血的作用，因其药性有寒、温、散、敛之异，所以其具体作用又有凉血止血、化瘀止血、收敛止血、温经止血的区别。此外，本章药物中部分药物还具有利水消肿、润肠通便、消积止痛及行气解郁等功能。

5. 应用　活血化瘀药主要适用于瘀血疼痛，痈肿初起，跌打损伤，产后血瘀腹痛，肿块及胎衣不下等血瘀诸证。止血药主要适用于各种内外出血病证，如咯血、咳血、衄血、吐血、便血、尿血以及外伤出血等。另外，本章部分药物还可用于治疗其他病证，如肺热咳嗽、黄疸等证。

6. 使用与配伍　应用活血化瘀药时，除根据各类药物的不同特点加以选择应用外，还需针对形成瘀血的不同病因病情，随证配伍，以标本兼顾。如寒凝血瘀者，配温里散寒药。热搏血分，热瘀互结者，配清热凉血、泻火、解毒药；风湿痹阻，经脉不通者，配祛风湿药；癥瘕积聚，配软坚散结药；久瘀体虚或因虚而瘀者，配补益药。再则，因“气为血帅”、“气滞血亦滞”、“气行则血行”，故为了提高活血化瘀之效，常与理气药配伍同用。

止血药物的应用，必须根据出血的不同原因和病情，选择药性相宜的止血药，并进行必要的配伍。如血热妄行而出血者，应选择凉血止血药，并配伍清热泻火、清热凉血之品；阴虚火旺，阴虚阳亢而出血者，宜配伍滋阴降火，滋阴潜阳的药物；若瘀血内阻，血不循经而出血者，应选化瘀止血药，并配伍行气活血药；若虚寒性出血，应选温经止血药，收敛止血药，并配伍益气健脾温阳之品；若出血过多，气随血脱者，则须急投大补元气之药以益气固脱。又前贤有“下血必升举，吐衄必降气”之说，对便血、崩漏可适当配伍升举之品，而对吐血、衄血则可配伍降气之品。

7. 注意事项

(1)活血化瘀药兼有催产下胎作用，对孕畜要忌用或慎用；另外本类药物易耗血动血，对其他出血证无瘀血现象者忌用。

(2)在使用止血药时，除大出血应急救止血外，还须注意有无瘀血，若瘀血未尽(如出血暗紫)，应酌加活血化瘀药，以免留瘀之弊；若出血过多，虚极欲脱时，可加用补气药以固脱。

(3)凉血止血药、收敛止血药,易凉遏恋邪留瘀,出血兼有瘀血者不宜单独使用。

(4)止血药前人经验多炒炭后用。一般而言,炒炭后其性苦、涩,可加强止血之效。也有少数以生品止血效果更好。

川 芎

为伞形科植物川芎的干燥根茎。切片生用或炒用。主产于四川,大部分地区也有种植。

【性味归经】辛,温。入肝、胆、心包经。

【功效】活血行气,祛风止痛。

【主治】气血瘀滞,跌打损伤,风寒痹痛。

【临床应用】①气滞血瘀诸证:本品辛散温通,既能活血,又能行气,被称为“血中气药”。产后恶露不行,胎衣不下,瘀滞腹痛者,常配伍当归、桃仁等,如生化汤;寒凝血瘀者,常配伍桂心、当归等同用;肝郁气滞,胁肋疼痛者,常配伍柴胡、白芍、香附等同用;血瘀胸痛者,常配伍赤芍、桃仁等,如血府逐瘀汤;心脉瘀阻,胸痹心痛者,常配伍丹参、桂枝、檀香等同用;跌打损伤,瘀血肿痛者,常配伍三七、乳香、没药等同用;痈疡脓已成而正气虚难溃者,常配伍黄芪、当归、皂角刺等同用。②风湿痹痛:肢体疼痛麻木,常配伍独活、桂枝、防风等同用;外感风寒,全身拘谨疼痛者,常配伍细辛、白芷、荆芥等同用。

【用量】马、牛 15～45 g;猪、羊 3～10 g;犬、猫 1～3 g;兔、禽 0.5～1.5 g。

【注意事项】阴虚火旺、肝阳上亢及子宫出血忌用。

【化学成分】含挥发油,油中含藁本内酯、丁基-4,5-二苯酞、亚油酸乙酯、十六烷酸乙酯,以及藁本内酯二聚体、阿魏酸和川芎三萜等。

【药理研究】①川芎嗪对缺氧缺糖诱导的内皮细胞损伤有抑制作用。挥发油注射液能抑制血小板活化,改善血微循环,降低血管阻力。②挥发油中的内酯类化合物具有平滑肌解痉作用,可解除乙酰胆碱组织胺引起的气管平滑肌痉挛,阻止免疫复合物的形成,对炎症有限制作用,对中性粒细胞释放溶酶体功能及趋化性有明显抑制作用。③腹腔注射挥发油具有明显的解热作用,其机理可能是挥发油引起家兔下丘脑组织中 5-羟色胺、多巴胺含量增高,通过 DA-5-HT 链环的作用,最终使体温调定点趋于正常。

丹 参

为唇形科植物丹参的干燥根及根茎。切片生用。主产于四川、安徽、湖北等地。

【性味归经】苦，微寒。入心、心包、肝经。

【功效】活血祛瘀，凉血消痈，养血安神。

【主治】气血瘀滞，跌打损伤，疮痈肿毒。

【临床应用】①气滞血瘀诸证：产后瘀滞腹痛、恶露不尽者，常配伍当归、川芎、益母草等同用；胸痹心痛，脘腹疼痛者，常配伍檀香、砂仁等同用；癥瘕积聚者，常配伍三棱、莪术等同用。②风湿痹痛：外感风湿，关节肿痛，常配伍防风、秦艽等同用。③疮痈肿毒：常配伍金银花、乳香、穿山甲等同用。④跌打损伤：瘀血肿痛，常配伍当归、桃仁、红花、乳香、没药等同用。⑤心神失常：温病热入营血，躁动不安或热病烦躁昏迷等，常配伍生地、玄参、黄连、麦冬等同用；血不养心，心火偏旺之心悸，常配伍生地、酸枣仁、柏子仁等同用。

【用量】马、牛 15～45 g；猪、羊 5～10 g；犬、猫 3～5 g；兔、禽 0.5～1.5 g。

【注意事项】反藜芦。

【化学成分】含多种结晶形色素，包括丹参酮甲、乙、丙及结晶形酚类(丹参酚甲、乙)、鼠尾草酚和维生素 B 等。

【药理研究】①有镇静安神作用。②对葡萄球菌、霍乱弧菌、结核杆菌、大肠杆菌、伤寒杆菌、痢疾杆菌、皮肤真菌有抑制作用。③可提高血小板中环一磷酸腺苷(cAMP)的含量。④煎剂给家兔、犬静脉注射有降压作用。

益母草

为唇形科植物益母草的新鲜或干燥全草。切碎生用。各地均产。

【性味归经】辛、苦，微寒。入肝、心、膀胱经。

【功效】活血祛瘀，利尿消肿。

【主治】产后瘀血腹痛，胎衣不下，水肿尿少。

【临床应用】①产后气滞血瘀：本品苦泄辛散，主入血分，善于活血祛瘀，为胎产疾病要药，故有益母之名。产后瘀滞腹痛，恶露不尽，可单用熬膏服，如益母草流浸膏，益母草膏，亦可配伍当归、川芎、赤芍等同用。②水肿，小便不利：常配伍茯苓、猪苓等同用。

【用量】马、牛 30～60 g；猪、羊 10～30 g；犬 5～10 g；兔、禽 0.5～1.5 g。

【注意事项】孕畜忌用。

【化学成分】含益母草碱甲、乙和水苏碱、氯化钾、有机酸等。

【药理研究】①有兴奋子宫、加快收缩的作用，可用于产后帮助子宫复原，排除恶露，还能治疗子宫功能性出血。②水煎剂(1∶4)有抑制皮肤真菌的作用。③有明显的利尿作用，可用于急、慢性肾炎水肿。

三　七

为五加科植物三七的干燥根。打碎或磨末生用。主产于云南、广西、江西等地。

【性味归经】甘、微苦,温。入肝,胃经。

【功效】散瘀止血,消肿止痛。

【主治】便血,衄血,吐血,外伤出血,跌打损伤。

【临床应用】①各种内外出血:本品既能止血,又能散瘀,有止血不留瘀,化瘀不伤正之特点,为血证良药。治咳血、吐血、便血、尿血、子宫出血及外伤出血等,单味内服外用均有效,亦可配伍花蕊石、血余炭等同用。②跌打损伤:本品能活血化瘀而消肿定痛,为伤科要药。跌打损伤,瘀血肿痛者,单味内服或外敷,或配伍乳香、没药、血竭、土鳖虫等同用。

【用量】马、牛 10～30 g;猪、羊 3～5 g;犬、猫 1～3 g。

【注意事项】孕畜忌服生品。

【化学成分】含三萜类皂苷(如三七皂苷 A、B 等)、黄酮苷及生物碱。

【药理研究】①能缩短血凝时间,并使血小板增加而止血。②对动物实验性关节炎有预防和治疗作用。

桃　仁

为蔷薇科植物桃或山桃的干燥成熟种子。去果肉及核壳,生用或捣碎用。主产于四川、陕西、河北、山东、贵州等地。

【性味归经】甘、苦,平。入肝、肺、大肠经。

【功效】破血祛瘀,润燥滑肠。

【主治】产后血瘀,跌打损伤,肠燥便秘。

【临床应用】①瘀血诸证:产后瘀滞腹痛者,常配伍红花、当归、川芎等同用,如桃红四物汤;癥瘕积聚者,常配伍桂枝、丹皮、赤芍等同用;体内瘀血较重,需破血下瘀者,常配伍大黄、芒硝、桂枝等同用;跌打损伤,瘀肿疼痛者,常配当归、红花、大黄等同用。②肠燥便秘:常配伍当归、火麻仁、杏仁等同用。③肺痈、肠痈:肺痈痰咳,常配伍苇茎、冬瓜仁等,如苇茎汤;肠痈,常配伍大黄、丹皮等同用,亦可配伍红藤、败酱草,冬瓜仁等同用。

【用量】马、牛 15～30 g;猪、羊 3～10 g。

【注意事项】无瘀滞及孕畜忌用。

【化学成分】含苦杏仁苷和苦杏仁酶、脂肪油、挥发油、维生素 B_1 等。

【药理研究】①乙酸乙酯提取物有显著的抗血栓作用。②苦杏仁苷能分离氢氰酸,对呼吸中枢起镇静作用而止咳,但大量可使呼吸中枢麻痹而中毒。③含有大量脂肪油,能润肠通便。④石油醚提取物对心肌缺血损伤可能有改善作用。

红　花

为菊科植物红花的干燥花。生用。主产于四川、河南、云南、河北等地。

【性味归经】辛,温。入心、肝经。

【功效】活血通经,祛瘀止痛。

【主治】跌打损伤,瘀血疼痛,胎衣不下,痈肿疮疡。

【临床应用】①血瘀诸证:产后血瘀腹痛,恶露不尽,胎衣不下等,常配伍桃仁、当归、川芎等同用;跌打损伤,瘀滞肿痛,常配伍乳香、没药等同用,或用红花酊、红花油涂擦;痈肿疮疡,常配伍赤芍、生地、蒲公英等同用;癥瘕积聚,常配伍三棱,莪术等同用;心脉瘀阻、胸痹心痛,常配伍桂枝,瓜蒌,丹参等同用。②血热发斑:热郁血瘀,斑疹色暗,常配伍生地、紫草、大青叶等同用。

【用量】马、牛 15～30 g;猪、羊 3～10 g;犬 3～5 g。

【注意事项】孕畜忌用。

【备注】红花有川红花及藏红花两种。藏红花为鸢尾科植物番红花的干燥花柱头。二者均能活血祛瘀,但藏红花性味甘寒,主要有凉血解毒作用,多用于血热毒盛的斑疹等。

【化学成分】含红花苷、红花黄色素、红花油、羟基黄色素、芦丁、槲皮素、棕榈酸、十六烷酸甘油酯、香豆酸、胡萝卜苷、芹菜素、山柰酚等。

【药理研究】①红花黄色素具有提高动物缺氧的耐受力,并能使冠脉扩张,增加冠脉流量。②红花黄色素具有非常显著的抑制二磷酸腺苷诱导的家兔血小板聚集作用,并对已聚集的血小板也有明显的解聚作用。③芦丁和槲皮素均有抗炎作用。

牛　膝

为苋科植物牛膝或川牛膝的干燥根。前者习称怀牛膝,后者习称川牛膝。切片生用。怀牛膝主产于河南、河北等地;川牛膝主产于四川、云南、贵州等地。

【性味归经】苦、酸,平。入肝、肾经。

【功效】活血祛瘀,引血下行,利尿通淋,补肝肾,强筋骨。

【主治】产后血瘀,胎衣不下,跌打损伤,风湿痹痛,腰胯痿软。

【临床应用】①血瘀诸证:产后瘀血阻滞,腹痛,胎衣不下等,常配伍桃仁、红花、当归、川芎等同用;跌打损伤,腰膝瘀痛者,常配伍续断、当归、乳香、没药等同用。②风湿痹痛:痹痛日久,腰膝酸痛者,常配伍独活、桑寄生等同用;湿热成痿,腰膝痿软，常配伍苍术、黄柏同用，如三妙丸。③肾虚腰痿：肝肾亏虚，腰痛膝软者，常配伍杜仲、续断、熟地等同用。④淋证，水肿，小便不利：热淋、血淋、砂淋等，常配伍瞿麦、滑石等同用；水肿小便不利，常配伍地黄、泽泻、车前子等同用。⑤出血：火热炎上、阴虚火旺之吐血、衄血，常配伍石膏、知母、麦冬、地黄等同用。

【用量】马、牛 15～45 g；猪、羊 5～10 g；犬、猫 1～3 g；兔、禽 0.5～1.5 g。

【注意事项】气虚下陷及孕畜忌用。

【备注】怀牛膝滋补肝肾之力较强，川牛膝破瘀之力较大。

【化学成分】怀牛膝含有β-蜕皮甾酮、β-谷甾醇、豆甾醇、齐墩果酸和胡萝卜苷。

【药理研究】①怀牛膝具有降低大鼠全血黏度、红细胞压积及红细胞聚集指数的作用，并能延长大鼠凝血酶原时间和血浆复钙时间，而川牛膝仅表现出延长血浆复钙时间的作用。②怀牛膝主要通过反射机制，对呼吸略显兴奋作用，能增强呼吸强度和频率。怀牛膝对胃肠运动有轻度抑制作用，可使十二指肠收缩减弱。③在体外有促进人成骨细胞增殖的作用，其主要作用成分为蜕皮甾酮，并有可能是通过 cAMP 介导的信号传导途径进行的。

赤 芍

为毛茛科植物芍药或川赤芍的干燥根。切段生用。主产于内蒙古、甘肃、山西、贵州、四川、湖南等地。

【性味归经】苦，凉。入肝经。

【功效】清热凉血，活血散瘀。

【主治】热入营血，瘀血肿痛，疮黄肿毒，目赤肿痛，赤白痢疾。

【临床应用】①热入营血：温病热入营血，发热、舌绛、斑疹以及血热妄行、衄血等，常配伍生地、丹皮等同用。②血瘀诸证：血热瘀滞，常配伍益母草、丹参、泽兰同用；血瘀癥瘕，常配伍丹皮、桃仁、桂枝等同用；跌打损伤、瘀肿疼痛，常配伍丹参、桃仁、红花等同用；热毒壅盛，痈肿疮毒，常配伍金银花、连翘、栀子等同用。③目赤翳障：肝热上炎，目赤肿痛，常配伍菊花、夏枯草、薄荷等同用。

【用量】马、牛 15～45 g；猪、羊 3～10 g；犬 5～8 g；兔、禽 1～2 g。

【化学成分】含芍药苷、羟基芍药苷、芍药花苷、丹皮酚、芍药甲素、赤芍精、没食酸、棕榈酸和β-谷甾醇等。

【药理研究】①赤芍精在体内有抗高脂肪和高胆固醇引起的血小板聚集作用和血栓形成作用。②水提液能使纤维蛋白原凝固时间明显延长，有通过激活纤溶酶原变成纤溶酶而使已凝固的纤维蛋白发生溶解作用。③具有明显的抗自由基的作用。

延胡索

为罂粟科植物延胡索的干燥块茎。又称玄胡或元胡。醋炒捣碎用。主产于浙江、天津、黑龙江等地。

【性味归经】苦、微辛，温。入肝、脾经。

【功效】活血通经，行气止痛。

【主治】气滞血瘀，跌打损伤，风湿痹痛。

【临床应用】气滞血瘀诸痛。本品辛散温通，“能行血中气滞，气中血滞，故专治一身上下诸痛。”为止痛良药。胸痹心痛者，常配伍丹参、川芎等同用；肝郁气滞胁肋胀痛者，常配伍柴胡、郁金等同用；产后瘀滞腹痛者，常配伍当归、红花、香附等同用；寒疝腹痛者，常配伍小茴香、吴茱萸等同用；胃痛者，常配伍白术、枳实、白芍等同用；跌打损伤，血瘀肿痛者，常配伍乳香、没药等同用；风湿痹痛者，常配伍秦艽、桂枝等同用；偏寒者，常配伍桂枝或高良姜等同用；偏热者，常配伍山栀、川楝子等同用；偏气滞者，常配伍香附、木香等同用；偏血瘀者，常配伍丹参、川芎等同用。

【用量】马、牛 15～30 g；猪、羊 3～10 g；犬 1～5 g；兔、禽 0.5～1.5 g。

【注意事项】无瘀滞及孕畜忌用。

【化学成分】含延胡索甲素、乙素和丙素以及 *d*-紫堇碱、四氢巴马亭、脱氢紫堇碱、四氢黄连碱、四氢小檗碱、异紫堇球碱、原托品碱、四氢非洲防己胺、氯仿巴马亭、海罂粟碱、脱氢海罂粟碱等。

【药理研究】①能显著提高痛阈，有镇痛作用。②延胡索乙、丑素能使肌肉松弛，有解痉作用。③延胡索乙素对在体大鼠胃基础酸和组胺刺激泌酸有抑制作用，并具有明显抑制离体大鼠胃黏膜和壁细胞泌酸功能。

郁　金

为姜科植物温郁金、姜黄、广西莪术或蓬莪术的干燥块根。前二者分别习称温郁金和黄丝郁金，其余按性状不同，习称桂郁金或绿丝郁金。切片生用。主产于四川、云南、广东、广西等地。

【性味归经】辛、苦，寒。入肝、心、肺经。

【功效】凉血止血，行气解郁，祛瘀止痛，利胆退黄。

【主治】急慢性肠黄，胸腹疼痛，黄疸。

【临床应用】①胸胁腹痛：气滞血瘀的胸胁腹痛，常配伍丹参、柴胡、香附等同用；胸胁损伤，胸闷疼痛，常配伍丹参、延胡索、杏仁等同用。②痰扰心神：湿温病湿浊蒙闭心窍，神昏者，常配伍菖蒲、山栀等同用；热病癫狂、癫痫痰火蒙心者，常配伍白矾同用。③湿热黄疸：常配伍茵陈、栀子等同用。④血热出血：血热之吐血、衄血、尿血、血淋等,常配伍生地、丹皮、栀子等同用。⑤急慢肠黄:常配伍黄柏、黄连、黄芩、大黄、白芍、诃子等,如郁金散。

【用量】马、牛 15～45 g;猪、羊 3～10 g;犬 3～6 g;兔、禽 0.3～1.5 g。

【注意事项】畏丁香。

【化学成分】含姜黄素和挥发油两大类,其中姜黄素类主要为姜黄素、去甲氧基姜黄素和双去甲氧基姜黄素;挥发油中含姜烯、莪术二酮、莪术醇和呋喃二烯姜黄烯等。

【药理研究】①对红细胞聚集有解聚作用,并具有提高红细胞的变形能力和抑制血小板聚集的作用。②煎剂对胃肠黏膜有保护作用。

白 及

为兰科植物白及的干燥块茎。打碎或切片生用。主产于华东、华南及陕西、四川、云南等地。

【性味归经】苦、甘、涩,微寒。入肺、胃、肝经。

【功效】收敛止血,消肿生肌。

【主治】肺胃出血,外伤出血,痈肿疮毒。

【临床应用】①多种出血证:肺胃出血,单用或配伍阿胶、藕节、生地等同用;外伤出血,单味研末外敷。②痈肿疮毒:疮疡痈肿,初起者可消肿散结,常配伍金银花、皂角刺、天花粉等同用;痈肿已溃,久不收口者,常单味研末外用。

【用量】马、牛 25～60 g;猪、羊 6～12 g;犬、猫 1～5 g;兔、禽 0.5～1.5 g。

【注意事项】外感咯血、肺痈初起及肺胃有实热者慎服。反乌头。

【化学成分】含苄类、联苄类、菲类、联菲类、联菲醚类、菲并吡喃类、联苄葡萄糖苷类、菲并螺甾内酯类及甾体、三萜和花色素苷类。

【药理研究】①能增强血小板第Ⅲ因子活性,缩短凝血酶生成时间,抑制纤维蛋白酶的活性,还能使血细胞凝集,形成人工血栓而止血。②煎剂灌胃对盐酸灌胃引起的大鼠胃黏膜损伤有保护作用。③乙醇浸液对金黄色葡萄球菌、枯草杆菌及结核杆菌均有抑制作用。

仙鹤草

为蔷薇科植物龙牙草的干燥地上部分。切段生用。全国大部分地区均有分布。

【性味归经】苦、涩,凉。入肝、肺、脾经。

【功效】收敛止血,疗疮解毒。

【主治】出血证,痈肿疮毒,血痢。

【临床应用】①多种出血证：衄血、便血、尿血等，可单用，也可配伍茜草、侧柏叶、大蓟等同用。②痈肿疮毒：单味外用或内服。③血痢：单用或配伍地榆、槐花、白头翁等同用。

【用量】马、牛 15～60 g；猪、羊 6～15 g；犬、猫 1～5 g；兔、禽 1～1.5 g。

【化学成分】含仙鹤草酚、伪绵马素、仙鹤草内酯、仙鹤草鞣酸、软脂酸和委陵菜酸等。

【药理研究】①水提液及乙醇浸液对大肠杆菌、福氏痢疾杆菌、伤寒杆菌、枯草杆菌、金黄色葡萄球菌和结核杆菌均有一定抑制作用。②仙鹤草素静脉注射可使小鼠和家兔出血时间缩短及血小板数增加，而水煎醇沉物有明显的抗体外血栓作用。③乙醇提取物能显著抑制二甲苯引起的小鼠耳廓炎性肿胀，对热板所致的小鼠疼痛和酒石酸锑钾所致的小鼠扭体反应均有显著抑制作用。

大　蓟

为菊科植物蓟的干燥地上部分或根。生用或炒炭用。主产于江苏、安徽，我国南北各地均有分布。

【性味归经】甘，凉。入肝、心经。

【功效】凉血止血，散瘀消肿。

【主治】出血证，痈肿疮毒。

【临床应用】①血热出血：血热妄行所致的衄血、尿血、便血、子宫出血等，常配伍生地、蒲黄、侧柏叶、丹皮等同用；单用鲜根捣汁服，亦能止血。②痈肿疮毒：鲜品捣烂外敷或煎敷。

【用量】马、牛 20～60 g；猪、羊 10～20 g。

【注意事项】虚寒病畜忌用。

【化学成分】含柳穿鱼苷、谷甾醇、豆甾醇、蒲公英甾醇、香树脂醇、乙酰香树脂醇、紫杉烯、香附子烯、石竹烯、罗汉柏烯、烯蒙花苷、丁香苷和绿原酸等。

【药理研究】①煎剂对犬、猫、兔等均有降血压作用，其中根水煎液和根碱液降压作用更显著。②根及全草煎剂对结核杆菌有抑制作用，水提取物对疱疹病毒有明显抑制作用。③具有抗肿瘤、杀线虫和抑制心脏作用，其成分柳穿鱼苷有止血作用。

小　蓟

为菊科植物小蓟的干燥地上部分。生用或炒炭用。我国各地均产。

【性味归经】甘，凉。入心、肝经。

【功效】凉血止血，散痈消肿。

【主治】出血证，痈肿疮毒。

【临床应用】①血热出血：血热妄行所致的尿血、衄血、子宫出血等，常配伍蒲黄、木通、滑石等同用。②痈肿疮毒：单味内服或外敷均有疗效。

【用量】马、牛 20～60 g；猪、羊 10～15 g；犬 5～10 g。

【化学成分】含柳穿鱼苷、刺槐苷、蒙花苷、芦丁、原儿茶酸、绿原酸、咖啡酸、谷甾醇、豆甾醇、伪-乙酰蒲公英甾醇、蒲公英甾醇、酪胺和氯化钾。

【药理研究】①对肺炎链球菌、溶血性链球菌、白喉杆菌、伤寒杆菌、变型杆菌、绿脓杆菌、痢疾杆菌、金黄色葡萄球菌等均有抑制作用。②水煎液及醚提部分能缩短小鼠凝血时间，止血有效成分为绿原酸及咖啡酸，可能主要通过使局部血管收缩，抑制纤溶而发挥作用。③对肾上腺素能受体有激动作用，有效成分酪胺对大鼠有显著升压作用。

侧柏叶

为柏科植物侧柏的干燥枝叶。生用或炒炭用。主产于辽宁、山东，我国大部地区也有分布。

【性味归经】苦、涩，微寒。入肝、肺、大肠经。

【功效】凉血止血，清肺止咳。

【主治】出血证，肺热咳嗽。

【临床应用】①出血：血热所致之便血、尿血、子宫出血等，常配伍生地、生荷叶，生艾叶等同用；虚寒出血者，常配伍炮姜、艾叶等同用。②肺热咳嗽：单味研末内服，或配伍大枣等同用。

【用量】马、牛 15～60 g；猪、羊 5～15 g；兔、禽 0.5～1.5 g。

【化学成分】含挥发油，其中含 β-雪松醇、2,6-叔丁基对甲酚、α-石竹烯、氧化石竹烯等。

【药理研究】①乙酸乙酯提取物能抑制乙酰胆碱、氯化钾所致气管平滑肌收缩，而且能使乙酰胆碱收缩气管平滑肌的量效曲线右移，并抑制最大效应，其作用具有剂量依赖性。②水煎剂能显著缩短小鼠的凝血时间，效果与止血敏相当。③醇提取物对白细胞内白三烯 B_4 及 5-羟二十碳四烯酸的生物合成有较强的抑制作用，还可显著抑制血小板 12-羟十七碳三烯酸的生物合成。

地 榆

为蔷薇科植物地榆或长叶地榆的干燥根。生用或炒炭用。主产于浙江、安徽、湖北、湖南、山东、贵州等地。

【性味归经】苦、酸，微寒。入肝、胃、大肠经。

【功效】凉血止血，收敛解毒。

【主治】出血证，烫火伤。

【临床应用】①血热出血：便血者，常配伍槐花、侧柏叶等同用；血痢经久不愈者，常配伍黄连、木香等同用；子宫出血，常配伍生地、黄芩、蒲黄等同用。②烫火伤：本品能泻火解毒敛疮，为治烫伤之要药。可单味研末麻油调敷，或配大黄粉，或配黄连、冰片用之。③湿疹：皮肤溃烂，可以本品浓煎，纱布浸药外敷；亦可配伍煅石膏，枯矾研末外掺，或和凡士林调膏外涂。④疮疡肿毒：可单用，或配伍金银花、连翘等同用。

【用量】马、牛 15～60 g；猪、羊 6～12 g；兔、禽 1～2 g。

【注意事项】虚寒病畜不宜用。大面积烧伤，不宜外涂，以防鞣质被大量吸收而引起中毒性肝炎。

【化学成分】含地榆苷(Ⅰ，Ⅱ)、没食子酸、熊果酸、β-胡萝卜苷等。

【药理研究】①对金黄色葡萄球菌、表皮葡萄球菌、枯草杆菌、变形杆菌和甲型链球菌等均有抑制作用。②能使血液中红细胞百分比含量增高，导致血黏度升高，从而起到止血功效。③地榆炒炭后鞣质和钙离子含量增加，止血作用明显增强。

槐　花

为豆科植物槐的干燥花及花蕾。生用或炒用。主产于辽宁、湖北、安徽、北京等地。

【性味归经】苦，微寒。入肝、大肠经。

【功效】凉血止血，清肝明目。

【主治】肠风便血，赤白痢疾，目赤肿痛。

【临床应用】①便血：常配伍地榆同用，或配伍侧柏叶、荆芥炭、枳壳等，如槐花散；大肠热盛，伤及脉络而引起的便血，常配伍黄连同用。②目赤肿痛：肝火上炎所致的目赤肿痛，常配伍夏枯草、菊花、黄芩、草决明等同用。

【用量】马、牛 30～45 g；猪、羊 5～15 g；犬 5～8 g。

【注意事项】孕畜忌用。

【化学成分】含芦丁、槲皮素、槐花米甲素、槐花米乙素、槐花米丙素、山柰酚、异鼠李素和木素等。

【药理研究】①芦丁的抗氧化性随其浓度的增加增大，水解后抗氧化性明显增强。②芦丁及其苷元槲皮素对大鼠因组胺、蛋清、5-羟色胺、甲醛、多乙烯吡咯酮引起的脚爪浮肿，以及透明质酸酶引起的足踝浮肿均有抑制作用。③水浸剂对堇色毛癣菌、奥杜盎氏小芽孢癣菌、羊毛状小芽孢癣菌、星形奴卡氏菌等皮肤真菌均有不同程度的抑制作用，芦丁对水疱性口炎病毒有抑制作用。④芦丁能够降低毛细血管的异常通透性和脆性，槲皮素有降低血压、增强毛细血管抵抗力和减少毛细血管脆性等作用。

其他理血药见表 9-17。

表 9-17　其他理血药

药名	性味归经	功效	临床应用	用量
乳香	苦、辛，温。入心、肝、脾经	活血止痛，托疮生肌	①常配伍当归、丹参、没药等用治心腹瘀痛；常配伍没药、血竭等用治跌打损伤；常配伍羌活、独活、秦艽等用治风湿痹痛；②常配伍金银花、白芷、没药等用治疮疡初起，红肿热痛，如仙方活命饮；常配伍没药或配伍没药、儿茶、血竭等研末外用治疗疮疡破溃，久不收口；常配伍没药、麝香、雄黄等用治痈疽、瘰疬，肿块坚硬不消。	马、牛 15～30 g；猪、羊 3～6 g；犬 1～3 g
没药	苦，平。入肝经	活血祛瘀，生肌止痛	①常与乳香相须为用治疗跌打损伤；②常配伍乳香、血竭等用治疮疡	马、牛 25～45 g；猪、羊 6～10 g；犬 1～3 g
王不留行	苦，平。入肝、胃经	活血通经，下乳消肿	①常配伍穿山甲、通草等用治产后无乳或乳汁不足，如通乳散；②常配伍瓜蒌、蒲公英等用治乳痈；③常配伍当归、川芎、红花等用治产后瘀滞疼痛	马、牛 30～100 g；猪、羊 15～30 g；犬、猫 3～5 g。孕畜忌用
虎杖	微苦，微寒。入肝、胆、肺经	活血定痛，祛风利湿，止咳化痰	①常配伍防己、秦艽、威灵仙等用治风湿痹痛；②常配伍当归、红花等用治跌打损伤；③常配伍黄芩、枇杷叶等用治肺热咳嗽	马、牛 30～100 g；猪、羊 15～30 g；兔、禽 1～2 g
莪术	苦、辛，温。入肝、脾经	破血行气，消积止痛	①常与三棱相须为用治疗产后瘀血疼痛；②常配伍木香、青皮、山楂、麦芽等或配伍三棱治疗食积不消、肚腹胀满疼痛	马、牛 15～60 g；猪、羊 5～10 g
鸡血藤	苦、甘，温。入肝、肾经	补血，活血，通络	①常配伍延胡索、当归、川芎、红花、桃仁等治疗闪伤；②常配伍桑寄生、独活、当归、丹参、牛膝、丹皮等用治风湿痹痛；③常配伍益母草、白茅根等用治产后血虚	马、牛 60～120 g；猪、羊 15～30 g

续表 9-17

药名	性味归经	功效	临床应用	用量
水蛭	咸、苦，平。有毒。入肝经	破血逐瘀，通经活络	①常配伍三棱、桃仁、红花等用治血瘀癥瘕；常配伍大黄、牵牛子、自然铜等用治跌打损伤，瘀血肿痛；②单用或配伍大黄、芒硝、雄黄等用治疮黄疔毒	马、牛 10～15 g；猪、羊 1.5～3 g
五灵脂	咸，温。入肝经	活血散瘀，止痛	①常配伍蒲黄等用治产后恶露不尽，胎衣不下，血瘀腹痛；②常配伍当归、川芎、桃仁、红花等用治跌打损伤，血瘀肿痛	马、牛 15～30 g；猪、羊 6～10 g；犬 3～5 g
三棱	苦，平。入肝、脾经	破血行气，消积止痛	①常配伍莪术、当归、桃仁、红花、郁金等用治产后瘀滞腹痛，恶露不尽，瘀血结块，癥瘕积聚等；②常配伍木香、枳实、山楂等用治食积不消、气滞胀满腹痛等	马、牛 15～60 g；猪、羊 5～10 g；犬、猫 1～3 g
穿山甲	咸，微寒。入肝、胃经	活血下乳，消肿排脓	①常配伍皂角刺、川芎、黄芪、红花、当归等用治痈疽肿毒；②常配伍王不留行、当归、通草等用治乳汁不下	马、牛 25～45 g；猪、羊 6～10 g；犬 3～5 g
自然铜	辛，平。入肝经	散瘀止痛，续筋接骨	本品入血行血，散瘀止痛，为伤科接骨要药。常配伍当归、乳香、没药等用治跌打损伤、瘀滞肿痛、筋骨折伤	马、牛 15～45 g；猪、羊 3～10 g；犬 2～5 g
土鳖虫	咸，寒。有毒。入肝经	破瘀血，续筋骨	①常配伍自然铜、乳香、没药等用治跌打损伤、瘀血肿痛、筋骨折伤等；②常配伍当归、桃仁等用治产后血瘀	马、牛 10～15 g；猪、羊 3～6 g；犬、猫 1～3 g
茜草	苦，寒。入肝经	凉血止血，活血祛瘀	①常配伍地榆、仙鹤草等用治血热便血；常配伍侧柏叶、仙鹤草、生地、丹皮等用治血热子宫出血；常配伍大蓟、侧柏叶等用治吐血、衄血等；常配伍牡蛎、山萸肉、棕榈炭等用治虚证出血；②常配伍川芎、赤芍、丹皮等用治跌打损伤，风湿痹痛，疮疡肿痛等	牛、马 15～60 g；猪、羊 6～12 g

续表 9-17

药名	性味归经	功效	临床应用	用量
蒲黄	甘，平。入肝、脾、心经	活血祛瘀，收敛止血	①常配伍益母草、艾叶、阿胶等用治子宫出血；常配伍白茅根、大蓟、小蓟等用治尿血；常配伍白及、血余炭等用治咳血；②常配伍桃仁、红花、赤芍等用治跌打损伤，瘀血肿痛；常配伍五灵脂、桃仁、红花、赤芍等用治产后瘀滞腹痛、胎衣不下、恶露不尽等	马、牛 15～45 g；猪、羊 5～10 g；犬 3～5 g；兔、禽 0.5～1.5 g
棕榈	苦、涩，平。入肝、肺、大肠经	收敛止血	常配伍侧柏叶、血余炭、蒲黄等用治衄血、咳血、便血、尿血、子宫出血等多种出血证，如十黑散	马、牛 15～45 g；猪、羊 5～15 g
血余炭	苦，平。入肝、胃经	收敛止血	常配伍侧柏叶、藕节、棕榈炭等用治衄血、便血、尿血、子宫出血等多种出血证，如十黑散	马、牛 15～30 g；猪、羊 6～12 g；犬 3～5 g
血竭	甘、咸，平。入心、肝经	止血，止痛，化瘀，敛疮生肌	①外伤出血，可单用，或配伍蒲黄等同用；②常配伍乳香、没药、儿茶等用治疮面久不愈合之疮疡，如生肌散；③常配伍乳香、没药等用治跌打损伤、产后瘀阻疼痛	马、牛 15～25 g；猪、羊 3～6 g；犬 1～3 g

二、理血方

具有活血调血或止血作用，治疗血瘀或出血证的方剂，统称理血方。

血分病证有血虚、血热、血瘀、血溢等类型，所以在治疗方面则有补血、凉血、活血、止血等方法。其中补血、凉血方，分别列于补虚、清热方中介绍，这里只介绍治疗血瘀和出血证的活血化瘀和止血两类方剂。

1. *活血化瘀方*　以活血化瘀药为主组成，具有通行血脉、消散瘀血、通经止痛、疗伤消疮等作用，适用于血行不畅及瘀血阻滞的各种病证，如创伤瘀肿、母畜产后恶露不行、乳汁不通等。在临证运用中，由于气与血的关系非常密切，“气为血之帅，气行则血行”，故对一般瘀血证候，通常多在活血化瘀的同时，适当配伍合理气药物如柴胡、枳壳、香附子等，以助血行瘀散。此外，由于瘀血病证的病机不同，部位有在上、在下之别，且瘀血久留可导致血亏气弱等，故本类方剂组成时尚须根据证候表现不同，分别配伍温经散寒、荡涤瘀热、补气养血的药物，如吴茱萸、桂枝、大黄、芒硝、党参、当归等。因此类方剂多侧重攻的一面，故不可过用，以免伤害正气。凡血虚无瘀及孕畜均当慎用。

2. 止血方　以止血药为主组成，具有制止出血的作用，用于治疗血溢脉外的各种出血病证，如尿血、便血、咳血、子宫出血等。在临证运用时，由于出血的病因和部位不同，组方配伍亦随证而异。如急性出血，血色鲜红，有热象表现者，多为血热妄行之出血，应选用凉血止血药与清热凉血药配用；若出血血色紫暗，有血凝块并兼有瘀血现象者，多为血瘀出血，应选用具有祛瘀作用的止血药或与活血法瘀药同用；若为慢性出血，或出血反复不止，血色淡红而有虚寒之象者，多属气虚不能摄血，应以止血药与补气温阳药配伍应用。总之，止血应治本，在止血的基础上，要根据出血的原因适当配伍，切勿一味着眼于止血，故又有“见血休止血”之说，只有做到审因施治，才能提高疗效。

桃红四物汤(《医宗金鉴》)

【组成】桃仁 45 g、当归 45 g、赤芍 45 g、红花 30 g、川芎 20 g、生地 60 g。

水煎服，或共为末，开水冲调，候温灌服。

【功效】活血祛瘀，补血止痛。

【主治】血瘀所致的四肢疼痛、血虚有瘀、产后血瘀腹痛及瘀血所致的不孕症等。

【方解】本方为治疗瘀血阻滞的基础方，由四物汤加桃仁、红花组成。四物汤具有补血活血的作用，将其中补血养阴的白芍代之以活血祛瘀的赤芍，将补血养阴的熟地代之以清热凉血消瘀的生地，使原方的补血调血作用，变为活血凉血。再加入活血祛瘀的桃仁、红花为主药，则突出了活血化瘀的作用，成为一个比较平和有效的活血化瘀方。

【临床应用】本方广泛用于血瘀诸证。因跌打损伤所致的四肢瘀血疼痛、血虚有瘀、产后血瘀腹痛以及瘀血所致的不孕症等，均可在本方的基础上加减运用。

【方歌】桃红四物用桃仁，红花当归赤芍呈，川芎生地共煎服，活血祛瘀有良效。

血府逐瘀汤(《医林改错》)

【组成】当归 45 g、生地 45 g、牛膝 45 g、红花 40 g、桃仁 60 g、柴胡 20 g、赤芍 30 g、枳壳 30 g、川芎 20 g、桔梗 20 g、甘草 15 g。

水煎服，或共为末，开水冲调，候温灌服。

【功效】活血祛瘀，行气止痛。

【主治】跌打损伤及血瘀气滞诸证。

【方解】本方系由桃红四物汤合四逆散加桔梗、牛膝而成，具有活血化瘀而不伤血，疏肝解郁而不耗气的特点，用于治疗血瘀气滞诸证。方中桃红四物汤活血化瘀养血，四逆散行气活血疏肝，桔梗开肺气，载药上行，牛膝通利血脉，引血下行。诸药合用，互相配合，达到活血化瘀，理气止痛之效。

【临床应用】本方为通治一切血瘀气滞之基础方。凡瘀血引起的各种疼痛，均可应用。用于跌打损伤及血瘀气滞等证时，应加重川芎、红花的用量；若瘀血在上，则重用赤芍、川芎；若瘀血在胸腹，则重用桃仁、红花，加乳香、没药、乌药、香附子等；瘀血在下腹，则加蒲黄、五灵脂、肉桂、小茴香等；若瘀血在后肢，则重用牛膝，加桑寄生。因本方祛瘀药较多，非确有血瘀证者不宜使用。

【方歌】血府逐瘀桃红当，地芎赤芍牛膝襄，柴胡枳壳桔梗草，血瘀气滞用之宜。

生化汤(《傅青主女科》)

【组成】当归 120 g、川芎 45 g、桃仁 45 g、炮姜 10 g、炙甘草 10 g。

加黄酒 250 mL，童便 250 mL 煮，候温灌服；亦可水煎服。

【功效】活血化瘀，温经止痛。

【主治】产后血虚受寒，恶露不行，肚腹疼痛。

【方解】产后血虚，寒邪乘虚而入，寒凝血瘀，留阻胞宫，导致恶露不行，肚腹疼痛，治宜温经散寒，养血化瘀，以使瘀去新生，故取名为“生化”。方中重用当归活血补血，化瘀生新为主药；川芎活血行气，桃仁活血祛瘀，均为辅药；炮姜温经散寒，止痛为佐药；炙甘草调和诸药，黄酒、童便温通血脉，益阳化瘀，并助药力直达病所引败血下行，均为使药。诸药合用，有养血化瘀，温经止痛之功，使恶露畅行，肚腹疼痛自愈。

【临床应用】本方为临床治疗产后瘀血阻滞的基础方。产后恶露不行，肚腹疼痛均可加减应用。如产后腹痛，恶露不尽且其中血块较多者，加蒲黄、五灵脂；产后腹痛寒甚者，加肉桂、吴茱萸、益母草、荆芥穗等；产后腹痛属气血亏损者，加党参、熟地、山药、阿胶等；产后恶露已去，仅有腹痛者，去桃仁，加元胡、益母草；产后发热者，去炮姜，加益母草、赤芍、丹参、丹皮、知母、黄柏等。本方加穿山甲、山楂、党参，用治产后子宫收缩不全，能够加速子宫复原，减少宫缩腹痛，并有促进乳汁分泌的作用；亦可加入党参、黄芪、益母草、丹皮等，治疗产后胎衣不下。本方加益母草，名益母生化散，具有活血化瘀，温经止痛的功能，亦主治产后恶露不行。现代兽医临床广泛用于产后子宫复旧不全、恶露不行、子宫内膜炎、胎衣不下及产后调理。

本方宜用于产后受寒而有瘀血者，血热有瘀滞者忌用。

【方歌】生化汤宜产后服，恶露不行痛难当，炮姜归草芎桃仁，黄酒童便共成方。

通乳散(江西省中兽医研究所方)

【组成】黄芪 60 g、党参 40 g、通草 30 g、川芎 30 g、白术 30 g、川续断 30 g、山甲珠 30 g、当归 60 g、王不留行 60 g、木通 20 g、杜仲 20 g、甘草 20 g、阿胶 60 g。

共为末，开水冲调，加黄酒 100 mL，候温灌服，亦可水煎服。

【功效】补益气血，通经下乳。

【主治】气血不足，经络不通所致的缺乳症。

【方解】本方用于气血不足之缺乳症。乳乃血液化生，血由水谷精微气化而成；气衰则血亏，血虚则乳少。方中黄芪、党参、白术、甘草、当归、阿胶气血双补以培其本，为主药；杜仲、川续断、川芎补肝益肾，通利肝脉，木通、山甲、通草、王不留行通经下乳，以治其标为辅佐药；黄酒助药势为使药。诸药相合，补益气血，通经下乳。

【临床应用】用于母畜体质瘦弱，气血不足之缺乳症。对于气机不畅，经脉阻滞，阻碍乳汁通行的缺乳症宜用由当归、王不留行、路路通、山甲珠、木香、瓜蒌、生元胡、通草、川芎组成的通乳散(《中兽医治疗学》)，以调畅气机，疏通经脉。

【方歌】通乳散芪参术草，归杜芎断通草胶，木通山甲王不留，黄酒为引催乳好。

十黑散(《中兽医诊疗经验·第二集》)

【组成】知母 30 g、黄柏 30 g、地榆 30 g、蒲黄 30 g、栀子 20 g、槐花 20 g、侧柏叶 20 g、血余炭 20 g、杜仲 20 g、棕榈皮 15 g。

除血余炭外，各药炒黑，共为末，开水冲，候温加童便 200 mL，灌服，或水煎服。

【功效】清热泻火，凉血止血。

【主治】膀胱积热所致的尿血。证见精神倦怠，食欲减少，畜体发热，排尿困难，有明显的痛苦表现，尿色鲜红，口色淡红，脉象细数等。

【方解】本方为治劳伤过度，热积膀胱之尿血而设。方中黄柏、知母、栀子清降肾火以治热淋尿血为主药；地榆、槐花、侧柏叶凉血止血，蒲黄、血余炭、棕榈皮收敛止血以治尿血为辅药；杜仲补益肝肾，固本清源以治劳伤，为佐药；童便清热降火，引药归经为使药。诸药合用，能清热泻火，凉血止血。

【临床应用】临床用于膀胱积热的尿血证。以血色鲜红，舌红苔黄，脉象数为应用要点。现代常用本方治疗急性泌尿系统感染及泌尿系结石而见上述证候者。

【方歌】十黑散栀槐柏叶，榆蒲杜仲知黄柏，血余棕皮均炒黑，热伤血尿方妥贴。

【备注】本方仿自十灰散(大蓟、小蓟、荷叶、侧柏叶、白茅根、茜草根、山栀、大黄、牡丹皮、棕榈皮各等分，可用于尿中混血或有血块，口色偏红之尿血。《十药神书》)成方。

槐花散(《本事方》)

【组成】炒槐花 100 g、炒侧柏叶 50 g、荆芥炭 30 g、炒枳壳 30 g。

共为末,开水冲,候温灌服。

【功效】清肠止血,疏风理气。

【主治】肠风下血,血色鲜红,或粪中带血。

【方解】本方为治肠风下血的常用方剂。肠风下血系因风热或湿热壅遏于肠胃血分,肠络受损,血溢肠道所致,故治宜清肠凉血止血。方中用槐花专清大肠湿热,凉血止血为主药;侧柏叶助槐花凉血止血,荆芥炒用理气疏风并入血分而止血,共为辅药;枳壳理气宽肠为佐使药。各药合用,既能凉血止血,又能清肠疏风。风热湿毒既清,则便血自止。

【临床应用】用于大肠湿热所致的便血。若大肠热盛,加黄连、黄芩以清肠热;下血多者,加地榆以清肠止血;大便下血不止者,加生地、当归、川芎;便血已久而血虚者,加熟地黄、当归、川芎等。本方药性寒凉,不宜久服。

【方歌】槐花散用治肠风,荆芥枳壳侧柏从,用时诸药须炒黑,疏风清肠止血功。

其他理血方见表 9-18。

表 9-18 其他理血方

方名	来源	组成	功效	主治
当归散	《元亨疗马集》	当归 30 g、天花粉 20 g、黄药子 20 g、枇杷叶 20 g、桔梗 20 g、白药子 20 g、丹皮 20 g、白芍 20 g、红花 15 g、大黄 15 g、没药 20 g、甘草 10 g	和血止痛,宽胸顺气	胸膊痛。证见胸膊疼痛、束步难行、频频换足、站立困难
红花散	《元亨疗马集》	红花 20 g、没药 20 g、桔梗 20 g、六曲 30 g、枳壳 20 g、当归 30 g、山楂 30 g、厚朴 20 g、陈皮 20 g、甘草 15 g、白药子 20 g、黄药子 20 g、麦芽 30 g	活血理气,清热散瘀,消食化积	料伤五攒痛,即现代兽医学中的蹄叶炎
定痛散	《元亨疗马集》	全当归 60 g、鹤虱 30 g、红花 30 g、乳香 30 g、没药 30 g、血竭 30 g。白酒 100 mL,童便 100 mL 为引	和血止痛	跌打损伤筋骨,血瘀气滞疼痛

续表 9-18

方名	来源	组成	功效	主治
跛行散	经验方	当归 30 g、红花 25 g、骨碎补 25 g、土鳖虫 20 g、自然铜(醋淬) 20 g、地龙 25 g、制南星 15 g、大黄 25 g、血竭 25 g、乳香 20 g、没药 20 g、甘草 15 g。黄酒 150 mL 为引	活血祛瘀，消肿止痛	跌打损伤、跛行、气滞血瘀所致的肿胀疼痛
小蓟饮子	《济生方》	生地黄 120 g、小蓟 60 g、滑石 60 g、炒蒲黄 30 g、淡竹叶 30 g、藕节 30 g、木通 20 g、栀子 20 g、炙甘草 10 g、当归 25 g	凉血止血，利尿通淋	热结下焦血淋证。证见尿血频数，赤涩疼痛，舌红，脉数
秦艽散	《元亨疗马集》	秦艽 30 g、炒蒲黄 30 g、瞿麦 30 g、车前子 30 g、天花粉 30 g、黄芩 20 g、大黄 20 g、红花 20 g、当归 20 g、白芍 20 g、栀子 20 g、甘草 10 g、淡竹叶 15 g	清热通淋，祛瘀止血	热积膀胱、弩伤尿血。证见尿血，弩气弓腰，头低耳耷，草细毛焦，舌质如绵，脉滑
白术散	《元亨疗马集》	白术 30 g、当归 30 g、熟地 30 g、党参 30 g、阿胶 60 g、陈皮 30 g、苏叶 20 g、黄芩 20 g、砂仁 20 g、川芎 20 g、生姜 15 g、甘草 15 g、白芍 20 g	养血安胎	胎动不安、习惯性流产、先兆流产等

第十节　收涩药与收涩方

一、收涩药

1. 概念　凡具有收敛固涩作用，能治疗各种滑脱证的药物，称为收涩药。

2. 分类　本章药物根据适用证的不同，分为涩肠止泻药和敛汗涩精药两类。

3. 性能特点　本类药药性多属平、温，少数性寒凉，味多以酸、涩为主；归经广泛；以收敛内潜趋势为主；本章药物均属无毒。

4. 功效　本类药味酸、涩，一般具有涩肠止泻、敛肺止咳、收敛止血、固精缩尿、固表止汗、收敛固脱等作用，即所谓“散者收之”或“涩可固脱”。此外，部分药物还具有生津止渴、补益肝肾等功能。

5. 应用　收涩药主要用于治疗各种滑脱之证，如子宫脱出、滑精、自汗、盗汗、久泻、久痢、粪尿失禁、脱肛、久咳虚喘等证，部分药物还可用于治疗津伤口渴、疮黄肿毒、腰胯无力等证。

6.使用与配伍 滑脱病证的根本原因是正气虚弱，而收敛固涩属于应急治标的方法，不能从根本上消除导致滑脱诸证的病机，故临床应选择适宜的补益药同用，以期标本兼顾。由于滑脱证表现各异，应选择相应的收涩药使用。如治疗气虚自汗，宜配伍补气药同用；如治疗阴虚盗汗，宜配伍滋阴药同用；脾肾阳虚之久泻、久痢者，当配伍温补脾肾药；肾虚之滑精、遗尿等，当配伍补肾药；肺肾虚喘者，当配伍补肺益肾和止咳平喘药同用等等。总之，适用本章药物时，应根据具体证侯，寻求根本，适当配伍，标本兼治，才能收到较好的疗效。

7.注意事项

收涩药性涩敛邪，故凡表邪未解，湿热所致泻痢、血热出血，以及郁热未清者，均不宜用。但部分收涩药兼有清湿热、解毒等功能，则应区别对待。

乌　梅

为蔷薇科植物梅的干燥成熟果实的加工熏制品。打碎生用。主产于浙江、福建、广东、湖南、四川等地。

【性味归经】酸、涩，平。入肝、脾、肺、大肠经。

【功效】敛肺涩肠，生津止渴，驱虫止痢。

【主治】肺虚久咳，久泻久痢，蛔虫病。

【临床应用】①久泻久痢：脾胃气虚之久泻久痢，常配伍肉豆蔻、诃子、茯苓等同用，或配伍党参、白术等同用。②肺虚久咳：常配伍款冬花、半夏、杏仁等同用。③热病伤津：虚热所致的口渴贪饮，常配伍天花粉、麦门冬、葛根等同用。④蛔虫腹痛：蛔虫引起的腹痛、呕吐等，常配伍干姜、细辛、黄柏等同用。

【用量】马、牛 15～60 g；猪、羊 6～10 g；犬、猫 2～5 g；兔、禽 0.6～1.5 g。

【化学成分】含柠檬酸、苹果酸、草酸、酒石酸、乳酸、乙酸、琥珀酸及挥发油，挥发油中主要成分为十六烷酸、亚油酸、苯甲酸、邻苯二甲酸二乙酯、十二烷酸等。

【药理研究】①煎液能增强豚鼠离体膀胱逼尿肌肌条的张力，增加膀胱逼尿肌肌条的收缩频率和收缩波平均振幅。②对豚鼠的蛋白质过敏性及组织胺休克有对抗作用。③提取液对大肠杆菌、痢疾杆菌、伤寒杆菌、副伤寒杆菌、霍乱杆菌、变形杆菌、炭疽杆菌、白喉杆菌、脑膜炎球菌、金黄色葡萄球菌、肺炎球菌、溶血性链球菌等均有抑制作用。

诃　子

为使君子科植物诃子或绒毛诃子的干燥成熟果实。煨用或生用。主产于广东、广西、云南等地。

【性味归经】苦、酸、涩,温。入肺、大肠经。

【功效】涩肠止泻,敛肺止咳。

【主治】久泻久痢,便血,脱肛,肺虚咳喘。

【临床应用】①久泻久痢:对痢疾偏热者,常配伍黄连、木香、甘草等同用;泻痢日久,气阴两伤者,常配伍党参、白术、山药等同用。②咳喘:肺虚咳喘者,常配伍党参、麦冬、五味子等同用;肺热咳嗽,常配伍瓜蒌、百部、贝母、玄参、桔梗等同用。

【用量】牛、马 15~60 g;猪、羊 3~10 g;犬、猫 1~3 g;兔、禽 0.5~1.5 g。

【化学成分】含鞣质达 23.6%~37.36%。其成分为诃子酸、诃黎勒酸、诃子次酸、原诃子酸、诃子素、榄仁黄素、诃子鞣质和榄仁酸,以及番泻苷 A、并没食子酸、没食子酸、没食子酸二甲酯、莽草酸等。

【药理研究】①水煎液对绿脓杆菌、白喉杆菌有较强抑制作用,对金黄色葡萄球菌、大肠杆菌、肺炎球菌、溶血性链球菌、变形杆菌、鼠伤寒杆菌亦有一定抑制作用。②乙酸乙酯、丁酮、正丁醇和水的提取物具有较强的强心作用。③诃子素对家兔平滑肌有罂粟碱样解痉作用。④除鞣质外,还有致泻成分,故与大黄相似,先致泻而后收敛。

肉豆蔻

为肉豆蔻科植物肉豆蔻的干燥种仁。又称肉果。煨用。主产于印度尼西亚、西印度洋群岛和马来半岛等地。我国广东有栽培。

【性味归经】辛,温。入脾、胃、大肠经。

【功效】收敛止泻,温中行气。

【主治】久泻不止,脾胃虚寒。

【临床应用】①虚寒泄泻:脾肾虚寒引起的久泻不止,常配伍补骨脂、吴茱萸、五味子等,如四神丸。②虚寒胀痛:脾胃虚寒引起的肚腹胀痛,食欲不振等,常配伍木香、半夏、白术、干姜等同用。

【用量】马、牛 15~30 g;猪、羊 5~10 g;犬 3~5 g。

【注意事项】凡热泻热痢者忌用。

【化学成分】含挥发油,油中含有肉豆蔻醚、α-蒎烯、γ-松油烯、黄樟醚、甲基丁香酚、榄香脂素和 1-萜品烯-4-醇等。

【药理研究】①生肉豆蔻有滑肠作用,经煨去油后则有涩肠止泻作用。②生、熟制肉豆蔻均有较好的抗炎作用,尤以生品对蛋清致炎者更为明显。③对肺炎杆菌、变形杆菌及金黄色葡萄球菌有较强的抑制作用。

五味子

为木兰科植物五味子和南五味子的干燥成熟果实。生用或经醋、蜜等拌蒸晒干。前者习称北五味子,为传统使用的正品,主产于东北、内蒙古、河北、山西等地;南五味子主要产于西南及长江以南地区。

【性味归经】酸,温。入肺、心、肾经。

【功效】敛肺滋肾,敛汗涩精,生津止泻。

【主治】久咳久喘,久泻,自汗,盗汗。

【临床应用】①虚性咳喘:肺虚或肾虚不能纳气所致的久咳虚喘,常配伍党参、麦冬、熟地、山萸肉等同用。②津伤口渴:热病伤津,口干舌燥,常配伍麦冬、生地、天花粉等同用。③虚汗:体虚多汗,常配伍党参、麦冬、浮小麦等同用。④阳虚泄泻:脾肾阳虚所致泄泻,常配伍补骨脂、吴茱萸、肉豆蔻等同用。⑤肾虚滑脱:肾气不固所致滑精及尿频数等,常配伍桑螵蛸、菟丝子等同用。

【用量】马、牛 15～30 g;猪、羊 3～10 g;犬、猫 1～2 g;兔、禽 0.5～1.5 g。

【注意事项】表邪未解及有实热者不宜应用。

【化学成分】含木脂素类、挥发油类、多糖类及氨基酸等。其中木脂素类有五味子素、去氧五味子素、γ-五味子素、五味子醇甲、五味子醇乙、五味子酯甲、五味子酯乙、戈米辛;挥发油含有单萜类、含氧单萜类、倍半萜类、含氧倍半萜类和少量醇和酸等。

【药理研究】①醇提物及五味子甲素、乙素、丙素、醇甲、醇乙、酯甲和酯乙均有不同程度的降低因化学物质引起的血清转氨酶升高作用。②乙醇提取物有中枢抑制作用和抗惊厥作用,且醇甲作用基本与之相似。③有加强和调节心肌细胞能量代谢、改善心肌营养和功能等作用。

其他收涩药见表 9-19。

表 9-19 其他收涩药

药名	性味归经	功效	临床应用	用量
石榴皮	酸、涩、温。入肝、胃、大肠经	收敛止泻,杀虫	①常配伍诃子、肉豆蔻、干姜、黄连等用治虚寒所致之久泻久痢;②单用或配伍使君子、槟榔等同用治疗蛔虫、蛲虫等虫积证	马、牛 30～45 g;猪、羊 6～12 g
五倍子	酸、咸、平。入肺、肾、大肠经	涩肠止泻,止咳止血,杀虫解毒	①常配伍诃子、五味子等用治久泻久痢、便血日久;②常配伍党参、五味子、紫菀等用治肺虚久咳;③常配伍麻黄根、浮小麦等用治盗汗、自汗;④单用或配伍五味子、诃子等用治外伤出血、便血等多种出血证;⑤研末外敷或煎汤外洗用治湿疮肿毒	马、牛 10～35 g;猪、羊 3～10 g

续表 9-19

药名	性味归经	功效	临床应用	用量
罂粟壳	涩，平，有毒。入肺、大肠、肾经	敛肺气，涩肠，止疼痛，固肾	①常配伍乌梅等用治肺虚久咳；②常配伍乌梅、大枣等或配伍木香、黄连、生姜等用治久泻久痢或血痢	马、牛 20～35 g；猪、羊 5～10 g
龙骨	甘、涩、平。入心、肝、肾经	安神镇惊，平肝潜阳，收敛固涩	①常配伍茯神、远志、朱砂、牡蛎等用治心神不宁，躁动不安；②常配伍白芍、牡蛎、代赭石等用治肝阴不足，肝阳上亢；③煅龙骨常配伍牡蛎、山药等用治滑精、盗汗、久泻，还可外用于湿疹疮痒及疮疡溃后久不收口	马、牛 30～60 g；猪、羊 6～10 g
牡蛎	咸、涩、微寒。入肝、胆、肾经	平肝潜阳，软坚散结，敛汗涩精	①常配伍龙骨、龟板、白芍等用治阴虚阳亢之躁动不安；②常配伍浮小麦、麻黄根、黄芪等用治自汗、盗汗；③常配伍玄参、贝母等用治瘰核瘰疬；④常配伍煅龙骨、金樱子、芡实等用治滑精	马、牛 30～60 g；羊 10～20 g
浮小麦	甘、凉。入心经	止汗	常配龙骨、牡蛎等用治自汗、盗汗；常配麻黄根、当归、牡蛎、黄芪、党参、白术、甘草等用治产后虚汗	马、牛 60～90 g；猪、羊 15～30 g
金樱子	酸、涩，平。入肾、膀胱、大肠经	固肾涩精，涩肠止泻	①常配伍芡实、莲子、菟丝子、补骨脂等用治肾虚之滑精、尿频；②常配伍党参、白术、山药、茯苓等用治脾虚泄泻	马、牛 20～45 g；猪、羊 10～15 g
桑螵蛸	甘、咸、涩，平。入肝、肾经	益肾助阳，固精缩尿	①常配伍益智仁、菟丝子、黄芪等用治肾气不固所致的滑精、早泄及尿频数等；②常配伍巴戟天、肉苁蓉、枸杞子等用治肾虚阳痿	马、牛 20～45 g；猪、羊 3～10 g
芡实	甘、涩，平。入脾、肾经	固肾涩精，健脾止泻	①常配伍菟丝子，桑螵蛸、金樱子等用治肾虚之滑精、早泄及尿频数；②常配伍党参、白术等用治脾虚久泻	马、牛 30～60 g；猪、羊 10～20 g

二、收涩方

具有收敛固涩作用，治疗气、血、精、津液耗散滑脱的一类方剂，统称为收涩方。收涩方所治气、血、精、津液的耗散滑脱之证，均由脏腑亏损，正气内虚所致，因其临床表现有自汗、盗汗、久泻久痢、肺虚久咳、遗精滑泄、小便失禁、崩漏带下等的不同，故治疗上也有固表止汗、涩肠固脱、涩精止遗和固崩止带等不同方法。所以，收涩方在组方时又常根据气、血、阴、阳、精、津液耗伤程度的不同，相应地配伍补益药物，以标本兼顾。

本类方剂专为本虚卫外不固及脏腑固摄无力所设，临床上不可误用于热病汗多，热病初起，伤食泄泻、热痢下重、相火妄动之滑精等有实邪的病证。

四神丸（《证治准绳》）

【组成】补骨脂（炒）120 g、肉豆蔻（煨）60 g、五味子 60 g、吴茱萸 30 g。

上药为末，另用生姜 120 g，大枣 120 g，与水同煎，去姜及枣肉，和药为丸，或水煎服，也可为散剂。

【功效】温补脾肾，涩肠止泻。

【主治】脾肾虚寒泄泻。证见草谷不消，久泻不止，完谷不化，神疲力乏，四肢发凉，舌淡苔白，脉象沉迟无力等。

【方解】本方用于脾肾虚寒之泄泻。本方证由家畜体弱阳虚，命门火衰，不能上温脾阳，导致脾失健运所引起，治宜温肾暖脾，涩肠止泻。方中重用补骨脂温补肾阳，暖脾止泻，为主药；肉豆蔻温脾肾而涩肠止泻，吴茱萸暖脾胃而散寒湿，均为辅药；五味子酸敛固涩，涩肠止泻，为佐药；生姜助吴茱萸以温胃散寒，大枣补脾和中，均为使药。诸药合用，使脾肾温，运化复，大肠固，则诸症自愈。

【临床应用】本方为治脾肾虚寒、久泻不止的专用方。久泻气陷脱肛者，宜加党参、柴胡、枳壳、升麻等以益气升陷；若泄泻无度，肾阳虚甚者，宜加肉桂或附子以温补肾阳。

现代临床常用本方加减治疗慢性肠炎、慢性结肠炎等属脾肾阳虚者。

【方歌】四神故纸与吴萸，肉蔻除油五味须，大枣生姜补脾胃，脾肾阳虚久泻宜。

【备注】本方是由《普济本事方》中的二神丸（补骨脂、肉豆蔻）和五味子散（五味子、吴茱萸）合方而成，既温补命门又兼补脾阳，为脾肾双补之剂。

玉屏风散（《世医得效方》）

【组成】黄芪 90 g、白术 60 g、防风 30 g。

共为末，开水冲调，候温灌服，或水煎服。

【功效】益气固表止汗。

【主治】表虚自汗及体虚易感风邪者。证见自汗，恶风，苔白，舌淡，脉浮缓。

【方解】本方的特点是不用收涩药，只用益气固表药而奏止汗之效。方中重用黄芪以益气固表，为主药；白术健脾益气，助黄芪益气固表止汗，为辅药；二药合用使气旺表实，汗不外泄，邪不内侵。防风走表散风祛寒，为佐使药。黄芪得防风，固表而不留邪；防风得黄芪，祛邪而不伤正；三药合用，使邪去则外无所扰而汗止，卫和则腠理固密而邪不复侵，脾健则正气复而内有所据，达到益气固表，扶正祛邪之功。方名是取其有益气固表止汗、抵御风邪之功，有如御风的屏障之意。

【临床应用】本方为治表虚自汗以及体虚患畜易感风邪的常用方剂。若表虚自汗不止，可酌加牡蛎、浮小麦、五味子等，以增强固表止汗的作用；若表虚外感风邪，汗出不解，可合桂枝汤以解肌祛风，固表止汗。

现代临床常用于表虚卫外不固所致的感冒、多汗证。

【方歌】玉屏风散术芪防，益气固表止汗良，表虚自汗恶风证，服之以后体安康。

【备注】本方虽与牡蛎散均能固表止汗，牡蛎散敛汗之力强，适用于卫气不固之自汗，本方旨在益气健脾，适用于表虚自汗及体虚易感受风邪者。

其他收涩方见表9-20。

表9-20　其他收涩方

方名	来源	组成	功效	主治
乌梅散	《蕃牧纂验方》	乌梅(去核)15 g、干柿25 g、诃子肉6 g、黄连6 g、郁金6 g	涩肠止泻，清热燥湿	幼驹奶泻及其他幼畜的湿热下痢
牡蛎散	《和剂局方》	麻黄根45 g、生黄芪45 g、煅牡蛎60 g、浮小麦60 g	固表敛汗	体虚自汗
金锁固精汤	《医方集解》	沙苑蒺藜60 g、芡实60 g、莲须30 g、煅龙骨30 g、煅牡蛎30 g、莲肉30 g	补肾涩精	肾虚滑精，腰胯四肢无力，尿频数、舌淡、脉细弱

第十一节　补益药与补益方

一、补益药

1.概念　主要依从补法，通过补益正气，增强体质，以提高抗病能力，治疗虚证为主的中药，称为补虚药，亦称为补养药或补益药。

2.分类　根据补虚药的功效和主要适应证的不同，补虚药分为补气、补血、滋阴、助阳四类。

3.性能特点 补气药性平或偏温，味多甘；主入脾、胃、肺经。补血药性平或偏温，味多甘，多入心、肝、脾经。助阳药性温或热，味甘或咸，多入肝、肾经。滋阴药性凉，味多甘，主入肺、胃、肝、肾经。本章均属无毒。

4.功效 本章药物一般具有扶助正气，增强体质，补益气血阴阳的作用。但各类药物在补虚方面各有侧重，补气药重在补气，补血药重在补血，滋阴药重在补阴，助阳药重在补阳。另外，补虚药药味较多，除具有补益气血阴阳的作用之外，还具有诸多功能。

5.应用 本章药物主要用于各类虚证，包括单纯的气虚、血虚、阴虚、阳虚及气血两亏、气阴不足、阴虚亏损、阴阳俱虚等兼性虚证，适用于气、血、津液及五脏六腑之虚证。另外，本章药物与其他药物适当配伍，还可用于治疗其他诸多病证。

6.使用与配伍 补气药具有补肺气，益脾气的功效，适用于脾肺气虚证。因脾为后天之本，生化之源，故脾气虚则见精神倦怠、食欲不振、肚腹胀满、粪便泄泻等；肺主一身之气，肺气虚则气短气少，动则气喘，自汗无力等，以上诸证多用补气药。又因气为血帅，气旺可以生血，故补气药又常用于血虚病证。补血药适用于体瘦毛焦、口色淡白、精神委靡、心悸脉弱等血虚之证。因心主血，肝藏血，脾统血，故血虚证与心、肝、脾密切相关，治疗时以补心、肝为主，配以健脾药物。如血虚兼气虚则配用补气药，如血虚兼阴虚则配以滋阴药。滋阴药具有滋肾阴、补肺阴、养胃阴、益肝阴等功效，适用于舌光无苔、口舌干燥、虚热口渴、肺燥咳嗽等阴虚证。助阳药有补肾助阳，强筋壮骨作用，适于形寒肢冷、腰胯无力、阳痿滑精、肾虚泄泻等。因“肾为先天之本”，故助阳药主要用于温补肾阳。对肾阴衰微不能温养脾阳所致的泄泻，也用补肾阳药治疗。

畜体生命活动中，气、血、阴、阳是密切联系的，一般阳虚多兼气虚，而气虚也常导致阳虚；阴虚多兼血虚，而血虚也常导致阴虚。所以在应用补气药时，常与补阳药配伍；使用补血药时，常与滋阴药并用。同时，在临床上又往往数证兼见，如气血两亏、阴阳俱虚等。因此，补气药、补血药、滋阴药、助阳药常常相互配伍应用。

7.注意事项

(1)使用补虚药时，应顾护脾胃，适当配伍健脾消食药，以促进运化，使补虚药能充分发挥作用。

(2)补虚药虽能扶正，但应用不当则有留邪之弊，故病畜实邪未尽时，不宜早用。

(3)补虚药除有扶正的功能外，还可配伍祛邪药，用于邪盛正衰或正气虚弱而病邪未尽的证侯，以起到“扶正祛邪”的作用，达到邪去正复的目的。

(4)凡正气不虚，实邪方盛者，应以祛邪为主，不宜使用补虚药，以免“闭门留寇”。

(5)滋阴药多甘凉滋腻,凡阳虚阴盛,脾虚泄泻者不宜用;助阳药多属温燥,阴虚发热及实热证等均不宜用。

党　参

为桔梗科植物党参、素花党参或川党参的干燥根。生用或蜜炙用。野生者称野台党,栽培者称潞党参。主产于东北、西北、山西及四川等地。

【性味归经】甘、平。入脾、肺经。

【功效】补中益气,健脾生津。

【主治】脾胃虚弱,肺虚咳喘,气虚垂脱,津伤口渴。

【临床应用】①气虚诸证:脾虚泄泻、食少便溏,常配伍白术、茯苓、甘草等同用;中气下陷所致垂脱之证,常与黄芪、升麻、白术等同用;肺气亏虚所致咳嗽气促、叫声低微等,常与紫菀、五味子等配伍。②津伤口渴:常配伍麦冬、五味子、生地等同用。

【用量】马、牛 20~60 g;猪、羊 5~10 g;犬 3~5 g;兔、禽 0.5~1.5 g。

【注意事项】反藜芦。

【化学成分】含多糖、单糖、党参苷Ⅰ、Ⅱ、Ⅲ、Ⅳ、苍术内酯类、烯醇类以及白芷内酯、补骨脂内酯、棕榈酸、阿魏酸、烟酸、香草酸、氨基酸、琥珀酸和无机元素等。

【药理研究】①水浸液、醇水浸液对离体蟾蜍心脏均有抑制作用,高浓度可使其停搏。②浸膏、醇提物、水提物均能使麻醉犬与家兔血压显著下降,主要与扩张周围血管有关。③小鼠腹腔注射具有明显的抑制中枢作用,可对抗电、戊四氮、硝酸士的宁引起的惊厥,增强异戊巴比妥钠的催眠作用,亦可协同乙醚的麻醉作用。④水醇浸膏与煎剂能使红细胞增加,白细胞减少。⑤能明显增强小鼠腹腔巨噬细胞的吞噬活力。

黄　芪

为豆科植物膜荚黄芪或蒙古黄芪的干燥根。生用或蜜炙用。主产于甘肃、内蒙古、陕西、河北及东北、西藏等地。

【性味归经】甘,微温。入脾、肺经。

【功效】补气升阳,固表止汗,托毒生肌,利水退肿。

【主治】脾肺气虚,气虚下陷,表虚汗出,疮痈难溃,气虚水肿。

【临床应用】①气虚诸证:脾虚气短,食少便溏,倦怠乏力等,常配伍白术等同用;中焦虚寒,腹痛拘急,常与桂枝、白芍、甘草等同用;脾阳不升,中气下陷,而见久泻脱肛,内脏下垂者,常与党参、升麻、柴胡等配伍;气虚阳弱,体倦汗多,常配伍附子同用；肺气虚弱，咳喘气短，常与紫菀、五味子等配伍；气虚水湿失运、小便不利，水湿停滞而成的水肿，常配伍防己、白术等，如防己黄芪汤。②自汗：表虚卫阳不固的自汗，常与麻黄根、浮小麦等同用；自汗兼易外感者，常配伍白术、防风同用，如玉屏风散。③疮疡痈肿：气血不足之疮痈内陷或久溃不敛，常与党参、肉桂、当归等同用；脓成不溃，常配伍白芷、当归、皂角刺等同用。

【用量】马、牛 20～60 g；猪、羊 5～15 g；犬 5～10 g；兔、禽 1～2 g。

【注意事项】阴虚火盛、邪热实证不宜用。

【化学成分】含黄芪多糖 7,3-二羟基-4,1-甲氧基异黄酮、3R-2,3-二羟基-7,4-二甲氧基异黄酮、毛蕊异黄酮、芒柄花素黄芪苷（Ⅰ～Ⅳ）、胶黄芪苷Ⅰ、Ⅱ、β谷甾醇以及氨基酸、蛋白质、胡萝卜素、胆碱、甜菜碱、尼克酰胺、叶酸、亚油酸等。

【药理研究】①黄芪皂苷甲给大鼠灌胃或静脉注射均能对抗组织胺和 5-羟色胺引起的大鼠毛细血管通透性增加，灌胃能显著对抗角叉菜胶引起的大鼠后跖肿胀。②水煎剂给小鼠灌胃有增强网状内皮系统吞噬功能的作用，使腹腔巨噬细胞吞噬羊红细胞的百分率和吞噬指数均显著提高。③水煎液小鼠灌胃可使体重增加，并能明显延长小鼠空腹游泳时间。④对大鼠肾毒血清性肾炎有预防作用，且利尿作用持续时间较长。

山 药

为薯蓣科植物薯蓣的干燥块茎。切片生用或炒用。主产于河南、湖南、河北、广东等地。

【性味归经】甘，平。入脾、肺、肾经。

【功效】健脾胃，益肺肾。

【主治】食欲不振，脾虚泄泻，肺虚久咳，肾虚滑精，尿频数。

【临床应用】①脾虚泄泻：脾胃虚弱、食少倦怠、泄泻等，常配伍党参、白术、茯苓、白扁豆等同用。②虚咳：肺虚咳喘，或肺肾两虚久咳久喘，常与沙参、麦冬、五味子等同用。③肾虚滑脱：肾虚不固的遗精、滑精等，常与熟地、山茱萸、菟丝子、金樱子等配伍；肾虚尿频、遗尿等，常配伍益智仁、桑螵蛸等同用。

【用量】马、牛 30～90 g；猪、羊 10～30 g；犬 5～15 g；兔、禽 1.5～3 g。

【注意事项】湿盛中满或有积滞者不宜单独使用。实热邪实者忌用。

【化学成分】含山药多糖、皂苷、黏液质、尿囊素、胆碱、精氨酸、淀粉酶、黏蛋白质、脂肪、淀粉和碘质等。

【药理研究】①山药多糖可明显提高环磷酰胺所致免疫功能低下小鼠腹腔巨噬细胞吞噬百分率和吞噬指数，促进其溶血素和溶血空斑的形成以及淋巴细胞转化，并明显提高外周血 T 淋巴细胞比率。②能抑制正常大鼠胃排空运动和肠推进作用,也能明显对抗苦寒泻下药引起的大鼠胃肠运动亢进。③水煎剂灌胃可降低正常小鼠血糖,对四氧嘧啶引起的小鼠糖尿病有预防及治疗作用,并可对抗肾上腺素或葡萄糖引起的小鼠血糖升高。

白 术

为菊科植物白术的干燥根茎。切片生用或炒用。主产于浙江、安徽、湖南、湖北及福建等地。

【性味归经】甘、苦,温。入脾、胃经。

【功效】补脾益气,燥湿利水,固表止汗、补气安胎。

【主治】脾虚泄泻,水肿,自汗,胎动不安。

【临床应用】①脾胃气虚诸证:脾胃气虚、运化失常所致的食少胀满、倦怠乏力等,常配伍党参、茯苓等,如四君子汤;脾胃虚寒、肚腹冷痛、泄泻等,常配伍党参、干姜等,如理中汤;脾虚而有积滞,脘腹痞满,常配伍枳实同用,如枳术丸。②水肿:水湿内停或水湿外溢之水肿,常配伍茯苓、泽泻等,如五苓散。③表虚自汗:常与黄芪、浮小麦等配伍。④胎动不安:气血不足之胎动不安,常配伍当归、白芍、黄芩、砂仁等同用。

【用量】马、牛 15～60 g;猪、羊 6～12 g;犬、猫 1～5 g;兔、禽 1～2 g。

【注意事项】阴虚内热,津液亏耗者慎服。

【化学成分】含挥发油,油中主要成分为白术内酯(Ⅰ～Ⅲ)、羟基白术内酯、苍术醇、苍术酮、苍术内酯、杜松脑、蓬莪术烯和吉马烯 β 等。

【药理研究】①煎剂和流浸膏灌胃或静脉注射于大鼠、兔、狗等动物均能呈现明显而持久的利尿作用,能促进电解质,尤其是钠的排出。②水煎液小鼠灌服能增加小鼠体重和游泳耐力。③能提高免疫抑制动物脾细胞体外培养存活率,能延长淋巴细胞寿命。增强机体清除自由基的能力,具有明显的抗氧化作用。④醇提取物和石油醚,对未孕小鼠离体子宫的自发性收缩及对益母草引起的子宫兴奋性收缩有显著抑制作用,并随给药量的增加而增强。

甘 草

为豆科植物甘草、胀果甘草或光果甘草的干燥根及根茎。切片生用或炙用。主产于辽宁、内蒙古、甘肃、新疆、青海等地。

【性味归经】甘,平。入十二经。

【功效】补中益气,清热解毒,润肺止咳,缓和药性。

【主治】脾胃虚弱,咳喘,疮痈肿痛,咽喉肿痛,中毒。

【临床应用】①气虚诸证:脾气虚弱的倦怠乏力、食少便溏,常配伍党参、白术等同用;心气虚或气血虚所致的心悸动、脉结代,常配伍党参、阿胶、桂枝等,如炙甘草汤。②痰多咳喘:属风寒咳嗽者,常与麻黄、杏仁等同用;属肺热咳喘者,常与石膏、麻黄、杏仁等配伍;属寒痰咳喘者,常配伍干姜、细辛等同用;属湿痰咳嗽者,常与半夏、茯苓等同用。③热毒疮疡,咽喉肿痛:热毒疮疡,常与金银花、连翘等配伍;咽喉肿痛,常配伍桔梗、牛蒡子等同用。④脘腹及四肢挛急作痛:阴血不足,筋失所养而挛急作痛者,常配伍白芍;脾胃虚寒,营血不能温养所致脘腹疼痛者,常配伍白芍、饴糖等,如小建中汤。⑤中毒:药物、食物中毒,在无特殊解毒药时,可以甘草治之,亦可与绿豆或大豆煎汤服。⑥调和药性:本品能缓和某些药物峻烈之性,具有调和诸药的作用,许多处方常配伍使用。

【用量】马、牛 15~60 g;猪、羊 3~10 g;犬、猫 1~5 g;兔、禽 0.6~3 g。

【注意事项】湿盛中满者不宜用。反大戟、甘遂、芫花、海藻。

【化学成分】含甘草酸(甘草甜素)、甘草次酸、甘草素、异甘草酸、甘草苷、新甘草苷、新异甘草苷、虎耳草苷、甘草查耳酮 A 及甘草异黄酮 B 等。

【药理研究】①甘草苷有较强的消炎和抗变态反应作用,甘草酸和甘草素对透明质酸酶的活性和免疫刺激所诱导的肥大细胞的组织胺释放均有抑制作用。②甘草黄酮类化合物对金黄色葡萄球菌、枯草杆菌、大肠杆菌和绿脓杆菌均有不同的抑制作用。③甘草甜素是一种有效的生物应答修饰剂,能增加多种细胞因子的产生。

当 归

为伞形科植物当归的干燥根。切片生用或酒炒用。主产于甘肃、宁夏、四川、云南、陕西等地。

【性味归经】甘、辛、苦,温。入肝、脾、心经。

【功效】补血养血,活血止痛,润肠通便。

【主治】血虚劳损,血瘀疼痛,肠燥便秘。

【临床应用】①血虚诸证:本品甘温质润,为补血要药。单纯血虚者,常配伍熟地、白芍等,如四物汤;气血两虚者,常配伍黄芪、党参等同用。②血瘀肿痛:气血瘀滞之胸痛、胁痛,常与郁金、香附等同用;虚寒腹痛,常与桂枝、白芍等配伍;血痢腹痛,常配伍黄芩、黄连、木香等同用;跌打损伤,瘀血肿痛,常与乳香、没药、桃仁、红花等同用;风湿痹痛、肢体麻木,常与羌活、独活、桂枝、秦艽等配伍;产后瘀血疼痛,常配伍益母草、川芎、桃仁等同用;痈肿疼痛,常与金银花、牡丹皮、赤芍等配伍。③痈疽疮疡:疮疡初期,常配伍金银花、连翘、炮山甲、赤芍等同用;痈疽溃后,气血亏虚,久不收口,常与党参、黄芪、熟地等配伍。④肠燥便秘:阴虚或血虚的肠燥便秘,常配伍麻仁、杏仁、肉苁蓉等同用。

【用量】马、牛 15~60 g;猪、羊 5~15 g;犬、猫 2~5 g;兔、禽 1~2 g。

【注意事项】阴虚内热者不宜用。

【化学成分】含挥发油、糖类和有机酸等。挥发油中主要成分为藁本内酯，少量香荆芥酚、苯酚、对甲苯酚、别罗勒烯、正丁烯基辅内酯、β-罗勒烯、棕榈酸和邻苯二甲酸酐；糖类包括果糖、蔗糖（40%）以及多糖（8%），主要有 *D*-牛乳糖、*L*-阿拉伯糖、*D*-木糖、葡萄糖醛酸和半乳糖醛酸；有机酸包括阿魏酸、烟酸、丁二酸、香草酸、二十四烷酸、棕榈酸等。

【药理研究】①挥发油对肠平滑肌痉挛有较强的抑制作用，含有兴奋子宫和抑制子宫的两种成分，抑制成分为高沸点挥发油，成分正丁烯基苯酞和藁本内酯有松弛气管平滑肌的作用。②当归多糖可通过直接和/或间接途径激活造血微循环中的巨噬细胞、淋巴细胞等，也可刺激肌组织，促进其产生造血调控因子，进而促进多能造血干细胞和 CFU-GM 层之分化，刺激骨髓粒单系造血，使外周血白细胞升高。③阿魏酸钠能明显抑制血小板聚集，抑制 5-羟色胺、血栓素样物质的释放，选择性抑制 TXA2 合成酶活性，使前列环素/TXA2 比率升高。④对多种致炎剂引起的急性毛细血管通透性增高、组织水肿、慢性炎性损伤均有抑制作用，且能抑制炎症后期肉芽组织增生。

白　芍

为毛茛科植物芍药的干燥根。切片生用或炒用。主产于东北、河北、内蒙古、陕西、山西、山东、安徽、浙江、四川、贵州等地。

【性味归经】苦、酸，微寒。入肝经。

【功效】平抑肝阳，柔肝止痛，敛阴养血。

【主治】肝血不足，肝脾不和，泻痢腹痛，自汗，盗汗。

【临床应用】①阴虚阳亢：肝阴不足、肝阳上亢、躁动不安等，常配伍石决明、地黄、女贞子等同用。②腹痛：肝脾不和所致的食少、泄泻、腹痛等，常配伍柴胡、当归等，如逍遥散；热毒泻痢所致腹痛，常配伍黄连、木香等，如通肠芍药汤。③虚汗：营卫不和，表虚自汗，常配伍桂枝同用；阴虚盗汗，常与生地、牡蛎、浮小麦等配伍。

【用量】马、牛 15～60 g；猪、羊 6～15 g；犬、猫 1～5 g；兔、禽 1～2 g。

【注意事项】反藜芦。

【化学成分】含芍药苷、氧化芍药苷、苯甲酰芍药苷、苯甲酰氧化芍药苷、氧化苯甲酰芍药苷、芍药新苷、白芍苷、β-谷甾醇、苯甲酸、没食子酸以及挥发油等。

【药理研究】①水煎剂对巨噬细胞功能有明显的促进作用，可使处于低下状态的细胞免疫功能恢复正常。②芍药苷静脉注射给大鼠具有镇静作用，并有剂量依赖关系。③煎剂对志贺氏痢疾杆菌和葡萄球菌有抑制作用，酊剂能抑制绿脓杆菌，浸剂对大肠杆菌、绿脓杆菌、草绿色链球菌等均有不同程度的抗菌作用。④水煎液对巴豆油致小鼠耳廓肿胀、醋酸所致小鼠腹腔炎症及毛细血管通透性均有明显的抑制作用。

阿 胶

为马科动物驴的皮熬煮加工而成的胶块。溶化冲服或炒珠用。主产于山东、浙江。此外，北京、天津、河北、山西等地也有生产。

【性味归经】甘，平。入肺、肾、肝经。

【功效】补血止血，滋阴润肺，安胎。

【主治】血虚体弱，出血证，虚劳咳嗽，胎动不安。

【临床应用】①血虚体弱：常配伍熟地、当归、黄芪等同用。②多种出血：血热吐衄，常与蒲黄、生地、仙鹤草、白茅根等同用；咳血，常配伍白及等同用；便血，常与当归、赤芍或槐花、地榆等配伍；子宫出血，常配伍生地、艾叶、当归等同用。③肺燥咳嗽：温燥伤肺，干咳无痰，常与麦冬、杏仁等配伍。④胎动不安：常配伍艾叶同用。

【用量】马、牛 15～60 g；猪、羊 10～15 g；犬 5～8 g。

【注意事项】内有瘀滞及有表证者不宜用。

【化学成分】含骨胶原，与明胶相类似。水解生成多种氨基酸，但赖氨酸较多，还含有胱氨酸。

【药理研究】①实验性贫血家兔灌服阿胶补血冲剂可使血红蛋白、红细胞、白细胞、血小板等均显著增加。②能提高小鼠吞噬百分率和吞噬指数，对抗氢化可的松所致的细胞免疫抑制作用，对 NK 细胞有促进作用。③对抗兔耳烫伤后血管通透性的增加，对油酸造成的肺损伤有保护作用。④能改善动物体内钙的平衡，促进钙的吸收，有助于血清中钙的存留，并有促进血液凝固作用，故善于止血。

熟地黄

为玄参科植物地黄的块根，经加工炮制而成。切片用。主产于河南、浙江、北京，其他地区也有生产。

【性味归经】甘，微温。入心、肝、肾经。

【功效】补血滋阴。

【主治】血虚证，肾阴不足。

【临床应用】①血虚证：本品为补血要药。血虚体弱，眩晕，心悸等证，常配伍当归、川芎、白芍等，如四物汤。②肝肾阴虚：肝肾阴虚所致潮热、盗汗、滑精等，常配伍山萸肉、山药等，如六味地黄丸。

【用量】马、牛 30～60 g；猪、羊 5～15 g；犬 3～5 g。

【注意事项】脾虚湿盛者忌用。

【化学成分】含5-羟甲基糠醛、梓醇、果糖、甘露三糖、蜜二糖及葡萄糖等。

【药理研究】①有降低血糖的作用。②熟地黄流浸膏对蛙心有显著的强心作用。③有利尿作用。④对疮癣、石膏样小芽孢癣菌、羊毛状小芽孢癣菌等真菌均有抑制作用。⑤多糖对低下的免疫功能有显著的兴奋作用,能增加细胞免疫功能和红细胞膜的稳定性,有促进凝血的功能。

巴戟天

为茜草科植物巴戟天的干燥根。生用或盐炒用。主产于广东、广西、福建、四川等地。

【性味归经】辛、甘,微温。入肝、肾经。

【功效】补肾阳,强筋骨,祛风湿。

【主治】阳痿滑精,腰胯无力,风湿痹痛。

【临床应用】①肾阳虚:肾虚阳痿、滑精早泄等,常配伍肉苁蓉、补骨脂、胡芦巴等,如巴戟散。②腰膝痿软:肝肾不足的筋骨痿软,腰膝疼痛,常与杜仲、续断、菟丝子等同用。③风湿痹痛:肾阳虚的风湿痹痛,常与续断、淫羊藿、羌活等配伍。

【用量】马、牛30～50 g;猪、羊10～15 g;犬、猫1～5 g;兔、禽0.5～1.5 g。

【注意事项】阴虚火旺者不宜用。

【化学成分】含甲基异茜草素、甲基异茜草素-1-甲醚、1-羟基蒽醌、1-羟基-2-甲基蒽醌、大黄素甲醚、2-甲基蒽醌、水晶兰苷、车叶草苷、棕榈酸、琥珀酸、耐斯糖、菊淀糖、六聚糖、七聚糖、氨基酸和微量元素等。

【药理研究】①水煎剂能使正常雌性大鼠垂体前叶、卵巢和子宫的重量明显增加,能提高卵巢HCG/LH受体功能,能使去卵巢大鼠垂体对注射黄体生成素释放激素(LRH)后LH分泌反应明显增加。②切除睾丸的大鼠连续口服水煎剂15 d,未显示出雄性激素样作用,推测巴戟天能降低脑中M受体RT值,减弱副交感神经-M受体-cAMP系统的反应性,可能是其助阳的一个重要途径。③水提液能增加小鼠单核吞噬细胞系统对刚果的廓清率和增强腹腔巨噬细胞吞噬鸡红细胞的能力。

肉苁蓉

为列当科植物肉苁蓉的干燥带鳞叶的肉质茎,用盐水浸渍,称咸苁蓉;再以清水漂洗,蒸熟晒干,称淡苁蓉;或切片生用。主产于内蒙古、甘肃、青海、新疆等地。

【性味归经】甘、咸,温。入肾、大肠经。

【功效】补肾壮阳,润肠通便。

【主治】肾虚阳痿,滑精,垂缕不收,肠燥便秘。

【临床应用】①肾阳虚：肾虚阳痿、滑精等，常配伍熟地、菟丝子、五味子、山茱萸等同用；宫寒不孕，常与鹿角胶、当归等同用；肝肾不足、筋骨痿软、腰膝疼痛等，常与巴戟天、杜仲等配伍。②肠燥便秘：老弱血虚及病后、产后津液不足之肠燥便秘，常配伍火麻仁、柏子仁、当归等同用。

【用量】马、牛 15～45 g；猪、羊 5～10 g；犬 3～5 g；兔、禽 1～2 g。

【注意事项】阴虚火盛、脾虚便溏者忌用。

【化学成分】含苯乙醇苷类、环烯醚萜类、木脂素类、多糖、生物碱等。包括肉苁蓉苷、松果菊苷、类叶升麻苷、红景天苷、苁蓉素、8-表马钱子酸、京尼平酸、邻苯二甲酸二丁酯、癸二酸二丁酯和邻苯二甲酸二异辛酯、丁子香酚、香草醛和异丁子香酚。

【药理研究】①水溶液能显著提高阳虚动物体重，延长持续运动时间，使耐冻时间、细胞 SOD 活力和血红蛋白的含量一定程度上恢复正常，水煎液醇溶部分皆能显著提高去势大鼠精囊前列腺重量。②水提液能显著提高小鼠小肠推进度，缩短小鼠排便时间，同时能明显抑制大肠水分吸收，其活性成分为无机盐类和亲水性胶质类多糖。③水提取物可以显著提高巨噬细胞的吞噬百分率和吞噬指数，可使被强的松抑制低下的非特异免疫功能恢复到一定水平。④苯乙醇总苷对小鼠组织有抗氧化作用，对小鼠急性脑缺氧和小鼠心肌损害有一定的保护作用。

淫羊藿

为小檗科植物淫羊藿、箭叶淫羊藿、柔毛淫羊藿、巫山淫羊藿、朝鲜淫羊藿的干燥茎叶。切段生用。主产于陕西、甘肃、四川、台湾、安徽、浙江、江苏、广东、广西、云南等地。

【性味归经】辛，温。入肾经。

【功效】补肾壮阳，强筋骨，祛风除湿。

【主治】肾阳不足，风湿痹痛。

【临床应用】①肾阳虚诸证：肾阳虚之阳痿、滑精、不孕、尿频、腰膝冷痛、肢冷恶寒等证，常配伍仙茅、山茱萸、肉苁蓉等同用。②筋骨痿软，风湿痹痛：四肢瘫痪、肢体麻木拘挛、四肢不利等，常与威灵仙、独活、肉桂、当归、川芎等配伍。

【用量】马、牛 15～30 g；猪、羊 10～15 g；犬 3～5 g；兔、禽 0.5～1.5 g。

【注意事项】阴虚火旺者不宜服。

【化学成分】含多种淫羊藿苷及其衍生物。

【药理研究】①提取液能提高正常小鼠、氢化可的松致阳虚模型、羟基脲致阳虚模型小鼠和试管内鸡胚 DNA 合成率，促进蛋白质的合成；正丁醇提取物能使羟基脲致阳虚模型小鼠血浆中分子物质降低、巯基升高，认为其可能通过对巯基和中分子物质的影响发挥助阳作用。②淫羊藿及其炮制品均有雌、雄性激素样作用，能明显提高性机能，增加性器官重量，提高性激素分泌量。③淫羊藿苷能明显增加正常小鼠脾脏重量，促进抗原激活的淋巴细胞增殖，明显提高脾脏抗体生成水平，使小鼠脾脏溶血斑形成数明显增加。

蛤　蚧

为壁虎科动物蛤蚧除去内脏的干燥体。主产于广西、云南、广东等地。

【性味归经】咸，平。有小毒。入肺、肾经。

【功效】补肺滋肾，定喘止咳。

【主治】肺肾虚咳，虚喘。

【临床应用】①虚喘久咳：本品能峻补肺肾之气而纳气平喘，为治虚喘劳咳的要药。肺肾两虚，肾不纳气的虚喘久咳，常配伍党参同用，或配伍贝母、百合、天冬、麦冬等同用。②肾阳虚：肾阳不足，精血亏虚的阳痿，常与党参、淫羊藿等同用。

【用量】马、牛 1～2 对。

【注意事项】外感咳嗽者不宜用。

【化学成分】含微量元素铁、铜、锌及氨基酸等。

【药理研究】提取液可使大鼠肝、肾胞浆铜锌超氧化物歧化酶、线粒体锰超氧化物歧化酶及谷胱甘肽过氧化物酶活性和细胞匀浆还原型谷胱甘肽含量显著增加，线粒体过氧化脂质水平及细胞匀浆过氧化氢酶活性显著下降，且尾部作用大于体部，随用药时间延长体部药效增加。

沙　参

为桔梗科植物轮叶沙参、沙参或伞形科植物珊瑚菜等的干燥根。前两种习称南沙参，后者习称北沙参。切片生用。南沙参主产于安徽、江苏、四川等地，北沙参主产于山东、河北等地。

【性味归经】甘，凉。入肺、胃经。

【功效】润肺止咳，养胃生津。

【主治】干咳痰少，热病伤津。

【临床应用】①燥热咳嗽：久咳肺虚及热伤肺阴干咳少痰等，常配伍麦冬、天花粉等同用。②胃阴虚或热伤胃阴：热病后或久病伤阴所致的口干舌燥、便秘等，常与麦冬、玉竹、石斛等配伍。

【用量】马、牛 30～60 g；猪、羊 10～15 g；犬、猫 2～5 g；兔、禽 1～2 g。

【注意事项】肺寒湿痰咳嗽者不宜用。反藜芦。

【化学成分】南沙参含沙参皂苷；杏叶沙参含呋喃香豆精（花椒毒素）；北沙参

含挥发油、三萜酸、豆甾醇、β谷甾醇、生物碱和淀粉等。

【药理研究】①乙醇和乙酸乙酯提取物对豚鼠枸橼酸引咳具有显著的对抗作用,乙酸乙酯提取物并有显著地促进小鼠酚红排泌作用。②沙参多糖及水提取物能显著地增加碳粒廓清指数及吞噬指数,增强单核巨噬细胞的吞噬功能。③沙参多糖能显著地增加小鼠耳肿胀度,能够增强二硝基氟苯诱导的小鼠迟发型变态反应,能显著增加胸腺和脾脏的重量。

天 冬

为百合科植物天门冬的干燥块根。生用或酒蒸用。主产于华南、西南、华中及河南、山东等地。

【性味归经】甘、微苦,寒。入肺、肾经。

【功效】养阴清热,润肺滋肾。

【主治】肺热燥咳,热病伤阴,肠燥便秘。

【临床应用】①肺热燥咳:燥热咳嗽,干咳少痰,常配伍麦冬、沙参、川贝等同用;劳嗽咳血,或干咳痰黏,痰中带血,常与麦冬、川贝母、生地、阿胶等同用;阴虚内热、口干痰稠者,常与沙参、百合、天花粉等配伍。②肾阴虚:肾虚火旺,潮热,滑精等,常与熟地、知母、黄柏等同用;热病伤津口渴,常与党参、生地等配伍。③肠燥便秘:温病后期肠燥便秘,常配伍玄参、生地、火麻仁等同用。

【用量】马、牛 15～40 g;猪、羊 5～10 g;犬、猫 1～3 g;兔、禽 0.5～2 g。

【注意事项】寒咳痰多、脾虚便溏者不宜用。

【化学成分】含皂苷、氨基酸、多糖及维生素和微量元素等。

【药理研究】①有镇咳祛痰作用。②对炭疽杆菌、溶血性链球菌、葡萄球菌、念珠菌、絮状表面癣菌、白色隐球菌、石膏样小孢子菌、毛癣菌有抑制作用。③对小鼠肉瘤 S_{180} 有显著的抑制作用。

麦 冬

为百合科植物麦冬的干燥块根。生用。主产于江苏、安徽、浙江、福建、四川、广西、云南、贵州等地。

【性味归经】甘、微苦,凉。入肺、胃、心经。

【功效】清心润肺,养胃生津。

【主治】肺热燥咳,热病伤阴,肠燥便秘。

【临床应用】①肺阴虚:肺阴不足,而有燥热的干咳痰黏,常配伍桑叶、杏仁、阿胶等,如清燥救肺汤;阴虚内热、干咳少痰等,常与天冬、生地等同用。②胃阴虚:热伤胃阴的口渴咽干、食少干呕，常与玉竹、沙参等配伍。③肠燥便秘：热病伤津、口渴贪饮、肠燥便秘，常与玄参、生地等同用。④心神不宁：阴虚有热的心神不宁，常配伍地黄，酸枣仁等同用；邪扰心营，身热烦躁，舌绛而干等，常与黄连、生地、竹叶心等配伍。

【用量】马、牛 20～60 g；猪、羊 10～15 g；犬 5～8 g；兔、禽 0.6～1.5 g。

【注意事项】寒咳多痰、脾虚便溏者不宜用。

【化学成分】含麦冬皂苷(A～E)和阔叶麦冬皂苷(A～H)，其主要苷元为薯蓣皂苷元和鲁斯可苷元以及异黄酮等。

【药理研究】①麦冬多糖具有较显著的抗小鼠耳异种被动皮肤过敏的作用，并能拮抗乙酰胆碱和组胺混合液刺激引起的正常豚鼠和卵白蛋白引起的致敏豚鼠的支气管平滑肌收缩，抑制致敏豚鼠哮喘的发生及小鼠肥大细胞脱颗粒及组织胺释放。②对金黄色葡萄球菌、弗氏痢疾杆菌和伤寒杆菌有较强的抑制作用。③总皂苷、总氨基酸和提取物均具有明显的抗心肌缺血作用。

百　合

为百合科植物百合、细叶百合或卷丹的干燥肉质鳞叶。生用或蜜炙用。主产于浙江、江苏、湖南、广东、陕西等地。

【性味归经】甘、微苦，微寒。入心、肺经。

【功效】润肺止咳，清心安神。

【主治】肺燥咳喘，阴虚久咳，躁动不安。

【临床应用】①肺燥咳喘：燥热咳嗽，痰中带血，常配伍款冬花、紫菀等同用；肺虚久咳，劳嗽咯血，常与麦冬、生地、贝母、玄参等同用。②惊悸，躁动：热病后余热未清、气阴不足而致躁动不安、心神不宁等，常与知母、生地等配伍。

【用量】马、牛 18～60 g；猪、羊 6～12 g；犬 3～5 g。

【注意事项】外感风寒咳嗽者忌用。

【化学成分】含皂苷：卷丹皂苷 A、麦冬皂苷 *D*、β-谷甾醇、胡萝卜素苷，多糖；磷脂：磷脂酰胆碱、双磷脂酰甘油、磷脂酸；生物碱：秋水仙碱；氨基酸：天冬氨酸、谷氨酸、赖氨酸；微量元素：钙、磷和铁等。

【药理研究】①水提取液小鼠灌胃能延长二氧化硫引咳的潜伏期，对氨水所致的小鼠咳嗽也有止咳作用，蜜制后上述止咳作用增强，且能增加气管分泌而起到祛痰作用。②水提液、水煎醇沉液均可延长正常小鼠常压耐缺氧和异丙肾上腺素所致耗氧增加的缺氧小鼠存活时间，水提液还可以延长甲状腺素所致“甲亢阴虚”动物的常压耐缺氧存活时间。③水提液可以明显延长动物负荷游泳时间，可使肾上腺素皮质激素所致的"阴虚"小鼠及烟熏所致的"肺气虚"小鼠负荷游泳时间延长。

枸杞子

为茄科植物宁夏枸杞的干燥成熟果实。生用。主产于宁夏、甘肃、河北、青海等地。

【性味归经】甘，平。入肝、肾经。

【功效】养阴补血，益精明目。

【主治】肝肾阴虚，视力减退。

【临床应用】①肝肾阴虚：肝肾亏虚，精血不足，腰胯乏力，常配伍菟丝子、熟地、山茱萸等同用。②眼干视弱：肝肾不足所致的视力减退、眼目昏暗、瞳孔散大等，常配伍菊花、熟地、山萸肉等，如杞菊地黄丸。

【用量】马、牛 15～60 g；猪、羊 10～15 g；犬、猫 3～8 g。

【注意事项】脾虚湿滞、内有实热者不宜用。

【化学成分】含枸杞多糖、甜菜碱、玉蜀黍黄素、玉蜀黍黄素二棕榈酸、类胡萝卜素、类胡萝卜素酯、枸杞素、维生素 C、多种氨基酸及微量元素等。

【药理研究】①枸杞多糖能激活 T 淋巴细胞和 B 淋巴细胞并以增强细胞免疫为主，同时也能增强体液免疫功能。②煎剂对正常小鼠和环磷酰胺引起的白细胞受抑制小鼠的造血功能均有促进作用。可增加小鼠外周血粒细胞数量，促进股骨骨髓细胞增殖和分化。③胡萝卜素在体内转化的维生素 A 能促进视网膜内视紫质的合成或再生，维持正常视力。

石　斛

为兰科植物金钗石斛的干燥茎。生用或熟用。主产于广西、台湾、四川、贵州、云南、广东等地。

【性味归经】甘，微寒。入肺、胃、肾经。

【功效】滋阴生津，清热养胃。

【主治】热病伤津，阴虚发热。

【临床应用】①热病伤津：热病伤津，低热烦渴，口燥咽干，草料减少等，常与麦冬、沙参、生地、天花粉等配伍。②阴虚发热：阴虚久热不退，常配伍生地、沙参、麦冬等同用。

【用量】马、牛 15～60 g；猪、羊 5～15 g；犬、猫 3～5 g；兔、禽 1～2 g。

【注意事项】湿温及温热尚未化燥者忌用。

【化学成分】含石斛碱、石斛氨碱、石斛醚碱、石斛酯碱、石斛次碱、10-羟基石斛碱、3-羟基二氧石斛次碱以及多糖、氨基酸和微量元素等。

【药理研究】①浸膏对豚鼠离体肠管有兴奋作用，可使收缩幅度增加。②能显著提高超氧化物歧化酶水平，从而起到降低过氧化脂质的作用。③合剂具有显著降低高血糖模型动物的血糖水平，并使血糖降至正常水平。

女贞子

为木犀科植物女贞的干燥成熟果实。生用或蒸用。主产于江苏、湖南、河南、湖北、四川等地。

【性味归经】甘、微苦，平。入肝、肾经。

【功效】滋阴补肾，养肝明目。

【主治】肝肾阴虚，阴虚发热。

【临床应用】①肝肾阴虚诸证：肝肾阴虚所致的腰胯无力，目暗不明，滑精，常配伍枸杞子、菟丝子、熟地、菊花等同用。②阴虚发热：常与地骨皮、丹皮、白芍等配伍。

【用量】马、牛 15～60 g；猪、羊 6～15 g；犬、猫 2～5 g；兔、禽 1.5～3 g。

【注意事项】脾虚泄泻及阳虚者忌用。

【化学成分】果皮含齐墩果酸、女贞子酸、熊果酸、油酸、亚麻酸、女贞子苷、女贞子多糖、组氨酸、赖氨酸、天冬氨酸、亮氨酸、磷脂酰磷乙醇胺、磷脂酰胆碱和磷脂酰肌醇等。

【药理研究】①齐墩果酸对实验性高脂血症大鼠有明显的降脂作用，并能减少脂质在家兔主要脏器的沉积。②水煎剂灌胃给药对二甲苯引起小鼠耳廓肿胀，乙酸引起的小鼠腹腔毛细血管通透性增加及对角叉菜胶、蛋清、甲醛性大鼠足垫肿胀均有明显抑制作用。③齐墩果酸为广谱抗生素，对金黄色葡萄球菌、溶血性链球菌、大肠杆菌、弗氏痢疾杆菌、伤寒杆菌，特别是对伤寒杆菌、金黄色葡萄球菌作用比氯霉素强。④女贞子多糖通过清除羟自由基，提高超氧化物歧化酶及谷胱甘肽过氧化物酶活力而发挥抗脂质过氧化作用。

鳖　甲

为鳖科动物鳖的背甲。生用或炒后浸醋用。主产于安徽、江苏、湖北、浙江等地。

【性味归经】咸，平。入肝、肾经。

【功效】滋阴清热，平肝潜阳，软坚散结。

【主治】阴虚发热，癥瘕积聚。

【临床应用】①阴虚发热：阴虚发热、盗汗等，常与龟板、地骨皮、青蒿、地黄等同用。②癥瘕积聚：癥瘕积聚作痛，常配伍三棱、莪术、木香、桃仁、红花、青皮、香附等同用。

【用量】马、牛 15～60 g；猪、羊 5～10 g；犬 3～5 g。

【注意事项】阳虚及外感未解，脾虚泄泻及孕畜忌用。

【化学成分】含甘氨酸、脯氨酸、谷氨酸、亮氨酸、精氨酸、半乳糖、葡萄糖醛酸、氨基半乳糖、钙、锰和磷等。

【药理研究】①能抑制结缔组织增生，有软肝脾的作用，故对肝硬化，脾肿大有治疗作用，并有提高血浆蛋白的作用。②对 H_{22} 小鼠肝癌细胞 DNA 合成有明显的抑制作用。③提取物能提高机体对负荷的适应性，明显延长小鼠游泳时间，提高乳酸脱氢酶的活力，有效清除剧烈运动时机体的代谢产物，延缓疲劳的发生和加速疲劳的消除。

山茱萸

为山茱萸科植物山茱萸的干燥成熟果肉。生用或熟用。主产于山西、陕西、山东、安徽、河南、四川、贵州等地。

【性味归经】酸、涩，微温。入肝、肾经。

【功效】补益肝肾，涩精敛汗。

【主治】肝肾阴虚，阴虚盗汗。

【临床应用】①肝肾阴虚：肝肾不足所致的腰胯乏力、滑精早泄等，常配伍菟丝子、熟地、杜仲等同用。②阴虚盗汗：常与地黄、丹皮、知母等同用。③大汗亡阳：大汗亡阳欲脱之证，常与党参、附子、龙骨、牡蛎等配伍。

【用量】马、牛 15～30 g；猪、羊 10～15 g；犬、猫 3～6 g；兔、禽 1.5～3 g。

【注意事项】湿热、小便淋涩不宜用。

【化学成分】含山茱萸苷、山茱萸新苷、莫诺苷、獐牙菜苷、马钱子苷、棕榈酸、异丁醇、异戊醇、糠醛、甲基丁香油酚、没食子酸、棕榈酸、葡萄糖、果糖和蔗糖等。

【药理研究】①醇提取物对四氧嘧啶、链脲佐菌素和肾上腺素性糖尿病大鼠有明显的降血糖作用，主要成分为熊果酸。②水煎剂能抑制醋酸引起的小鼠腹腔毛细血管通透性的增高，大鼠棉球肉芽组织的增生、二甲苯所致的小鼠耳廓肿胀以及蛋清引起的大鼠足垫肿胀，并能降低大鼠肾上腺内抗坏血酸含量。③对金黄色葡萄球、伤寒杆菌、痢疾杆菌和堇色毛癣菌等有抑制作用。

其他补益药见表 9-21。

表 9-21 其他补益药

药名	性味归经	功效	临床应用	用量
人参	甘、微苦，微温。归心、肺、脾经	大补元气，补脾益肺，生津，安神	气虚诸证：单用人参大量浓煎服用，如独参汤，可用治因大失血、大吐、大泻或久病、大病所致气虚欲脱，脉微欲绝者；常配伍附子用治四肢厥冷，阳气衰微者，如参附汤；常配伍麦冬、五味子用治气虚兼见汗多口渴，气阴两伤，如生脉散；配伍黄芪、五味子等用治气虚易感自汗；配伍蛤蚧、乌梅等用治肺肾两虚，喘促日久；常配伍白术、茯苓、甘草等用治脾气虚弱，倦怠乏力，食少便溏，如四君子汤；心气不足，神志不宁者，常与当归、酸枣仁等配伍应用	马、牛 15～30 g；猪、羊 5～10 g；犬 0.5～2 g
太子参	甘、苦，微寒。入脾、肺经	补脾益气，养胃生津	①常与黄氏、白术、山药、炙甘草等配伍，用治脾胃虚弱、肺气不足等证；②配伍五味子、麦冬等用治热病津伤口渴；③配伍竹叶、麦冬、白薇等用治久热不退	马、牛 30～60 g；猪、羊 10～20 g
白扁豆	甘，微温。归脾、胃经	健脾，化湿，消暑	①配伍白术、木香、茯苓等用治脾虚泄泻；②配伍荷叶、藿香等用治暑湿泄泻	马、牛 15～45 g；猪、羊 5～15 g；兔、禽 1.3～5 g
大枣	甘，温。归脾、胃经	补中益气，养血安神，缓和药性	①配伍党参、白术等用治脾胃虚弱；②配伍甘草、浮小麦等用治血虚躁动，神志不安；③常配伍生姜使用，入解表剂以调和营卫，用治营卫不和；入补益剂以调补脾胃，用治脾胃不和；④用于调和药性	马、牛 30～60 g；猪、羊 10～15 g；犬 5～8 g；兔、禽 1.3～5 g
杜仲	甘，温。归肝、肾经	补肝肾，强筋骨，安胎	①配伍补骨脂、菟丝子、枸杞子、熟地、山茱萸、牛膝等用治肾阳虚诸证，如腰胯无力、阳痿、尿频等证。②配伍桑寄生、牛膝等用治风湿痹痛；③常与续断、阿胶、白术、党参、砂仁、艾叶等配伍，用治体虚、肝肾亏损所致之胎动不安	马、牛 15～60 g；猪、羊 5～10 g；犬 3～5 g

续表 9-21

药名	性味归经	功效	临床应用	用量
仙茅	辛，热。有毒。入肝、肾、脾经	补肾阳，强筋骨，祛风湿	①配伍淫羊藿、枸杞子、金樱子等用治肾虚诸证，如肾阳不足所致阳痿、滑精等；②常配伍巴戟天、黄芪、鸡血藤、牛膝、木瓜、路路通等用治风寒湿痹	马、牛 15～45 g；羊、猪 6～15 g；犬、猫 1～5 g
胡芦巴	苦，温。归肾经	温肾，祛寒，止痛	①配伍巴戟天、淫羊藿等用治肾虚阳痿滑精；②配伍补骨脂、杜仲等用治肾阳不足、寒气凝滞所致寒伤腰胯	马、牛 15～45 g；猪、羊 5～10 g；犬 3～5 g
续断	苦、甘、辛，微温。归肝、肾经	补肝肾，强筋骨，续伤折，止血安胎	①常配伍杜仲、牛膝、补骨脂等用治肾虚腰痛；②常配伍骨碎补、当归、赤芍、红花、自然铜等用治跌打损伤或骨折；③常配伍阿胶、艾叶、熟地等用治肝肾虚弱，冲任失调之胎动不安；④常配伍萆薢、防风、牛膝等用治风寒湿痹	马、牛 25～60 g；猪、羊 5～15 g；兔、禽 1～2 g
狗脊	苦、甘，温。归肾、肝经	补肝肾，强筋骨，祛风湿	①常配伍杜仲、牛膝、巴戟天、茴香等用治肝肾不足兼有风寒湿邪之病证；②狗脊上的茸毛有止血功效，一般只用于外伤出血	马、牛 15～30 g；猪、羊 5～10 g；犬 1～3 g
补骨脂	辛、苦，温。归肾、脾经	补肾助阳，固精缩尿，暖脾止泻，纳气平喘	①常配伍淫羊藿、菟丝子、熟地、肉桂、小茴香等用治肾阳不足所致阳痿，遗精，尿频等；②常配伍川牛膝、木瓜、续断、胡芦巴、肉桂等用治寒伤腰胯、腰膝冷痛；③常配伍五味子、肉豆蔻、吴茱萸等用治脾肾阳虚之泄泻，如四神丸；④常配伍党参、肉桂、沉香等用治肾不纳气之虚喘	马、牛 15～30 g；猪、羊 5～10 g；犬 3～5 g
骨碎补	苦，温。归肾、肝经	补肾健骨，活血	①常配伍菟丝子、五味子、肉豆蔻等用治肾阳不足之久泻不止；②常配伍续断、自然铜、乳香、没药等用治跌打损伤、骨折	马、牛 15～45 g；猪、羊 5～10 g；犬 3～5 g；兔、禽 1.5～5 g
益智仁	辛，温。归肾、脾经	温肾固精缩尿，暖脾止泻摄唾	①常配伍山药、桑螵蛸、菟丝子等用治肾阳不足、不能固摄所致的滑精、尿频等；②常配伍党参、白术、干姜等用治脾阳不振、运化失常引起的虚寒泄泻、腹部疼痛等；③常配伍党参、茯苓、半夏、山药、陈皮等用治脾虚不能摄涎所致涎多自流证	马、牛 15～45 g；猪、羊 5～10 g；犬 3～5 g；兔、禽 1～3 g

续表 9-21

药名	性味归经	功效	临床应用	用量
菟丝子	甘，温。归肝、肾、脾经	补肾固精，养肝明目，止泻，安胎	①用治肾虚诸证：常配伍杜仲等用治肝肾不足之腰膝痿软、酸痛；常配伍枸杞子、五味子、覆盆子等用治肾虚阳痿、滑精；常配伍桑螵蛸、五味子等用治肾虚之小便失禁；②常配伍熟地、枸杞子、车前子等用治肝肾精血不足，目失所养而致双眼干涩，视力减退；③常配伍茯苓、白术、山药等用治脾肾虚弱、粪便溏泄等；④常配伍川续断、桑寄生、阿胶等用治肝肾不足之胎动不安	马、牛 15～45 g；猪、羊 5～15 g
锁阳	甘，温。归肾、大肠经	补肾阳，益精血，润肠通便	①常配伍肉苁蓉、菟丝子等用治肾虚阳痿、滑精；②常配伍熟地、牛膝、枸杞子、五味子等用治肝肾阴亏、筋骨痿软；③常配伍肉苁蓉、火麻仁、柏子仁等用治体弱、老年患畜及产后肠燥便秘	马、牛 25～45 g；猪、羊 5～15 g；犬 3～6 g；兔、禽 1～3 g
阳起石	咸，温。归肾经	温肾壮阳	用治肾虚诸证：肾虚所致阳痿，滑精，早泄，常配伍菟丝子、肉苁蓉、补骨脂等同用；肾阳虚衰所致的不孕，常与淫羊藿、益母草、蛇床子等配伍	马、牛 30～50 g；猪、羊 5～10 g
紫河车	甘、咸，温。归心、肺、肾经	温肾补精，益气养血	①常配伍党参、当归、菟丝子等用治肾气不足之不孕、阳痿、滑精；②常配伍党参、蛤蚧、地龙等用治肺肾两虚之咳嗽虚喘；③常配伍黄芪、当归、熟地等用治气血不足之产后乳少	马、牛 15～30 g；猪、羊 5～10 g；犬 3～5 g；兔、禽 1～3 g
沙苑子	甘，温。归肝、肾经	补肾固精，养肝明目	①常配伍肉苁蓉、锁阳、菟丝子等用治肾虚阳痿；②常配伍龙骨、莲须、芡实等用治滑精尿崩；③常配伍枸杞子、菟丝子、菊花等用治肝肾不足	马、牛 15～45 g；猪、羊 5～10 g；犬 3～5 g；兔、禽 1～3 g
冬虫夏草	甘，平。归肺、肾经	益肾壮阳，补肺平喘，止血化痰	①常配伍淫羊藿、巴戟天、菟丝子等用治肾虚、阳痿、滑精；②常配伍沙参、蛤蚧、川贝等用治肺虚或肺肾两虚之久咳虚喘、劳嗽痰血	马、牛 10～20 g；猪、羊 5～10 g；犬 2～5 g；兔、禽 1～3 g

续表 9-21

药名	性味归经	功效	临床应用	用量
何首乌	制首乌甘、涩，微温；归肝、肾经。生首乌甘、苦，平；归心、肝、大肠经	制首乌补益精血，固肾乌须；生首乌截疟解毒，润肠通便	①常配伍熟地、枸杞子、菟丝子等用治肝肾阴虚之精血不足、腰膝痿软等；②常配伍当归、肉苁蓉、火麻仁等用治体弱、血虚及老年患畜之肠燥便秘；③常配伍玄参、紫花地丁、天花粉等用治瘰疬疮疡、皮肤瘙痒等	马、牛 30～90 g；猪、羊 10～15 g；犬 2～6 g；兔、禽 1～3 g
桑葚	甘，寒。归肝、肾经	滋阴补血，生津润肠	①常配伍何首乌、女贞子、墨旱莲等用治阴血亏虚；②常配伍天花粉、麦冬、火麻仁等用治热病伤津之烦热口渴、肠燥便秘	马、牛 30～90 g；猪、羊 15～30 g；犬 2～6 g；兔、禽 1～3 g
龙眼肉	甘，温。归心、脾经	补益心脾，养血安神	①常配伍黄芪、党参、当归、酸枣仁等用治心脾虚损；②常配伍党参、白术、炙甘草等用治气血虚弱	马、牛 30～90 g；猪、羊 15～30 g；犬 2～6 g；兔、禽 1～3 g
玉竹	甘，微寒。归肺、胃经	养阴润燥，生津止渴	①常配伍沙参、麦冬、川贝等用治阴虚肺燥之干咳少痰；②常配伍生地、麦冬等用治热病伤津之烦热口渴	马、牛 30～60 g；猪、羊 10～15 g；兔、禽 0.5～2 g
黄精	甘，平。归脾，肺、肾经	滋肾润肺，补脾益气	①常配伍党参、山药等用治脾胃虚弱之食少便溏、倦怠乏力；常配伍石斛、麦冬、山药等用治脾胃阴虚而致口干食少，舌红无苔；②常配伍沙参、麦冬、天冬等用治肺虚燥咳；③常配伍熟地、枸杞子等用治精血亏虚	马、牛 20～60 g；猪、羊 5～15 g；兔、禽 1～3 g
龟板	甘、咸，寒。归肝、肾、心经	滋阴潜阳，益肾健骨，止血，养血补心	①常配伍熟地黄、知母、黄柏等用治阴虚内热，骨蒸盗汗；②常配伍生地黄、石决明、菊花等用治阴虚阳亢；③常配伍生地黄、牡蛎，鳖甲等用治热病伤阴，虚风内动；④常配伍龙骨、远志等用治心虚惊悸	马、牛 30～60 g；猪、羊 6～12 g；犬 2～5 g

二、补虚方

具有补益畜体气、血、阴、阳不足和扶助正气，用以治疗各种虚证的一类方剂，统称为补虚方。补虚方系依据《素问》中“虚则补之”、“损者益之”的原则立法组方，属“八法”中的“补法”。

因虚证有气虚、血虚、阴虚、阳虚之分，故补虚方也相应地分为补气、补血、补阴、补阳四类。

1. 补气方　适用于脾肺气虚病证，常以补气药党参、黄芪、白术、甘草等为主，配伍理气、渗湿、养阴或升举中气的药物组成。四君子汤为补气的基础方。

2. 补血方　适用于营血亏虚的病证，常以补血药熟地、当归、白芍、阿胶等为主，配伍益气、活血化瘀、理气、安神药组成。四物汤为补血的基础方。

3. 补阴方　适用于阴虚的病证，主要是肝肾阴虚的病证，常以补阴药熟地、麦冬、沙参、龟板等为主，配伍补阳或清热的药物组成。六味地黄丸为补阴的基础方。

4. 补阳方　适用于肾阳虚的一类病证，常以温阳补肾药肉桂、附子、巴戟天、杜仲、淫羊藿、肉苁蓉等为主，配伍补阴、利水药组成。肾气丸为补阳的代表方。

气虚补气，血虚补血，气血俱虚则气血双补，这是临床治疗气血不足的常规。但因气血同源，气为血帅，血为气母，二者相互为用，故补气与补血虽各有侧重，但不能截然分开。若血虚兼有气虚，补血必须辅以补气；即或血虚而气不虚，也应少量佐以补气药物，以资生化；对大出血而致血虚者，更应重用或急投补气药物，使气旺以生血。正如李东垣《脾胃论》所说：“血不自生，须得生阳气之药，血自旺矣。”可知补血应与补气结合运用。对于若气虚而血不虚者，一般以补气为主，较少运用补血药，以防阴柔滞气，影响脾胃运化。临证中因血弱所致的气虚，以及因气不足所致的血亏，亦属常见，当用气血双补之法。

补阴和补阳的关系，较之气血关系更为密切。由于阴阳互根，相互依从，相互转化，故阳虚补阳，常辅以补阴之药，使所补之阳有所依附；阴虚补阴，多配伍补阳药物，以使欲补之阴，生化有源。如张景岳《景岳全书》所说：“善补阳者，必于阴中求阳；善补阴者，必于阳中求阴。”指出补阴或补阳时，不能强调一面，应该将阴阳看成是一个整体。但如阳虚而阴不虚者，应以补阳为主，宜补之以甘温；阴虚而火旺者，应以补阴为主，宜补之以甘凉；如阴阳两虚，又当阴阳双补。

总之，气血同源，阴阳互根，不论补气、补血、补阴、补阳，必须全面兼顾，才能相得益彰。

此外，畜体气、血、阴、阳不足所表现出的各种虚证，与五脏六腑有着密切的关系，临证治疗时一方面可直接补益受病脏腑，另一方面可根据五行相生，“虚则补其母”的原则进行治疗。但要明确的是，脾为后天之本，气血生化之源；肾为先天之本，为真阴真阳之所在，故补益五脏应特别重视脾肾，凡补气补血均应着重从脾论治，补阴补阳多从补肾入手，通过补脾或补肾，使诸虚得补。

使用补虚方应注意以下事项。首先，补虚方禁用于外邪在表及一切实证。其次，补血、补阴方多滋腻，应用时应注意脾胃功能，若脾胃功能不足，则需配伍理气健脾、和胃助运药物，或先调理脾胃，然后予以补益。第三，应辨清虚实真假，所谓“大实有羸状”（真实假虚证）、“至虚有盛候”（真虚假实证），前者当攻反补，则实者愈实；后者应补反攻，则虚者愈虚。

四君子汤（《和剂局方》）

【组成】党参 60 g、炒白术 60 g、茯苓 60 g、炙甘草 30 g。

共为末，开水冲调，候温灌服，或水煎服。

【功效】益气健脾。

【主治】脾胃气虚。证见体瘦毛焦，精神倦怠，四肢无力，食少便溏，舌淡苔白，脉细弱等。

【方解】本方为治脾气虚弱的基础方。脾胃为后天之本，气血生化之源，补气必从脾胃着手。方中党参（原方为人参）补中益气为主药；白术苦温，健脾燥湿为辅药；茯苓甘淡，健脾渗湿为佐药，白术、茯苓合用，健脾除湿之功更强；炙甘草甘温，益气和中，调和诸药为使药。诸药相合，共奏补中气，健脾胃之功。

【临床应用】用于脾胃虚弱证，许多补气健脾的方剂，都是从本方演化而来。临床实践中，对于各种原因引起的慢性胃肠炎、胃肠功能减退、消化不良等慢性疾患，凡表现有脾气虚弱者，均可加减运用。本方加陈皮以理气化滞，名为异功散（《小儿药证直诀》），主治脾虚兼有气滞者；加陈皮、半夏以理气化痰，名六君子汤（《医学正传》），主治脾胃气虚兼有痰湿；加木香、砂仁以行气止痛，降逆化痰，名香砂六君子汤（《和剂局方》），主治脾胃气虚，湿阻气机；加诃子、肉豆蔻，名加味四君子汤（《世医得救效方》），主治脾虚泄泻。

【方歌】四君子汤中和义，参术茯苓甘草比，益以夏陈名六君，祛痰益气补脾虚，除去半夏名异功，或加香砂胃寒使。

【备注】本方药物组成与理中汤仅一味之别，四君子汤参、术、苓、草，重在益气健脾；理中汤参、术、姜、草，重在温中散寒。

参苓白术散（《和剂局方》）

【组成】党参 45 g、白术 45 g、茯苓 45 g、炙甘草 45 g、山药 45 g、扁豆 60 g、莲子肉 30 g、桔梗 30 g、薏苡仁 30 g、砂仁 30 g。

共为末，开水冲调，候温灌服，或水煎服。

【功效】补气健脾，益肺气，渗湿止泻。

【主治】脾胃气虚挟湿证。证见精神倦怠，体瘦毛焦，食欲减退，四肢无力，便溏，或泄泻，舌苔白腻，脉缓弱等。

【方解】本方证由脾虚挟湿所致。治宜补虚除湿，行气调滞。本方由四君子汤加味而成。方中党参、白术、茯苓、炙甘草补气健脾，为主药；山药、莲子肉助党参补气健脾，扁豆、薏苡仁助茯苓、白术健脾止泻，共为辅药；佐以砂仁芳香醒脾，理气宽胸；桔梗宣利肺气，载药上行以补肺，为使药。诸药相合，补气健脾，渗湿止泻。

【临床应用】本方温而不燥，是补气健脾，渗湿止泻的常用方剂。临床用于脾胃虚弱的慢性病，如慢性消化不良、慢性胃肠炎、久泻以及幼畜脾虚泄泻等。本方兼有益肺气之功，经常用作“培土生金”的代表方，对肺虚劳损诸证属脾肺气虚者均可应用。

【方歌】参苓白术扁豆陈，山药甘莲砂苡仁，桔梗上浮兼保肺，脾虚湿泻止泻功。

补中益气汤(《脾胃论》)

【组成】炙黄芪 90 g、党参 60 g、白术 60 g、当归 60 g、陈皮 60 g、炙甘草 45 g、升麻 30 g、柴胡 30 g。

水煎服。

【功效】补中益气，升阳举陷。

【主治】脾胃气虚及气虚下陷诸证。证见精神倦怠，草料减少，发热，汗自出，口渴喜饮，粪便稀溏，舌质淡，苔薄白或久泻脱肛、子宫脱垂等。

【方解】本方为治疗脾胃气虚及气虚下陷诸证的常用方，是根据《内经》“劳者温之”、“损者益之”的原则而创立的。气虚下陷，治宜益气升阳，调补脾胃。方中黄芪补中益气，升阳固表为主药；党参、白术、甘草温补脾胃，助主药益气补中，为辅药；当归养血，陈皮理气行滞，与补气养血药物同用，使补而不滞，更配升麻、柴胡升阳举陷，助主、辅药升提正气，均为佐药；炙甘草调和诸药，兼有使药之用。诸药相合，升阳益气，调补脾胃。

【临床应用】本方为补气升阳，甘温除热的代表方。中气不足，气虚下陷，泻痢脱肛，子宫脱垂或气虚发热自汗，倦怠无力等均可使用本方。如加入枳壳，效果更为显著。

【方歌】补中益气芪术陈，升柴参草当归身，劳倦内伤功独显，气虚下陷亦堪珍。

【备注】本方去当归，加阿胶、焦艾，名加减补中益气汤(《脾胃论》)，功能补气安胎，升阳举陷；去当归、白术，加木香、苍术，名调中益气汤(《脾胃论》)，功能与之大同小异。《脾胃论》中的升阳益胃汤(黄芪、半夏、党参、炙甘草、白芍、羌活、独活、橘皮、茯苓、泽泻、柴胡、黄连、防风、白术、生姜、大枣)，功能升阳益脾，甘温补肺，与本方相近。

四物汤(《和剂局方》)

【组成】熟地黄 45 g、白芍 45 g、当归 45 g、川芎 30 g。

共为末，开水冲调，候温灌服，或水煎服。

【功效】补血调血。

【主治】血虚、血瘀诸证。证见舌淡，脉细，或血虚兼有瘀滞。

【方解】本方是补血调血的基础方剂，所主诸证皆由营血亏虚，血行不畅所致。治宜补血养肝，调血行滞。方中熟地滋阴补血，为主药；当归补血养肝，并能活血行滞，为辅药；白芍养血敛阴，为佐药；川芎入血分行气活血，使补而不滞，为使药。从药物配伍关系看，地、芍是血中之血药，芎、归是血中之气药，两相配伍，可使补血而不滞血，行血而不破血，补中有散，散中有收，共同组成治血要剂。因此，不仅血虚之证可用以补血，即使血滞之证，亦可加减运用。

【临床应用】对于营血虚损，气滞血瘀，胎前产后诸证，均可以本方为基础，加减运用。本方合四君子汤名八珍汤(《正体类要》)，双补气血，用治气血两虚者；再加肉桂、附子，名十全大补汤(《和剂局方》)，气血双补兼能温阳散寒，用治气血双亏兼阳虚有寒者。本方加桃仁、红花，即桃红四物汤(见理血方)。血虚有热，可加黄芩、丹皮，并改熟地为生地以清热凉血；若妊娠胎动不安，加艾叶、阿胶以养血安胎；若血虚气滞腹痛，加香附子、元胡。

现代多用于治疗血液系统、循环系统等多种疾病，尤其对胎前、产后病证最为常用。

【方歌】四物地芍与归芎，血分疾患此方宗，血虚血滞诸病证，加减运用在变通。

巴戟散(《元亨疗马集》)

【组成】巴戟天 45 g、肉苁蓉 45 g、补骨脂 45 g、胡芦巴 45 g、小茴香 30 g、肉豆蔻 30 g、陈皮 30 g、青皮 30 g、肉桂 20 g、木通 20 g、川楝子 20 g、槟榔 15 g。

共为末，开水冲调，候温灌服，或水煎服。

【功效】温补肾阳，通经止痛，散寒除湿。

【主治】肾阳虚衰所致的腰胯疼痛，后腿难移，腰脊僵硬等证。

【方解】命门火衰，不能温暖下焦，寒湿侵犯于腰胯，则腰脊僵硬、疼痛，后肢难移，治以温补肾阳为主。方中用巴戟天、肉苁蓉、补骨脂、胡芦巴、小茴香、肉桂温补肾阳，强筋骨，散寒痛，以治下元虚冷、肾阳不振所致的腰胯疼痛，运步不灵，为主药；辅以陈皮、青皮、槟榔健胃温脾行气，肉豆蔻温中暖脾肾；佐以少量的川楝子止痛；使以木通通经利湿，引药归肾。诸药相合，温补肾阳，通经止痛，散寒除湿。

【临床应用】临床对于寒伤腰胯疼痛，或肾痛后腿难移等证均可随证加减应用。

【方歌】巴戟暖肾除寒湿，芦巴苁蓉桂故纸，川楝槟榔青陈皮，肉蔻茴香木通使。

【备注】《司牧安骥集》中的巴戟散（巴戟天、葫芦巴、破故纸、茴香、苦楝子、滑石、海金沙、槐花、木通、牵牛子），功能与本方相似。

六味地黄汤（《小儿药证直诀》）

【组成】熟地黄 80 g、山萸肉 40 g、山药 40 g、泽泻 30 g、茯苓 30 g、丹皮 30 g。水煎服，亦可作为散剂服用。

【功效】滋阴补肾。

【主治】肝肾阴虚，虚火上炎所致的潮热盗汗，腰膝痿软无力，耳鼻四肢温热，舌燥喉痛，滑精早泄，粪干尿少，舌红苔少，脉细数。

【方解】本方所治诸证，皆因肾阴亏虚，虚火上炎所致。本方以肾、肝、脾三阴并补，重在补肾阴。方中熟地补肾滋阴，养血生津，为主药；山萸肉养肝肾而涩精，山药补脾固精，共为辅药。主辅配合，肾、脾、肝三阴同补以收补肾治本之功，称为“三补”，是本方的主体部分。泽泻清泻肾火，利水，以防熟地之滋腻；丹皮凉血清肝，泻伏火，退骨蒸，以制山萸肉之温；茯苓利脾除湿，助山药以益脾；三药同用称为“三泻”，共为佐使药。综观全方，“三补”、“三泻”，以补为主，肝、脾、肾三阴并补，以补肾为主。合而用之，补中有泻，寓泻于补，相辅相成，共成通补开泻之剂。

【临床应用】本方是滋阴补肾的代表方剂，凡肝肾阴虚不足诸证，如慢性肾炎、肺结核、骨软症、贫血、消瘦、子宫内膜炎、周期性眼炎、慢性消耗性疾病等属于肝肾阴虚者，均可加减应用。

本方加知母、黄柏，名知柏地黄汤（《医宗金鉴》），用治阴虚火旺，潮热盗汗；加枸杞子、菊花，名杞菊地黄汤（《医级》），重在滋补肝肾以明目，用治肝肾阴虚所致的夜盲、弱视；加五味子，名都气汤（《医宗己任编》），用治肾虚气喘；加麦冬、五味子，名麦味地黄汤（《医级》），滋阴敛肺，用治肺肾阴虚；加柴胡、茯神、当归、五味子，名明目地黄汤（《审视瑶函》），滋肾养阴，平肝明目，用治肾虚目暗不明；加桂枝、附子，名肾气丸，温补肾阳，主治肾阳不足。

本方由纯阴药物组成，凡气虚脾胃弱，消化不良、大便溏泻者忌用。

【方歌】六味地黄滋肾肝，山药萸肉苓泽丹，再加知柏成八味，阴虚火旺治何难。

透脓散（《外科正宗》）

【组成】生黄芪 60 g、炮甲珠 30 g、川芎 30 g、当归 45 g、皂角刺 30 g。

共为末，加白酒 100 mL，水调灌服。

【功效】补气养血，托毒溃脓。

【主治】气血虚弱所致的疮疡久不成脓，或内已成脓而不溃者。

【方解】本方所治疮疡，系正虚不能托毒外透，以致脓成不能溃破。方中用生黄芪补气扶正，托毒外出；当归、川芎养血活血；穿山甲、皂角刺解毒软坚，通透溃脓；以酒助药力，增强行血，活血的作用。诸药相合，扶正祛邪，托毒排脓。本方的组成特点是祛邪中兼有扶正，目的在于托毒排脓，使毒随脓泄，腐去新生。

【临床应用】用于气血虚弱所致的疮疡不能成脓，或脓成而不易破溃，痈肿不消。临床应用时，疮疡已成脓，但不易破溃者，加白芷、金银花解毒；气虚亏损，不能化毒成脓，或将溃之时，紫陷无根，根脚散大者，加党参、白术、炙甘草。

【方歌】透脓散用当归芎，黄芪扶正治疮痈，山甲皂刺加酒助，托毒排脓用有功。

【备注】《医学心语》中的透脓散，即本方加白芷、牛蒡、金银花，扶正祛邪，托毒溃脓，用于疮疡内已成脓。《医宗金鉴》中的托里透脓汤，由党参、白术、穿山甲、白芷、升麻、甘草、当归、生黄芪、皂角刺、青皮组成，扶正祛邪，托里透脓，用于一切痈疽气血亏损。

其他补虚方见表 9-22。

表 9-22 其他补虚方

方名	来源	组成	功效	主治
生脉散	《内外伤辨惑论》	党参 90 g、麦门冬 60 g、五味子 30 g	补气生津，敛阴止汗	暑热伤气，气津两伤之证。证见精神倦怠，汗多气短，口渴舌干，或久咳肺虚，干咳少痰，气短自汗，舌红无津，脉象虚弱
归芪益母汤	《牛经备要医方》	炙黄芪 120 g、益母草 60 g、当归 30 g	补气生血，活血祛瘀	劳伤气血虚弱及产后血虚、血瘀诸证

续表 9-22

方名	来源	组成	功效	主治
归脾汤	《济生方》	白术 60 g、党参 60 g、炙黄芪 60 g、龙眼肉 60 g、酸枣仁 60 g、茯神 45 g、当归 60 g、远志 30 g、木香 30 g、炙甘草 15 g、生姜 20 g、大枣 20 g	健脾养心，益气补血	心脾两虚，气血不足所致的倦怠少食、心悸气短、舌淡脉弱，以及脾不统血引起的各种慢性出血证
炙甘草汤	《伤寒论》	炙甘草 60 g、党参 60 g、生姜 30 g、阿胶 30 g、桂枝 30 g、麻仁 30 g、麦冬 30 g、生地 120 g、大枣 30 枚	补气养血，滋阴复脉	气虚血少所致的脉结代、心悸气短
肾气丸	《金匮要略》	肉桂 30 g、炮附子 30 g、熟地 60 g、山萸肉 40 g、山药 40 g、泽泻 30 g、茯苓 30 g、丹皮 30 g	补肾壮阳，温阳利水	肾气不足、肾阳虚弱所至的肢冷腿肿、腰膀疼痛、阳痿
百合固金汤	《医方集解》	百合 45 g、麦冬 45 g、生地 60 g、熟地 60 g、川贝母 30 g、当归 30 g、白芍 30 g、生甘草 30 g、玄参 20 g、桔梗 20 g	养阴清热，润肺化痰	肺肾阴虚，虚火上炎所致燥咳气喘，痰中带血，咽喉疼痛，舌红少苔，脉细数
泰山磐石散	《景岳全书》	熟地黄 45 g、当归 45 g、白芍 45 g、黄芪 45 g、党参 45 g、白术 45 g、川续断 45 g、川芎 45 g、炙甘草 30 g、砂仁 30 g、黄芩 30 g、糯米 120 g	益气健脾，养血安胎	马、驴产前少食或不食证，或气血两虚引起的胎动不安
蛤蚧散	《元亨疗马集》	蛤蚧 1 对、天冬 30 g、麦冬 30 g、百合 30 g、苏子 30 g、瓜蒌 30 g、马兜铃 30 g、天花粉 20 g、枇杷叶 20 g、知母 20 g、栀子 20 g、汉防己 20 g、秦艽 20 g、升麻 20 g、贝母 20 g、白药子 20 g、没药 20 g	养阴润肺，止咳定喘	劳伤咳喘，四肢浮肿

第十二节 平肝药与平肝方

一、平肝药

1. 概念　凡能清肝热、息肝风的药物，称为平肝药。

2. 分类　根据平肝药的作用范围，一般分为平肝明目药和平肝息风药两类。

3. 性能特点　本类药药性多属寒凉、少数性平或温，味多以辛、甘、苦为主；主入肝经；以沉降趋势为主；部分药物有毒，使用宜慎。

4. 功效　本类药一般具有清肝泻火、明目退翳、潜降肝阳、平息肝风的功能。此外，部分药还具有清热解毒、润肠通便、化痰等功能。

5. 应用　平肝药主要用于治疗各种肝火亢盛、目赤肿痛、睛生翳膜、肝阳上亢、肝风内动，惊痫癫狂、痉挛抽搐等证，部分药物还可用于治疗肠燥便秘、风湿痹痛、疮疡肿痛等证。

6. 使用与配伍　应用本类药物时，须根据病因、病机及兼证的不同，进行相应的配伍。如肝火上炎引起的目赤肿痛，常配伍清泻肝火的药物；阴血亏虚引起的双眼干涩、刺痛、流泪，多配伍滋补肝阴的药物；肝阳上亢证，多配伍滋养肾阴的药物，益阴以制阳；热极生风之肝风内动，当配伍清热泻火药同用；阴血亏虚之肝风内动，当配伍补养阴血药物；兼窍闭神昏者，当配伍开窍醒神药；兼痰邪者，当配伍祛痰药等。

7. 注意事项　本类药物有性偏寒凉或性偏温燥之不同，故应区别使用。若脾虚慢惊者，不宜寒凉之品；阴虚血亏者，当忌温燥之品。

石决明

为鲍科动物杂色鲍或皱纹盘鲍的贝壳。打碎生用或煅后碾碎用。主产于广东、山东、辽宁等地。

【性味归经】咸，平。入肝经。

【功效】平肝潜阳，清肝明目。

【主治】目赤肿痛，睛生翳障。

【临床应用】①目赤肿痛，睛生翳障：肝肾阴虚、肝阳上亢所致的目赤肿痛，常配伍生地、白芍、菊花等同用；阴血亏虚之双眼干涩、目暗不明、视物不清者，常与熟地、枸杞子、菟丝子等同用；肝火上炎目赤肿痛、羞明流泪，常与夏枯草、决明子、菊花等配伍；风热目赤、翳膜遮睛，常配伍蝉蜕、菊花、木贼等同用。②阳亢动风：肝阳上亢并肝火亢盛之眩晕、烦躁者，常与夏枯草、钩藤、菊花等同用。

【用量】马、牛 30～90 g；猪、羊 15～25 g；犬、猫 3～5 g；兔、禽 1～2 g。

【化学成分】含 $CaCO_3$（方解石）和△CaCO（文石），此外，还含锌和铜等元素。

【药理研究】①为拟交感神经药，可治视力障碍及眼内障，故为眼科明目退翳的常用药。②石决明粉能有效中和胃酸，每克石决明粉能中和浓度为 0.1 mol/L 的 HCl 溶液 167.2 mL。

草决明

为豆科植物决明或小决明的干燥成熟种子。生用或炒用。主产于安徽、广西、四川、浙江、广东等地。

【性味归经】甘、苦，微寒。入肝、大肠经。

【功效】清肝明目，润肠通便。

【主治】目赤肿痛，肠燥便秘。

【临床应用】①目赤肿痛：肝火上炎或风热引起的目赤肿痛、羞明流泪，常与龙胆草、夏枯草、菊花、黄芩等同用；肝肾阴亏，双眼干涩，视物不清者，常配伍沙苑子、枸杞子等同用。②肠燥便秘：内热肠燥，大便秘结，常与火麻仁、瓜蒌仁等配伍。

【用量】马、牛 20～60 g；猪、羊 10～15 g；犬 5～8 g；兔、禽 1.5～3 g。

【注意事项】泄泻者忌用。

【化学成分】含大黄素、芦荟大黄素、大黄酚、大黄素甲醚、美草决明素、黄决明素、决明素、橙黄决明素、草决明苷、决明内酯、红镰玫素、软脂酸、硬脂酸、油酸和亚油酸等。

【药理研究】①乙醇提取物可使自发遗传性高血压大鼠收缩压明显降低。②能抑制血清胆固醇升高和主动脉粥样硬化斑点形成。③水提取物对 CCl_4 中毒小鼠肝脏有解毒保肝作用。④对巨噬细胞吞噬功能有增强作用，小鼠腹腔巨噬细胞吞噬百分率和吞噬指数明显增高。⑤醇浸出液对葡萄球菌、伤寒杆菌、副伤寒杆菌、大肠杆菌及皮肤真菌均有抑制作用。

木　贼

为木贼科植物木贼的干燥地上部分，又称锉草。切碎生用。主产于山西、吉林、内蒙古及长江流域各地。

【性味归经】甘、苦，平。入肝、肺经。

【功效】疏风热，退翳膜。

【主治】目赤肿痛，翳膜遮睛。

【临床应用】目赤肿痛、翳膜遮睛：外感风热引起的羞明流泪、目赤肿痛或睛生翳膜，常与谷精草、石决明、草决明、白蒺藜、菊花、蝉蜕等同用。

【用量】马、牛 20～60 g；猪、羊 10～15 g；犬 5～8 g。

【注意事项】阴虚火旺者忌用。

【化学成分】含山柰酚苷、棉黄苷、草棉苷、芹菜素、木犀草素、槲皮素苷、咖啡酰莽草酸、十五烷等。

【药理研究】①水醇提取物对小鼠过氧化脂质的产生有明显抑制作用。②提取物大鼠灌胃能抑制二磷酸腺苷、胶原和凝血酶诱导的大鼠血小板聚集，减轻血栓，呈现明显的剂量依赖性。

天　麻

为兰科植物天麻的干燥块茎。生用。主产于四川、贵州、云南、陕西等地。

【性味归经】甘，微温。入肝经。

【功效】平肝息风，镇痉止痛。

【主治】惊风抽搐，破伤风，风湿痹痛。

【临床应用】①惊风抽搐：肝风内动引起的抽搐拘挛，常配伍钩藤、全蝎、川芎、白芍等同用。②破伤风：常与天南星、僵蚕、全蝎等同用。③瘫痪，麻木：常与牛膝、桑寄生等配伍。④风湿痹痛：常配伍秦艽、牛膝、独活、杜仲等同用。

【用量】马、牛 10～40 g；猪、羊 6～10 g；犬、猫 1～3 g。

【注意事项】阴虚者忌用。

【化学成分】含天麻素、对羟基苯甲醇、对羟基苯甲醛、琥珀酸、β-谷甾醇、赤箭碱、4-羟苄基甲醚、香荚兰醇、苷类、天麻羟胺、*L*-焦谷氨酸、柠檬酸双甲酯等。

【药理研究】①天麻素及其苷元能延长戊四氮阵挛性惊厥的潜伏期，与戊巴比妥钠有明显协同作用，能提高戊四氮在小鼠的半数惊厥量，并能使小鼠自主活动降低。②天麻粉灌胃给药能明显延长小鼠的睡眠持续时间和减少小鼠扭体次数。③注射液能抑制醋酸所致小鼠腹腔毛细血管通透性的增加，抑制二甲苯所致小鼠耳部肿胀及通透性的增加。

钩　藤

为茜草科植物钩藤、大叶钩藤或毛钩藤等同属植物的干燥带钩茎枝。生用。不宜久煎。主产于广西、广东、湖南、江西、浙江、福建、台湾等地。

【性味归经】甘，微寒。入肝、心包经。

【功效】息风止痉，平肝清热。

【主治】肝经风热，痉挛抽搐。

【临床应用】①惊风抽搐：惊风壮热神昏、牙关紧闭、四肢抽搐，常配伍天麻、全蝎、蝉蜕等同用；温热病热极生风，痉挛抽搐，常与羚羊角、白芍、菊花等同用。②目赤肿痛:肝经有热,肝阳上亢之目赤肿痛,常与天麻、石决明、菊花、白芍、夏枯草等配伍。③外感风热:常配伍防风、蝉蜕、桑叶等同用。

【用量】马、牛 15～60 g;猪、羊 5～15 g;犬 5～8 g;兔、禽 1.5～2.5 g。

【注意事项】不宜久煎,无风热及实火者忌用。

【化学成分】含钩藤碱、异钩藤碱、去氢钩藤碱、柯诺辛碱、硬毛钩藤碱、去氢硬毛钩藤碱、柯南因碱、二氢柯南因碱、东莨菪素和β-谷甾醇。

【药理研究】①醇提取液对中枢神经系统的突触传递过程有明显的抑制效应,因而具有抗癫痫作用。②提取物或柯诺辛和异钩藤碱等能显著抑制小鼠运动。③异钩藤碱能减慢心率,抑制房室及蒲氏纤维的传导。

全　蝎

为钳蝎科动物东亚钳蝎的干燥体,又称全虫。生用、酒洗用或制用。主产于河南、山东等地。

【性味归经】辛、甘,平。有毒。入肝经。

【功效】息风止痉,解毒散结,通络止痛。

【主治】痉挛抽搐,疮疡肿毒,风湿痹痛。

【临床应用】①多种风证:破伤风,常配伍蔓荆子、旋覆花、乌蛇等同用;中风,口眼歪斜,常与白附子、僵蚕、天麻、当归等同用;惊痫证,常与蜈蚣、钩藤、当归、川芎等配伍。②疮疡肿毒:恶疮肿毒,常用麻油煎全蝎、栀子加黄蜡为膏药,外敷患处。③风湿痹痛:风湿痹痛之重证,常配伍蜈蚣、僵蚕、川芎、羌活等同用。

【用量】马、牛 15～30 g;猪、羊 3～9 g;犬、猫 1～3 g;兔、禽 0.5～1 g。

【注意事项】血虚生风者忌用。

【化学成分】含蝎毒、三甲胺、甜菜碱、硫黄酸、棕榈酸、软硬脂酸、胆甾醇、卵磷脂和苦味酸等。

【药理研究】①提取物灌胃或静注对小鼠和大鼠的扭体痛或内脏痛均有显著的抑制作用。②对心脏、血管、小肠、膀胱、骨骼肌等有兴奋作用。③蝎毒能够改变血小板内游离钙浓度,进而影响血小板功能而发挥抗血栓作用。

蜈　蚣

为蜈蚣科少棘巨蜈蚣的干燥体。生用或微炒用。主产于江苏、浙江、安徽、湖北、湖南、四川、广东、广西等地。

【性味归经】辛,温。有毒。入肝经。

【功效】息风止痉,解毒散结,通络止痛。

【主治】痉挛抽搐,疮疡肿毒,风湿痹痛。

【临床应用】①痉挛抽搐：癫痫、破伤风等引起的痉挛抽搐，常与全蝎、钩藤、防风等同用。②疮疡肿毒、瘰疬溃烂：常配伍雄黄外用。③风湿痹痛：常与天麻、川芎等配伍。

【用量】马、牛 5～10 g；猪、羊 1～1.5 g；犬 0.5～1 g。

【注意事项】本品有毒，用量不宜过大，孕畜忌用。

【化学成分】含脂肪酸、蛋白质、氨基酸、酶和胆甾醇等。

【药理研究】①能明显提高实验小鼠抗硝酸士的宁惊厥的能力，对小鼠电惊厥也有一定的抑制作用。②能明显减轻小鼠实验性缺氧所致的心肌细胞损害。

僵　蚕

为蚕蛾科昆虫家蚕的幼虫，感染或人工接种淡色丝菌科白僵菌而致死的干燥体。生用或炒用。主产于浙江、江苏、安徽等地。

【性味归经】辛、咸，平。入肝、肺经。

【功效】息风止痉，祛风止痛，化痰散结。

【主治】痉挛抽搐，咽喉肿痛，皮肤瘙痒。

【临床应用】①多种风证：痰热惊风，常配伍全蝎、牛黄、胆南星等同用；脾虚久泻，惊痫抽搐，常与党参、白术、天麻等同用；破伤风之痉挛抽搐、角弓反张，常与全蝎、蜈蚣、钩藤等配伍；中风之口眼歪斜，常配伍全蝎、白附子等同用。②疮痈肿痛：肝经风热上攻之目赤肿痛、羞明流泪，常与桑叶、菊花、薄荷、木贼、荆芥等同用；风热上攻，咽喉肿痛，常与桔梗、荆芥、甘草等配伍；风疹瘙痒，可单用研末服，或配伍蝉蜕、薄荷等同用。③痰核瘰疬：常配伍浙贝、夏枯草、连翘等同用。

【用量】马、牛 30～60 g；猪、羊 10～15 g；犬 5～8 g。

【化学成分】含蛋白 67.44 %、脂肪 4.38%以及麦角甾醇、棕榈酸、赤藓酸、甘露醇、尿嘧啶、谷甾醇和胡萝卜苷等。

【药理研究】①体内外实验证实僵蚕水提液均具有较强的抗凝血作用。②煎剂灌服能降低士的宁所致惊厥小鼠的死亡数，其止惊的主要成分为僵蚕及僵蛹所含的大量草酸铵。

地　龙

为巨蚓科动物参环毛蚓、通俗环毛蚓、栉盲环毛蚓或威廉环毛蚓等的干燥体。生用，制用或炒用。全国均产，以广东、山东、江苏等地较多。

【性味归经】咸，寒。入脾、胃、肝、肾经。

【功效】息风，清热，活络，平喘，利尿。

【主治】痉挛抽搐，风湿痹痛，肺热气喘，小便不利。

【临床应用】①痉挛抽搐：热病狂躁、痉挛抽搐等，常配伍全蝎、钩藤、僵蚕等同用。②风湿痹痛：常与天南星、川乌、草乌等同用。③肺热喘息：常与麻黄、杏仁等配伍。④小便不利，水肿：热结膀胱，小便不利及水肿等，常配伍车前子、冬瓜仁等同用。

【用量】马、牛 30～60 g；猪、羊 10～15 g；犬、猫 1～3 g；兔、禽 0.5～1 g。

【注意事项】非热证者忌用。

【化学成分】含蚯蚓解热碱、蚯蚓素、蚯蚓毒素、蚯蚓磷脂、N-磷酰蚯蚓磷脂、透明质酸、胆碱和胍等。

【药理研究】①地龙粉针有明显的解热镇痛作用，但和扑热息痛没有协同作用。②能显著地增加肌肉组织中肌动蛋白数量，有利于伤口的收缩。③对胎儿宫内发育迟缓有明显的促进作用，其机制可能正是由于地龙的抗凝和纤溶作用纠正了胎盘绒毛血管的阻塞和狭隘使胎儿和母体的血流量增加，为胎儿的生长发育提供了所需的营养成分。

白附子

为天南星科植物独角莲的干燥块茎。切片生用。主产于河南、湖北、山西、四川、陕西等地。

【性味归经】辛、甘，温。有毒。入脾、胃经。

【功效】燥湿化痰，祛风止痉，解毒散结。

【主治】口眼歪斜，破伤风，风湿痹痛。

【临床应用】①多种风证：中风痰壅，常配伍天麻、天南星、川芎等同用；中风口眼歪斜，常与僵蚕、全蝎等同用；破伤风，常与半夏、南星、全蝎、僵蚕等配伍。②风湿痹痛：常配伍天麻、白芷、川乌等同用。

【用量】马、牛 15～30 g；猪、羊 5～10 g；犬、猫 0.5～3 g。

【注意事项】阴虚忌用。

【化学成分】含天师酸、尿嘧啶、桂皮酸、棕榈酸、β-谷甾醇和β-谷甾醇-3-O-葡萄糖苷。

【药理研究】有与链霉素相似的抗结核杆菌的作用。

其他平肝药见表 9-23。

表 9-23　其他平肝药

药名	性味归经	功效	临床应用	用量
刺蒺藜	苦、辛，微温。有小毒。入肝经	平肝明目，散风行血	①配伍钩藤、珍珠母、菊花等用治肝阳上亢，头晕目眩；②配伍柴胡、香附、青皮等用治肝郁气滞之胸胁胀痛；配伍穿山甲、王不留行等用治肝郁乳汁不通、乳房胀痛；③配伍菊花、决明子、蔓荆子等用治肝经风热所致的目赤肿痛；④常与防风、荆芥、地肤子等同用治疗风疹瘙痒	马、牛 25～45 g；猪、羊 10～20 g；兔、禽 0.5～1.5 g
谷精草	辛、甘，微寒。入肝、胃经	疏散风热，明目退翳	常配伍菊花、桑叶、防风、生地、赤芍、木贼、决明子等用治风热目赤、翳膜遮睛	马、牛 30～60 g；猪、羊 10～15 g；犬 5～8 g；兔、禽 1～3 g
密蒙花	甘，微寒。入肝经	清肝明目，退翳	①配伍石决明、青葙子、决明子、木贼等用治肝火上炎之目赤肿痛，睛生翳障；②配伍枸杞、菊花、熟地、蒺藜等用治肝虚有热引起的内障目盲	马、牛 20～45 g；猪、羊 5～15 g
青葙子	苦，微寒。入肝经	清肝火，退翳膜	常配伍决明子、密蒙花、菊花等用治肝火上炎引起的目赤肿痛、睛生翳膜	马、牛 30～60 g；猪、羊 5～15 g；兔、禽 0.5～1.5 g
夜明砂	辛，寒。入肝经	清肝明目，散瘀消积	单用或配伍桑白皮、黄芩、赤芍、丹皮、生地、白茅根等用治风热目赤，睛生翳障，肝火上炎之目赤肿痛。用于内外翳障可与苍术等配伍	马、牛 30～45 g；猪、羊 10～15 g；犬 5～8 g
天竺黄	甘，寒。入肝、心经	清化热痰，凉心定惊	①配伍朱砂、僵蚕、牛黄、郁金、黄连等用治痰热惊搐、中风痰壅；②配伍瓜蒌、贝母等用治肺热咳嗽痰多	马、牛 20～45 g；猪、羊 6～10 g；犬 3～5 g
羚羊角	咸，寒。入肝、心经	平肝息风，清肝明目，清热解毒	①配伍天竺黄、钩藤、郁金等用治惊风抽搐；②配伍石决明、天麻、牡蛎等用治肝阳上亢，头晕目眩；③配伍石膏、菊花、丹皮等用治热毒发斑	马、牛 15～30 g；猪、羊 10～15 g；犬 2～5 g
珍珠母	咸，寒。入肝、心经	平肝潜阳，清肝明目，镇心安神	①配伍钩藤、白芍、夏枯草等用治肝阳上亢，头晕目眩；②配伍石决明、菊花、车前子等用治肝虚有热引起的内障目盲；③配伍天麻、钩藤等用治惊风抽搐	马、牛 30～45 g；猪、羊 10～15 g；犬 5～8 g

续表 2-23

药名	性味归经	功效	临床应用	用量
罗布麻	甘、苦，凉。入肝经	平肝抑阳，清热利尿	①配伍钩藤、野菊花、夏枯草等用治肝阳上亢，头晕目眩；②配伍木通、茯苓、车前子等用治水肿	马、牛 15～30 g；猪、羊 10～15 g；犬 2～5 g

二、平肝方

以清肝明目、疏风解痉和平肝息风药物为主组成，具有清肝泻火，明目退翳、祛风，息风解痉作用，用以治疗肝火上炎，肝经风热，风邪外感和肝风内动等证的一类方剂，称为平肝方。

决明散(《元亨疗马集》)

【组成】煅石决明 45 g、草决明 45 g、栀子 30 g、大黄 30 g、白药子 30 g、黄药子 30 g、黄芪 30 g、黄芩 20 g、黄连 20 g、没药 20 g、郁金 20 g。

煎汤候温加蜂蜜 60 g、鸡蛋清 2 个，同调灌服。

【功效】清肝明目，退翳消瘀。

【主治】肝经积热，外传于眼所致的目赤肿痛，云翳遮睛等。

【方解】本方为明目退翳之剂。方中石决明、草决明清肝热，消肿痛，退云翳，为主药；黄连、黄芩、栀子、鸡蛋清清热泻火，黄药子、白药子凉血解毒，加强清肝解毒作用，为辅药；大黄、郁金、没药散瘀消肿止痛，黄芪补脾气，均为佐药；使以蜂蜜为引。诸药相合，清肝明目，退翳消瘀。

【临床应用】用于外障眼及鞭伤所致的眼目赤肿、睛生云翳、眵盛难睁、羞明畏光等证。方中黄芪现多不用。

【方歌】决明散用二决明，芩连栀军蜜蛋清，芪没郁金二药入，外障云翳服之宁。

镇肝息风汤(《衷中参西录》)

【组成】怀牛膝 90 g、生赭石 90 g、生龙骨 45 g、生牡蛎 45 g、生龟板 45 g、生杭芍 45 g、玄参 45 g、天冬 45 g、川楝子 15 g、生麦芽 15 g、茵陈 15 g、甘草 15 g。

水煎服，或共为末，开水冲调，候温灌服。

【功效】镇肝息风，滋阴潜阳。

【主治】阴虚阳亢，肝风内动所致的口眼歪斜、转圈运动或四肢活动不利、痉挛抽搐、脉弦长有力。

【方解】本方证因肝肾阴亏，肝阳上亢，肝风内动，气血逆乱，蒙扰清窍所致。方中重用牛膝滋养肝肾，引血下行，为主药。重用赭石，合龙骨、牡蛎降逆气，镇肝息风，为辅药。龟板、玄参、杭芍、天冬滋阴清热，协助主药以制阳亢；茵陈、川楝子、生麦芽清泄肝热，疏肝理气，共为佐药；甘草调和诸药，合麦芽和胃调中，防金石药伤胃之弊，为使药。诸药相合，镇肝息风，潜阳滋阴。

【临床应用】用于治疗肝阳上亢，肝肾阴虚，肝风内动导致的拘挛抽搐、口眼歪斜、转圈运动等证。

【方歌】镇肝息风芍天冬，牛膝麦芽赭石同，玄楝龟茵龙牡草，肝阳上亢此方宗。

其他平肝方见表 9-24。

表 9-24 其他平肝方

方名	来源	组成	功效	主治
洗肝散	《和剂局方》	羌活 30 g、防风 30 g、薄荷 30 g、当归 20 g、大黄 20 g、栀子 20 g、甘草 15 g、川芎 15 g	疏散风热，清肝解毒	肝经风热。证见目赤肿痛，羞明流泪，关节肿痛等
补阳还五汤	《医林改错》	黄芪 200～400 g、当归 40 g、赤芍 30 g、地龙 30 g、川芎 30 g、桃仁 30 g、红花 30 g	补气活血，祛瘀通络	中风证。证见四肢软弱无力，腰瘫腿痪，口眼歪斜，口角流涎，小便频数或遗尿等
千金散	《元亨疗马集》	天麻 25 g、乌蛇 30 g、蔓荆子 30 g、羌活 30 g、独活 30 g、防风 30 g、升麻 30 g、阿胶 30 g、何首乌 30 g、沙参 30 g、天南星 20 g、僵蚕 20 g、蝉蜕 20 g、藿香 20 g、川芎 20 g、桑螵蛸 20 g、全蝎 20 g、旋覆花 20 g、细辛 15 g、生姜 30 g	散风解痉，息风化痰，养血补阴	破伤风
天麻散	《司牧安骥集》	天麻 30 g、党参（原方用人参）30 g、川芎 25 g、蝉蜕 20 g、防风 30 g、荆芥 25 g、甘草 15 g、薄荷 20 g、何首乌 30 g、茯苓 30 g	益气和血，祛湿解表	气血虚弱偏风病或脾虚湿邪证和脾虚风邪证。证见偏头直项，眼目歪斜，神昏似醉，站立如痴，口色青紫，脉象迟细
牵正散	《杨氏家藏方》	白附子 20 g、白僵蚕 20 g、全蝎 20 g。黄酒 100 mL 为引	祛风化痰，通络止痉	歪嘴风。证见口眼歪斜，或一侧耳下垂，或口唇麻痹下垂等

续表 9-24

方名	来源	组成	功效	主治
镇痫散	《中兽医治疗学》	当归 6 g、白芍 6 g、川芎 9 g、僵蚕 6 g、钩藤 10 g、全蝎 3 g、朱砂 5 g、蜈蚣 2 条、麝香 0.5 g	镇痫安神，养血息风	幼畜癫痫。证见卒然昏倒，四肢抽搐，口吐涎沫，醒后如常

第十三节　安神开窍药与安神开窍方

一、安神开窍药

1. 概念　凡具有安神、开窍功能，治疗心神不宁，窍闭神昏病证的药物，称为安神开窍药。

2. 分类　根据药物性质及功用的不同，本类药分为安神药与开窍药两类。

3. 性能特点　本类药药性多属温性、少数性平或凉，味多以甘、辛为主；主入心经。

4. 功效　本类药一般具有镇静安神、醒神开窍功能。此外，部分药还具有清热解毒、理气、祛痰等功能。

5. 应用　本类药主要用于治疗心悸、惊痫、癫狂、神志昏迷、气滞痰闭等证，部分药物还可用于治疗热毒疮肿、虚汗、肠燥便秘、咳嗽痰多等证。

6. 使用与配伍　心神不宁等证，可由多种病因引发。如心火炽盛或邪热内扰，证见躁动不安、惊悸失瞩者，多偏于实。阴血不足，心神失养，证见虚烦不眠，心悸怔忡者，多偏于虚。故安神药的应用，须根据不同的病因、病机，选择适宜的安神药，并进行相应的配伍。如心火亢盛者，当配伍清心降火药物，痰热扰心者，当配伍化痰、清热药物；肝阳上亢者，当配伍平肝潜阳药物；血瘀气滞者，当配伍活血化瘀药物；阴血亏虚者，当配伍补血、养阴药物及养心神药物；心脾气虚者，当配伍补气药物。至于惊风、癫狂等证，多以化痰开窍或平肝息风药物为主，本类药物多作辅助之品。

7. 注意事项　矿石类安神药，如做丸、散剂，易伤脾胃，故不宜长期使用，并须酌情配伍养胃健脾之品；入煎剂，应打碎煎、久煎；部分药物具有毒性，更须慎用，以防中毒。

朱　砂

为硫化物类矿物辰砂族辰砂，主含硫化汞（HgS），又称丹砂。研末或水飞用。

主产于湖南、湖北、四川、广西、贵州、云南等地。

【性味归经】甘,凉。有毒。入心经。

【功效】镇心安神,定惊解毒。

【主治】热病癫狂,躁动不安,疮疡肿毒。

【临床应用】①心神不宁:心经热盛引起的躁动不安,心悸,常配伍黄连、茯神等同用;心血不足之心神不宁,常与当归、熟地等同用;阴血亏虚者,又常配伍酸枣仁、柏子仁、当归等同用。②惊风,癫痫:高热神昏、惊厥,常与牛黄、麝香等同用;惊风,常与牛黄、全蝎、钩藤等配伍;癫痫卒昏抽搐,常配伍磁石同用。③疮疡肿毒:疮疡肿毒,常与雄黄、大戟等同用;咽喉肿痛、口舌生疮,常配伍冰片、硼砂等,如冰硼散。

【用量】马、牛 3～6 g;猪、羊 0.3～1.5 g;犬 0.05～0.45 g。

【注意事项】本品有毒,不宜大量服用,也不宜少量久服,以防汞中毒;忌火煅,火煅则析出水银,有剧毒。

【化学成分】含硫化汞(HgS),常混有少量黏土及氧化铁等杂质。

【药理研究】①能抑制中枢神经系统兴奋,起镇静和催眠作用。②外用能抑杀皮肤细菌及寄生虫。③家兔灌胃能使排出的兔尿总氮量增加,体重也有所增加。

酸枣仁

为鼠李科植物酸枣的干燥成熟种子。生用或炒用。主产于河北、河南、陕西、辽宁等地。

【性味归经】甘、酸,平。入心、肝经。

【功效】养心安神,益阴敛汗。

【主治】心虚惊恐,躁动不安,虚汗。

【临床应用】①心悸,躁动不安:心肝血虚之心悸、躁动不安,常配伍党参、熟地、柏子仁、茯苓、丹参等同用;心脾气虚所致之心悸躁动,常与当归、黄芪、党参等同用;心肾不足,阴虚阳亢所致之心悸、怔忡,常与麦冬、地黄、远志等配伍。②虚汗:体虚自汗、盗汗,常配伍五味子、山茱萸、白芍或牡蛎、麻黄根、浮小麦、黄芪等同用。

【用量】马、牛 20～60 g;猪、羊 5～10 g;犬 3～5 g;兔、禽 1~2 g。

【化学成分】含酸枣仁皂苷、当药素、白桦脂酸、白桦脂醇、阿魏酸和维生素C等。

【药理研究】①能明显减少小鼠自发活动,协同戊巴比妥钠的中枢抑制作用,拮抗苯丙胺的中枢兴奋作用,中枢抑制作用呈一定的剂量依赖性。②乙醇提取物能明显提高小鼠淋巴细胞转化值,促进抗体溶血素生成,增强单核巨噬细胞的吞噬功能。

远 志

为远志科植物远志或卵叶远志的根或根皮。生用或炙用。主产于山西、陕西、吉林、河南等地。

【性味归经】辛、苦，微温。入心、肺经。

【功效】宁心安神，祛痰开窍，消痈肿。

【主治】心虚惊悸，咳嗽痰多，疮痈肿毒。

【临床应用】①心神不宁：心悸、躁动不安，常配伍朱砂、茯神等同用。②癫痫发狂：癫痫、痉挛抽搐，常与半夏、天麻、全蝎等同用；痰阻心窍所致癫狂发作，常与石菖蒲、郁金、白矾等配伍。③咳嗽痰多：痰多黏稠、咳吐不爽者，常配伍杏仁、贝母、桔梗等同用。④痈疽疖毒、乳房肿痛：单用为末加酒灌服，外用调敷患处。

【用量】马、牛 10～30 g；猪、羊 5～10 g；犬 3～6 g；兔、禽 0.5～1.5 g。

【注意事项】有胃炎者慎用。

【化学成分】含远志苷、α-菠甾醇葡萄糖苷、α-菠甾醇葡萄糖苷-6′-O-棕榈酸酯、豆甾醇、(28Z)三十四碳烯酸等。

【药理研究】①远志皂苷具有较强的祛痰和镇咳作用。②提取物大鼠灌服后能在血和胆汁中检测到延长小鼠戊巴比妥钠睡眠时间的活性物质 3,4,5-三甲氧基肉桂酸、甲基 3,4,5-三甲氧基肉桂酸和对甲氧基肉桂酸。③水溶性提取物对黄曲霉 B_1 诱发的回变菌落数有显著的抑制作用。

合欢皮

为豆科植物合欢的干燥树皮。切段生用。主产于江苏、浙江、安徽等地。

【性味归经】甘、平。入心、肝、肺经。

【功效】安神解郁，活血消肿。

【主治】躁动不安，跌打损伤，疮黄肿毒。

【临床应用】①躁动不安：肝气郁结，烦躁不安，常配伍酸枣仁、柏子仁、远志等同用。②跌打损伤：血瘀肿痛或骨折肿痛，常与红花、桃仁、当归等同用。③疮黄肿毒：常与蒲公英、紫花地丁、连翘等配伍。

【用量】马、牛 25～60 g；猪、羊 10～15 g。

【化学成分】含三萜、黄酮、木脂素、生物碱、鞣质及氨基酸和微量元素等。

【药理研究】①对小鼠的自发活动均具有明显的抑制作用，与戊巴比妥钠有较好的催眠协同作用，可延长小鼠睡眠时间，提高小鼠的入睡率。②具有显著的兴奋子宫和致流产作用。乙醇提取物能明显改善红细胞免疫指标，增强机体红细胞免疫功能，且对红细胞免疫功能的改善是通过红细胞功能的增强而实现的。

蟾 酥

为蟾酥科动物中华大蟾蜍、黑眶蟾蜍的干燥分泌物。蟾蜍耳后腺及皮肤腺所分泌的白色浆液，经收集加工而成。产于全国大部分地区。

【性味归经】甘、辛，温。有毒。入心、胃经。

【功效】解毒消肿，辟秽通窍。

【主治】咽喉肿痛，疮黄疔毒。

【临床应用】①咽喉肿痛、疮黄疔毒：常与朱砂、麝香、牛黄等同用。②昏厥：感受秽浊之气猝然昏倒，常配伍麝香、丁香等同用。

【用量】马、牛 0.1～0.2 g；猪、羊 0.03～0.06 g；犬 0.075～0.15 g。

【注意事项】孕畜忌用。

【化学成分】含蟾毒、蟾毒配基脂肪酸脂和蟾毒配基硫酸脂，蟾毒配基类是蟾蜍毒素在炮制过程中的分解产物，如脂蟾毒配基、华蟾毒精和蟾毒灵，此外，还含有吗啡和肾上腺素等。

【药理研究】①蟾毒及其配基均有洋地黄样作用，即强心作用。②对放射性物质引起的白细胞减少症，有升高白细胞的作用。③脂溶成分具有明显的镇静作用。④有抗炎作用，在体外无抑菌作用。⑤对小鼠实验性咳嗽，有止咳作用。⑥静脉或腹腔注射蟾酥注射液，小鼠出现呼吸急促、肌肉痉挛、心律不齐，最后麻痹而死。

其他安神药见表 9-25。

表 9-25 其他安神药

药 名	性味归经	功 效	临床应用	用 量
柏子仁	甘、平。入心、肝、肾经	养心安神，润肠通便	①常配伍酸枣仁、远志、熟地、茯神等用治血不养心之心虚惊悸；②常配伍火麻仁、郁李仁等治疗阴虚血少及产后血虚之肠燥便秘	马、牛 25～60 g；猪、羊 10～15 g；犬、猫 2～5 g。便溏及多痰者慎用
牛黄	苦、甘，凉。入心、肝经	豁痰开窍，清热解毒，息风定惊	①常配伍麝香、冰片等用治高热神昏、癫狂等；②配伍黄连、雄黄、麝香等用治热毒郁结所致口舌生疮，痈疽疮毒等；③配伍朱砂、水牛角等用治温病高热引起的痉挛抽搐	马、牛 3～12 g；猪、羊 0.6～2.4 g；犬 0.3～1.2 g。 脾胃虚弱及孕畜不宜用，无实热者忌用

续表 9-25

药名	性味归经	功效	临床应用	用量
麝香	辛，温。入十二经	开窍通络，活血散瘀，催产下胎	①配伍冰片、牛黄等用治温病热入心包之闭证神昏、惊厥及中风痰厥等；②配伍雄黄、乳香、没药等用治疮疡肿毒；③配伍肉桂或配伍猪牙皂、天花粉用治难产，死胎，胎衣不下	马、牛 0.6～1.5 g；猪、羊 0.1～0.2 g；犬 0.05～0.1 g。孕畜忌用
石菖蒲	辛，温。入心、肝、胃经	宣窍豁痰，化湿和中	①配伍郁金、半夏、竹沥等用治痰湿蒙蔽清窍、清阳不升所致的神昏、癫狂；与枳实、竹茹、黄连等配伍用治痰热癫痫抽搐；②配伍香附、郁金、藿香、陈皮、厚朴等用治湿困脾胃、食欲不振、肚腹胀满等	马、牛 20～45 g；猪、羊 10～15 g；犬、猫 3～5 g；兔、禽 1～1.5 g
皂角	辛，温。有小毒。入肺、大肠经	豁痰开窍，消肿排脓	①配伍细辛、天南星、半夏、薄荷、雄黄等研末吹鼻，促使通窍苏醒，用治高热神昏、癫痫昏厥等；②单味煎膏外涂，或配伍金银花、紫花地丁等用治疮痈肿毒	马、牛 20～40 g；猪、羊 5～10 g；犬 1.5～3 g。孕畜及体虚者不宜用。用量过大，可引起呕吐或腹泻
苏合香	辛，温。入心、脾经	开窍醒神，辟秽止痛	①配伍麝香、安息香、檀香等，用治中风痰厥、癫痫昏厥等；②常配伍冰片用治痰浊、血瘀或寒凝气滞之胸腹痞满、冷痛	马、牛 3～6 g；猪、羊 0.3～2 g；犬 0.1～1 g 入丸散剂。

二、安神开窍方

以养心安神药为主组成，具有重镇安神功能，治疗惊悸、神昏不安等证的方剂，称为安神方。

以芳香走窜，醒脑开窍药物为主组成，具有通关开窍醒神作用，用于治疗窍闭神昏、气滞痰闭等证的方剂，称为开窍方。

安神开窍方见表 9-26。

表 9-26 安神开窍方

方名	来源	组成	功效	主治
朱砂散	《元亨疗马集》	朱砂(另研)10 g、党参 30 g、茯神 45 g、黄连 45 g。猪胆汁 50 mL，童便 100 mL 为引	重镇安神，扶正祛邪	心热风邪。证见全身出汗，气促喘粗，左右乱跌，口色赤红，脉洪数

续表 9-26

方名	来源	组成	功效	主治
镇心散	《元亨疗马集》	朱砂(另研)10 g、茯神 30 g、党参 30 g、防风 30 g、远志 30 g、栀子 30 g、郁金 30 g、黄芩 30 g、黄连 20 g、麻黄 20 g、甘草 20 g。鸡蛋清 4 个、蜂蜜 120 g 为引	清热祛风，镇心安神	马心黄，表里热盛，热极生风的惊狂、抽搐及神失所主等证
通关散	《丹溪心法附余》	猪牙皂角、细辛各等份。共为极细末，和匀，吹少许入鼻取嚏	通关开窍	高热神昏，痰迷心窍。证见猝然昏倒，牙关紧闭，口吐涎沫等

第十四节　驱虫药与驱虫方

一、驱虫药

1. 概念　凡能驱除或杀灭畜、禽体内、外寄生虫的药物，称为驱虫药。

2. 性能特点　本类药药性多属寒凉、少数性温或平，味多以苦为主；主入胃、大肠经；部分药物有毒，使用宜慎。

3. 功效　本类药物一般具有驱杀绦虫、蛔虫、钩虫、血吸虫、蛲虫、球虫、螨虫等作用，但各药驱虫的种类多有侧重。另外，本类药物中部分药兼有行气、壮阳、燥湿、消积等功能。

4. 应用　本类药多用于动物胃肠道寄生虫，肝蛭、疥癣等证。

5. 使用与配伍　虫证一般具有毛焦肷吊、饱食不长或粪便失调等症状。使用驱虫药时，必须根据寄生虫的种类，病情的缓急和体质的强弱，采取急攻或缓驱。对于体弱脾虚的病畜，可采用先补脾胃后驱虫或攻补兼施的办法。为了增强驱虫作用，多配合泻下药。驱虫时以空腹投药为好，同时要注意驱虫药对寄生虫的选择作用，如治蛔虫选用使君子、苦楝子，驱绦虫时选用槟榔等。

6. 注意事项

(1)驱虫药不但对虫体有毒害作用，而且对畜体也有不同程度的副作用，所以使用时必须掌握药物的用量和配伍，以免引起中毒。

(2)驱虫时应适当休息，驱虫后要加强饲养管理，使虫去而不伤正，迅速恢复健康。

槟　榔

为棕榈科植物槟榔的干燥成熟种子。又称玉片或大白。切片生用或炒用。主产于广东、台湾、云南等地。

【性味归经】辛、苦,温。入胃、大肠经。

【功效】杀虫消积,行气利水。

【主治】食积腹痛,脾虚水肿,绦虫病,姜片吸虫。

【临床应用】①虫积:本品能驱杀多种肠内寄生虫,并有轻泻作用,有助于虫体排出,尤以驱除猪、鹅、鸭绦虫、姜片吸虫为佳。单用或配伍南瓜子等同用。②食积腹痛:食积气滞、腹胀便秘、里急后重等,常配伍木香、青皮等同用。③水肿:气滞水泛,四肢浮肿疼痛,常配伍吴茱萸、木瓜、苏叶、陈皮等同用。

【用量】马 5～15 g;牛 12～60 g;猪、羊 6～12 g;兔、禽 1～3 g。

【注意事项】老弱气虚者禁用。

【化学成分】含槟榔碱、槟榔次碱、去甲槟榔碱、去甲槟榔次碱、槟榔副碱、鞣质、脂肪油、槟榔红等。

【药理研究】①对血链球菌、唾液链球菌和内氏放线菌的生长和产酸具有抑制作用;水浸剂对许兰氏[h6]黄癣菌等有不同程度的抑制作用,鸡胚实验表明槟榔有抗流感病毒作用。②水煎液及槟榔碱水溶液对大鼠胃底肌条、结肠及家兔十二指肠、回肠的离体肠管的收缩运动均有明显的增强作用,主要表现在张力的增加和振幅的变化。③槟榔对多种寄生虫有抑制或杀灭作用。④槟榔南瓜子合剂对猪带绦虫驱虫机理主要是麻痹作用,对神经无损伤。

[附]大腹皮

为槟榔果实的外皮。本品性温,味辛,归脾、胃经;功能下气宽中,利水消肿;多用治水气外溢之肿、湿邪内停之胀,对肚腹胀满、小便不利、腹泻等也有疗效。

贯　众

为鳞毛蕨科植物粗茎毛蕨的干燥根茎及叶柄残基。又称绵马贯众。主产于湖南、广东、四川、云南、福建等地。

【性味归经】苦,寒。有小毒。入肝、胃经。

【功效】杀虫,清热解毒,止血。

【主治】虫积腹痛,湿热疮毒,出血证。

【临床应用】①虫积腹痛:绦虫病、蛲虫病、钩虫病等,常与芜荑、百部等配伍。②湿热毒疮,时行瘟疫:可单用或配伍白药子、金银花等同用。③血热出血:血热妄行所致子宫出血、衄血等,本品炒炭配伍旱莲草、生地等同用。

【用量】马、牛 20～60 g;猪、羊 10～15 g。

【注意事项】肝病、贫血、衰老病畜及孕畜忌用。

【化学成分】含绵马酸、黄绵马酸、白绵马素、绵马素、绵马贯众素、粗蕨素、松甾酮、羟基促脱皮甾酮、促脱甾酮、羊齿三萜、绵马三萜、鞣质、挥发油和树脂等。

【药理研究】①醇提取物对金黄色葡萄球菌和大肠杆菌具有明显的抗菌作用。②煎剂对流感病毒 PR8 株、亚洲甲型京科 68-1 株、57-4 株、新甲 1 型连防 77-2 株等均有明显抑制作用。③提取物对四氯化碳和 *D*-氨基半乳糖诱发的小鼠肝损伤具有保护作用。

使君子

为使君子科植物使君子的干燥成熟果实。打碎生用或去壳取仁炒用。主产于四川、江西、福建、台湾、湖南等地。

【性味归经】甘,温。入脾、胃经。

【功效】杀虫消积。

【主治】虫积腹痛。

【临床应用】①虫积腹痛:蛔虫、蛲虫所致的虫积腹痛,单用或与槟榔、苦楝子等同用。②疥癣:外用可治疥癣。

【用量】马、牛 30～90 g;猪、羊 10～20 g;犬 5～10 g;兔、禽 1.5～3 g。

【化学成分】含使君子氨酸、使君子酸钾、胡芦巴碱、脂肪油(油中主要成分为油酸及软脂酸的酯)。此外,还含蔗糖、果糖等。

【药理研究】①使君子氨酸及使君子氨酸盐具有杀虫作用。②使君子氨酸可造成癫痫模型,其受体拮抗剂可抑制模型动物的癫痫发作。③使君子氨酸能使幼鼠的神经元细胞坏死,神经胶质细胞浸润,并使注射侧的纹状体和海马萎缩。

川楝子

为楝科植物川楝的干燥成熟果实。又称金铃子。生用或炒用。主产于四川、湖北、贵州、云南等地。

【性味归经】苦,寒。有小毒。入肝、心包、小肠、膀胱经。

【功效】杀虫,理气,止痛。

【主治】肚腹胀痛,虫积。

【临床应用】①虫积腹痛:蛔虫、蛲虫引起的腹痛,常配伍使君子、槟榔等同用。②气滞腹痛:湿热气滞所致的肚腹胀痛,常与延胡索、木香等配伍。

【用量】马、牛 15～45 g;猪、羊 5～10 g;犬 3～5 g。

【化学成分】含川楝素、生物碱、楝树碱、中性脂肪、鞣质等。

【药理研究】①川楝素是一种有效的神经肌肉接头传递阻断剂，其作用部位在突触前神经末梢，作用方式是抑制刺激神经诱发的乙酰胆碱释放。②川楝子不同炮制品均具有显著的镇痛作用，其中以盐制品镇痛抗炎作用最强。

[附]苦楝皮

为川楝或楝的干燥根皮。本品性寒，味苦；有毒；归脾、肝、胃经；功能驱杀多种肠内寄生虫，但以驱杀蛔虫效强；主要用治多种肠内寄生虫引起的虫积腹痛。

常　山

为虎耳草科植物常山的干燥根。晒干切片，生用或酒炒用。主产于长江以南各省及甘肃、陕西等地。

【性味归经】苦、辛，寒。有小毒。入肝、肺经。

【功效】截疟，杀虫，解热。

【主治】球虫病，宿草不转。

【临床应用】疟疾，球虫病：鸡疟及鸡、兔球虫病，单味煎服或与其他药配伍拌料喂服。

【用量】马、牛 30～60 g；猪、羊 10～15 g；兔、禽 0.5～3 g。

【注意事项】有催吐的副作用，用量不宜过大，孕畜慎用。

【化学成分】含常山碱甲、乙、丙、常山次碱等多种生物碱及伞形花内酯等。

【药理研究】①对甲型流行性感冒病毒(PR8)有抑制作用。②所含生物碱对疟原虫有强的抑制作用。③常山碱甲、乙、丙均有降压作用。④能刺激胃肠道及作用于呕吐中枢，引起呕吐。

其他驱虫药见表 9-27。

表 9-27　其他驱虫药

药名	性味归经	功效	临床应用	用量
雷丸	苦，寒。有小毒。入胃、大肠经	杀虫	单用或配伍槟榔、牵牛子、木香等用治虫积腹痛，善治绦虫	马、牛 30～60 g；猪、羊 10～20 g
蛇床子	辛、苦，温。入肾经	祛风燥湿，杀虫止痒，温肾壮阳	①常配伍白矾、苦参、金银花等用治湿疹瘙痒；常配伍地肤子、荆芥、防风等用治荨麻疹；②常配伍五味子、菟丝子、巴戟天等用治肾虚阳痿，腰胯冷痛，宫寒不孕等	马、牛 30～60 g；猪、羊 15～30 g；犬 5～12 g

续表 9-27

药名	性味归经	功效	临床应用	用量
鹤虱	苦、辛，平。有小毒。入脾、胃经	杀虫	配伍川楝子、槟榔等，用治家畜多种肠内寄生虫病：蛔虫病、蛲虫病、绦虫病、钩虫病等	马、牛 15～30 g；猪、羊 3～6 g；兔、禽 1～2 g
榧子	甘，平。入肺、胃、大肠经	杀虫消积，润燥通肠	常与使君子、槟榔等同用，治疗家畜虫积腹痛	马、牛 15～30 g；猪、羊 5～10 g
鸦胆子	苦，寒。有小毒。入肝、大肠经	清热燥湿，杀虫，解毒，蚀疣	①常配伍白头翁、槐花等，用治大肠湿热或球虫引起的下痢久泻；②单味研末，凡士林调敷患处治疗赘疣	马、牛 6～15 g；猪、羊 1～3 g。外用适量
南瓜子	甘，平。入胃、大肠经	驱虫	治疗家畜绦虫病，血吸虫病	马、牛 60～150 g；猪、羊 60～90 g；犬、猫 5～10 g
大蒜	辛，温。入肺、脾、胃经	驱虫健胃，化气消胀，消疮	①配伍槟榔、鹤虱等用治蛲虫、钩虫病等；②单用，或用百分之五的浸液灌肠治疗泻痢；③可捣烂外敷治疗疮痈初起	马、牛 60～120 g；猪、羊 12～30 g；犬、猫 1～3 g

二、驱虫方

以驱虫药为主组成，具有驱除或杀灭寄生虫的作用，用于治疗畜禽体内外寄生虫病的方剂，称为驱虫方。

常见的体内寄生虫有蛔虫、肝片吸虫、马胃蝇幼虫、绦虫、蛲虫、钩虫等；常见的体外寄生虫有螨、虱等。本类方剂主要适用于体内寄生虫引起的腹痛、胀满、贪食消瘦、口色淡白等虫积证和疥螨、虱等外寄生虫病。

组成驱虫方的药物，如雷丸、鹤虱、贯众、苦楝根皮等，都有不同程度的毒性，在使用时应注意掌握准确的剂量和服药间隔时间。同时，驱虫方在服法上，多空腹服，或配伍适当的泻下药，以加速寄生虫的排出。驱虫之后，当调补脾胃，使虫去而正不伤。

万应散（《医学正传》）

【组成】 槟榔 30 g、大黄 60 g、皂角 30 g、苦楝根皮 30 g、黑丑 30 g、雷丸 20 g、沉香 10 g、木香 15 g。

共为末，温水冲服。

【功效】 攻积杀虫。

【主治】蛔虫、姜片吸虫、绦虫等虫积证。

【方解】方中雷丸、苦楝根皮杀虫为主药；黑丑、大黄、槟榔、皂角既能攻积，又可杀虫为辅药；木香、沉香行气温中为佐药；合而用之，具有攻积杀虫之功。

【临床应用】用于驱出蛔虫、姜片吸虫、绦虫等虫积证。本方攻逐力较强，对孕畜及体弱者慎用。

【方歌】万应散中槟丑黄，苦楝根皮和木香，沉香皂角雷丸入，驱虫化积用此方。

其他驱虫方见表9-28。

表9-28 其他驱虫方

方名	来源	组成	功效	主治
肝蛭散	《中华人民共和国兽药典·二部》2010年版	苏木30、肉豆蔻20 g、茯苓30 g、绵马贯众45 g、龙胆草30 g、木通20 g、甘草20、厚朴20 g、泽泻20 g、槟榔30 g	驱虫利水，行气健脾	牛、羊肝片吸虫病
驱虫散	《中华人民共和国兽药典·二部》2010年版	鹤虱30 g、使君子30 g、槟榔30 g、芜荑30 g、雷丸30 g、贯众60 g、炒干姜15 g、制附子15 g、乌梅30 g、诃子肉30 g、大黄30 g、百部30 g、木香25 g、榧子30 g	驱虫	胃肠道寄生虫病
贯众散	《中兽医治疗学》	贯众60 g、使君子30 g、鹤虱30 g、芜荑30 g、大黄40 g、苦楝子15 g、槟榔30 g	驱虫	胃肠道寄生虫病

第十五节 外用药与外用方

一、外用药

1.概念 凡以外用为主，通过涂敷、喷洗形式治疗家畜外科疾病的药物，称为外用药。

2.性能特点 本类药物多属矿物类中药材，性味归经情况复杂；部分药物有毒，使用宜慎。

3.功效 本类药一般具有杀虫解毒、消肿止痛、祛腐生肌、收敛止血等功能；部分药物还具有清热解毒、燥湿化痰、收敛止泻等功效。

4.应用　临床多用于疮疡肿毒、跌打损伤、疥癣等证。

5.使用与配伍　使用本类药物,应根据疾病发生部位及症状不同,采取相应的用药方法,如内服、外敷、喷射、熏洗、浸浴等。本类药物多可单味药物使用,亦可根据疾病需要进行配伍使用。治疗疮疡肿毒,可配伍清热解毒、活血化瘀药;疮疡外渗,多配伍一些具有吸湿作用的矿物类药物;治疥癣,多配伍具有外用杀虫作用的药物和止痒作用的药物。

6.注意事项　外用药多数具有毒性,内服时必须严格按制药的方法,进行处理及操作,以保证用药安全。

冰　片

为菊科植物大风艾的鲜叶经蒸馏、冷却所得的结晶品,或以松节油、樟脑为原料化学方法合成。主产于广东、广西及上海、北京、天津等地。

【性味归经】辛、苦,微寒。入心、肝、脾、肺经。

【功效】宣窍除痰,消肿止痛。

【主治】咽喉肿痛,口舌生疮,目赤翳障,疮疡肿毒,神昏惊厥。

【临床应用】①闭证神昏:热病神昏、痰热内闭、暑热卒厥、惊风等热闭,常与牛黄、麝香、黄连等配伍。②热毒疮肿:目赤肿痛,单用点眼即效,也可配伍炉甘石、硼砂、熊胆等制成点眼药水;咽喉肿痛、口舌生疮,常配伍硼砂、朱砂、玄明粉共研细末,吹敷患处,如冰硼散;疮疡肿痛,溃后不敛,常配伍血竭、乳香等同用。

【用量】马、牛 3～6 g;猪、羊 1～1.5 g;犬 0.5～0.75 g。

【注意事项】孕畜慎用。入丸、散剂用,不宜煎煮。

【化学成分】合成冰片为消旋龙脑,艾片为左旋龙脑。

【药理研究】①可抑制或杀灭金黄色葡萄球菌、乙型溶菌性链球菌等 5 种常见细菌,其最低抑菌浓度为 1.0%～2.0%,最低杀菌浓度为 1.5%～2.0%。②龙脑和异龙脑均能显著抑制蛋清所致的大鼠足肿胀。③具有促进其他药物透皮吸收的作用。

硼　砂

为硼砂矿经精制而成的结晶,主产西藏、青海、四川等地。

【性味归经】甘、咸,凉。入肺、胃经。

【功效】清热解毒、清热化痰。

【主治】口舌生疮,咽喉肿痛,目赤肿痛,痰热咳喘。

【临床应用】①热毒疮肿:口舌生疮,咽喉肿痛,常配伍冰片、玄明粉、朱砂等同用;也可单味制成洗眼剂用。②痰热咳喘:肺热痰嗽、痰液黏稠及久咳疼痛等,常与瓜蒌、青黛、贝母等配伍。

【用量】马、牛 15～30 g;猪、羊 2～5 g。

【化学成分】为四硼酸二钠。

【药理研究】①能刺激胃液的分泌,至肠吸收后由尿排出,能促进尿液分泌及防止尿道炎症。②外用对皮肤、黏膜有收敛保护作用,并能抑制某些细菌的生长,故可治湿毒引起的皮肤糜烂。

硫　黄

为自然元素类矿物硫族自然硫,或用含硫矿物经加工而成。主产于山西、陕西、河南、广东、台湾等地。

【性味归经】酸,温。有毒。入肾、脾、大肠经。

【功效】外用解毒杀虫,内服补火助阳。

【主治】疥癣疮毒,阳痿,虚寒气喘。

【临床应用】①疥癣疮毒:皮肤湿烂、疥癣阴疽等证,常制成10～25%的硫黄软膏外敷,或配伍轻粉、大风子等同用;顽癣瘙痒,常与冰片、蛇床子、明矾等配伍。②肾虚阳痿:命门火衰、腰膝酸冷、阳痿等,常配伍附子、肉桂等同用。③肾虚喘:肾虚不纳气之喘逆,常与胡芦巴、补骨脂、五味子等同用。

【用量】马、牛 10～30 g;猪、羊 0.3～1 g。

【注意事项】阴虚阳亢及孕畜忌用。

【化学成分】含硫及杂有少量砷、铁、石灰、黏土、有机质。

【药理研究】①硫黄与皮肤接触后变为硫化氰与五硫黄酸,然后溶解皮肤角质和杀灭皮肤寄生虫的作用。②内服后在肠内有一部分变为硫化氢、硫化砷,能刺激肠壁而起缓泻作用。③对皮肤真菌有抑制作用,对疥虫有杀灭作用。

雄　黄

为硫化物类矿物雄黄族雄黄,主含二硫化二砷(As_2S_2)。主产于湖南、贵州、湖北、云南、四川等地。

【性味归经】辛,温。有毒。入肝、胃经。

【功效】杀虫解毒。

【主治】疮痈肿毒,疥癣,毒蛇咬伤。

【临床应用】①疮痈肿毒:常与白及、白蔹、大黄等配伍。②疥癣:单味研末外敷或制成油剂外涂,或与狼毒、猪牙皂、巴豆等同用。③湿疹:可同煅白矾研末外撒。④毒蛇咬伤:本品与五灵脂为末,酒调 2～3 g,并以药末涂患处。

【用量】马、牛 5～15 g;猪、羊 0.5～1.5 g;犬 0.05～0.15 g;兔、禽 0.03～0.1 g。

【注意事项】内服宜慎;不可久用;孕畜禁用。

【化学成分】含三硫化二砷及少量重金属盐。

【药理研究】①内服在肠道吸收,毒性较大,有引起中毒危险,也能从皮肤吸收,故外用时亦应注意,大面积或长期使用会产生中毒;若中毒时按砷中毒处理。②对常见化脓性球菌、肠道致病菌、人型和牛型结核杆菌、皮肤真菌均有抑制作用。③对鼠疟有抑制疟原虫作用,有抗日本血吸虫作用。

白 矾

为硫酸盐类矿物明矾石经加工炼制而成,主含含水硫酸铝钾[$KAl(SO_4)_2 \cdot 12H_2O$]。又称明矾。生用或煅用,煅后称枯矾。主产于山西、甘肃、湖北、浙江、安徽等地。

【性味归经】涩、酸,寒。入脾经。

【功效】杀虫止痒,燥湿祛痰,止血止泻。

【主治】痈肿疮毒,湿疹疥癣,口舌生疮,咳喘,久泻便血。

【临床应用】①痈肿疮毒,湿疹疥癣:疮痈肿毒,常配伍等分雄黄,浓茶调敷;口舌生疮,常与冰片、青黛、黄柏等配伍;湿疹疥癣,常与硫黄、冰片等同用。②风痰壅盛,癫痫:常配伍半夏、牙皂、甘草、姜汁等煎汤灌服;癫痫痰盛,常配伍白矾、牙皂,为末,温水调灌。③久泻,出血:久泻不止,单用或与五倍子、诃子、五味子等同用;便血,子宫出血,常与五倍子、血余炭等配伍。

【用量】马、牛 15～30 g;猪、羊 5～10 g;犬、猫 1～3 g;兔、禽 0.5～1 g。

【注意事项】内服生用,外治多煅用。

【化学成分】为硫酸钾铝[$KAl(SO_4)_2 \cdot 12H_2O$]。

【药理研究】①内服后能刺激胃黏膜而引起反射性呕吐,至肠则不吸收,能制止肠黏膜的分泌,因而有止泻之效。②枯矾能与蛋白化合成难溶于水的蛋白化合物而沉淀,故可用于局部创伤出血。③对人型、牛型结核杆菌、金黄色葡萄球菌、伤寒杆菌、痢疾杆菌均有抑制作用。但小鼠灌服后其肠道菌群发生紊乱。

其他外用药见表 7-29。

表 7-29 其他外用药

药名	性味归经	功效	临床应用	用量
炉甘石	涩,平。入胃经	明目去翳,收湿生肌	①与冰片、硼砂、玄明粉等配伍用治目赤肿痛,睛生翳膜等;②配伍铅丹、煅石膏、枯矾、冰片等用治湿疹疮疡多脓或久不收口等	适量外用

续表 7-29

药名	性味归经	功效	临床应用	用量
石灰	辛，温。有毒	生肌，杀虫，止血，消胀	①熟石灰配伍大黄同炒，散布疮口，如桃花散；或配伍枯矾、血竭、乳香、没药等研末外用治疗创伤出血；②熟石灰加水浸泡，搅拌，澄清后吹去水面浮衣，取中间清水 1 份加等量麻油调成乳状，擦涂烫伤处用治烫伤；③制取 10% 的清液 500～1 000 mL 灌服用治牛臌胀	牛、马 10～30 g；猪、羊 3～6 g，制成石灰水澄清液；外用适量
儿茶	苦、涩，微寒。入肺经	收湿敛疮、生肌止血	①配伍龙骨、冰片等用治疮疡溃烂；②单用或配伍三七研末敷患处治疗外伤出血；配伍黄连、黄柏等用治泻痢血便；③配伍桑叶、硼砂等用治肺热咳嗽	马、牛 15～30 g；猪、羊 3～10 g；犬、猫 1～3 g。外用适量
硇砂	咸、苦、辛，温。入肝、脾、胃经	软坚散结，消积去瘀	①常配伍穿山甲、黄丹等用治外伤痈疽疮毒，未成脓者可消，已成脓者可溃，可散结祛腐；②单味研末，喷患处，用治目翳胬肉	马、牛 15～30 g；猪、羊 3～10 g；犬 1.5～5 g
斑蝥	辛，寒。有大毒。入胃、肺、肾经	攻毒蚀疮，破癥散结	①单用治疗疥癣恶疮；②单用内服治疗瘰疬；配玄明粉可消散癥块	马、牛 6～10 g；猪、羊 2～6 g。孕畜忌用
木鳖子	苦、微甘，温。有毒。入肝、大肠经	散瘀消肿，拔毒生肌	①单味外敷用治疮痈肿痛，日久不溃者可促使破溃排脓；②内服可消散肿块，用治乳痈	马、牛 3～9 g；猪、羊 1～1.5 g

二、外用方剂

以外用药为主组成，能够直接作用于病变局部，具有清热凉血、消肿止痛、祛腐拔毒、排脓生肌、接骨续筋和体外杀虫止痒等功效的一类方剂，称为外用方。

外用方以局部熏洗、涂擦、撒布、敷贴、点眼、吹鼻等为主要运用方式，多用于治疗疮黄肿毒、皮肤病、眼病和某些内科病证等。对于某些顽固性或病情严重的外科病证，可配合内服方药，以加强疗效。

本类方剂中的药物多具有刺激性或毒性，不宜过量使用，涂擦面积亦不宜过大，以免引起肿胀疼痛或畜体中毒。

外用方剂见表 9-30。

表 9-30 外用方剂

方名	来源	组成	功效	主治
冰硼散	《外科正宗》	冰片 50 g、朱砂 60 g、硼砂 500 g、玄明粉 500 g。共为极细末，混匀，吹撒患部	清热解毒，消肿止痛，敛疮生肌	咽喉肿痛，口舌生疮
如意金黄散	《外科正宗》	天花粉 120 g、黄柏 60 g、大黄 60 g、白芷 60 g、姜黄 60 g、生南星 60 g、苍术 30 g、厚朴 30 g、陈皮 30 g、生甘草 30 g。共研细末，混匀，以醋或蜂蜜调敷患部	清热解毒，消肿止痛	阳证疮痈肿毒末成脓者，跌打损伤，烫火伤，湿疹
桃花散	《医宗金鉴》	陈石灰 250 g、大黄 45 g。陈石灰用水泼成末，与大黄同炒至石灰呈粉红色为度，去大黄，将石灰研细末，过筛，装瓶备用。外用撒布于创面	防腐收敛止血	创伤出血
青黛散	《元亨疗马集》	青黛、黄连、黄柏、薄荷、桔梗、儿茶各等份。共为极细末，混匀，装瓶备用。用时装入纱布袋内，口噙，或吹撒于患处	清热解毒，消肿止痛	口舌生疮，咽喉肿痛
雄黄散	《痊骥通玄论》	雄黄、白及、白蔹、龙骨、大黄各等份。共为细末，温醋或水调敷，亦可撒布创面	清热解毒，消肿止痛	体表各种急性黄肿，而见红、肿、热、痛，尚未溃脓者
防腐生肌散	《中兽医诊疗》	枯矾 500 g、陈石灰 500 g、煅石膏 400 g、没药 400 g、血竭 250 g、乳香 250 g、黄丹 50 g、冰片 50 g、轻粉 50 g。共为极细末，混匀，装瓶。用时撒布创面或填塞创腔	防腐吸湿，生肌敛疮	痈疽疮疡溃烂，创口不敛及外伤出血等
防风汤	《元亨疗马集》	防风、荆芥、花椒、薄荷、苦参、黄柏各等份。水煎二沸，去渣，候温洗患部	清热祛风，消肿解毒	外洗各种创伤、肿毒、疮疡溃破、直肠脱、阴道脱等
拨云散	《元亨疗马集》	炉甘石 30 g、硼砂 30 g、青盐 30 g、黄连 30 g、铜绿 30 g、硇砂 10 g、冰片 10g。共为极细末，过筛，装瓶。点眼用	解毒防腐，退翳明目	暴发火眼、红肿流泪、眼边红烂和外障云翳等眼疾

续表 9-30

方名	来源	组成	功效	主治
烫火散	《中华人民共和国兽药典·二部》2000 年版	地榆炭 250 g、黄柏 125 g、生石膏 125 g、大黄 60 g、寒水石 60 g。共为细末，混匀，麻油调涂患处	清解火毒	烫伤、烧伤
擦疥方	《元亨疗马集》	狼毒 120 g、牙皂 120 g、巴豆 30 g、雄黄 9 g、轻粉 6 g。共为细末，用热油调匀擦之。隔日一次	杀虫止痒	疥癣。本方药物均有毒，用时应分片涂擦，并防止患畜舔食
生肌散	《外科正宗》	轻粉 500 g、煅石膏 500 g、血竭 150 g、乳香 150 g、黄丹 100 g、冰片 150 g、龙骨 150 g、赤石脂 150 g。共为极细末，混匀，装瓶。用时撒布创面或填塞创腔	祛腐生肌，敛疮吸湿	痈疽疮疡溃烂，创口不敛及外伤出血等

针灸技术篇

第十章　常用穴位及针治

第一节　犬的常用穴位及针治

一、头部穴位(表 10-1)

表 10-1　犬头部常用穴位及针治

穴名	定位	针法	主治
水沟	上唇唇沟上、中 1/3 交界处,一穴	毫针或三棱针直刺 0.5 cm	中风,中暑,支气管炎
山根	鼻背正中有毛与无毛交界处,一穴	三棱针点刺 0.2～0.5 cm,出血	中风,中暑,感冒,发热
三江	内眼角下的血管上,左右侧各一穴	三棱针点刺 0.2～0.5 cm,出血	便秘,腹痛,目赤肿痛
承泣	下眼眶上缘中部,左右侧各一穴	上推眼球,毫针沿眼球与眼眶之间刺入 2～3 cm	目赤肿痛,睛生云翳,白内障
睛明	内眼角上下眼睑交界处,左右眼各一穴	外推眼球,毫针直刺 0.2～0.3 cm	目赤肿痛,眵泪,云翳
上关	下颌关节后上方,下颌骨关节突与颧弓之间,张口时出现的凹陷中,左右侧各一穴	毫针直刺 3 cm	歪嘴风,耳聋
下关	下颌关节前下方,颧弓与下颌骨角之间的凹陷中,左右侧各一穴	毫针直刺 3 cm	歪嘴风,耳聋
翳风	耳基部,下颌关节后下方的凹陷中,左右侧各一穴	毫针直刺 3 cm	歪嘴风,耳聋
耳尖	耳廓尖端背面的血管上,左右耳各一穴	三棱针或小宽针点刺,出血	中暑,感冒,腹痛
天门	枕寰关节背侧正中点的凹陷中,一穴	毫针直刺 1～3 cm,或艾灸	发热,脑炎,抽风,惊厥

二、躯干部穴位(表 10-2)

表 10-2 犬躯干部穴位及针治

穴名	定位	针法	主治
大椎	第七颈椎与第一胸椎棘突间的凹陷中,一穴	毫针直刺 2～4 cm,或艾灸	发热,咳嗽,风湿症,癫痫
身柱	第三、四胸椎棘突间的凹陷中,一穴	毫针向前下方刺入 2～4 cm,或艾灸	肺热,咳嗽,肩扭伤
悬枢	最后(第十三)胸椎与第一腰椎棘突间的凹陷中,一穴	毫针斜向后下方刺入 1～2 cm,或艾灸	风湿病,腰部扭伤,消化不良,腹泻
胃俞	倒数第一肋间、距背中线 6 cm 的髂肋肌沟中,左右侧各一穴	毫针沿肋间向下方斜刺 1～2 cm,或艾灸	食欲不振,消化不良,呕吐,泄泻
脾俞	倒数第二肋间、距背中线 6 cm 的髂肋肌沟中,左右侧各一穴	毫针沿肋间向下方斜刺 1～2 cm,或艾灸	食欲不振,消化不良,呕吐,贫血
肝俞	倒数第四肋间、距背中线 6 cm 的髂肋肌沟中,左右侧各一穴	毫针沿肋间向下方斜刺 1～2 cm,或艾灸	肝炎,黄疸,眼病
心俞	倒数第八肋间、距背中线约 6 cm 的肌沟中,左右侧各一穴	毫针沿肋间向下方斜刺 1～2 cm,或艾灸	心脏疾患,癫痫
肺俞	倒数第十肋间、距背中线约 6 cm 的肌沟中,左右侧各一穴	毫针沿肋间向下方斜刺 1～2 cm,或艾灸	咳嗽,气喘,支气管炎
百会	腰荐十字部,即最后(第七)腰椎与第一荐椎棘突间的凹陷中,一穴	毫针直刺 1～2 cm,或艾灸	腰胯疼痛,瘫痪,泄泻,脱肛
三焦俞	第一腰椎横突末端相对的肌沟中,左右侧各一穴	毫针直刺 1～3 cm,或艾灸	食欲不振,消化不良,呕吐,贫血
肾俞	第二腰椎横突末端相对的肌沟中,左右侧各一穴	毫针直刺 1～3 cm,或艾灸	肾炎,多尿症,不孕症,腰部风湿、扭伤
大肠俞	第四腰椎横突末端相对的肌沟中,左右侧各一穴	毫针直刺 1～3 cm,或艾灸	消化不良,肠炎,便秘
关元俞	第五腰椎横突末端相对的肌沟中,左右侧各一穴	毫针直刺 1～3 cm,或艾灸	消化不良,便秘,泄泻
小肠俞	第六腰椎横突末端相对的肌沟中,左右侧各一穴	毫针直刺 1～2 cm,或艾灸	肠炎,肠痉挛,腰痛
膀胱俞	第七腰椎横突末端相对的肌沟中,左右侧各一穴	毫针直刺 1～2 cm,或艾灸	膀胱炎,尿血,膀胱痉挛,尿潴留,腰痛

续表 10-1

穴名	定位	针法	主治
二眼	荐椎两旁，第一、二背荐孔处，每侧各二穴	毫针直刺 1～1.5 cm，或艾灸	腰胯疼痛，瘫痪，子宫疾病
中脘	胸骨后缘与脐的连线中点，一穴	毫针向前斜刺 0.5～1 cm，或艾灸	消化不良，呕吐，泄泻，胃痛
后海	尾根与肛门间的凹陷中，一穴	毫针稍沿脊椎方向刺入 3～5 cm	泄泻，便秘，脱肛，阳痿
尾根	最后荐椎与第一尾椎棘突间的凹陷中，一穴	毫针直刺 0.5～1 cm	瘫痪，尾麻痹，脱肛，便秘，腹泻
尾本	尾部腹侧正中，距尾根部 1 cm 处的血管上，一穴	三棱针直刺 0.5～1 cm，出血	腹痛，尾麻痹，腰风湿
尾尖	尾末端，一穴	毫针或三棱针从末端刺入 0.5～0.8 cm	中风，中暑，泄泻

三、前肢部穴位(表 10-3)

表 10-3 犬前肢部穴位及针治

穴名	定位	针法	主治
肩井	肩峰前下方、臂骨大结节上缘的凹陷中，左右肢各一穴	毫针直刺 1～3 cm	肩部神经麻痹，扭伤
抢风	肩关节后方，三角肌后缘、臂三头肌长头和外头形成的凹陷中，左右肢各一穴	毫针直刺 2～4 cm，或艾灸	前肢神经麻痹，扭伤，风湿症
肘俞	臂骨外上髁与肘突之间的凹陷中，左右肢各一穴	毫针直刺 2～4 cm，或艾灸	前肢及肘部疼痛，神经麻痹
外关	前臂外侧下 1/4 处的桡、尺骨间隙中，左右肢各一穴	毫针直刺 1～3 cm，或艾灸	桡、尺神经麻痹，前肢风湿，便秘，缺乳
内关	前臂内侧下 1/4 处的桡、尺骨间隙处，左右肢各一穴	毫针直刺 1～2 cm，或艾灸	桡、尺神经麻痹，肚痛，中风
膝脉	腕关节内侧下方，第一、二掌骨间的血管上，左右肢各一穴	三棱针或小宽针顺血管刺入 0.5～1 cm，出血	腕关节肿痛，屈腱炎，指扭伤，风湿症，中暑，感冒，腹痛
涌泉	第三、四掌骨间的血管上，每肢各一穴	三棱针直刺 1 cm，出血	风湿症，感冒
指间	前足背指间，掌指关节水平线上，每足三穴	毫针斜刺 1～2 cm，或三棱针点刺	指扭伤或麻痹

四、后肢部穴位(表 10-4)

表 10-4 犬后肢部穴位及针治

穴名	定位	针法	主治
环跳	股骨大转子前方,髋关节前缘的凹陷中,左右侧各一穴	毫针直刺 2～4 cm,或艾灸	后肢风湿,腰胯疼痛
肾堂	股内侧上部的血管上,左右肢各一穴	三棱针或小宽针顺血管刺入 0.5～1 cm,出血	腰胯闪伤、疼痛
膝上	髌骨上缘外侧 0.5 cm 处,左右肢各一穴	毫针直刺 0.5～1 cm	膝关节炎
膝下	膝关节前外侧的凹陷中,左右肢各一穴	毫针直刺 1～2 cm,或艾灸	膝关节炎,扭伤,神经痛
后三里	小腿外侧上 1/4 处的胫、腓骨间隙内,左右肢各一穴	毫针直刺 1～2 cm,或艾灸	消化不良,腹痛,泄泻,胃肠炎,后肢疼痛、麻痹
滴水	第三、四跖骨间的血管上,每肢各一穴	三棱针直刺 1 cm,出血	风湿症,感冒
趾间	后足背趾间,跖趾关节水平线上,每足三穴	毫针斜刺 1～2 cm,或三棱针点刺	趾扭伤或麻痹

五、犬常发病针灸治疗简表(表 10-5)

表 10-5 犬常发病针灸治疗简表

病名	穴位及针法
中暑	血针:耳尖、尾尖为主穴,山根、胸堂、涌泉、滴水为配穴 白针:水沟、大椎为主穴,天门、指间、趾间为配穴
休克	白针:水沟为主穴,内关、后三里、指间、趾间为配穴 血针:山根、耳尖为主穴,尾尖、胸堂为配穴 艾灸:天枢穴
癫痫	白针:水沟、天门为主穴,大椎、翳风、心俞、百会、内关为配穴 水针:百会、大椎、心俞、身柱穴
感冒	白针:大椎为主穴,肺俞、百会、睛明、阳池为配穴 血针:山根、耳尖为主穴,膝脉、涌滴为配穴
嗓黄(咽喉炎)	水针:喉俞穴 白针:大椎、肺俞为主穴,身柱、灵台为配穴

续表 10-5

病名	穴位及针法
气管炎、支气管炎和支气管肺炎	白针:大椎、肺俞为主穴,身柱、灵台、水沟为配穴 血针:耳尖、尾尖为主穴,涌泉、滴水为配穴 水针:喉俞穴
呕吐	白针:内关、外关、后三里为主穴,脾俞、三焦俞、中枢为配穴 艾灸:中脘、天枢穴
幼犬消化不良	白针:后三里、后海、脾俞为主穴,百会、大肠俞、小肠俞、三焦俞为配穴 艾灸:中脘、关元俞、天枢穴
肚胀	白针或电针:后三里、后海为主穴,百会、大肠俞、外关、内关为配穴。 艾灸:中脘、后海、后三里、天枢穴
腹泻	白针:后三里、后海、脾俞为主穴,百会、大肠俞、胃俞、悬枢、中枢为配穴 艾灸:中脘、脾俞、后三里、天枢穴 水针:后三里、后海、关元俞、百会穴 血针:尾尖为主穴,涌泉、滴水为配穴
便秘	电针:双侧关元俞穴 白针:关元俞、大肠俞、脾俞为主穴,百会、后三里、外关、后海为配穴 血针:三江为主穴,尾尖、耳尖为配穴
脱肛	巧治:整复脱出的直肠 电针:百会、后海、肛脱穴
椎间盘脱出	白针:胸腰部发病,取身柱、灵台、中枢、悬枢、命门、肺俞、心俞、肝俞、脾俞、三焦俞、肾俞、大肠俞、关元俞、二眼等穴,配百会、尾根、后三里、后跟、指间、趾间等穴;颈椎发病,取天门、身柱、陶道等穴 水针:大椎、中枢、悬枢、百会等穴 TDP:患部照射
面神经麻痹	白针:锁口、开关、翳风为主穴,上关、下关、天门为配穴 电针:取锁口、翳风或锁口、上关穴组 按摩:沿面神经的走向进行
桡神经麻痹	白针:抢风、前三里、外关等为主穴,肩井、肩外髃、肘俞、内关、曲池、阳池、指间为配穴 电针:抢风为主穴,阳池、外关、六缝为配穴 水针:抢风、前三里穴
坐骨神经麻痹	白针:百会、后三里、环跳等为主穴,膝上、阳辅、解蹊、后跟、趾间为配穴 电针:百会、后三里、环跳、趾间穴
犬瘟热后遗症抽搐	白针:口唇抽搐者,选锁口、开关、上关、下关、翳风等穴;头顶部肌肉及双耳抽搐者,选翳风、开关、上关、下关穴;前肢抽搐者,选抢风、肩井、前三里、外关、指间等穴;后肢抽搐者,选百会、环跳、后三里、阳辅、解蹊、后跟、趾间等穴
神经性耳聋	白针或电针:翳风、上关、下关、外关、内关穴

续表 10-5

病名	穴位及针法
风湿症	白针或电针:颈部风湿,选大椎、陶道、灵台、身柱等穴;腰背部风湿,选中枢、悬枢、命门、百会、肾俞、二眼、尾根、后海等穴;前肢风湿,选抢风、肩井、肩外髃、肘俞、郗上、前三里、外关、内关、指间等穴;后肢风湿,选百会、环跳、膝上、膝下、后三里、阳辅、解蹊、后跟、趾间等穴
挫伤	血针:病初应用。前肢选胸堂、膝脉、涌泉穴,后肢选肾堂、滴水穴 白针:肩肘挫伤,抢风、肘俞为主穴,肩井、肩外髃、郗上、曲池为配穴;腕系挫伤,前三里、外关、内关为主穴,阳池、指间等为配穴;髋膝挫伤,环跳、膝上为主穴,膝下、后三里、阳辅等为配穴;跗系挫伤,解蹊、后跟为主穴,趾间为配穴 水针:患部附近穴位或阿是穴
结膜炎、角膜炎	血针:三江、耳尖穴 白针:睛明、承泣穴 水针:承泣穴
不孕症	白针:百会、后海为主穴,命门、肾俞、二眼、尾根为配穴 电针:百会、后海,或双侧肾俞穴

犬的肌肉及穴位见图 10-1。

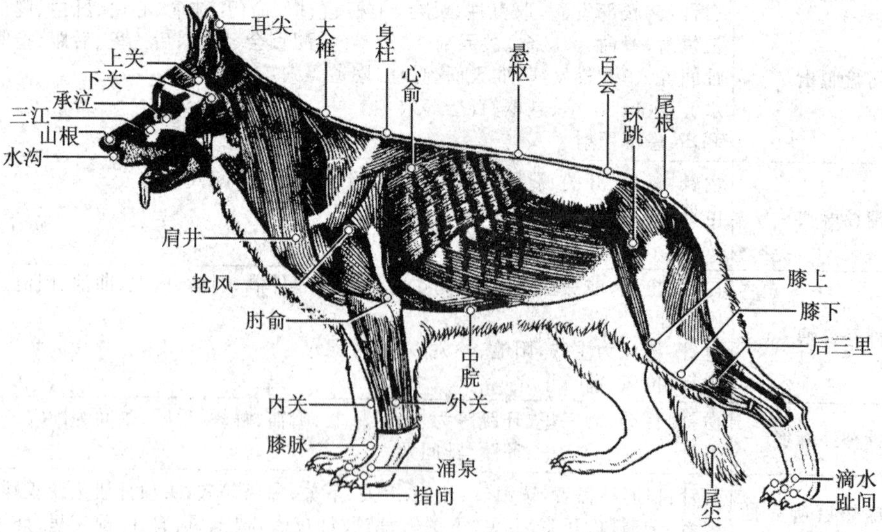

图 10-1　犬的肌肉及穴位

犬的骨骼及穴位见图 10-2。

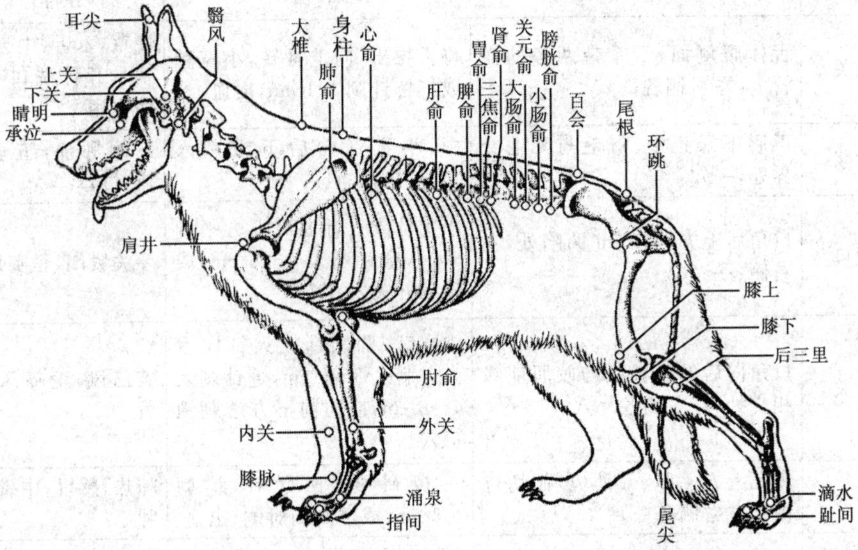

图 10-2 犬的骨骼及穴位

第二节 牛的常用穴位及针治

一、头部穴位(表 10-6)

表 10-6 牛头部常用穴位及针治

穴 名	定 位	针 法	主 治
山 根	主穴在鼻唇镜上缘正中有毛与无毛交界处,两副穴在左右两鼻孔背角处,共三穴	小宽针向后下方斜刺 1 cm,出血	中暑,感冒,腹痛,癫痫
鼻 中	两鼻孔下缘连线中点,一穴	小宽针或三棱针直刺 1 cm,出血	慢草,热证,唇肿,衄血,黄疸
顺 气	口内硬腭前端,齿板后切齿乳头上的两个鼻腭管开口处,左右侧各一穴	将去皮、节的鲜细柳、榆树条,端部削成钝圆形,徐徐插入 20～30 cm,剪去外露部分,留置 2～3h 或不取出	肚胀,感冒,睛生翳膜

续表 10-6

穴名	定位	针法	主治
通关	舌体腹侧面，舌系带两旁的血管上，左右侧各一穴	将舌拉出，向上翻转，小宽针或三棱针刺入 1 cm，出血	慢草，木舌，中暑，春秋季开针洗口有防病作用
承浆	下唇下缘正中、有毛与无毛交界处，一穴	中、小宽针向后下方刺入 1 cm，出血	下颌肿痛，五脏积热，慢草
锁口	口角后上方约 3 cm 凹陷处，左右侧各一穴	小宽针或火针向后上方平刺 3 cm，毫针刺入 4～6 cm，或透刺开关穴	牙关紧闭，歪嘴风
开关	口角向后的延长线与咬肌前缘相交处，左右侧各一穴	中宽针、圆利针或火针向后上方刺入 2～3 cm，毫针刺入 4～6 cm，或向前下方透刺锁口穴	破伤风，歪嘴风，腮黄
鼻俞	鼻孔上方 4.5 cm 处(鼻颌切迹内)，左右侧各一穴	三棱针或小宽针直刺 1.5 cm，或透刺到对侧，出血	肺热，感冒，中暑，鼻肿
三江	内眼角下方约 4.5 cm 处的血管分叉处，左右侧各一穴	低拴牛头，使血管怒张，用三棱针或小宽针顺血管刺入 1 cm，出血	疝痛，肚胀，肝热传眼
睛明	下眼眶上缘，两眼角内、中 1/3 交界处，左右眼各一穴	上推眼球，毫针沿眼球与泪骨之间向内下方刺入 3 cm，或三棱针在下眼睑黏膜上散刺，出血	肝热传眼，睛生翳膜
睛俞	上眼眶下缘正中的凹陷中，左右眼各一穴	下压眼球，毫针沿眶上突下缘向内上方刺入 2～3 cm，或三棱针在上眼睑黏膜上散刺，出血	肝经风热，肝热传眼，眩晕
太阳	外眼角后方约 3 cm 处的颞窝中，左右侧各一穴	毫针直刺 3～6 cm；或小宽针刺入 1～2 cm，出血；或施水针	中暑，感冒，癫痫，肝热传眼，睛生翳膜
耳尖	耳背侧距尖端 3 cm 的血管上，左右耳各三穴	捏紧耳根，使血管怒张，中宽针或大三棱针速刺血管，出血	中暑，感冒，中毒，腹痛，热性病
天门	两耳根连线正中点后方，枕寰关节背侧的凹陷中，一穴	火针、小宽针或圆利针向后下方斜刺 3 cm，毫针刺入 3～6 cm，或火烙	感冒，脑黄，癫痫，眩晕，破伤风

二、躯干部穴位(表 10-7)

表 10-7 牛躯干部常用穴位及针治

穴名	定位	针法	主治
颈脉	颈静脉沟上、中 1/3 交界处的血管上,左右侧各一穴	高拴牛头,徒手按压或扣颈绳,大宽针刺入 1 cm,出血	中暑,中毒,脑黄,肺风毛燥
苏气	第八、九胸椎棘突间的凹陷中,一穴	小宽针、圆利针或火针向前下方刺入 1.5~2.5 cm,毫针刺入 3~4.5 cm	肺热,咳嗽,气喘
天平	最后胸椎与第一腰椎棘突间的凹陷中,一穴	小宽针、圆利针或火针直刺 2 cm,毫针刺入 3~4 cm	尿闭,肠黄,尿血,便血,阉割后出血
关元俞	最后肋骨与第一腰椎横突顶端之间的髂肋肌沟中,左右侧各一穴	小宽针、圆利针或火针向内下方刺入 3 cm,毫针刺入 4.5 cm;亦可向脊椎方向刺入 6~9 cm	慢草,便结,肚胀,积食,泄泻
六脉	倒数第一、二、三肋间,髂骨翼上角水平线上的髂肋肌沟中,左右侧各三穴	小宽针、圆利针或火针向内下方刺入 3 cm,毫针刺入 6 cm	便秘,肚胀,积食,泄泻,慢草
脾俞	倒数第三肋间,髂骨翼上角水平线上的髂肋肌沟中,左右侧各一穴	小宽针、圆利针或火针向内下方刺入 3 cm,毫针刺入 6 cm	同六脉穴
肺俞	倒数第六肋间,髂骨翼上角水平线上的髂肋肌沟中,左右侧各一穴	小宽针、圆利针或火针向内下方刺入 3 cm,毫针刺入 6 cm	肺热咳喘,感冒,宿草不转
百会	腰荐十字部,即最后腰椎与第一荐椎棘突间的凹陷中,一穴	小宽针、圆利针或火针直刺 3~4.5 cm,毫针刺入 6~9 cm	腰胯风湿、闪伤,二便不利,后躯瘫痪
肷俞	左侧肷窝部,即肋骨后、腰椎下与髂骨翼前形成的三角区内	套管针或大号采血针向内下方刺入 6~9 cm,徐徐放出气体	急性瘤胃臌气
带脉	肘后 10 cm 的血管上,左右侧各一穴	中宽针顺血管刺入 1 cm,出血	肠黄,腹痛,中暑,感冒
云门	脐旁开 3 cm,左右侧各一穴	治肚底黄,用大宽针在肿胀处散刺;治腹水,先用大宽针破皮,再插入宿水管	肚底黄,腹水

续表 10-7

穴名	定位	针法	主治
阳明	乳头基部外侧，每个乳头一穴	小宽针向内上方刺入 1～2 cm，或激光照射	奶黄，尿闭
阴脱	阴唇两侧，阴唇上下联合中点旁开 2 cm，左右侧各一穴	毫针向前下方刺入 4～8 cm，或电针、水针	阴道脱，子宫脱
肛脱	肛门两侧旁开 2 cm，左右侧各一穴	毫针向前下方刺入 3～5 cm，或电针、水针	直肠脱
后海	肛门上、尾根下的凹陷中，一穴	小宽针、圆利针或火针沿脊椎方向刺入 3～4.5 cm，毫针刺入 6～10 cm	久痢泄泻，胃肠热结，脱肛，不孕症
尾根	荐椎与尾椎棘突间的凹陷中，即上下摇动尾巴，在动与不动交界处，一穴	小宽针、圆利针或火针直刺 1～2 cm，毫针刺入 3 cm	便秘，热泻，脱肛，热性病
尾本	尾腹面正中，距尾基部 6 cm 处的血管上，一穴	中宽针直刺 1 cm，出血	腰风湿，尾神经麻痹，便秘
尾尖	尾末端，一穴	中宽针直刺 1 cm 或将尾尖十字劈开，出血	中暑，中毒，感冒，过劳，热性病

三、前肢部穴位(表 10-8)

表 10-8　牛前肢部常用穴位及针治

穴名	定位	针法	主治
膊尖	肩胛骨前角与肩胛软骨结合处，左右侧各一穴	小宽针、圆利针或火针沿肩胛骨内侧向后下方斜刺 3～6 cm，毫针刺入 9 cm	失膊，前肢风湿
膊栏	肩胛骨后角与肩胛软骨结合处，左右侧各一穴	小宽针、圆利针或火针沿肩胛骨内侧向前下方斜刺 3 cm，毫针斜刺 6～9 cm	失膊，前肢风湿
肩井	肩关节前上缘，臂骨大结节外上缘的凹陷中，左右肢各一穴	小宽针、圆利针或火针向内下方斜刺 3～4.5 cm，毫针斜刺 6～9 cm	失膊，前肢风湿，肩胛上神经麻痹，
抢风	肩关节后下方，三角肌后缘与臂三头肌长头、外头形成的凹陷中，左右肢各一穴	小宽针、圆利针或火针直刺 3～4.5 cm，毫针直刺 6 cm	失膊，前肢风湿、肿痛、神经麻痹

续表 10-8

穴名	定位	针法	主治
膝眼	腕关节背外侧下缘的陷沟中，左右肢各一穴	中、小宽针向后上方刺入 1 cm，放出黄水	腕部肿痛，膝黄
前缠腕	前肢球节上方两侧，掌内、外侧沟末端内的指内、外侧静脉上，每肢内外侧各一穴	中、小宽针沿血管刺入 1.5 cm，出血	蹄黄，球节肿痛，扭伤
涌泉	前蹄叉前缘正中稍上方的凹陷中，每肢一穴	中、小宽针沿血管刺入 1～1.5 cm，出血	蹄肿，扭伤，中暑，感冒
前蹄头	第三、四指的蹄匣上缘正中，有毛与无毛交界处，每蹄内外侧各一穴	中宽针直刺 1 cm，出血	蹄黄，扭伤，便结，腹痛，感冒

四、后肢部穴位(表 10-9)

表 10-9　牛后肢部常用穴位及针治

穴名	定位	针法	主治
大转	髋关节前缘，股骨大转子前下方约 6 cm 处的凹陷中，左右侧各一穴	小宽针、圆利针或火针直刺 3～4.5 cm，毫针直刺 6 cm	后肢风湿、麻木，腰胯闪伤
大胯	髋关节上缘，股骨大转子正上方 9～12 cm 处的凹陷中，左右侧各一穴	小宽针、圆利针或火针直刺 3～4.5 cm，毫针直刺 6 cm	后肢风湿、麻木，腰胯闪伤
小胯	髋关节下缘，股骨大转子正下方约 6 cm 处的凹陷中，左右侧各一穴	小宽针、圆利针或火针直刺 3～4.5 cm，毫针直刺 6 cm	后肢风湿、麻木，腰胯闪伤
邪气	股骨大转子和坐骨结节连线与股二头肌沟相交处，左右侧各一穴	小宽针、圆利针或火针直刺 3～4.5 cm，毫针直刺 6 cm	后肢风湿、闪伤、麻痹，胯部肿痛
肾堂	股内侧，大腿褶下方约 9 cm 的血管上，左右肢各一穴	吊起对侧后肢，以中宽针顺血管刺入 1 cm，出血	外肾黄，五攒痛，后肢风湿
掠草	膝关节前外侧的凹陷中，左右肢各一穴	圆利针或火针向后上方斜刺 3～4.5 cm	掠草痛，后肢风湿
后三里	小腿外侧上部，腓骨小头下部的肌沟中，左右肢各一穴	毫针向内后下方刺入 6～7.5 cm	脾胃虚弱，后肢风湿、麻木

续表 10-9

穴名	定位	针法	主治
后缠腕	后肢球节上方两侧，跖内、外侧沟末端内的血管上，每肢内外侧各一穴	中、小宽针沿血管刺入 1.5 cm，出血	蹄黄，球节肿痛，扭伤
滴水	后蹄叉前缘正中稍上方的凹陷中，每肢各一穴	中、小宽针沿血管刺入 1～1.5 cm，出血	蹄肿，扭伤，中暑，感冒
后蹄头	第三、四趾的蹄匣上缘正中，有毛与无毛交界处，每蹄内外侧各一穴	中宽针直刺 1 cm，出血	蹄黄，扭伤，便结，腹痛，中暑，感冒

五、牛常发病针灸治疗简表(表 10-10)

表 10-10　牛常发病针灸治疗简表

病名(西兽医病名)	穴位及针法
风寒感冒	水针：百会为主穴，苏气、肺俞为配穴 血针：山根、耳尖、通关为主穴，尾尖、蹄头为配穴 白针：肺俞、苏气为主穴，睛明、百会、丹田为配穴
风热感冒	血针：鼻俞、山根为主穴，通关、尾尖、耳尖为配穴；重者放颈脉血 水针：丹田为主穴，苏气、肺俞为配穴 电针：天门为主穴，肺俞、百会为配穴
肺热咳喘(肺炎)	血针：鼻俞为主穴，胸堂、颈脉、耳尖、通关为配穴 水针：丹田为主穴，苏气、肺俞为配穴 白针：肺俞为主穴，百会、苏气为配穴
鼻血	白针：天平穴，并将头高吊，凉水喷头 水针：天平为主穴，后丹田为配穴
肺黄(大叶性肺炎)	白针：苏气、肺俞为主穴，丹田、睛明、百会、六脉为配穴 血针：胸堂、颈脉为主穴，耳尖、通关、山根为配穴 水针：丹田为主穴，肺俞为配穴
嗓黄(喉炎)	血针：颈脉为主穴，鼻俞、玉堂、通关、山根、蹄头为配穴 白针：喉门为主穴，肺俞为配穴 巧治：软肿者用火针刺核，出脓即愈；硬肿者，切开皮肤，割掉其核；有窒息危险时切开气管

续表 10-10

病名(西兽医病名)	穴位及针法
脾虚慢草(消化不良)	白针:脾俞为主穴,六脉、关元俞、食胀、后三里为配穴 水针:健胃为主穴,脾俞、后三里为配穴 电针:百会为主穴,关元俞、脾俞为配穴 血针:通关、玉堂为主穴,山根、蹄头为配穴 巧治:顺气穴插枝
草噎(食道梗塞)	水针:健胃穴 巧治:肷俞穴,瘤胃臌气时,套管针穿刺放气 外治法:阻塞物在咽部或靠近咽部时,以开口器开口,用手直接取出;阻塞物靠近胃部食管时,用胃管推送法或结合打水、打气法;阻塞物较柔软时,用按摩法;阻塞物为细粉饲料时,用胃管灌水反复冲洗
肚胀(瘤胃臌气)	白针:脾俞、关元俞为主穴,百会、后海、苏气为配穴 血针:滴明、通关为主穴,山根、蹄头、尾尖、耳尖为配穴 电针:关元俞为主穴,食胀、后海为配穴
宿草不转(瘤胃积食)	电针:关元俞为主穴,食胀为配穴 白针:脾俞为主穴,百会、后海、关元俞为配穴 水针:健胃为主穴,关元俞为配穴 火针:脾俞为主穴,百会、后海、食胀为配穴 血针:通关为主穴,蹄头、滴明、耳尖、尾尖、山根为配穴 巧治:肷俞穴,瘤胃臌气时,用套管针穿刺放气
百叶干(瓣胃秘结)	白针:脾俞为主穴,百会、后丹田为配穴 血针:通关为主穴,蹄头、耳尖、山根为配穴 水针:后海穴
泄泻	白针:后海为主穴,脾俞、关元俞、后三里为配穴 血针:带脉为主穴,蹄头、三江、通关、玉堂为配穴 水针:后海穴
肠黄(肠炎)	白针:脾俞为主穴,后三里为配穴 血针:带脉为主穴,玉堂、山根、尾尖为配穴 穴位埋线:脾俞为主穴,后海、膀胱俞为配穴
便秘	白针:脾俞、后海为主穴,后三里、尾根、睛明为配穴 水针:关元俞为主穴,后三里为配穴 电针:关元俞、脾俞;或两侧关元俞 巧治:谷道入手,隔肠轻轻按捏粪结处,使其变形软化后逐渐排出。如粪结在直肠,缓缓掏出
便血	白针:天平、脾俞为主穴,后海、后三里、百会、大肠俞、后丹田为配穴。 水针:天平穴
宿水停脐(腹水)	白针:脾俞为主穴,百会、六脉为配穴 火针:脾俞为主穴,百会为配穴 巧治:云门穴,插入宿水管(或套管针)放出腹水

续表 10-10

病名(西兽医病名)	穴位及针法
心热舌疮(舌炎)	血针:通关穴,放血后用食盐擦针眼
中暑	血针:颈脉为主穴,太阳、耳尖、尾尖、通关、山根为配穴。并用冷水浇头 白针:百会为主穴,尾根、丹田为配穴
脑黄(脑炎)	血针:太阳为主穴,颈脉、耳尖、尾尖、山根、蹄头为配穴 水针:百会为主穴,丹田为配穴
肝热传眼(角膜、结膜炎)	血针:太阳为主穴,三江、睛俞、睛明(睑结膜散刺)为配穴 水针:睛明、睛俞穴 巧治:顺气穴插枝;瞬膜脱出者,用骨眼钩钩住,三棱针点刺出血
红眼病(传染性角膜结膜炎)	血针:太阳为主穴,三江、颈脉为配穴 水针:太阳穴
胞转(尿闭)	白针:命门、云门为主穴,百会、肾俞、后海为配穴 血针:肾堂为主穴,三江、尾尖、尾本、滴明、山根为配穴 电针:百会为主穴,尾根、大胯为配穴 火针:百会为主穴,安肾为配穴
胞黄(膀胱炎)	血针:肾堂为主穴,尾本、尾尖为配穴 水针:百会为主穴,肾俞、命门为配穴
乳痈(乳房炎)	血针:滴明穴为主穴,颈脉、滴水为配穴 水针:阳明、百会穴 激光针:阳明穴 TDP疗法:患区照射
不孕症	电针:百会为主穴,后海、雁翅、关元俞为配穴 激光针:阴蒂为主穴,后海为配穴 白针:后海为主穴,百会、雁翅为配穴 TDP疗法:后海穴、阴门区照射 水针:百会为主穴,雁翅为配穴
胎风(产后瘫痪)	电针:百会为主穴,气门、大胯、小胯为配穴 火针:百会为主穴,大胯、小胯、抢风、邪气、仰瓦为配穴 水针:抢风、大胯为主穴,肘俞、小胯、后三里为配穴
破伤风	水针:百会穴 火针:百会为主穴,锁口、开关为配穴 血针:颈脉为主穴,山根、蹄头、耳尖为配穴,初期应用 醋麸灸:背腰部

续表 10-10

病名(西兽医病名)	穴位及针法
痹证(风湿证)	火针:全身性风湿,百会为主穴,安肾、抢风、气门为配穴;前肢风湿,抢风为主穴,冲天、肩外俞、肘俞为配穴;后肢风湿,气门为主穴,大胯、小胯、邪气、仰瓦、阳陵、掠草为配穴;腰部风湿,百会为主穴,肾俞为配穴 灸法:醋酒灸或醋麸灸;软烧法;艾灸 血针:缠腕、曲池、蹄头、涌泉、滴水穴,重者配胸堂、肾堂、尾本穴 TDP 疗法:病区照射
外黄	水针:百会为主穴,鬐甲、丹田为配穴 血针:颈脉、带脉、胸堂为主穴,通关、鼻俞、耳尖、膝脉、缠腕、涌泉、滴水、蹄头、尾尖为配穴 火针:封闭硬黄肿胀部周围,或肿胀部中心部放出黄水 巧治:穿黄穴
烂甘薯中毒	血针:颈脉为主穴,耳尖、山根为配穴 白针:百会为主穴,苏气、肺俞、脾俞为配穴 水针:百会穴
霉玉米中毒	血针:颈脉为主穴,通关、太阳为配穴 白针:百会为主穴,鬐甲为配穴

牛的肌肉及穴位见图 10-3。

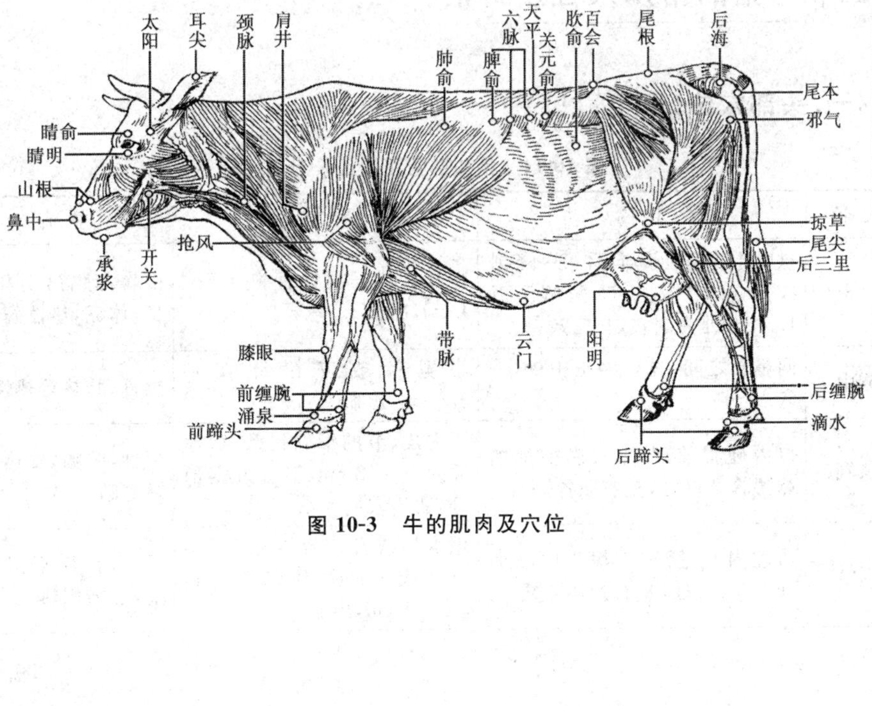

图 10-3 牛的肌肉及穴位

牛的骨骼及穴位见图 10-4。

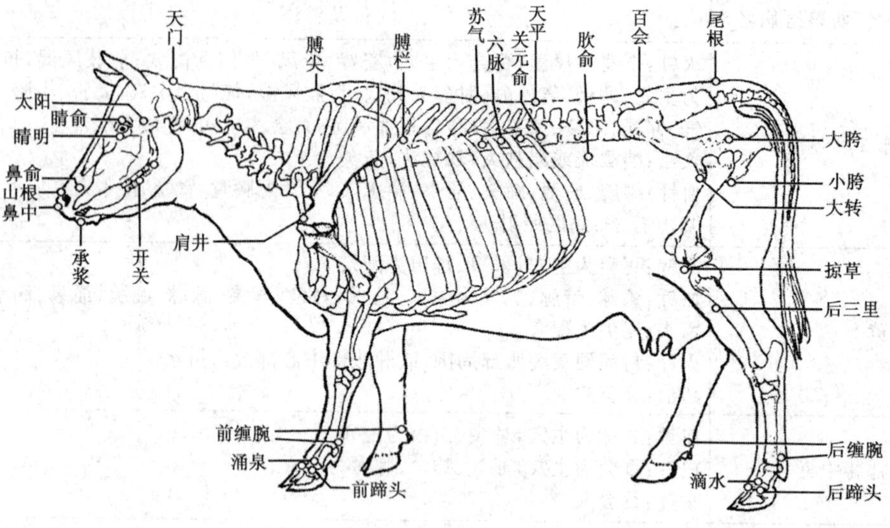

图 10-4　牛的骨骼及穴位

第三节　猪的常用穴位及针治

一、头部穴位(表 10-11)

表 10-11　猪头部常用穴位及针治

穴 名	定 位	针 法	主 治
山根	拱嘴上缘弯曲部向后第一条皱纹上,正中为主穴;两侧旁开 1.5 cm 处为副穴,共三穴	小宽针或三棱针直刺 0.5～1 cm,出血	中暑,感冒,消化不良,休克,热性病
鼻中	两鼻孔之间,鼻中隔正中处,一穴	小宽针或三棱针直刺 0.5 cm,出血	感冒,肺热等热性病
顺气	口内硬腭前部,第一腭褶前的鼻腭管开口处,左右侧各一穴	用去皮、节的细软树条,徐徐插入 9～12 cm,剪去外露部分,留于穴内	少食,咳喘,发热,云翳遮睛
玉堂	口腔内,上腭第三棱正中线旁开 0.5 cm 处,左右侧各一穴	用木棒或开口器开口,以小宽针或三棱针从口角斜刺 0.5～1 cm,出血	胃火,食欲不振,舌疮,心肺积热

续表 10-11

穴名	定位	针法	主治
锁口	口角后方约 2 cm 的口轮匝肌外缘处，左右侧各一穴	毫针或圆利针向内下方刺入 1～3 cm，或向后平刺 3～4 cm	破伤风，歪嘴风，中暑，感冒，热性病
开关	口角后方咬肌前缘，即从外眼角向下引一垂线与口角延长线的相交处，左右侧各一穴	毫针或圆利针向后上方刺入 1.5～3 cm，或灸烙	歪嘴风，破伤风，牙关紧闭，颊肿
太阳	外眼角后上方、下颌关节前缘的凹陷处，左右侧各一穴	低头保定，使血管怒张，用小宽针刺入血管，出血；或避开血管，用毫针直刺 2～3 cm	肝热传眼，脑黄，感冒，中暑，癫痫
耳根	耳根正后方、寰椎翼前缘的凹陷处，左右侧各一穴	毫针或圆利针向内下方刺入 2～3 cm	中暑，感冒，热性病，歪嘴风
卡耳	耳廓中下部避开血管处（内外侧均可），左右耳各一穴	用宽针刺入皮下成一皮囊，嵌入适量白砒或蟾酥，再滴入适量白酒，轻揉即可	感冒，热性病，猪丹毒，风湿症
耳尖	耳背侧，距耳尖约 2 cm 处的三条血管上，每耳任取一穴	小宽针刺破血管，出血，或在耳尖部剪口放血	中暑，感冒，中毒，热性病，消化不良
天门	两耳根后缘连线中点，即枕寰关节背侧正中点的凹陷中，一穴	毫针、圆利针或火针向后下方斜刺 3～6 cm	中暑，感冒，癫痫，脑黄，破伤风

二、躯干部穴位（表 10-12）

表 10-12 猪躯干部常用穴位及针治

穴名	定位	针法	主治
大椎	第七颈椎与第一胸椎棘突间的凹陷中，一穴	毫针、圆利针或小宽针稍向前下方刺入 3～5 cm，或灸烙	感冒，肺热，脑黄，癫痫，血尿
身柱	第三、四胸椎棘突间的凹陷中，一穴	毫针、圆利针或小宽针向前下方刺入 3～5 cm	脑黄，癫痫，感冒，肺热
断血	最后胸椎与第一腰椎棘突间的凹陷中，为主穴；向前、后移一脊椎为副穴，共三穴	毫针或圆利针直刺 2～3 cm	尿血，便血，衄血，阉割后出血
关元俞	最后肋骨后缘与第一腰椎横突之间的肌沟中，左右侧各一穴	毫针或圆利针向内下方刺入 2～4 cm	便秘，泄泻，积食，食欲不振，腰风湿

续表 10-12

穴名	定位	针法	主治
六脉	倒数第一、二、三肋间、距背中线约 6 cm 的肌沟中，左右侧各三穴	毫针、圆利针或小宽针向内下方刺入 2～3 cm	脾胃虚弱，便秘，泄泻，感冒，风湿症，腰麻痹，膈肌痉挛
脾俞	倒数第二肋间、距背中线 6 cm 的肌沟中，左右侧各一穴	毫针、圆利针或小宽针向内下方刺入 2～3 cm	脾胃虚弱，便秘，泄泻，膈肌痉挛，腹痛，腹胀
肺俞	倒数第六肋间、距背中线约 10 cm 的肌沟中，左右侧各一穴	毫针、圆利针或小宽针向内下方刺入 2～3 cm，或刮灸、拔火罐、艾灸	肺热，咳喘，感冒
百会	腰荐十字部，即最后腰椎与第一荐椎棘突间的凹陷中，一穴	毫针、圆利针或小宽针直刺 3～5 cm，或灸烙	腰胯风湿，后肢麻木，二便闭结，脱肛，痉挛抽搐
三脘	胸骨后缘与脐的连线中点为中脘，中脘与胸骨后缘连线中点为上脘，中脘与脐的连线中点为下脘	毫针或圆利针直刺 2～3 cm，或艾灸 3～5 min	胃寒，腹痛，泄泻，咳喘
阳明	最后两对乳头基部外侧旁开 1.5 cm 处，左右侧各二穴	毫针或圆利针向内上方斜刺 2～3 cm，或激光灸	乳房炎，不孕症，乏情，乳闭
阴脱	母猪阴唇两侧，阴唇上下联合中点旁开 2 cm，左右侧各一穴	毫针或圆利针向前下方刺入 2～5 cm，或电针、水针	阴道脱，子宫脱
肛脱	肛门两侧旁开 1 cm，左右侧各一穴	毫针或圆利针向前下方刺入 2～6 cm，或电针、水针	直肠脱
莲花	脱出的直肠黏膜上	温水洗净，去除坏死皮膜，用 2%明矾水、生理盐水冲洗，涂上植物油，缓缓整复	脱肛
后海	尾根与肛门间的凹陷中，一穴	毫针、圆利针或小宽针稍向前上方刺入 3～9 cm	泄泻，便秘，少食，脱肛
尾尖	尾巴尖部，一穴	小宽针将尾尖部穿通，或十字切开放血	中暑，感冒，风湿症，肺热，少食，饲料中毒

三、前肢部穴位(表 10-13)

表 10-13 猪前肢部常用穴位及针治

穴名	定位	针法	主治
膊尖	肩胛骨前角与肩胛软骨结合部的凹陷中,左右侧各一穴	毫针向后下方、肩胛骨内侧斜刺 6~7 cm,小宽针刺入 2~3 cm	前肢风湿,膊尖肿痛,闪伤
膊栏	肩胛骨后角与肩胛软骨结合部的凹陷中,左右侧各一穴	毫针、圆利针向前下方、肩胛骨内侧刺入 6~7 cm,小宽针斜刺 2~4 cm	肩膊麻木,闪伤跛行
抢风	肩关节与肘突连线近中点的凹陷中,左右侧各一穴	毫针、圆利针或小宽针直刺 2~4 cm	肩臂部及前肢风湿,前肢扭伤、麻木
前缠腕	前肢内外侧悬蹄稍上方的凹陷处,每肢内外侧各一穴	将术肢后曲,固定穴位,用小宽针直刺 1~2 cm	寸腕扭伤,风湿症,蹄黄,中暑
涌泉	前蹄叉正中上方约 2 cm 的凹陷中,每肢各一穴	小宽针向后上方刺入 1~1.5 cm,出血	蹄黄,前肢风湿,扭伤,中毒,中暑,感冒
前蹄叉	前蹄叉正上方顶端处,每肢各一穴	小宽针向后上方刺入 3 cm,圆利针或毫针向后上方刺入 9 cm,以针尖接近系关节为度	感冒,少食,肠黄,扭伤,瘫痪,跛行,热性病
前蹄头	前蹄甲背侧,蹄冠正中有毛与无毛交界处,每蹄内外各一穴	小宽针直刺 0.5~1 cm,出血	前肢风湿,扭伤,腹痛,感冒,中暑,中毒

四、后肢部穴位(表 10-14)

表 10-14 猪后肢部常用穴位及针治

穴名	定位	针法	主治
大胯	髋关节前缘,股骨大转子稍前下方 3 cm 处的凹陷中,左右侧各一穴	毫针或圆利针直刺 2~3 cm	后肢风湿,闪伤,瘫痪
小胯	大胯穴后下方,臀端到膝盖骨上缘连线的中点处,左右侧各一穴	毫针或圆利针直刺 2~3 cm	后肢风湿,闪伤,瘫痪
汗沟	股二头肌沟中,与坐骨弓水平线相交处,左右侧各一穴	毫针或圆利针直刺 3 cm	后肢风湿,麻木

续表 10-14

穴名	定位	针法	主治
后三里	髌骨外侧后下方约 6 cm 的肌沟内,左右肢各一穴	毫针、圆利针或小宽针向腓骨间隙刺入 3～4.5 cm,或艾灸 3～5 min	少食,肠黄,腹痛,仔猪泄泻,后肢瘫痪
后缠腕	后肢内外侧悬蹄稍上方的凹陷处,每肢内外侧各一穴	将术肢后曲,固定穴位,用小宽针直刺 1～2 cm	球节扭伤,风湿症,蹄黄,中暑
滴水	后蹄叉正中上方约 2 cm 的凹陷中,每肢各一穴	小宽针向后上方刺入 1～1.5 cm,出血	后肢风湿,扭伤,蹄黄,中毒,中暑,感冒
后蹄叉	后蹄叉正上方顶端处,每肢各一穴	同前蹄叉穴	同前蹄叉穴
后蹄头	后蹄甲背侧,蹄冠正中稍偏外有毛与无毛交界处,每蹄内外各一穴	小宽针直刺 0.5～1 cm,出血	后肢风湿,扭伤,腹痛,感冒,中暑,中毒

五、猪常发病针灸治疗简表(表 10-15)

表 10-15 猪常发病针灸治疗简表

病名(西兽医病名)	穴位及针法
中暑	血针:尾尖、耳尖、山根为主穴,尾本、涌泉、滴水、蹄头为配穴;或剪耳、劈尾放血 白针:天门、百会、开关为主穴,蹄叉、尾根为配穴 水针:百会、苏气穴 刮灸:以旧铜钱或瓷碗片蘸清油,在病猪腕、膝及脊背两侧刮灸,刮至皮肤见紫红斑块为度
感冒	白针:百会、苏气为主穴,大椎、七星为配穴 血针:山根为主穴,耳尖、尾尖、涌泉、滴水为配穴 水针:大椎、苏气、百会穴 巧治:顺气穴插枝
肺热咳嗽(肺炎)	血针:山根为主穴,玉堂、耳尖、尾尖为配穴;或顺气穴快速插枝,使两鼻孔出血 白针:苏气、肺俞为主穴,百会、膻中、大椎为配穴 水针:苏气、肺俞穴
气喘病	水针:苏气、肺俞、膻中、六脉穴 埋植疗法:卡耳穴,或肺俞、苏气、膻中穴 白针:苏气、肺俞为主穴,膻中、睛明、六脉为配穴 血针:山根为主穴,尾尖、蹄头为配穴

续表 10-15

病名(西兽医病名)	穴位及针法
脾胃虚弱 (消化不良)	温针:百会、脾俞为主穴,海门、后三里为配穴 电针:两侧关元俞穴,或百会配脾俞穴,或后海配后三里穴,或左右蹄叉穴 水针:脾俞、耳根、后三里穴 血针:山根、玉堂为主穴,尾尖、耳尖或蹄头为配穴
伤食(胃食滞)	白针:后海、脾俞为主穴,后三里、七星为配穴 水针:关元俞、六脉穴 电针:关元俞为主穴,六脉为配穴 血针:玉堂、山根为主穴,蹄头、鼻中为配穴
便秘	电针:两侧关元俞穴,或百会配后三里穴,或后海配脾俞穴 白针:脾俞、后海为主穴,后三里、七星、六脉、关元俞为配穴 血针:山根、玉堂为主穴,蹄头、尾本、尾尖为配穴
泄泻	水针:后海穴 激光针:照射后海穴 艾灸:海门、脾俞、百会、后三里穴
仔猪下痢	白针:后海、脾俞、后三里为主穴,六脉、尾根、百会为配穴 水针:后海、后三里、脾俞穴 激光针:照射后海、后三里穴 埋线:后海为主穴,后三里、脾俞为配穴 艾灸:海门、三脘穴
脱肛	巧治:莲花穴,整复回纳之 水针:肛脱穴 电针:百会、后海或阴俞穴;或后海、肛脱穴
尿闭	白针:百会、断血、阳明为主穴,关元俞、大椎、六脉、开风为配穴 电针:百会或阴俞穴 水针:肾俞、百会、阴俞等穴
不孕症	电针:两侧肾俞穴;或百会、后海穴 白针:百会为主穴,后海为配穴
阴道脱和子宫脱	巧治:横卧保定,或提起两后肢,使其体躯前低后高。用消毒药液洗净脱出物,除去异物及坏死组织,涂布明矾粉后,缓缓回纳。脱出物长且水肿严重者,取宽幅绷带,由脱出物末端开始做螺旋形缠绕,直至阴门口,使脱出物呈棒状,然后向阴门内推送,边送入边松解绷带,直至脱出物全部回纳。整复后为防止再脱,应施针灸 电针:两侧阴脱穴,或百会、后海穴 水针:阴脱穴

续表 10-15

病名(西兽医病名)	穴位及针法
母猪瘫痪	电针:百会为主穴,大胯、小胯、抢风、开风、三台、脾俞、后三里、蹄叉等为配穴,根据病肢所在部位,选择相应穴位 火针:百会、风门为主穴,肩井、抢风或大胯、后三里为配穴 水针:百会、三台、开风、风门、肩井、抢风、大胯、后三里穴,根据病肢所在部位,选择相应穴位
风湿症	灸熨:百会、三台穴施隔姜灸,腰背部施酒糟灸、醋酒灸,体侧部施软烧术 火针:百会、开风为主穴,肩井、抢风、膊尖、大胯、小胯、后三里为配穴 电针:前肢风湿,三台或大椎为主穴,抢风或蹄叉为配穴;后肢风湿,百会或肾门为主穴,大胯、小胯或后三里为配穴;四肢风湿,抢风、大胯为主穴,蹄叉为配穴;腰背风湿,百会为主穴,三台、肾门或开风为配穴 水针:前肢风湿取三台、抢风、前蹄叉穴;后肢风湿取百会、后三里、后蹄叉穴;全身风湿取三台、百会、蹄叉穴 血针:关节肿痛者,针涌泉(滴水)、山根、尾尖、蹄头、缠腕等穴
破伤风	火烙:伤口彻底清创、开放后施术 水针:天门、百会穴 埋植:尾根穴 电针:天门、三台、百会、肾门、开关、风门穴 火针:风门、百会为主穴,开关、尾根为配穴
癫痫	水针:天门穴 电针:百会配天门穴,或大椎配耳根穴,或六脉配天门穴 白针:脑俞、天门、百会为主穴,大椎为配穴 血针:太阳、耳尖为主穴,玉堂、尾尖为配穴
脑黄	血针:太阳、山根、尾尖为主穴,玉堂、耳尖、蹄头为配穴 水针:大椎、天门、百会穴 白针或电针:天门、百会为主穴,大椎、尾根为配穴

猪的肌肉及穴位见图 10-5。

猪的骨骼及穴位见图 10-6。

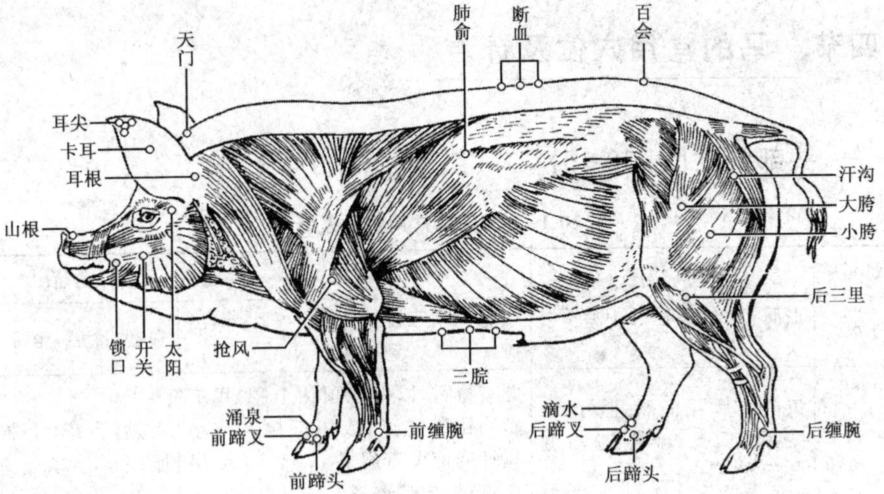

图 10-5 猪的肌肉及穴位

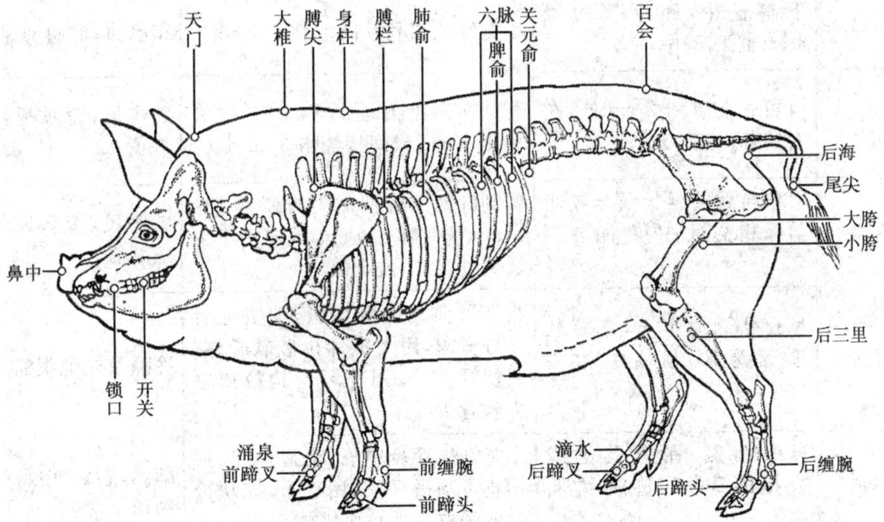

图 10-6 猪的骨骼及穴位

第四节 马的常用穴位及针治

一、头部穴位(表 10-16)

表 10-16 马头部常用穴位及针治

穴名	定位	针法	主治
分水	上唇外面旋毛正中点,一穴	小宽针或三棱针直刺 1～2 cm,出血	中暑,冷痛,歪嘴风
玉堂	口内上腭第三棱上,正中线旁开 1.5 cm 处,左右侧各一穴	开口拉舌,以拇指顶住上腭,用玉堂钩钩破穴点,或用三棱针或小宽针向前上方斜刺 0.5～1 cm,出血,然后用盐擦之	胃热,舌疮,上腭肿胀
通关	舌体腹侧面,舌系带两旁的血管上,左右侧各一穴	将舌拉出,向上翻转,以三棱针或小宽针刺入 0.5～1 cm,出血	木舌,舌疮,胃热,慢草,黑汗风
承浆	下唇正中,距下唇边缘 3 cm 的凹陷中,一穴	小宽针或圆利针向上刺入 1 cm	歪嘴风,唇龈肿痛
锁口	口角后上方约 2 cm 处,左右侧各一穴	毫针向后上方透刺开关穴,火针斜刺 3 cm,或间接烧烙 3 cm 长	破伤风,歪嘴风,锁口黄
开关	口角向后的延长线与咬肌前缘相交处,左右侧各一穴	圆利针或火针向后上方斜刺 2～3 cm,毫针刺入 9 cm,或向前下方透刺锁口穴,或灸烙	破伤风,歪嘴风,面颊肿胀
姜牙	鼻孔外侧缘下方,鼻翼软骨(姜牙骨)顶端处,左右侧各一穴	将上唇向另一侧拉紧,使姜牙骨充分显露,用大宽针挑破软骨端,或切开皮肤,用姜牙钩钩拉或割去软骨尖	冷痛及其他腹痛
鼻俞	鼻梁两侧,距鼻孔上缘 3 cm 的鼻颌切迹内,左右侧各一穴	小宽针横穿鼻中隔,出血(如出血不止可高吊马头,用冷水、冰块冷敷或采取其他止血措施)	肺热,感冒,中暑,鼻肿痛
三江	内眼角下方约 3 cm 处的血管分叉处,左右侧各一穴	低拴马头,使血管怒张,用三棱针或小宽针顺血管刺入 1 cm,出血	冷痛,肚胀,月盲,肝热传眼
睛明	下眼眶上缘,两眼角连线的内、中 1/3 交界处,左右眼各一穴	上推眼球,毫针沿眼球与泪骨之间向内下方刺入 3 cm,或在下眼睑黏膜上点刺出血	肝经风热,肝热传眼,睛生翳膜

续表 10-16

穴名	定位	针法	主治
睛俞	上眼眶下缘正中，左右眼各一穴	下压眼球，毫针沿眼球与额骨之间向内后上方刺入 3 cm，或在上眼睑黏膜上点刺出血	肝经风热，肝热传眼，睛生翳膜
开天	眼球角膜与巩膜交界处，一穴	将头牢固保定，冷水冲眼或滴表面麻醉剂使眼球不动，待虫体游至眼前房时，用三弯针轻手急刺 0.3 cm，虫随眼房水流出；也可用注射器吸取虫体或注入 3%精制敌百虫杀死虫体	浑睛虫病
太阳	外眼角后方约 3 cm 处的血管上，左右侧各一穴	低拴马头，使血管怒张，用小宽针或三棱针顺血管刺入 1 cm，出血；或用毫针避开血管直刺 5～7 cm	肝热传眼，肝经风热，中暑，脑黄
耳尖	耳背侧尖端的血管上，左右耳各一穴	握紧耳根，使血管怒张，小宽针或三棱针刺入 1 cm，出血	冷痛，感冒，中暑
天门	两耳根连线正中，即枕寰关节背侧的凹陷中，一穴	圆利针或火针向后下方刺入 3 cm，毫针刺入 3～4.5 cm	脑黄，黑汗风，破伤风，感冒

二、躯干部穴位(表 10-17)

表 10-17　马躯干部常用穴位及针治

穴名	定位	针法	主治
风门	耳后 3 cm、寰椎翼前缘的凹陷处，左右侧各一穴	毫针向内下方刺入 6 cm，火针刺入 2～3 cm，或灸烙	破伤风，颈风湿，风邪证
伏兔	耳后 6 cm、寰椎翼后缘的凹陷处，左右侧各一穴	毫针向内下方刺入 6 cm，火针刺入 2～3 cm，或灸烙	破伤风，颈风湿，风邪证
九委	颈两侧弧形肌沟内，左右侧各九穴。伏兔穴后下方 3 cm、鬃下缘约 3.5 cm 为上上委，膊尖穴前方 4.5 cm、鬃下缘约 5 cm 为下下委，两穴之间八等分，分点处为其余七穴	毫针直刺 4.5～6 cm，火针刺入 2～3 cm	颈风湿，破伤风
颈脉	颈静脉沟上、中 1/3 交界处的颈静脉上，左右侧各一穴	高拴马头，颈基部拴一细绳，打活结，用装有大宽针的针锤对准穴位急刺 1 cm，出血。术后松开绳扣，血流停止	脑黄，中暑，中毒，遍身黄，破伤风

续表 10-17

穴名	定位	针法	主治
大椎	第七颈椎与第一胸椎棘突间的凹陷中，一穴	毫针或圆利针稍向前下方刺入 6～9 cm	感冒，咳嗽，发热，癫痫，腰背风湿
断血	最后胸椎与第一腰椎棘突间的凹陷中，为主穴；向前、后移一脊椎为副穴	毫针、圆利针或火针直刺 2.5～3 cm	阉割后出血、便血、尿血等各种出血症
关元俞	最后肋骨后缘，距背中线 12 cm 的髂肋肌沟中，左右侧各一穴	圆利针或火针直刺 2～3 cm，毫针直刺 6～8 cm，可达肾脂肪囊内，常用作电针治疗，亦可上下透刺	结症，肚胀，泄泻，冷痛，腰脊疼痛
大肠俞	倒数第一肋间，距背中线 12 cm 的髂肋肌沟中，左右侧各一穴	圆利针或火针直刺 2～3 cm，毫针向上或向下斜刺 3～5 cm	结症，肚胀，肠黄，冷肠泄泻，腰脊疼痛
脾俞	倒数第三肋间，距背中线 12 cm 的髂肋肌沟中，左右侧各一穴	圆利针或火针直刺 2～3 cm，毫针向上或向下斜刺 3～5 cm	胃冷吐涎，肚胀，结症，泄泻，冷痛
肝俞	倒数第五肋间，距背中线 12 cm 的髂肋肌沟中，左右侧各一穴	圆利针或火针直刺 2～3 cm，毫针向上或向下斜刺 3～5 cm	黄疸，肝经风热，肝热传眼
胃俞	倒数第六肋间，距背中线 12 cm 的髂肋肌沟中，左右侧各一穴	圆利针或火针直刺 2～3 cm，毫针向上或向下斜刺 3～5 cm	胃寒，胃热，消化不良，肠臌气，大肚结
胆俞	倒数第七肋间，距背中线 12 cm 的髂肋肌沟中，左右侧各一穴	圆利针或火针直刺 2～3 cm，毫针向上或向下斜刺 3～4 cm	黄疸，脾胃虚弱
肺俞	倒数第九肋间，距背中线 12 cm 的髂肋肌沟中，左右侧各一穴	圆利针或火针直刺 2～3 cm，毫针向上或向下斜刺 3～5 cm	肺热咳嗽，肺把胸膊痛，劳伤气喘
命门	第二、三腰椎棘突间的凹陷中，一穴	毫针、圆利针或火针直刺 3 cm	闪伤腰胯，寒伤腰胯，破伤风
小肠俞	第一、二腰椎横突间，距背中线 12 cm 的髂肋肌沟中，左右侧各一穴	圆利针或火针直刺 2～3 cm，毫针刺入 3～6 cm	结症，肚胀，肠黄，腰痛
肷俞	肷窝中点处，左右侧各一穴	巧治，剖腹术（左侧）；或穿肠放气（右侧），用套管针穿入盲肠放气	盲肠臌气，急腹症手术

续表 10-17

穴名	定位	针法	主治
百会	腰荐十字部，即最后腰椎与第一荐椎棘突间的凹陷中，一穴	火针或圆利针直刺 3～4.5 cm，毫针刺入 6～7.5 cm	腰胯闪伤、风湿，破伤风，便秘，肚胀，泄泻，疝痛
肾俞	百会穴旁开 6 cm 处，左右侧各一穴	火针或圆利针直刺 3～4.5 cm，毫针刺入 6 cm，亦可透刺肾棚、肾角穴	腰痿，腰胯风湿、闪伤
尾根	尾背侧，第一、二尾椎棘突间，一穴	火针或圆利针直刺 1～2 cm，毫针刺入 3 cm	腰胯闪伤、风湿，破伤风
胸堂	胸骨两旁，胸外侧沟下部的血管上，左右侧各一穴	拴高马头，用中宽针沿血管急刺 1 cm，出血（泻血量 500～1 000 mL）	心肺积热，胸膊痛，五攒痛，前肢闪伤
带脉	肘后 6 cm 的血管上，左右侧各一穴	大、中宽针顺血管刺入 1 cm，出血	肠黄，中暑，冷痛
云门	脐前 9 cm，腹中线旁开 2 cm，任取一穴	以大宽针刺破皮肤及腹黄筋膜，插入宿水管放出腹水	宿水停脐（腹水）
阴俞	肛门与阴门（♀）或阴囊（♂）中点的中心缝上，一穴	火针或圆利针直刺 2～3 cm，毫针直刺 4～6 cm；或艾卷灸	阴道脱，子宫脱，带下（♀）；阴肾黄，垂缕不收（♂）
阴脱	阴唇两侧，阴唇上下联合中点旁开 2 cm，左右侧各一穴	毫针向前下方斜刺 6～9 cm，或电针、水针	阴道脱，子宫脱
肛脱	肛门两侧旁开 2 cm，左右侧各一穴	毫针向前下方刺入 4～6 cm，或电针、水针	直肠脱
莲花	脱出的直肠黏膜。脱肛时用此穴	巧治。用温水洗净，除去坏死风膜，以 2%明矾水或硼酸水冲洗，再涂以植物油，缓缓纳入	脱肛
后海	肛门上、尾根下的凹陷中，一穴	火针或圆利针沿脊椎方向刺入 6～10 cm，毫针刺入 12～18 cm	结症，泄泻，直肠麻痹，不孕症
尾本	尾腹面正中，距尾基部 6 cm 处血管上，一穴	中宽针向上顺血管刺入 1 cm，出血	腰胯闪伤、风湿，肠黄，尿闭
尾尖	尾末端，一穴	中宽针直刺 1～2 cm，或将尾尖十字劈开，出血	冷痛，感冒，中暑，过劳

三、前肢部穴位(表 10-18)

表 10-18　马前肢部常用穴位及针治

穴名	定位	针法	主治
膊尖	肩胛骨前角与肩胛软骨结合处,左右侧各一穴	圆利针或火针沿肩胛骨内侧向后下方刺入 3~6 cm,毫针刺入 12 cm	前肢风湿,肩膊闪伤、肿痛
膊栏	肩胛骨后角与肩胛软骨结合处,左右侧各一穴	圆利针或火针沿肩胛骨内侧向前下方刺入 3~5 cm,毫针刺入 10~12 cm	前肢风湿,肩膊闪伤、肿痛
弓子	肩胛冈后方,肩胛软骨(弓子骨)上缘中点直下方约 10 cm 处,左右侧各一穴	用大宽针刺破皮肤,再用两手提拉切口周围皮肤,让空气进入;或以 16 号注射针头刺入穴位皮下,用注射器注入滤过的空气,然后用手向周围推压,使空气扩散到所需范围	肩膊麻木,肩膊部肌肉萎缩
肩井	肩端,臂骨大结节外上缘的凹陷中,左右侧各一穴	火针或圆利针向后下方刺入 3~4.5 cm,毫针刺入 6~8 cm	抢风痛,前肢风湿,肩臂麻木
抢风	肩关节后下方,三角肌后缘与臂三头肌长头、外侧头形成的凹陷中,左右侧各一穴	圆利针或火针直刺 3~4 cm,毫针刺入 8~10 cm	闪伤夹气,前肢风湿,前肢麻木
膝眼	腕关节背侧面正中,腕前黏液囊肿胀的最低处,左右肢各一穴	提起患肢,中宽针直刺 1 cm,放出水肿液	腕前黏液囊肿
前缠腕	前肢球节上方两侧,掌内、外侧沟末端内的血管上,每肢内外侧各一穴	小宽针沿血管刺入 1 cm,出血	球节肿痛,屈腱炎
前蹄头	前蹄背面,正中线外侧旁开 2 cm、蹄缘(毛边)上 1 cm 处,每蹄各一穴	中宽针向蹄内刺入 1 cm,出血	五攒痛,球节痛,蹄头痛,冷痛,结症

四、后肢部穴位(表 10-19)

表 10-19 马后肢部常用穴位及针治

穴名	定位	针法	主治
大胯	髋关节前下缘,股骨大转子前下方约 6 cm 的凹陷中,左右侧各一穴	圆利针或火针沿股骨前缘向后下方斜刺 3～4.5 cm,毫针刺入 6～8 cm	后肢风湿,闪伤腰胯
小胯	股骨第三转子后下方的凹陷中,左右侧各一穴	圆利针或火针直刺 3～4.5 cm,毫针刺入 6～8 cm	后肢风湿,闪伤腰胯
邪气	股二头肌肌沟与肛门水平线相交处,左右侧各一穴	圆利针或火针直刺 4.5 cm,毫针刺入 6～8 cm	后肢风湿、麻木,股胯闪伤
汗沟	邪气穴下 6 cm 处的同一肌沟中,左右侧各一穴	圆利针或火针直刺 4.5 cm,毫针刺入 6～8 cm	后肢风湿、麻木,股胯闪伤
仰瓦	汗沟穴下 6 cm 处的同一肌沟中,左右侧各一穴	圆利针或火针直刺 4.5 cm,毫针刺入 6～8 cm	后肢风湿、麻木,股胯闪伤
牵肾	仰瓦穴下 6 cm 处的同一肌沟中,约在膝盖骨上方水平线上,左右侧各一穴	圆利针或火针直刺 4.5 cm,毫针刺入 6～8 cm	后肢风湿、麻木,股胯闪伤
肾堂	股内侧,大腿褶下 12 cm 处的血管上,左右肢各一穴	吊起对侧后肢,以中宽针沿血管刺入 1 cm,出血	外肾黄,五攒痛,闪伤腰胯,后肢风湿
掠草	膝关节前外侧的凹陷中,左右肢各一穴	圆利针或火针向后上方斜刺 3～4.5 cm,毫针刺入 6 cm	掠草痛,后肢风湿
后三里	小腿外侧,腓骨小头下方的肌沟中,左右肢各一穴	圆利针或火针直刺 2～4 cm,毫针直刺 4～6 cm	脾胃虚弱,后肢风湿
曲池	跗关节背侧稍偏内的血管上,左右肢各一穴	小宽针直刺 1 cm,出血	胃热不食,跗关节肿痛
后缠腕	后肢球节上方两侧,跖内、外侧沟末端内的血管上,每肢内外侧各一穴	小宽针沿血管刺入 1 cm,出血	球节肿痛,屈腱炎
后蹄头	后蹄背面正中,蹄缘(毛边)上 1 cm 处,每蹄各一穴	中宽针向蹄内刺入 1 cm,出血	同前蹄头穴
滚蹄	前、后肢系部,掌/跖侧正中凹陷中,出现滚蹄时用此穴	横卧保定,患蹄推磨式固定于木桩,局部剪毛消毒,大宽针针刃平行于系骨刺入,轻症劈开屈肌腱,重症横转针刃,推动“磨杆”至蹄伸直,被动切断部分屈肌腱	滚蹄(屈肌腱挛缩)

五、马常发病针灸治疗简表(表 10-20)

表 10-20 马常发病针灸治疗简表

病名(西兽医病名)	穴位及针法
风寒感冒	白针:天门为主穴,伏兔、肺俞为配穴 血针:鼻俞或玉堂、血堂为主穴,耳尖、尾尖、蹄头为配穴 电针:大椎为主穴,百会为配穴;或风门为主穴,百会或尾根为配穴;或天门为主穴,鬐甲为配穴
风热感冒	白针:大椎、天门或鼻前为主穴,风门、肺俞、鼻俞为配穴 血针:鼻俞或血堂为主穴,耳尖、玉堂、颈脉为配穴 电针:大椎为主穴,百会或肺俞为配穴
肺热咳喘(肺炎)	血针:轻者以血堂为主穴,玉堂或胸堂为配穴;重者针颈脉穴 白针:大椎为主穴,肺俞、鼻前为配穴 电针:肺俞为主穴,鬐甲为配穴
肺风黄(遍身黄)	血针:颈脉穴 白针:肺俞、大肠俞 水针:两侧肺俞穴 日光灸:放颈脉血后,用塑料布密包颈、胸腹及臀股部,拴于避风而阳光充足的墙角处,施日光浴。当患畜体表微汗、风疹块消散后,即可逐步松解塑料布,避风处护养
嗓黄(喉炎)	血针:颈脉为主穴,鼻俞为配穴
心热舌疮	血针:通关为主穴,玉堂为配穴。重者可放颈脉血
黑汗风(中暑)	血针:颈脉为主穴,分水、尾尖、蹄头、太阳、三江、带脉、通关为配穴
肝热传眼(火眼、结膜角膜炎)	血针:太阳为主穴,眼脉、三江为配穴 白针:睛俞、肝俞穴 水针:垂睛穴,或睛俞、睛明穴 白针:睛俞为主穴,睛明、肝俞、垂睛等为配穴
骨眼症	血针:眼脉为主穴(膘壮者用颈脉),玉堂、太阳为配穴 巧治:割取骨眼
混睛虫病	巧治:开天穴
湿热黄疸	血针:眼脉、玉堂穴 白针:肝俞穴
脾虚慢草(消化不良)	白针:脾俞、后三里 电针:脾俞、胃俞穴

续表 10-20

病名(西兽医病名)	穴位及针法
翻胃吐草	火针:百会、脾俞穴 水针:抢风、大胯穴
伤食纳呆	血针:玉堂、通关 白针:后海为主穴,关元俞、脾俞为配穴
胃热	血针:玉堂或通关为主穴,唇内为配穴 白针:脾俞为主穴,关元俞、后三里、小肠俞、大肠俞、后海等为配穴 水针:关元俞、后三里或脾俞穴
胃寒	火针:脾俞为主穴,百会、后三里等为配穴 电针:脾俞为主穴,后三里为配穴 血针:玉堂为主穴,唇内为配穴 白针:脾俞、后海为主穴,迷交感、百会为配穴
肚胀	火针:脾俞为主穴,后海、百会、关元俞为配穴 血针:三江为主穴,蹄头为配穴 电针:两侧关元俞 白针:肷俞为主穴,脾俞为配穴 巧治:肷俞穴,急症放气
肠黄 (急性胃肠炎、痢疾)	血针:带脉为主穴,三江、蹄头、尾尖为配穴 水针:大肠俞、百会为主穴,脾俞、后三里为配穴
冷痛 (伤水起卧、痉挛疝)	血针:三江为主穴,分水、耳尖、尾尖、蹄头为配穴 巧治:姜牙穴 火针:脾俞为主穴,百会、后海为配穴 电针:两侧关元俞、脾俞、后海、百会穴
结症(便秘疝)	电针:两侧关元俞穴 水针:后海穴 血针:三江为主穴,蹄头为配穴 巧治:捶结术,掏结术
脾虚泄泻	白针:脾俞为主穴,百会、胃俞、肝俞、后海、后三里为配穴 电针:脾俞或百会为主穴,胃俞或大肠俞,或后三里、后海为配穴 水针:脾俞、双侧膀胱俞 埋线:双侧膀胱俞、后海穴
脱肛	巧治 莲花穴 电针:后海为主穴,肛脱为配穴 水针:两侧肛脱穴
尿血	白针或水针:断血穴

续表 10-20

病名(西兽医病名)	穴位及针法
不孕症	电针:催情,选命门、阳关、百会、雁翅、后海等穴;胚胞萎缩,选阳关、百会穴;子宫弛缓,选后海、雁翅、百会穴;卵巢囊肿,选同侧肾棚为主穴,雁翅、肾俞为配穴 激光照射:阴蒂、阴俞、后海等穴
阴道脱和子宫脱	巧治:整复脱出的子宫或阴道 电针:阴脱穴为主穴,后海为配穴 水针:阴脱穴
破伤风	火针:大风门、风门、伏兔、百会,张口困难者加开关、锁口穴 血针:颈脉穴 烧烙:大风门、风门、伏兔、百会穴 电针:锁口、开关、抱腮、下关、风门、伏兔、九委等穴 水针:百会穴 醋麸灸:腰胯部
前肢风湿	血针:胸堂穴 火针:抢风为主穴,冲天、肩贞、肩外俞、肘俞为配穴 白针:抢风、乘重为主穴,冲天、肩贞、天宗为配穴 电针:抢风为主穴,膊尖、膊栏、膊中、冲天、肺门、肺攀为配穴 水针:抢风、冲天穴
后肢风湿	血针:肾堂穴 火针:巴山为主穴,掠草、大胯、小胯、汗沟为配穴 白针:巴山、阳陵为主穴,大胯、邪气、汗沟、百会、居髎、环跳和阿是穴为配穴 电针:巴山为主穴,阳陵或小胯、路股、邪气、汗沟、仰瓦、牵肾为配穴。 水针:大胯、小胯、汗沟穴
寒伤腰胯痛	火针:百会、肾俞、腰前、腰中、上窖、次窖、巴山、汗沟、大胯、小胯穴,轮流交替施针 血针:尾本,肾堂穴 白针:百会、肾棚、肾角、腰后、巴山、居髎、环跳穴 电针:百会为主穴,腰前、腰中、腰后、中窖、命门为配穴 水针:百会为主穴,肾棚、肾俞为配穴。腰部肌肉僵硬时,加腰前、腰中、腰后穴 温针灸:百会、肾俞、肾棚、肾角等穴 醋酒灸或酒糟灸:灸腰胯部
五攒痛(蹄叶炎)	血针:蹄头为主穴,玉堂、通关为配穴,前肢病重加胸堂穴,后肢病重加肾堂穴
滚蹄(屈腱挛缩)	巧治:滚蹄穴 火针:前(后)臼、明堂(劳堂)穴。针前削蹄矫正蹄形,并装钉长唇蹄铁
漏蹄(蹄叉腐烂)	巧治:垂泉穴

马的肌肉及穴位见图 10-7。

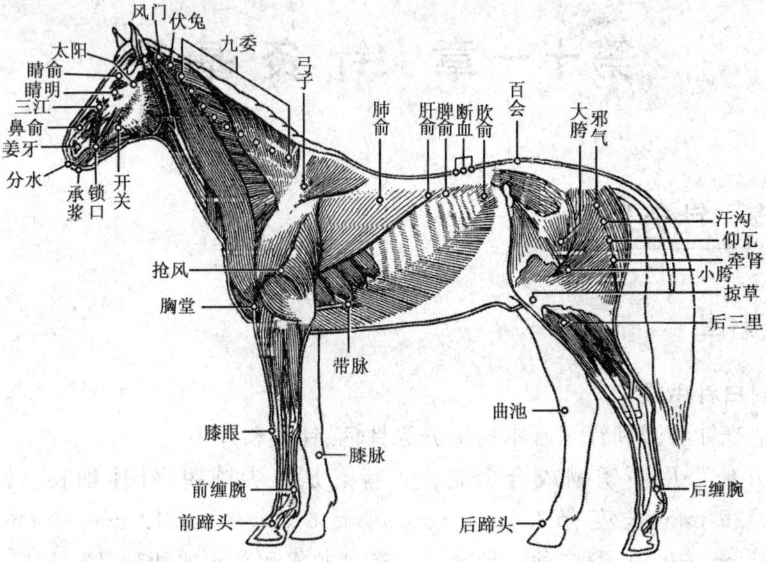

图 10-7 马的肌肉及穴位

马的骨骼及穴位见图 10-8。

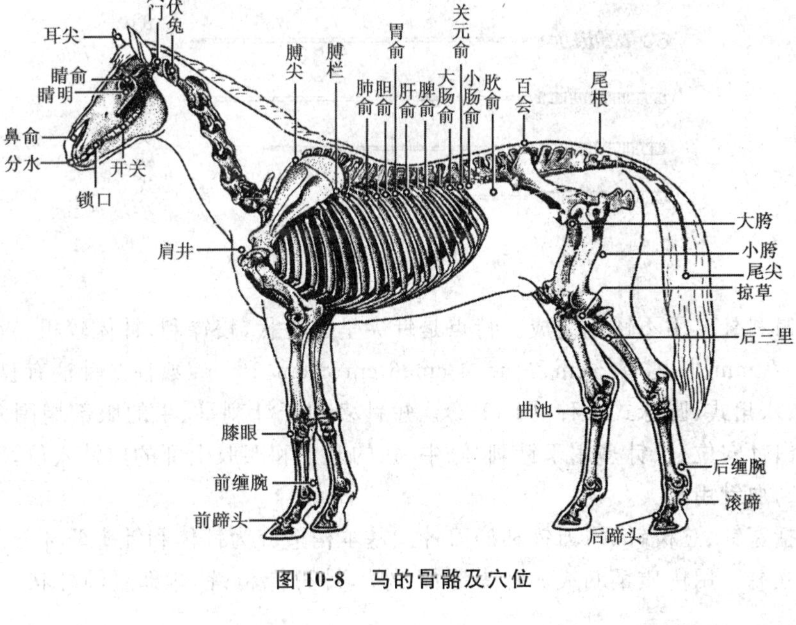

图 10-8 马的骨骼及穴位

第十一章 针灸基础

第一节 针灸用具

一、针具

(一)白针用具

包括毫针和圆利针。基本构造分为针柄、针体和针尖。

1. 毫针　用不锈钢或合金制成。特点是针尖圆锐，针体细长。针体直径 0.64～1.25 mm，长度有 3 cm、4 cm、5 cm、6 cm、9 cm、12 cm、15 cm、18 cm、20 cm、25 cm、30 cm 等多种。针柄主要有盘龙式和平头式两种(图 11-1)。多用于白针穴位或深刺、透刺和针刺麻醉。

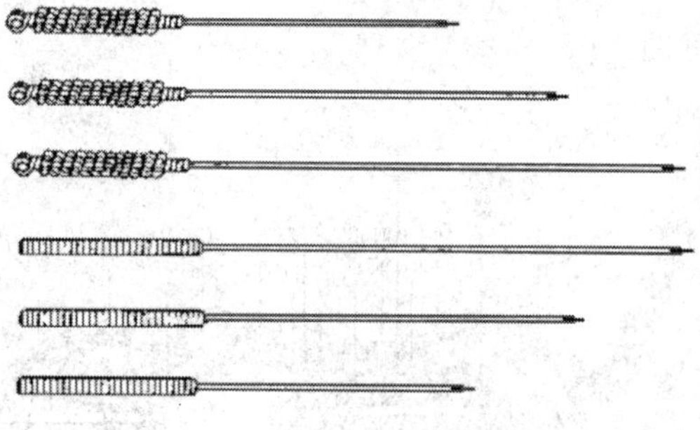

图 11-1　毫针

2. 圆利针　用不锈钢制成。特点是针尖呈三棱状，较锋利，针体较粗。针体直径 1.5～2 mm，长度有 2 cm、3 cm、4 cm、6 cm、8 cm、10 cm 数种。针柄有盘龙式、平头式、八角式、圆球式 4 种(图 11-2)。短针多用于针刺马、牛的眼部周围穴位及仔猪的白针穴位；长针多用于针刺马、牛、猪的躯干和四肢上部的白针穴位。

(二)血针用具

包括宽针、三棱针、眉刀针和痧刀针。基本构造分为针体和针头两部分。

1. 宽针　用优质钢制成。针头部如矛状，针刃锋利；针体部呈圆柱状。分大、

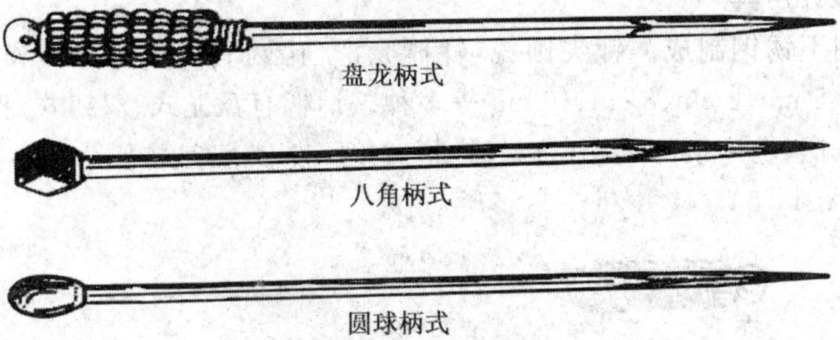

图 11-2 圆利针

中、小三种。大宽针长约 12 cm,针头部宽 8 mm,用于放大动物的颈脉、肾堂、蹄头血;中宽针长约 11 cm,针头部宽 6 mm,用于放大动物的带脉、尾本血;小宽针长约 10 cm,针头部宽 4 mm,用于放马、牛的太阳、缠腕血(图 11-3)。

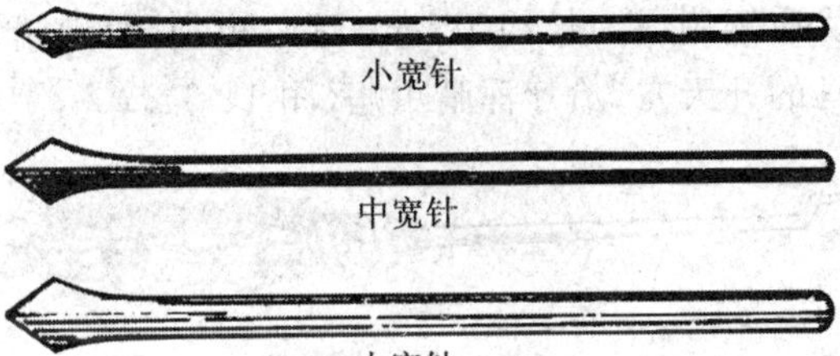

图 11-3 宽针

2. 三棱针 用优质钢或合金制成。针头部呈三棱锥状,针体部为圆柱状。有大小两种,大三棱针用于针刺三江、通关、玉堂等位于较细静脉或静脉丛上的穴位、或点刺分水穴,小三棱针用于针刺猪的白针穴位;针尾部有孔者,也可作缝合针使用(图 11-4)。

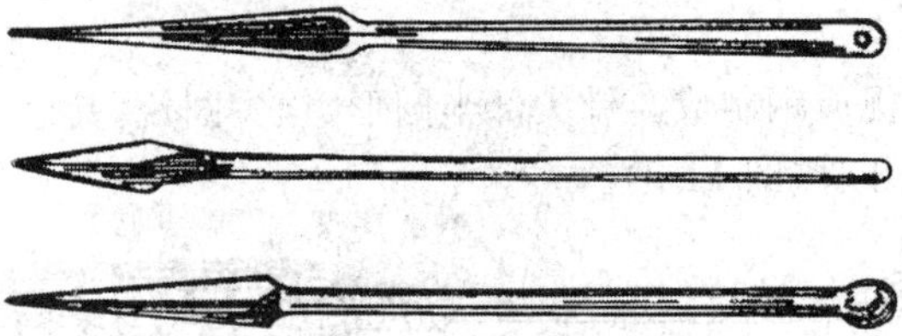

图 11-4 三棱针

(三)火针用具

火针用不锈钢制成。针尖圆锐,针体光滑、比圆利针粗。针体长度有 2 cm、3 cm、4 cm、5 cm、6 cm、8 cm、10 cm 等多种。针柄有盘龙式、双翅式、拐子式多种,也有另加木柄、电木柄的,以盘龙式、针柄夹垫石棉类隔热物质为多。用于动物的火针穴位(图 11-5)。

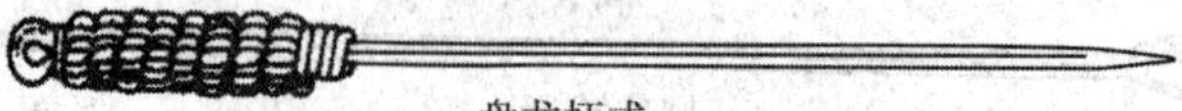
盘龙柄式

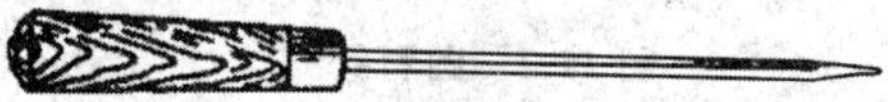
木柄式

图 11-5 火针

(四)巧治针具

1. 三弯针 用优质钢制成。长约 12 cm,针尖锐利,距尖端约 5 mm 处呈直角双折弯。专用于针马的开天穴,治疗浑睛虫病(图 11-6)。

图 11-6 三弯针

2. 玉堂 用优质钢制成。尖部弯成直径约 1 cm 的半圆形,针尖呈三棱针状,针身长 6～8 cm,针柄多为盘龙式。专用于放玉堂血(图 11-7)。

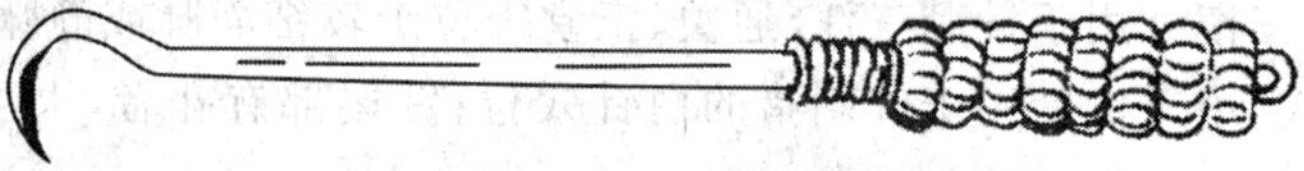

图 11-7 玉堂钩

3. 姜牙钩 用优质钢制成。针尖部半圆形,钩尖圆锐,其他与玉堂钩相似。专用于姜牙穴钩取姜牙骨(图 11-8)。

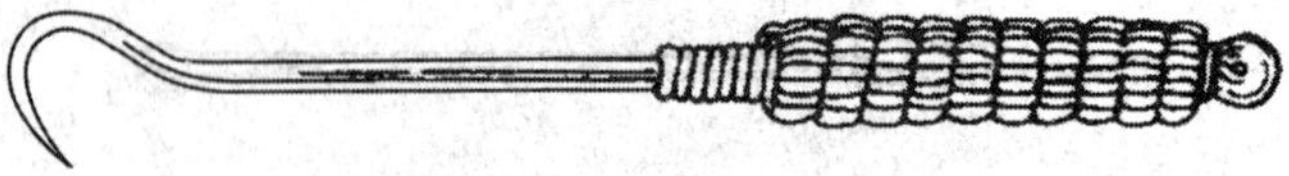

图 11-8 姜牙钩

4. 抽筋钩 用优质钢制成。针尖部弯度小于姜牙钩，钩尖圆而钝，比姜牙钩粗。专用于抽筋穴钩拉肌腱(图 11-9)。

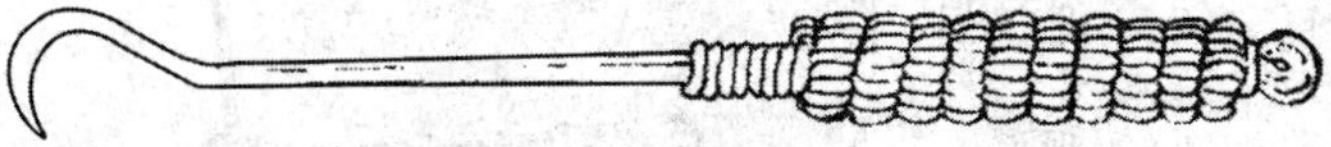

图 11-9 抽筋钩

5. 骨眼钩 用优质钢制成。钩弯小，钩尖细而锐，尖长约 0.3 cm。专用于马、牛的骨眼穴钩取闪骨(图 11-10)。

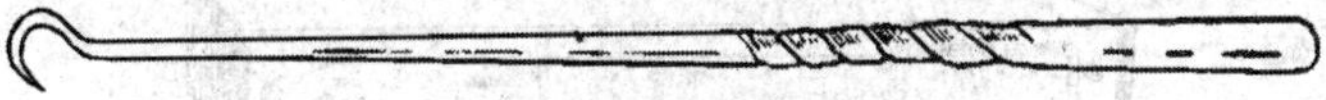

图 11-10 骨眼钩

6. 宿水管 用铜、铝或铁皮制成的圆锥形小管，形似毛笔帽。长约 5.5 cm，尖端密封，扁圆而钝，粗端管口直径 0.8 cm，有一唇形缘，管壁有 8～10 个直径 2.5 mm 的小圆孔。用于针刺云门穴放腹水(图 11-11)。

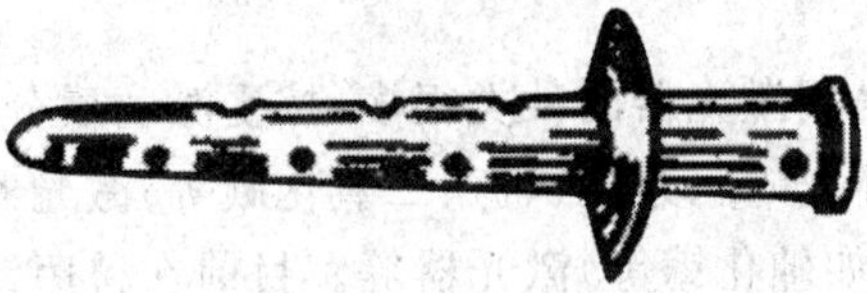

图 11-11 宿水管

(五)针锤

针锤用硬质木料车制而成。长约 35 cm，锤头呈椭圆形，通过锤头中心钻有一横向洞道，用以插针。沿锤头正中通过小孔锯一道缝至锤柄上段的 1/5 处。锤柄外套一皮革或藤制的活动箍。插针后将箍推向锤头部则锯缝被箍紧，即可固定针具；将箍推向锤柄部，锯缝松开，即可取下针具。主要用于安装宽针，放颈脉、带脉和蹄头血等(图 11-12)。

(六)现代针灸仪器

1. 电针治疗机 电针机种类很多，现在广泛应用的是半导体低频调制脉冲式电针机，这种电针机具有波型多样、输出量及频率可调、刺激作用较强、对组织无损伤等特点。由于是用半导体元件组装而成，故具有体积小、便于携带、操作简单、交直流电源两用、一机多用等优点，可做电针治疗、电针麻醉、穴位探测等(图 11-13)。

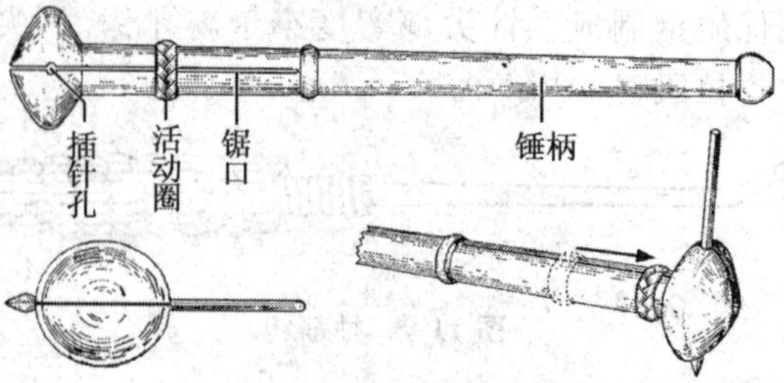

图 11-12　针锤

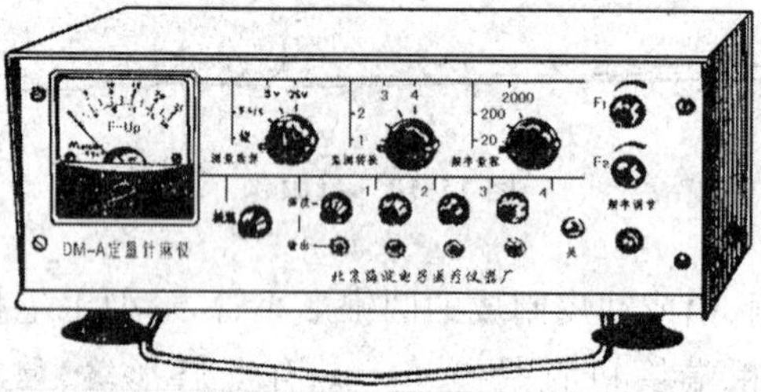

图 11-13　电针机

2. 激光针灸仪　医用激光器的种类很多，按受激物质分类，有固体（如红宝石、钕玻璃等）激光器、气体（如氦、氖、氢、氮、二氧化碳等）激光器、液体（如有机染毡若丹明）激光器、半导体（如砷化镓等）激光器等。目前在兽医针灸常用的有氦氖激光器和二氧化碳激光器两种。氦氖激光器能发出波长 632.8 nm 的红色光，输出功率 1～40 mW，由于功率低，常用于穴位照射，称为激光针疗法。二氧化碳激光器发出波长 10.6 μm 的无色光，输出功率 5～30 W，由于功率高，常用于穴位灸灼、患部照射或烧烙，因而又称激光灸疗法（图 11-14、图 11-15）。

图 11-14　5WCO_2 激光机

图 11-15　30WCO_2 激光机

二、灸烙用具

(一)艾灸用具

主要是艾炷和艾卷,都用艾绒制成。

1.艾炷 呈圆锥形,有大小之分,一般为大枣大、枣核大、黄豆大等,使用时可根据动物体质、病情选用(图 11-16)。

2.艾卷 是用陈久的艾绒摊在棉皮纸上卷成,直径 1.5 cm,长约 20 cm。(图 11-16)。

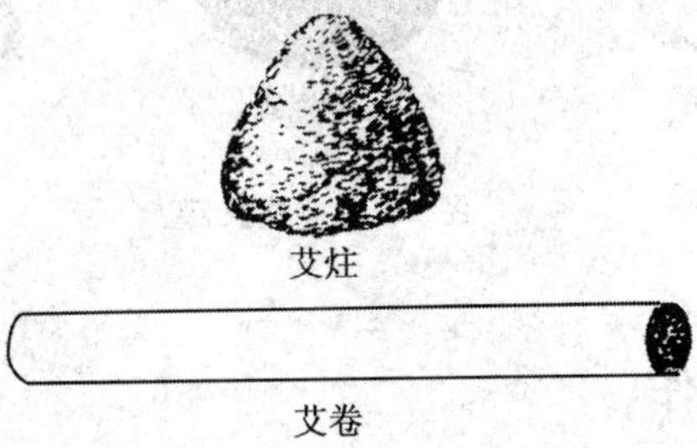

图 11-16 艾炷和艾卷

(二)温熨用具

有软烧棒,麻袋,毛刷等。软烧棒可临时制作,用圆木一根(长 40 cm,直径 1.5 cm),一端为木柄,另一端用棉花包裹,外用纱布包扎,再用细铁丝结紧,使之呈鼓槌状,锤头长约 8 cm,直径 3 cm。

(三)烧烙用具

烙铁 用铁制成。头部形状有刀形、方块形、圆柱形、锥形、球形等多种。刀形又有尖头、方头之分,长约 10 cm。柄长约 40 cm,有木质把手(图 11-17)。

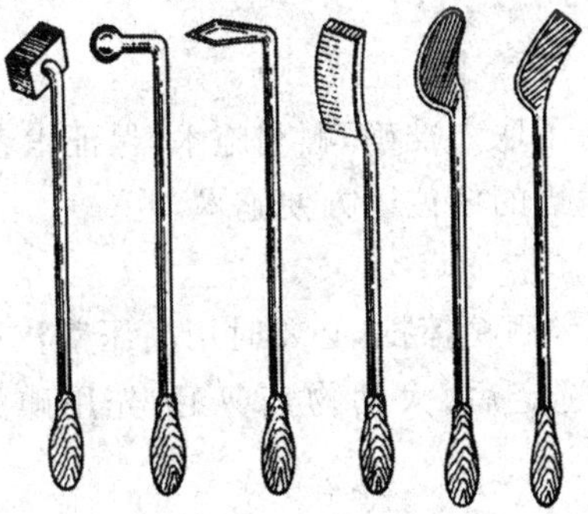

图 11-17 各种烙铁

(四)拔火罐用具

火罐用竹、陶瓷、玻璃等制成,呈圆筒形或半球形,也可以用大口罐头瓶代替(图 11-18)。

图 11-18 拔火罐

第二节 基本操作

一、施针前的准备

(一)用具准备

针灸治疗前必须制订治疗方案,确定使用何种针灸方法和穴位,准备适当的针灸工具和材料。使用针术时,应检查针具是否有生锈、带钩、针柄松动或损坏等现象,若有应修理好;如发现有折断危险时,则不得使用。使用灸术时,应准备好灸烙器材。使用针灸仪器时应预先调试好,若使用交流电应准备好接线板。同时,还要准备好消毒、保定器材和其他辅助用品,如血针时应准备止血用品,火针时准备碘酊、橡皮膏等。

(二)动物保定

在施行针灸术时,为了取穴准确,顺利施术,保证术者和动物安全,对动物必须进行确实保定,并保持适当的体位以方便施术。

(三)消毒准备

针具消毒一般用 75%酒精擦拭,必要时用高压蒸汽灭菌。术者手指亦要用酒精棉球消毒。针刺穴位选定后,大动物宜剪毛,先用碘酊消毒,再用 75%酒精脱碘,待干后即可施针。

二、选配穴原则规律及取穴定位方法

(一)选配穴原则

1.选穴原则

(1)局部选穴。在患病区内选穴,即哪里有病就在哪里选穴。例如,舌肿痛选通关穴,蹄病选蹄头穴等。

(2)邻近选穴。在病变部位附近选穴。这样既可与局部选穴相配合,又可因局部不便针灸(如疮疖)而代替之。例如,蹄痛选缠腕穴等。

(3)循经选穴。根据经脉的循行路线选取穴位。如脏腑有病,就在其所属经脉上选取穴位。如肺热咳喘选肺经的颈脉穴,胃气不足选胃经的后三里穴等。

(4)随证选穴。主要是针对全身疾病选取有效的穴位。例如,发热选大椎穴,中暑、中毒选颈脉、耳尖、尾尖穴等。

2.配穴原则

(1)单、双侧配穴。选取患病同侧或两侧的穴位配合使用。四肢病常在单侧施针,例如,股胯扭伤选患侧的大胯、小胯为主穴,邪气、汗沟为配穴等。脏腑病常选双侧穴位,例如,结症选双侧的关元俞穴等。有时,也可以病侧穴位为主穴,健侧穴位为配穴,例如,歪嘴风选患侧锁口、开关为主穴,健侧的相同穴位为配穴等。

(2)远近、前后配穴。选取患病部位附近和远隔部位或体躯前部和后部具有共同效能的穴位配合使用。例如,歪嘴风选锁口为主穴、开关为配穴,胃病选胃俞为主穴、后三里为配穴,冷痛选三江为主穴、尾尖为配穴等。

(3)背腹、上下配穴。选取背部与腹部或体躯上部和下部的穴位配合使用。例如,脾胃虚弱选脾俞为主穴、中脘为配穴,血尿选断血为主穴、阴俞为配穴等。

(4)表里、内外配穴。选取互为表里的两条经络上的穴位或体表与体内的穴位配合使用。例如,脾虚慢草选脾经的脾俞为主穴、胃经的后三里为配穴,食欲不振选六脉为主穴、玉堂为配穴等。

(二)取穴定位方法

1.解剖标志定位法　主要以动物不活动时的自然标志为依据。

(1)以器官作标志。例如,尾巴末端取尾尖穴,蹄匣上缘取蹄头穴等。

(2)以骨骼作标志。例如,肩胛骨前角取膊尖穴,腰荐十字部取百会穴等。

(3)以肌沟作标志。例如,腓沟内取后三里穴,臂三头肌长头、外头与三角肌之间的凹陷中取抢风穴等。

有时以摇动肢体或改变体位时出现的明显标志作为定位依据。如,上下摇动头部，在动与不动处取天门穴；上下摇动尾巴，在动与不动处取尾根穴；压低头部，在穴位下方按压取三江穴等。

2. 体躯连线比例定位法　在某些解剖标志之间画线，以一线的比例分点或两线的交叉点为定穴依据。例如，百会穴与股骨大转子连线中点取巴山穴，胸骨后缘与肚脐连线中点取中脘穴等。

3. 指量定位法　以术者手指第二节关节处的横宽作为度量单位来量取定位。指量时，食指、中指相并（二横指）为1寸(3 cm)，加上无名指三指相并（三横指）为1.5寸(4.5 cm)，再加上小指四指相并（四横指）为2寸(6 cm)（图11-19）。例如，肘后四指血管上取带脉穴，邪气穴下四指取汗沟穴，耳后一指取风门穴，耳后二指取伏兔穴等。指量法适用于体型和营养状况中等的动物，如体型过大或过小，术者的手指过粗或过细，则指间距离应灵活放松或收紧一些，并结合解剖标志加以弥补。

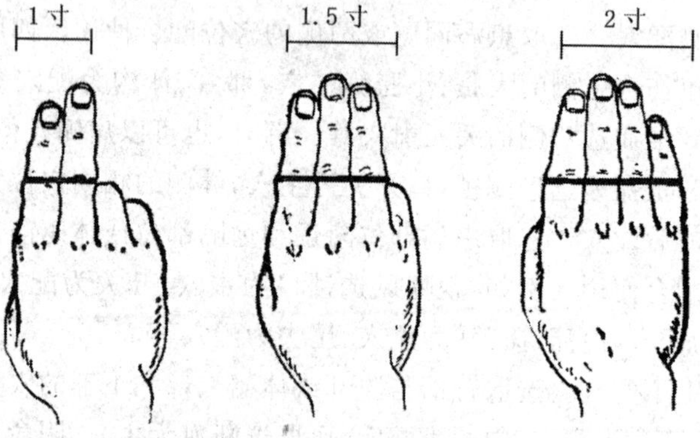

图11-19　指量定位法

三、施针的基本技术

（一）持针法

针刺时多以右手持针施术，称为刺手，要求持针确实，针刺准确。

1. 毫针的持针法　普通毫针施术时，常用右手拇指对食指和中指夹持针柄，无名指抵住针身以辅助进针并掌握进针的深度（图11-20）。如用长毫针，则可捏住针尖部，先将针尖刺入穴位皮下，再用上述方法捻转进针（图11-21）。

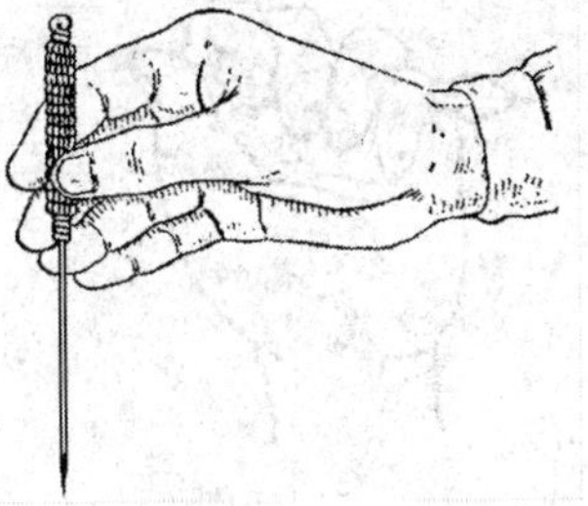

图 11-20 普通毫针持针法

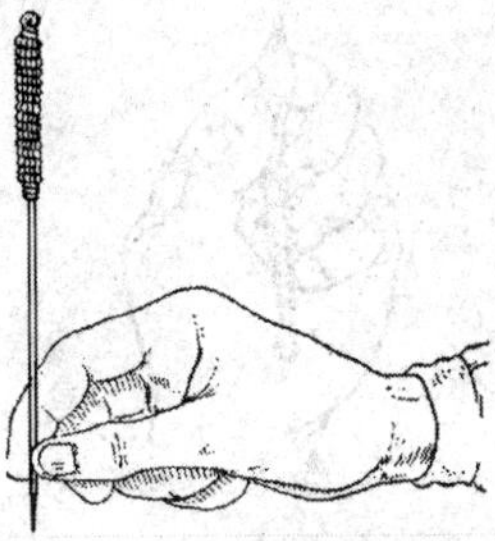

图 11-21 长毫针的持针法

2. 圆利针的持针法　与地面垂直进针时，以拇、食指夹持针柄，以中指、无名指抵住针身(图 11-22)。与地面水平进针时，则用全握式持针法，即以拇、食、中指捏住针体，针柄抵在掌心(图 11-23)。进针时，可先将针尖刺至皮下，然后根据所需的进针方向，调好针刺角度，用拇、食、中指持针柄捻转进针达所需深度。

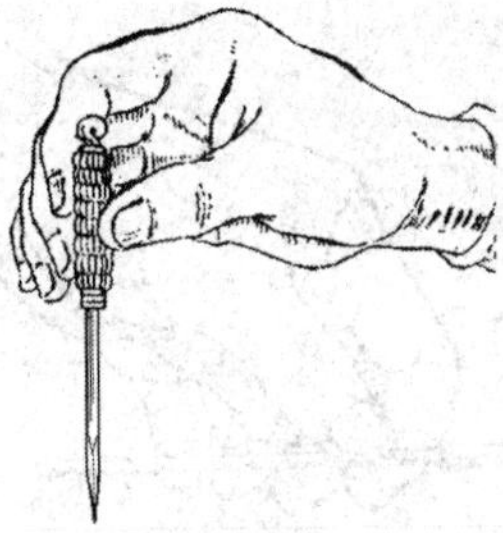

图 11-22 圆利针持针法
(与地面垂直时)

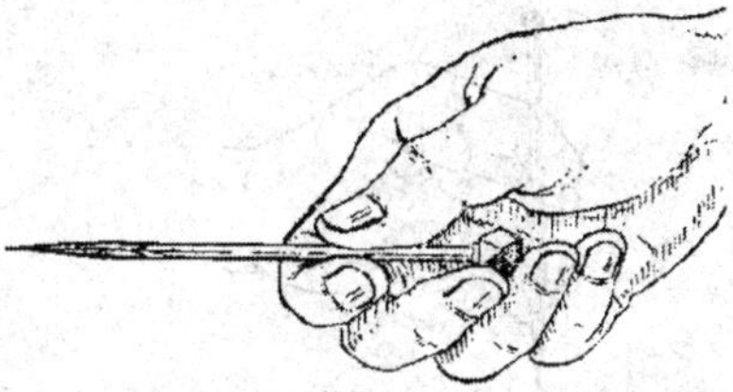

图 11-23 圆利针持针法
(与地面水平时)

3. 宽针的持针法

(1)全握式持针法。以右手拇、食、中指持针体，根据所需的进针深度，针尖露出一定长度，针柄端抵于掌心内(图 11-24)。进针时动作要迅速、准确。使针刃一次穿破皮肤及血管，针退出后，血即流出。

(2)手代针锤持针法。以持针手的食指、中指和无名指握紧针体，用小指的中节，放在针尖的内侧，抵紧针尖部，拇指抵压在针的上端，使针尖露出所需刺入的长度(图 11-25)。针刺时，挥动手臂，使针尖顺血管刺入，随即出血。

(3)针锤持针法。先将针具夹在锤头针缝内，针尖露出适当的长度，推上锤箍，固定针体。术者手持锤柄，挥动针锤使针刃顺血管刺入，随即出血。

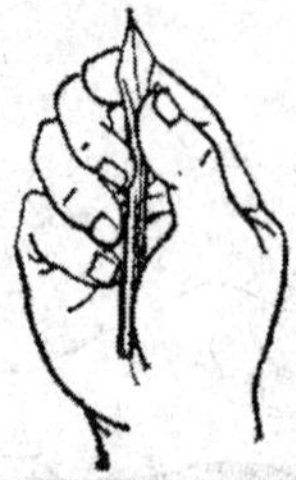

图 11-24　全握式持针法

图 11-25　手代针锤持针法

4. 三棱针的持针法

(1)执笔式持针法。以拇、食、中三指持针身,中指尖抵于针尖部以控制进针的深度,无名指抵按在穴旁以助准确进针(图 11-26)。

(2)弹琴式持针法。以拇、食指夹持针尖部,针尖留出适当的长度,其余三指抵住针身(图 11-27)。

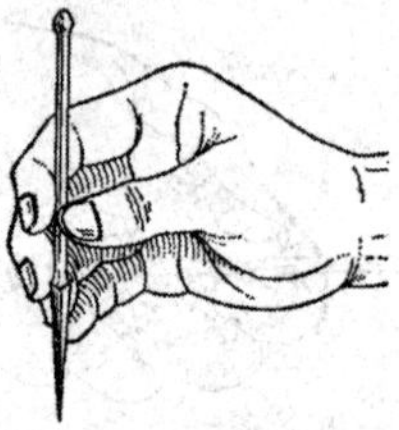

图 11-26　执笔式持针法

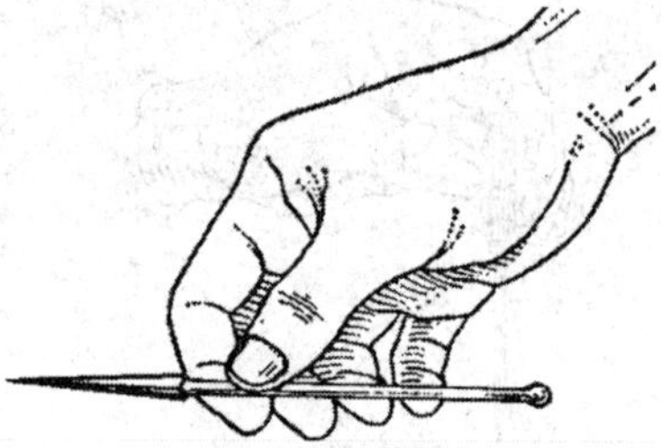

图 11-27　弹琴式持针法

5. 火针的持针法　烧针时,必须持平。若针尖向下,则火焰烧手;针尖朝上,则热油流在手上。扎针时,因穴而异。与地面垂直进针时,似执笔式,以拇、食、中三指捏住针柄,针尖向下(图 11-28);与地面水平进针时,似全握式,以拇、食、中三指捏住针柄,针尖向前(图 11-29)。

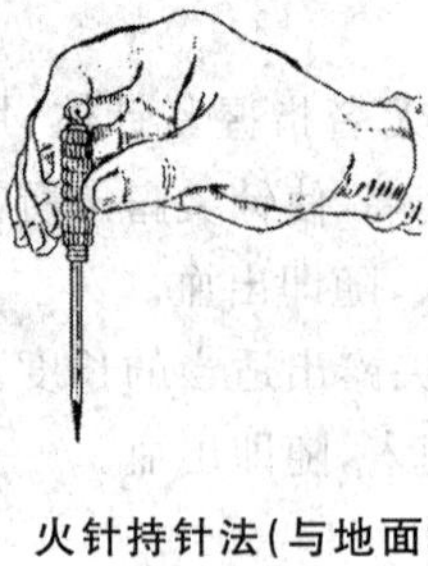

图 11-28　火针持针法(与地面垂直时)

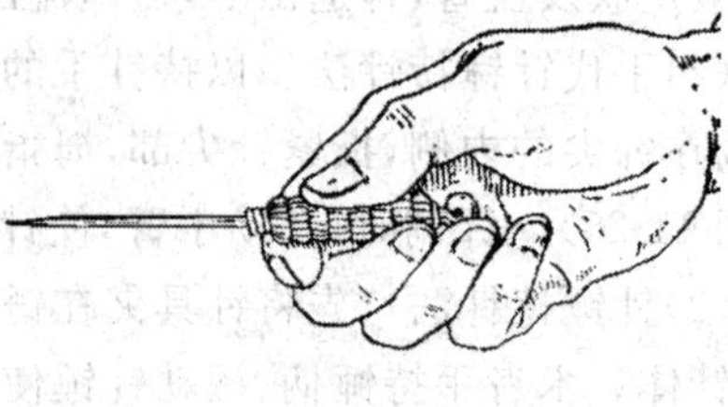

图 11-29　火针持针法(与地面水平时)

(二)按穴(押手)法

针刺时多以左手按穴,称为押手。其作用是固定穴位,辅助进针,使针体准确地刺入穴位,还可减轻针刺的疼痛。常用押手法,有下列四种。

1. 指切押手法　以左手拇指指甲切压穴位及近旁皮肤,右手持针使针尖靠近押手拇指边缘,刺入穴位内。适用于短针的进针(图 11-30)。

2. 骈指押手法　用左手拇指、食指夹捏棉球,裹住针尖部,右手持针柄,当左手夹针下压时,右手顺势将针尖刺入。适用于长针的进针(图 11-31)。

图 11-30　指切押手法

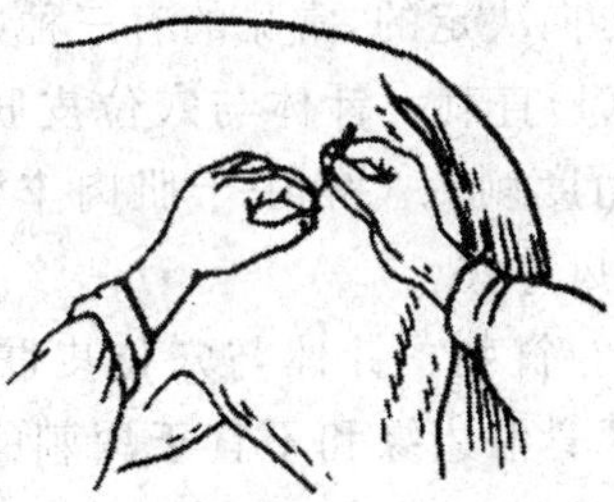

图 11-31　骈指押手法

3. 舒张押手法　用左手拇指、食指,贴近穴位皮肤向两侧撑开,使穴位皮肤紧张,以利进针。适用于位于皮肤松弛部位或不易固定的穴位(图 11-32)。

4. 提捏押手法　用左手拇指和食指将穴位皮肤捏起来,右手持针,使针体从侧面刺入穴位。适用于头部或皮肤薄、穴位浅等部位的穴位,如锁口、开关穴(图 11-33)。

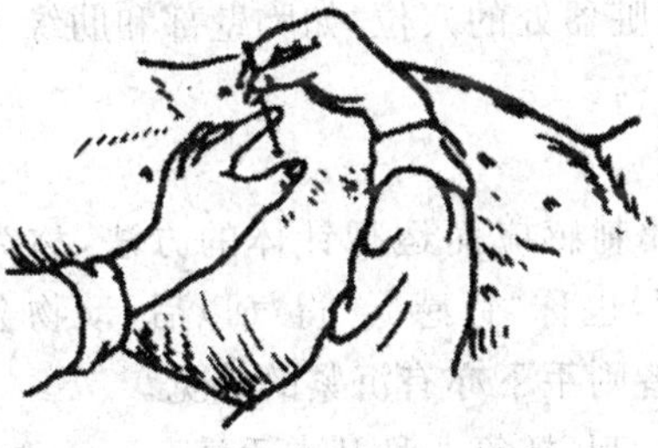

图 11-32　舒张押手法

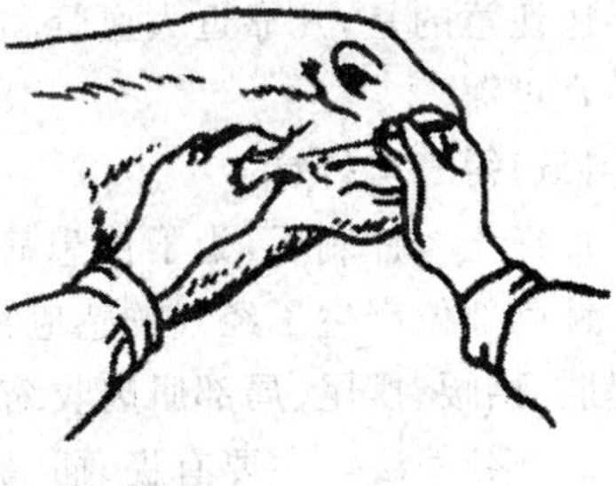

图 11-33　提捏押手法

(三)进针法

针刺时依所用的针具、穴位和针治对象的不同,可采用不同的进针方法。

1. 捻转进针法　毫针、圆利针多用此法。操作时,一般是一手切穴,一手持针,先将针尖刺入穴位皮下，然后缓慢捻转进针。

2.速刺进针法　多用于宽针、火针、圆利针、三棱针的进针。用宽针时，使针尖露出适当的长度，对准穴位，以轻巧敏捷手法，刺入穴位，即可一针见血。用火针时，则可一次刺入所需的深度，再作短时间的留针。用圆利针时，可先将针尖刺入穴位皮下，再调整针向，随手刺入。

(四)针刺角度和深度

1.针刺角度　针刺角度是指针体与穴位局部皮肤平面所构成的夹角，它是由针刺方向决定的，常见的有三种(图 11-34)。

(1)直刺。针体与穴位皮肤呈垂直或接近垂直的角度刺入。常用于肌肉丰满处的穴位，如大胯、抢风等穴。

(2)斜刺。针体与穴位皮肤约呈 45°角刺入，适用于骨骼边缘和不宜于深刺的穴位，如风门、伏兔、九委等穴。

(3)平刺。针体与穴位皮肤约呈 15°角刺入，多用于肌肉浅薄处的穴位，如锁口、开关穴等。

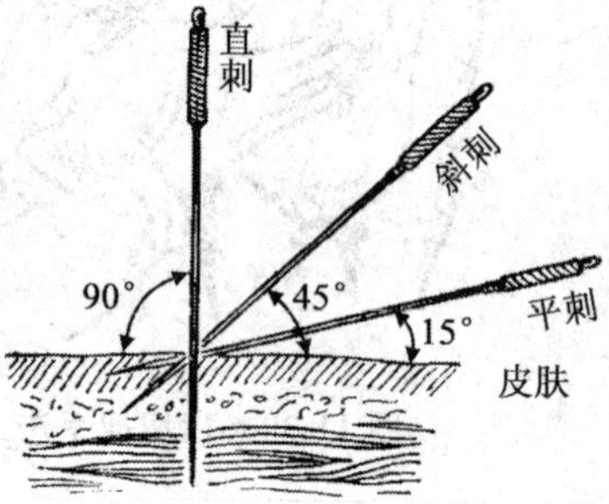

图 11-34　针刺角度

2.针刺深度　针刺时进针深度必须适当，不同的穴位对针刺深度有不同的要求，一般以穴位规定的深度作标准。如开关穴刺入 2～3 cm，而抢风穴一般要刺入 6～8 cm。但是，随着畜体的胖瘦、病证的虚实、病程的长短以及补泻手法等的不同，进针深度应有所区别。针刺的深浅与刺激强度有一定关系，进针深，刺激强度大；进针浅，刺激强度小。应注意的是，凡靠近大血管和深部有重要脏器处的穴位，如胸壁部和肋缘下针刺不宜过深。

(五)得气与行针

1.得气　针刺后，为了使患病动物产生针刺感应而运行针体的方法，称为行针。针刺部位产生了经气的感应，称为“得气”，也称“针感”。得气以后，动物会出现提肢、拱腰、摆尾、局部肌肉收缩或跳动，术者则手下亦有沉紧的感觉。

2.行针手法　主要有提、插、捻、捣、搓、弹、刮、摇等八种基本手法。

(1)提插。纵向的行针手法。将针从深层提到浅层，再由浅层插入深层，如此反复地上提下插。提插幅度大、频率快，刺激强度就大；提插幅度小、频率慢，刺激强度就小(图 11-35)。快速的提插称为捣。

(2)捻转。横向的行针手法。将针左右、来回反复地旋转捻动。捻转幅度一般在 180°～360°之间。捻转的角度大、频率快，所产生的刺激就强；捻转角度小、频率慢，所产生的刺激就弱(图 11-36)。

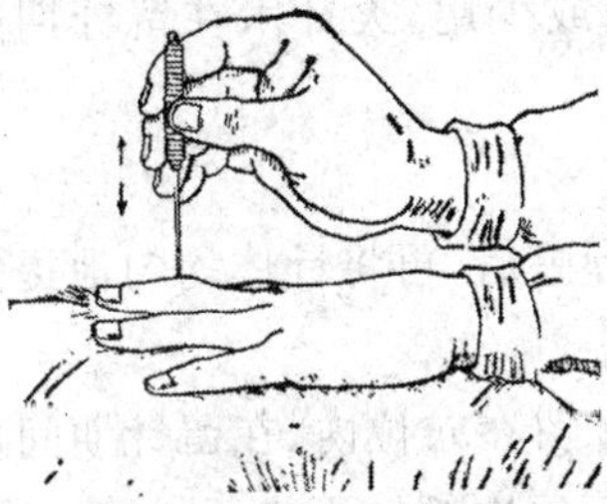

图 11-35 提插行针法

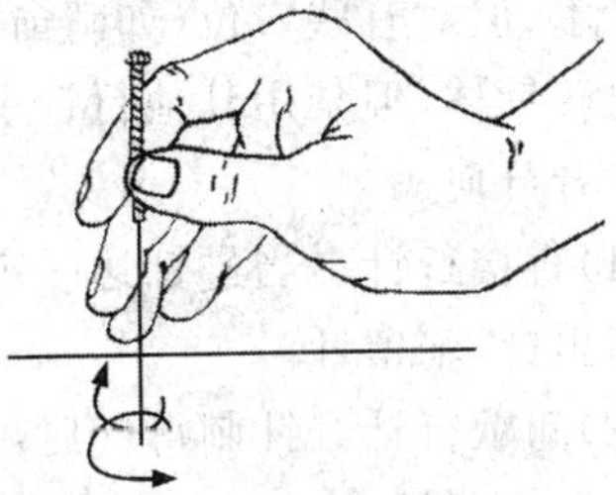

图 11-36 捻转行针法

(3)搓。单向地捻动针身。有增强针感的作用，也是调气、催气的常用手法之一。(图 11-37)。

(4)弹。用手指弹击针柄，使针体微微颤动，以增强针感(图 11-38)。

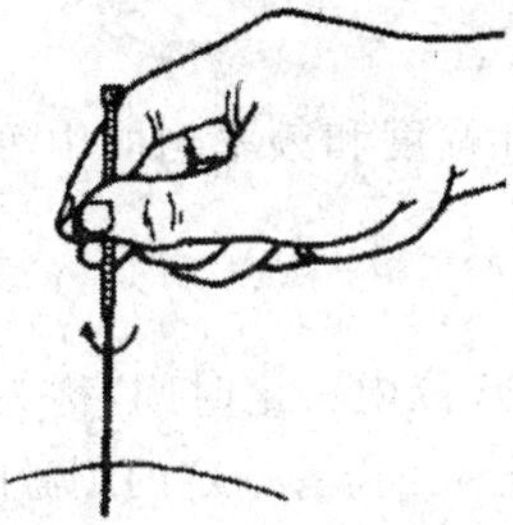

图 11-37 搓法

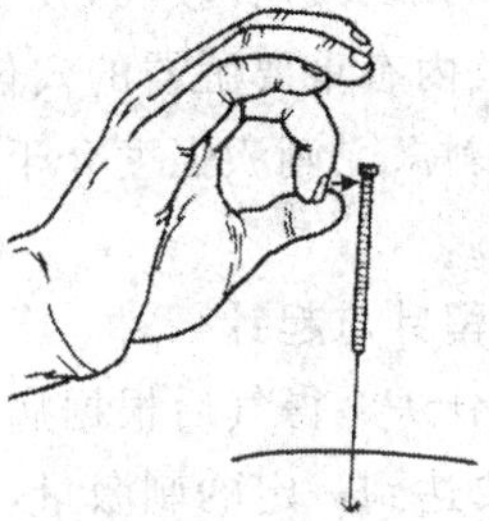

图 11-38 弹法

(5)刮。以拇指抵住针尾、食指或中指指甲轻刮针柄，以加强针感、促进针感的扩散(图 11-39)。

(6)摇。用手捏住针柄轻轻摇动针体。直立针身而摇可增强针感，卧倒针身而摇可促使针感向一定方向传导，使针下之气直达病所 (图 11-40)。

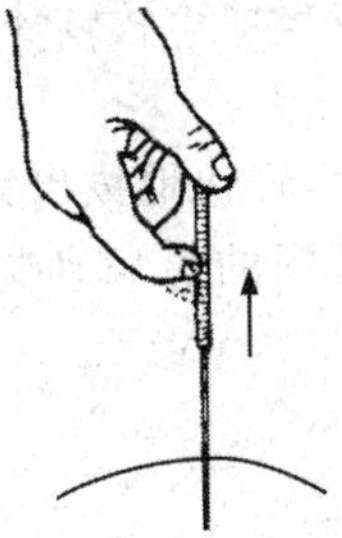

图 11-39 刮法

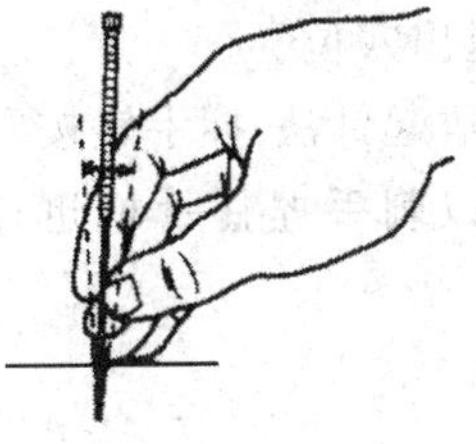

图 11-40 摇法

临诊上大多采用复式行针法，尤以提插捻转最为常用。行针法虽然用于毫针、圆利针术，但对有些穴位（如睛俞、睛明穴）则禁用或少用，火针术在留针期间也可轻微捻转针体，但禁用其他行针手法。

3. 行针间隔

(1)直接行针。当进针达一定深度并出现了针感后，再将针体均匀地提插捻转数次即出针，不留针。

(2)间歇行针。针刺得气后，不立即出针，把针留在穴位内，在留针期间反复多次行针。如留针 30 min，可每隔 10 min 行针 1 次，每次行针不少于 1 min。

(3)持续行针。针刺得气后，仍持续不断地行针，直至症状缓解或痊愈为止。

(六)刺激强度

1. 强刺激　进针较深，较大幅度和较快频率的行针。一般多用于体质较好的动物，针刺麻醉时也常应用。

2. 弱刺激　进针较浅，较小幅度和较慢频率的行针。一般多用于老弱年幼的动物，以及内有重要脏器的穴位。

3. 中刺激　刺激强度介于上述两者之间，行针幅度和频率均取中等。适用于一般动物。

(七)留针与起针

1. 留针法　得气后根据病情需要把针留置在穴位内一定时间，称为留针。针刺治病，要达到一定的刺激量，除取决于刺激强度外，还需要一定的刺激时间，才能取得较好的效果。留针主要用于毫针术、圆利针术以及火针术。

留针时间的长短要依据病情、得气情况以及患病动物具体情况而定。一般情况下，表、热、实证多急出针，里、寒、虚证以及经久不愈者多需留针。得气慢者，则需长时间留针；患病动物骚动不安可不留针。留针时间一般为 10～30 min，火针留针 5～10 min，而针刺麻醉要留针到手术结束。

2. 起针法　针刺达到一定的刺激量后，便可起针，常用的起针法有两种。

(1)捻转起针法 押手轻按穴旁皮肤，刺手持针柄缓缓地捻转针体，随捻转将针体慢慢的退出穴位。

(2)抽拔起针法 押手轻按穴旁皮肤，刺手捏住针柄，轻快地拔出针体。也可不用押手，仅以刺手捏住针柄迅速地拔出针体。对不温顺的患病动物起针时多用此法。

四、施针时意外情况的处理

(一)弯针

1. 原因　弯针多因动物肌肉紧张,剧烈收缩;或因跳动不安;或因进针时用力太猛,捻转、提插时指力不匀所致。

2. 处理　针身弯曲较小者,可左手按压针下皮肤肌肉,右手持针柄不捻转、顺弯曲方向将针取出;若弯曲较大,则需轻提轻按,两手配合,顺弯曲方向,慢慢地取出,切忌强力猛抽,以防折针。

(二)折针

1. 原因　多因进针前失于检查,针体已有缺损腐蚀;进针后捻针用力过猛;患病动物突然骚动不安所致。

2. 处理　若折针断端尚露出皮肤外面,用左手迅速紧压断针周围皮肤肌肉,右手持镊子或钳子夹住折断的针身用力拔出;若折针断在肌肉层内,则行外科手术切开取出。

(三)滞针

1. 原因　多因肌肉紧张,强力收缩,肌纤维夹持针体,使针体无法捻转或拔出。

2. 处理　停止运针,轻揉局部,待动物安静后,使紧张的肌肉缓解,再轻轻的捻转针体将针拔出。

(四)晕针

在针刺过程中,有时个别动物突然出现站立不稳、昏迷、出汗等情况,多为晕针。

1. 原因　多因针刺过猛或行针过强所致,常发生于体质虚弱的动物。

1. 处理　立即停针,使患病动物安静,如症状重者,可针分水、水沟等穴。

(五)血针出血不止

1. 原因　多因针尖过大,或用力过猛刺伤附近动脉;或操作时动物突然骚动不安误断血管所致。

2. 处理　轻者用消毒棉球或蘸止血药压迫止血,或烧烙止血,或针刺断血穴,或用止血钳夹住血管止血;重者施行手术结扎血管。

(六)局部感染

1. 原因　多因针前穴位消毒不严,针具不洁,火针烧针不透;针刺或灸烙后遭雨淋、水浸或患病动物啃咬所致。

2. 处理　轻者局部涂擦碘酒,重者根据不同情况进行全身和局部处理。

第十二章 针灸疗法

第一节 针术

运用各种不同类型的针具或某种刺激源（如激光、电磁波等）刺入或辐射动物机体一定的穴位或患部，予以适当刺激来防治疾病的技术称为针术。

一、白针疗法

白针疗法是使用圆利针、毫针等，在白针穴位上施针，借以调整机体功能活动，治疗动物各种病证的一种方法。

（一）术前准备

先将动物妥善保定，根据病情选好施针穴位，剪毛消毒。然后根据针刺穴位选取适当长度的针具，检查并消毒针具。

（二）操作方法

1. 圆利针术

（1）缓刺法。术者的刺手以拇、食指夹持针柄，中指、无名指抵住针体。押手，根据穴位的不同，采取不同的方法。一般先将针尖刺至皮下，然后调整好针刺角度，捻转进针达所需深度，并施以补泻方法使之出现针感（图 12-1）。一般需留针 10～20 min，在留针过程中，每隔 3～5 min 可行针 1 次，以加强刺激强度。

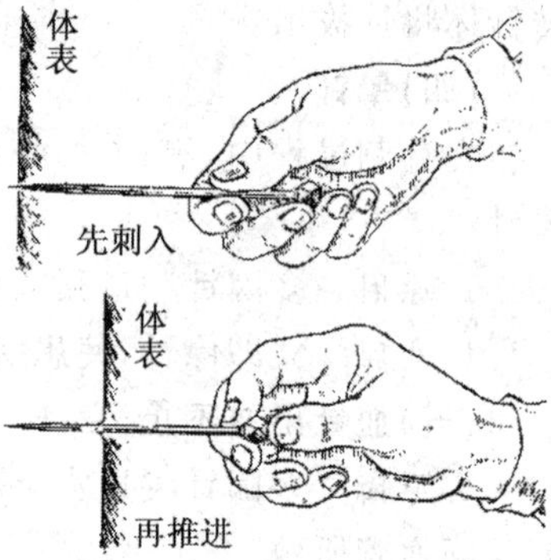

图 12-1 圆利针缓刺法

（2）急刺法。圆利针针尖锋利，针体较粗，具有进针快、不易弯针等特点，对于不温顺的动物或针刺肌肉丰满部的穴位，尤其宜用此法。操作时根据不同穴位，采用执笔式或全握式持针，切穴或不用押手，按穴位要求的进针角度，依照速刺进针法的操作要领刺至所需深度。进针后留针、运针同缓刺法。

退针时，可用左手拇、食指夹持针体，同时按压穴位皮肤，右手捻转或抽拔针柄出针。

2. 毫针术　毫针术的具体操作与圆利针缓刺法相似，但由于毫针针体细、对组织损伤小、不易感染，故同一穴位可反复多次施针；进针较深，同一穴位，入针均深于圆利针、火针等，且可一针透数穴；针刺得气后，根据治疗的需要，可运用提、插、捻、捣等手法，以达到一定的有效刺激量。

(三)注意事项

施针前严格检查针具，防止发生事故；出针后严格消毒针孔，防止感染。

二、血针疗法

使用宽针和三棱针等针具在动物的血针穴位上施针，刺破穴部浅表静脉(丛)，使之出血，从而达到泻热排毒、活血消肿，防治疾病的目的，称为血针疗法。

(一)术前准备

为了快速准确地刺破穴部血管并达到适宜的出血量，动物的保定非常关键。应根据施针穴位采取不同保定体位，以使血管怒张。如针三江、太阳等穴宜用低头保定法，针刺颈脉穴宜在穴位后方按压或系上颈绳使颈静脉显露(图 12-2)。血针因针孔较大，且在血管上施术，容易感染，因此术前应严格消毒，穴位剪毛、涂以碘酊，针具和术者手指，也应严格消毒。此外，还应备有止血器具和药品。

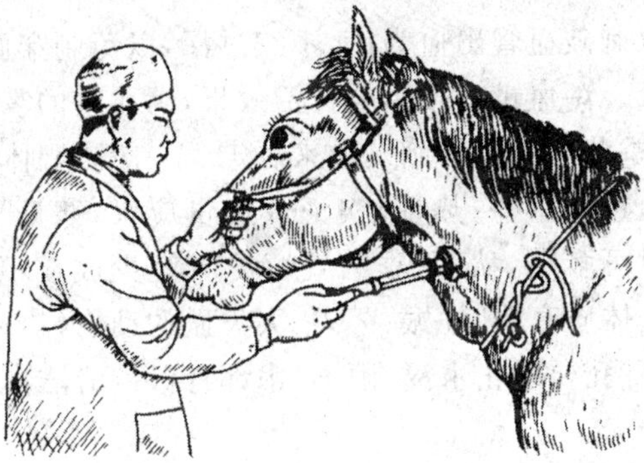

图 12-2　颈脉穴针刺法

(二)操作方法

1. 宽针术　首先应根据不同穴位，选取规格不同的针具，血管较粗，需出血量大，可用大、中宽针；血管细，需出血量小，可用小宽针。宽针持针法多用全握式、手代针锤式或用针锤持针法。一般多垂直刺入 1 cm 左右，以出血为准。

2. 三棱针术　多用于体表浅刺，如三江穴；或口腔内穴位，如通关穴。根据不同穴位的针刺要求和持针方法，确定针刺深度，一般以刺破穴位血管出血为度(图

12-3）。

（三）注意事项

（1）三棱针的针尖较细，容易折断，使用时应谨防折针。

（2）宽针施术时，针刃必须与血管平行，以防切断血管（图 12-4）。针刺出血，一般可自行止血；或者在达到适当的出血量时，令动物活动或轻压穴位，即可止血。如出血不止时可压迫止血，必要时可用止血钳、止血药或烧烙法止血。

图 12-3 通关穴针刺法

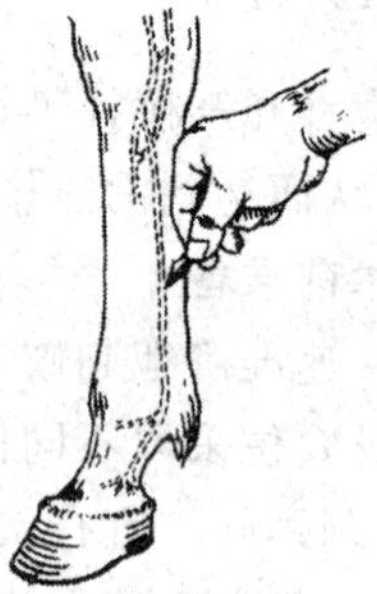

图 12-4 针刃须与血管平行

（3）血针穴位以刺破血管出血为度，不宜过深，以免刺穿血管，造成血肿。

（4）掌握泻血量。泻血量直接影响针治效果，泻血量的掌握应根据动物体质的强弱、病证的虚实、季节气候及针刺穴位来决定。一般膘肥体壮的动物放血量可大些，瘦弱体小的放血量宜小些；热证、实证放血量应大，寒证、虚证应少放或不放；春、夏季天气炎热时可多放，秋、冬季天气寒冷时宜少放或不放；有些穴位如分水穴，破皮见血即可。体质衰弱、妊娠、久泻、大失血的动物，禁施血针。

（5）施血针后，针孔要防止水浸、雨淋，术部宜保持清洁，以防感染。

三、火针疗法

火针疗法是用特制的针具烧热后刺入穴位，以治疗疾病的一种方法。它包括针和灸两方面的治疗作用。由于火针使穴位的局部组织发生较深的灼伤灶，所以能在一定的时间内保持对穴位的刺激作用。火针具有温经通络、祛风散寒、壮阳止泻等作用。主要用于各种风寒湿痹、慢性跛行、阳虚泄泻等证。

（一）术前准备

准备烧针器材，封闭针孔用橡皮膏。其他同白针术。

(二)操作方法

1. 烧针法　有油火烧针法和直接烧针法两种。

(1)油火烧针法。先检查针体并擦拭干净,用棉花将针尖及针身的一部分缠成枣核形,长度依针刺深度而定,一般稍长于入针的深度,粗 1～1.5 cm,外紧内松;然后浸入植物油或石蜡油中,油浸透后取出,将尖部的油略挤掉一些,便于点燃,点燃后针尖先向下、后向上倾斜,始终保持针尖在火焰中,并不断转动,使针体受热均匀。待油尽棉花收缩变黑将要燃尽时,去掉棉花,即可进针(图 12-5)。

图 12-5　油火烧针法

(2)直接烧针法。常用酒精灯直接烧红针尖及部分针体,立即刺入穴位。

2. 进针法　烧针前先选定穴位,剪毛,消毒,待针烧透时,术者以左手按压穴旁,右手持针迅速刺入穴位中,刺入后可留针(5 min 左右)或不留针。留针期间轻微捻转运针。

3. 起针法　起针时先将针体轻轻地左右捻转一下,然后用一手按压穴部皮肤,另一手将针拔出。针孔用 5%碘酊消毒,并用橡皮膏封闭针孔,以防止感染。

(三)注意事项

(1)火针穴位与白针穴位基本相同,但穴下有大的血管、神经干或位于关节囊处的穴位一般不得施火针。

(2)施针时动物应保定确实,针具应烧透,刺穴要准确。

(3)火针针后会留下较大的针孔,容易发生感染。因此,针后必须严格消毒,并封闭针孔,保持术部清洁,要防止雨淋、水浸和患畜啃咬。

(4)火针对动物的刺激性较强,一般能持续 1 周以上,10 日之后方可在同一穴位重复施针,故针刺前应有全面的计划,每次可选 3～5 个穴位,轮换交替进行。

四、电针疗法

电针疗法是将毫针、圆利针刺入穴位产生针感后,通过针体导入适量的电流,利用电刺激来加强或代替手捻针刺激以治疗疾病的一种疗法。电针疗法刺激强度可控，可通过调整电流、电压、频率、波型等选择不同强度的刺激。适用于多种病证如神经麻痹、肌肉萎缩、急性跛行、风湿症、马骡结症、宿草不转、胃肠臌胀、寒虚泄泻、风寒感冒、垂脱证、不孕症、胎衣不下等的治疗。

(一)术前准备

圆利针或毫针，电针机及其附属用具（导线、金属夹子），剪毛剪、消毒药品等。

(二)操作方法

1. 选穴扎针　根据病情，选定穴位（每组 2 穴），常规剪毛消毒，将圆利针或毫针刺入穴位，行针使之出现针感。

2. 接通电针机　先将电针机调至治疗档，各种旋钮调至"0"位，将正负极导线分别夹在针柄上；然后打开电源开关，根据病情和治疗需要，以及患病动物对电流的耐受程度来调节电针机的各项参数。

(1)波形。脉冲电流的波形较多，常见的有矩形波（方波）、尖形波、锯齿波等。临症多用方波，它既能降低神经的感受性，具有消炎、止痛的作用；还能增强神经肌肉的紧张度，从而提高肌腱张力，治疗神经麻痹、肌肉萎缩。复合波形有疏波、密波、疏密波、间断波等。密波、疏密波可使神经肌肉兴奋性降低，缓解痉挛、止痛作用明显；间断波可使肌肉强力收缩，提高肌肉紧张度，对神经麻痹、肌肉萎缩有效。

(2)频率。电针机的频率范围在 10～550 Hz。一般治疗时频率不必太高，只在针麻时才应用较高的频率。治疗软组织损伤，频率可稍高；治疗结症则频率要低。

(3)输出强度。电流输出强度的调节一般应由弱到强，逐渐进行，以患病动物能够安静接受治疗的最大耐受量为度。

各种参数调整妥当后，继续通电治疗。通电时间，一般为 15～30 min。也可根据病情和动物体质适当调整，对体弱而敏感的动物，治疗时间宜短些；对某些慢性且不易收效的疾病，时间可长些。在治疗过程中，为避免动物对刺激的适应，应经常变换波形、频率和电流。治疗结束前，频率调节应该由高到低，输出电流由强到弱。治疗完毕，应先将各档旋钮调回"0"位，再关闭电源开关，除去导线夹，起针消毒。

电针治疗一般每日或隔日一次，5～7 日为 1 疗程，每个疗程间隔 3～5 日。

(三)注意事项

(1)针刺靠近心脏或延脑的穴位时，必须掌握好深度和刺激强度，防止伤及心、脑导致猝死。动物也必须保定确实，防止因动物骚动而将针体刺入深部。

(2)通电期间，注意金属夹与导线是否固定妥当，若因骚动而金属夹脱落，必须先将电流及频率调至零位或低档，再连接导线。

(3)在通电过程中,有时针体会随着肌肉的震颤渐渐向外退出,需注意及时将针体复位。

(4)有些穴位,在电针过程中,呈现渐进性出血或形成皮下血肿,不需处理,几日后即可自行消散。

五、水针疗法

水针疗法也称穴位注射疗法,它是将某些中西药液注入穴位来防治疾病的方法。这种疗法将针刺与药物疗法相结合,具有方法简便、提高疗效并节省药量的特点。适用于眼病、脾胃病、风湿症、损伤性跛行、神经麻痹、瘫痪等多种疾病,是兽医临诊应用广泛的一种针刺疗法。若注射麻醉性药液,称穴位封闭疗法;注射抗原性物质,称穴位免疫。

(一)术前准备

除准备注射器外,还要根据病情选取穴位,对穴位部剪毛消毒,并准备适当的药液。

1.穴位选择 根据病情可选择白针穴位,或选择疼痛明显处的阿是穴。对一些痛点不明显的病例,可选择患部肌肉的起止点作为注射点。

2.药物选择 可供肌肉注射的中、西药液均能用于穴位注射。临诊可根据病情,酌情选用。例如,治疗肌肉萎缩、功能减退的病证,可选用具有兴奋营养作用的药物,如林格氏液、各种维生素、5%～10%葡萄糖注射液、血清、自家血等;治疗各种炎性疾病、风湿症等,可选用各种抗菌素、镇静止痛剂、抗风湿药以及中药注射剂黄连素、穿心莲等;治疗各种跛行、外伤性瘀血肿痛等,可选用红花注射液、复方当归注射液、川芎元胡注射液、镇跛痛注射液等;穴位封闭,可选用0.5%～2%盐酸普鲁卡因注射液;穴位免疫,可选用各种特异性抗原、疫苗等。

(二)操作方法

按毫针进针的方法(包括深度、角度等)将注射针头刺入穴位,待出现针感后再注射药物。

(三)注射剂量

穴位注射的剂量通常依药物的性质、注射的部位、注射点的多少、动物的种类、体型的大小、体质的强弱以及病情而定,一般来说,每次注射的总量均小于该药的普通临诊治疗用量。每日或隔日一次,5～7次为一疗程;必要时隔3日后施行第二疗程。

(四)注意事项

(1)严格消毒,防止感染。

(2)关节腔及颅腔内不宜注射，妊娠动物一般慎用，脊背两侧的穴点不宜深刺，防止压迫神经。

(3)有毒副作用的药物不宜选用；刺激性强的药物，药量不宜过大；两种以上药物混合注射，要注意配伍禁忌。

(4)推药前一定要回抽注射器，见无回血时再推注药液。葡萄糖(尤其是高渗葡萄糖)一定要注入深部，不要注入皮下。

(5)注射后若局部出现轻度肿胀、疼痛，或伴有发热，一般无须处理，可自行恢复。

六、埋植疗法

将羊肠线或某些药物埋植在穴位或患部以防治疾病的方法，称为埋植疗法。由于埋植物在体内有其一定的吸收过程，因此对机体的刺激持续时间长，刺激强烈，从而产生明显的治疗效果。临诊可分为埋线疗法和埋药疗法两种。

(一)埋线疗法

在穴位上埋植医用羊肠线，适用于动物的闪伤跛行、神经麻痹、肌肉萎缩、肝火上炎、角膜翳、脾虚泄泻、咳嗽和气喘等。

1. 术前准备

(1)器材。埋线针，可用16号注射针头或皮肤缝合针等；肠线，可用铬制1～3号医用羊肠线等；持针钳、外科剪及常规消毒用品等。

(2)穴位。依据病证的不同，选用不同的穴位。猪病常用后海、脾俞、关元俞、后三里、三脘等穴。一般每穴只埋植一次，如需第二次治疗，应间隔一周后，另选穴位埋植。

施术前，先将羊肠线剪成1 cm长的小段，或10～15 cm长的大段，置灭菌生理盐水中浸泡；动物保定后，穴位剪毛消毒。

2. 操作方法

(1)注射针埋线法。将肠线大段穿入16号针头的管腔内，针外留出多余的肠线；将注射针头垂直刺入穴位，随即将针头急速退出，使部分肠线留于穴内；用剪刀贴皮肤剪断外露肠线，然后提起皮肤，使肠线埋于穴内，最后消毒针孔。

(2)缝合针埋线法。用持针钳夹住带肠线的缝合针，从穴旁1 cm处进针，穿透皮肤和肌肉，从穴

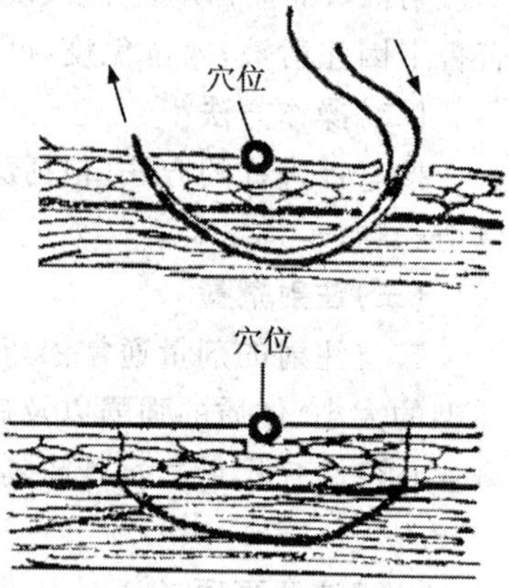

图12-6 埋线法

位另一侧穿出；剪断穴位两边露出的肠线，轻提皮肤，使肠线完全埋进穴位内，最后消毒针孔（图 12-6）。

3.注意事项

(1)操作时应严密消毒，术后加强护理，防止术部感染。

(2)注意掌握埋植深度，不得损伤内脏、大血管和神经干。

(3)埋线后局部有轻微炎症反应，或有低热，在 1～2 日后即可消退，无须处理。如穴位感染，应作消炎治疗。

(4)患热性病者，忌用本法。

(二)埋药疗法

1.术前准备

(1)器材。手术刀或大宽针，止血钳、镊子、灭菌棉花、纱布、火棉胶等。

(2)药品。消毒用酒精、碘酊；埋植用药物主要有蟾酥、明矾、松香等。

(3)穴位。卡耳（耳廓中、下部，内外侧均可，以外侧多用）、天门、百会等穴。

2.操作方法

(1)埋蟾酥法（卡耳疗法）。常用于猪的卡耳穴，主治猪支气管炎、猪气喘病、猪肺疫、猪丹毒等。患猪耳廓消毒，以大宽针在卡耳穴切开做一皮肤囊，在囊内埋入绿豆大蟾酥 1 粒，切口用胶布封闭。

(2)埋白矾、松香法。常埋在疮黄患部，主治疮黄肿毒。取白矾、松香各等份，放锅内加热炼成膏，制成小圆粒状，桐子大，备用。患病动物站立保定，以宽针刺破患部皮肤，纳入药丸一粒，用胶布或火棉胶封闭。

3.注意事项

(1)实施埋药疗法时，应注意对所用器材、药品及术部的消毒，严防感染。

(2)埋植蟾酥时，因药物的刺激作用，可引起局部发炎、坏死，愈合后可能会造成疤痕或缺损。治体表黄肿时，应尽量在肿胀下方刺孔埋药，以便于炎性渗出物的排出。

七、激光针灸疗法

应用医用激光器发射的激光束照射穴位或灸烙患部以防治疾病的方法，称为激光针灸疗法。前者称为激光针术，后者称为激光灸术。由于激光具有亮度高、方向性精、相干性强和单色性好等特点，因此对机体组织的刺激性能良好，穿透力强，并具有优越的温热效应和电磁效应，以光代针，强度可调，疗效显著，是安全可靠的新型治疗方法。

(一)术前准备

医用激光器，动物妥善保定，暴露针灸部位。

(二)操作方法

1. 激光针术　应用激光束直接照射穴位，简称光针疗法，或激光穴位照射。适用于各种动物多种疾病的治疗，如肢蹄闪伤捻挫、神经麻痹、便秘、结症、腹泻、消化不良、前胃病、不孕症和乳房炎等。一般采用低功率氦氖激光器，波长 632.8 nm，输出功率 2～30 mW。施针时，根据病情选配穴位，每次 1～4 穴。穴位部剪毛消毒，用龙胆紫或碘酊标记穴位，然后打开激光器电源开关，出光后激光照头距离穴位 5～30 cm 进行照射，每穴照射 2～5 min，一次治疗照射总时间为 10～20 min。一般每日或隔日照射一次，5～10 次为一疗程。

2. 激光灸术　根据灸烙的程度可分为激光灸灼、激光灸熨和激光烧烙三种。

(1)激光灸灼。也称二氧化碳激光穴位照射，适应症与氦氖激光穴位照射相同。CO_2 激光的波长 10.6 μm，兽医临诊常用的输出功率一般为 1～5 W，也有的高达 30 W 以上。施术时，选定穴位，打开激光器预热 10 min，使用聚焦照头，距离穴位 5～15 cm，用聚焦原光束直接灸灼穴位，每穴灸灼 3～5 s，以穴位皮肤烧灼至黄褐色为度。一般每隔 3～5 日灸灼一次，总计 1～3 次即可。

(2)激光灸熨。使用输出功率 30 mW 的氦氖激光器，或 5 W 以上的二氧化碳激光器，以激光散焦照射穴区或患部。适用于大面积烧伤、创伤、肌肉风湿、肌肉萎缩、神经麻痹、肾虚腰胯痛、阴道脱、子宫脱和虚寒泄泻等病证。治疗时，装上散焦镜头，打开激光器，照头距离穴区 20～30 cm，照射至穴区皮肤温度升高，动物能够耐受为度。如用计时照射，每区辐照 5～10 min，每次治疗总时间为 20～30 min，每日或隔日一次，5～7 次为一疗程。由于二氧化碳激光器功率大，辐照面积大，照射面中央温度高，必须注意调整照头与穴区的距离，确保给患部以最适宜的灸熨刺激。当病变组织面积较大时，可分区轮流照射，无需每次都灸熨整个患部。若为开放性损伤，宜先清创后再照射。

(3)激光烧烙。应用输出功率 30 W 以上的二氧化碳激光器发出的聚焦光束代替传统烙铁进行烧烙。适用于慢性肌肉萎缩、外周神经麻痹、慢性骨关节炎、慢性屈腱炎、骨瘤、肿瘤等。施术时，打开激光器，手持激光烧烙头，直接渐次烧烙术部，随时小心地用毛刷清除烧烙线上的碳化物，边烧烙边喷洒醋液，烧烙至皮肤呈黄褐色为度。烧烙完毕，关闭电源，烧烙部再喷洒醋液一遍，涂以消炎油膏，最后解除动物保定。一般每次烧烙时间为 40～50 min。

(三)注意事项

(1)所有参加治疗的人员应佩戴激光防护眼镜，防止激光及其强反射光伤害眼睛。

(2)开机严格按照操作规程,防止漏电、短路和意外事故的发生。

(3)随时注意患病动物的反应,及时调节激光刺激强度。灸熨范围一般要大于病变组织的面积。若照射腔、道和瘘管等深部组织时,要均匀而充分。

(4)激光照射具有累积效应,应掌握好疗程和间隔时间。

(5)做好术后护理,防止动物摩擦或啃咬灸烙部位,预防水浸或冻伤的发生。

八、穴位磁疗法

利用外加磁场或磁性物,作用于畜体经穴来治疗疾病的一种方法。

(一)磁疗的种类和适应症

1. *磁片贴埋法* 用橡皮膏将直径 8～10 mm 的永久磁铁(表面磁强 300～1 200 Gs)固定在体表穴位上,或直接将磁片埋植于穴位皮下,用于治疗某些慢性疾病。

2. *磁按摩疗法* 将电动磁按摩器的橡胶触头按在选定的穴位或患部上连续按摩,每次 15～30 min。用于治疗关节风湿症、肌肉风湿症、跌打损伤等。

3. *磁针疗法* 利用针和磁场同时作用于穴位治疗疾病的一种方法。将毫针刺入穴位后,露在体外的针柄上放一磁片,每日治疗 20～30 min,用于治疗疼痛性疾病。

4. *电磁针疗法* 毫针刺入穴位后,将电磁疗机上的磁片贴在针上,接通电源,可同时产生针、磁、电脉冲三种综合效应,每次通电 30 min,每日治疗 1 次,用于治疗颜面神经麻痹、肌肉风湿症等。

5. *旋磁疗法* 将旋转的磁疗机的机头对准穴位或患部,靠近或轻轻触压皮肤,每次 20～30 min,每日 1～2 次,用于治疗血肿、冻伤、急慢性肠炎、角膜炎、周期性眼炎及肌肉风湿症等。

(二)注意事项

(1)贴磁要牢固,治疗用针应能对磁产生吸引力。

(2)放在针柄上的磁片,应用单片,不能用两块南北极对称的磁片将针夹注。

(3)临诊应用时,磁场剂量(包括磁场作用面积的大小、磁块数量的多少、治疗时间的长短等)应逐渐增加。

(4)皮肤有出血破溃、体质极度衰弱及高热者慎用。

第二节 灸烙术

一、艾灸

用点燃的艾绒在患病动物体的一定穴位上熏灼，借以疏通经络，驱散寒邪，达到治疗疾病目的所采用的方法，叫做艾灸疗法。

艾绒是中药艾叶经晾晒加工捣碎，去掉杂质粗梗而制成的一种灸料。艾叶性辛温、气味芳香、易于燃烧，燃烧时热力均匀温和，能窜透肌肤直达深部，有通经活络，祛除阴寒，回阳救逆的功效，有促进机能活动的治疗作用。常用的艾灸疗法分为艾炷灸和艾卷灸两种，此外还有与针刺结合的温针灸。

(一)艾炷灸

艾炷是用艾绒制成的圆锥形的艾绒团，直接或间接置于穴位皮肤上点燃。前者称为直接灸，后者称为间接灸。艾炷有小炷(黄豆大)、中炷(枣核大)、大炷(大枣大)之分。每燃尽一个艾炷，称为“一炷”或“一壮”。治疗时，根据动物的体质、病情以及施术的穴位不同，选择艾炷的大小和数量。一般来说，初病、体质强壮者，艾炷宜大，壮数宜多；久病、体质虚弱者艾炷宜小，壮数宜少；直接灸时艾炷宜小，间接灸时艾炷宜大。

1. 直接灸　将艾炷直接置于穴位上，在其顶端点燃，待烧到接近底部时，再换一个艾炷。根据灸灼皮肤的程度又分为无疤痕灸和有疤痕灸两种。

(1)无疤痕灸。多用于虚寒轻证的治疗。将小艾炷放在穴位上点燃，动物有灼痛感时不待艾炷燃尽就更换另一艾炷。可连续灸 3～7 壮，至局部皮肤发热时停灸。术后皮肤不留疤痕。

(2)有疤痕灸。多用于虚寒痼疾的治疗。将放在穴位上的艾炷燃烧到接近皮肤、动物灼痛不安时换另一艾炷。可连续灸 7～10 壮，至皮肤起水泡为止。术后局部出现无菌性化脓反应，十几天后，渐渐结痂脱落，局部留有疤痕。

2. 间接灸　在艾炷与穴位皮肤之间放置药物的一种灸法。

(1)隔姜灸。将生姜切成 0.3 cm 厚的薄片，用针穿透数孔，上置艾炷，放在穴位上点燃，灸至局部皮肤温热潮红为度(图 12-7)。利用姜的温里作用，来加强艾灸的祛风散寒功效。

(2)隔蒜灸。方法与隔姜灸相似，只是将姜片换成用独头大蒜切成的蒜片施灸(图 12-7)，每灸 4～5 壮须更换蒜片一次。隔蒜灸利用了蒜的清热作用，常用于治疗痈疽肿毒证。

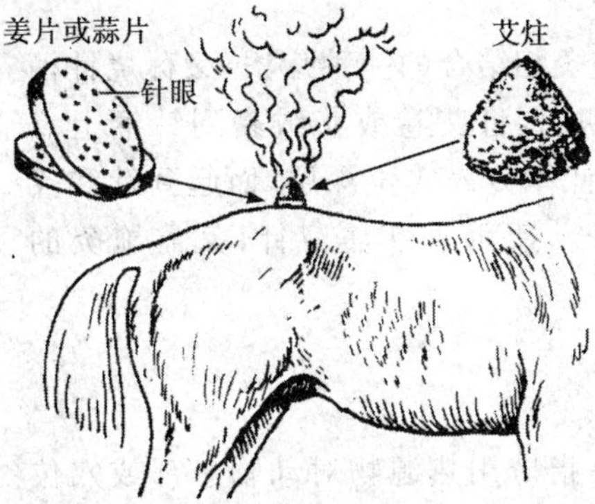

图 12-7 隔姜灸、隔蒜灸

(二)艾卷灸

用艾卷代替艾炷施行灸术，不但简化了操作手续，而且不受体位的限制，全身各部位均可施术。具体操作方法可分下列三种。

1. 温和灸　将艾卷的一端点燃后，在距穴位 0.5～2 cm 处持续熏灼，给穴位一种温和的刺激，每穴灸 5～10 min(图 12-8)。适于风湿痹痛等证。

2. 回旋灸　将燃着的艾卷在患部的皮肤上往返、回旋薰灼，用于病变范围较大的肌肉风湿等证。

3. 雀啄灸　将艾卷点燃后，对准穴位，接触一下穴位皮肤，马上拿开，再接触再拿开，如雀啄食，反复进行 2～5 min(图 12-9)。多用于需较强火力施灸的慢性疾病。

图 12-8 温和灸

图 12-9 雀啄灸

(三)温针灸

温针灸是针刺和艾灸相结合的一种疗法，又称烧针柄灸法。即在针刺留针期间，将艾卷或艾绒裹到针柄上点燃，使艾火之温热通过针体传入穴位深层，而起到针和灸的双重作用(图 12-10)。适用于既需留针，又需施灸的疾病。

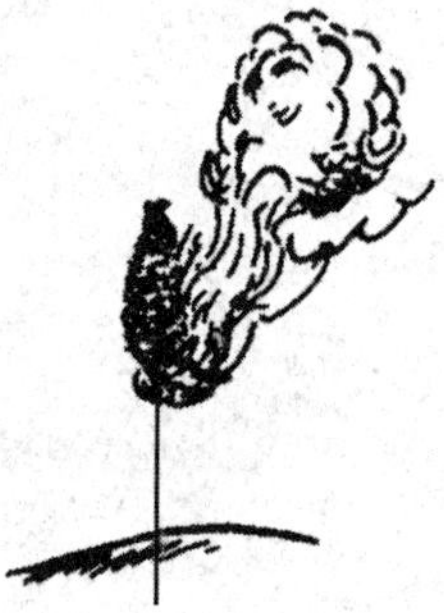

图 12-10 温针灸

二、温熨

温熨，又称灸熨，是指应用热源物对动物患部或穴位进行温敷熨灼的刺激，以防治疾病的方法。温熨包括醋麸灸、醋酒灸和软烧三种，主要针对较大的患病部位，如背腰风湿、腰胯风湿、破伤风、前后肢闪伤等。

(一)醋麸灸

醋麸灸是用醋拌炒麦麸热敷患部的一种疗法，主治背部及腰胯风湿等证。用于马、牛等大动物时，需准备麦麸 10 kg(也可用醋糟、酒糟代替)，食醋 3～4 kg，布袋(或麻袋)2 条。先将一半麦麸放在铁锅中炒，随炒随加醋，至手握麦麸成团、放手即散为度。炒至温度达 40～60℃时即可装入布袋中，平坦地搭于患病动物腰背部进行热敷。此时再炒另一半麦麸，两袋交替使用。当患部微有汗出时，除去麸袋，以干麻袋或毛毯覆盖患部，调养于暖厩，勿受风寒。本法可一日一次，连续数日。

(二)醋酒灸

醋酒灸俗称火烧战船。是用醋和酒直接灸熨患部的一种疗法。主治背部及腰胯风湿，也可用于破伤风的辅助治疗，但忌用于瘦弱衰老、妊娠动物。施术时，先将患病动物保定于六柱栏内，用毛刷蘸醋刷湿背腰部被毛，面积略大于灸熨部位，以 1 m 见方的白布或双层纱布浸透醋液，铺于背腰部；然后以橡皮球或注射器吸取 60°的白酒或 70%以上的酒精均匀地喷洒在白布上，点燃；反复地喷酒浇醋，维持火力，即火小喷酒，火大浇醋，直至动物耳根和肘后出汗为止。在施术过程中，切勿使敷布及被毛烧干。施术完毕，以干麻袋压熄火焰，抽出白布，再换搭毡被，用绳缚牢，将患畜置暖厩内休养，勿受风寒(图 12-11)。

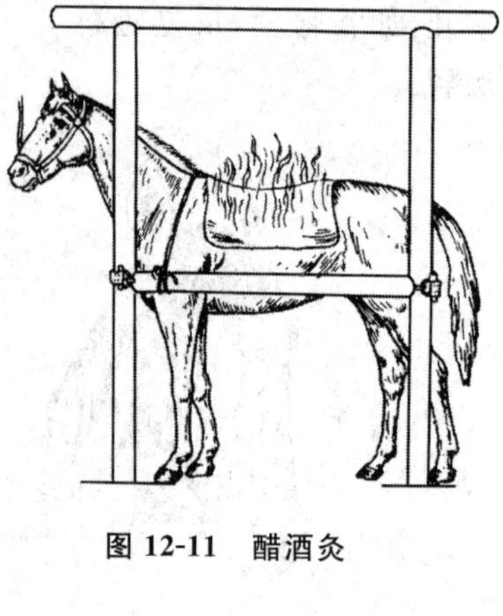

图 12-11 醋酒灸

(三)软烧法

软烧法是以火焰薰灼患部的一种疗法。适用于慢性关节炎，屈腱炎，肌肉风湿等体侧部的疾患。

1. 术前准备　软烧棒，作火把用；长柄毛刷，为蘸醋工具，也可用小扫帚代替；醋椒液，取食醋 1 kg，花椒 50 g，混合煮沸数分钟，滤去花椒候温备用；60°白酒 1 kg，或用 95%酒精 0.5 kg。

2. 操作方法　将患病动物妥善保定于柱栏内，健肢向前方或后方转位保定，以毛刷蘸醋椒液在患部大面积涂刷，使被毛完全湿透。将软烧棒棉槌浸透醋椒液后拧干，再喷上白酒或酒精后点燃。术者摆动火棒，使火苗呈直线甩于患部及其周围。开始摆动宜慢、火苗宜小(文火)；待患部皮肤温度逐渐升高后，摆动宜快、火苗加大(武火)。在燎烤中，应随时在患部涂刷醋椒液，保持被毛湿润；并及时在棉槌上喷洒白酒，使火焰不断。每次烧灼持续 30～40 min(图 12-12)。

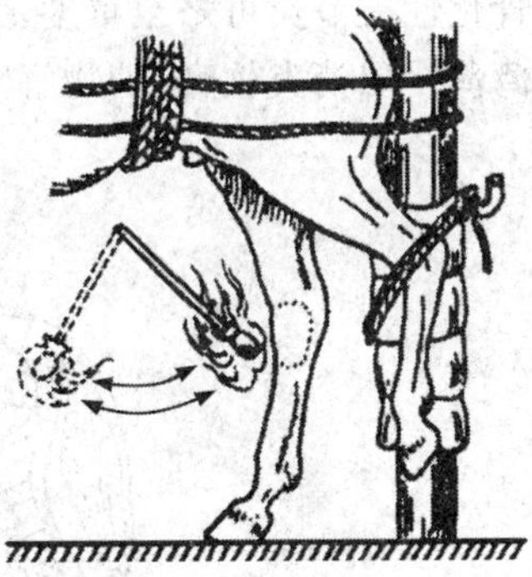

图 12-12　软烧法

3. 注意事项　烧灼时，火力宜先轻后重，勿使软烧棒槌头直接打到患部，以免造成烧伤。术后动物应注意保暖，停止使役，每日适当牵遛运动。术后 1～2 日患畜跛行有所加重，待 7～15 日后会逐渐减轻或消失。若未痊愈，1 个月后可再施术一次。

三、烧烙

使用烧红的烙铁在患部或穴位上进行熨烙或画烙的治疗方法，称为烧烙疗法。烧烙具有强烈的烧灼作用，所产生的热刺激能透入皮肤肌肉组织，深达筋骨，对一些针药久治不愈的慢性顽固性筋骨、肌肉、关节疾患以及破伤风、脑黄、神经麻痹等具有较好的疗效。常用的烧烙疗法有直接烧烙(画烙)和间接烧烙(熨烙)两种。

(一)直接烧烙

直接烧烙又称画烙术，即用烧红的烙铁按一定图形直接在患部烧烙的方法。常用的画烙图形如图 12-13 所示。适用于慢性屈腱炎、慢性关节炎、慢性骨化性关节炎、骨瘤、外周神经麻痹、肌肉萎缩等。

1. 术前准备　尖头刀状烙铁和方头烙铁各数把，小火炉 1 个，木炭、木柴或煤炭数斤，陈醋 0.5 kg，消炎软膏 1 瓶。患病动物术前绝食 8 h，根据烧烙部位不同，可选用二柱栏站立保定，或用缠缚式倒马保定法横卧保定。

2.操作方法　将烙铁在火炉内烧红，先取尖头烙铁画出图形，再用方头烙铁加大火力继续烧烙。开始宜轻烙，逐渐加重，且边烙边喷洒醋。烙铁必须均匀平稳地单方向拉动，严禁拉锯式来回运动。烧烙的顺序一般是先内侧、后外侧，先上部、后下部。如保定绳妨碍操作，也可先烙下部，再烙上部，以施术方便为宜。烧烙程度分轻度、中度、重度三种。烙线皮肤呈浅黄色，无渗出液为轻度；烙线呈金黄色，并有渗出液渗出为中度；达中度再将渗出液烙干为重度。一般烙至中度即可，对慢性骨化性关节炎可烙至重度。烙至所需程度后，再喷洒一遍醋，轻轻画烙一遍，涂擦薄薄一层消炎软膏，动物解除保定。

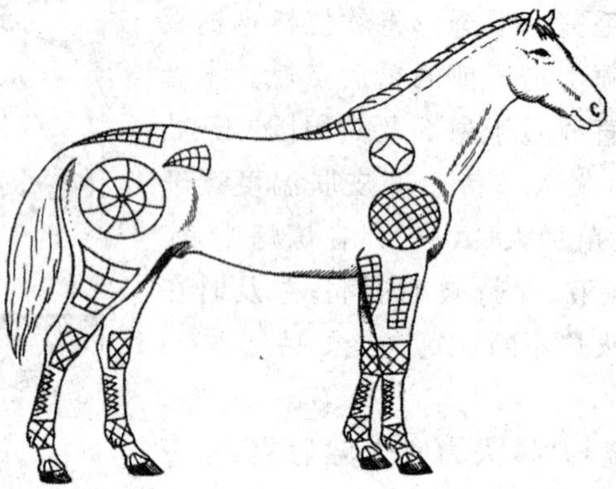

图 12-13　画烙图

3.注意事项

(1)幼龄、衰老、妊娠后期不宜施术。严冬、酷暑、大风、阴雨气候不宜烧烙。

(2)烧烙部位要避开重要器官和较大的神经和血管。患部皮肤敏感，或有外伤、软肿、疹块及脓疡者，不宜烧烙。

(3)同一形状的烙铁要同时烧 2～3 把，以便交替使用。烙铁烧至杏黄色为宜，过热呈黄白色则易烙伤皮肤；火力小呈黑红色，不仅达不到烧烙要求，且极易粘带皮肤发生烙伤。

(4)烧烙时严禁重力按压皮肤或来回拉动烙铁，以免烙伤患部。

(5)烧烙后应擦拭患畜身上的汗液，以防感冒。有条件的可注射破伤风抗毒素，以防发生破伤风。术后不能立即饮喂，注意防寒保暖，保持术部的清洁卫生，防止患畜啃咬或磨蹭，并适当牵遛运动。

(6)同一患病动物需多处画烙治疗时，可先烙一处，待烙面愈合后，再烙他处。同一部位若需再次烧烙，也须在烙面愈合后进行，且尽可能避开上次烙线。

(二)间接烧烙

间接烧烙是用大方形烙铁在覆盖有用醋浸透的棉花纱布垫的穴位或患部上进行熨烙的一种治疗方法,又称熨烙法(图 12-14)。适用于破伤风、歪嘴风、脑黄、癫痫、脾虚湿邪、寒伤腰胯、颈部风湿、筋腱硬肿和关节僵硬等病患的治疗。

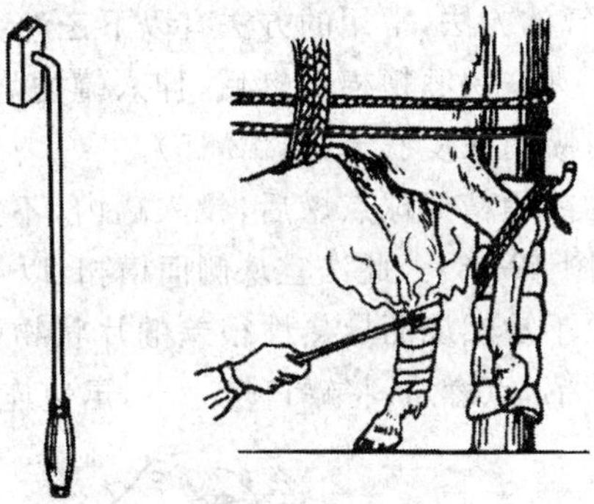

图 12-14 间接烧烙

1. 术前准备 方型烙铁数把,方形棉花纱布垫数个,陈醋、木炭、火炉等。患畜妥善保定在二柱栏或四柱栏内,必要时可横卧保定。

2. 操作方法 将浸透醋液的方形棉纱垫固定在穴位或患部。若患部较大,可将棉纱垫缠于该部并固定。术者手持烧红的方形铬铁,在棉纱垫上熨烙,手法由轻到重,烙铁不热及时更换,并不断向棉垫上加醋,勿让棉垫烧焦。熨烙至术部皮肤温热,或其周围微汗时(大约需 10 min)即可。施术完毕,撤去棉纱垫,擦干皮肤,解除保定。若病未愈,可隔一周后,再次施术。

3. 注意事项

(1)烙铁以烧至红褐色为宜,过热易烫伤术部皮肤。

(2)熨烙时,烙铁宜不断离开术部棉垫,不应长时间用力强压熨烙,以免发生烫伤。

(3)术后应加强护理,防止风寒侵袭,并经常牵遛运动。

四、拔火罐

借助火焰排除罐内部分空气,造成负压吸附在动物穴位皮肤上来治疗疾病的一种方法。负压可造成局部瘀血,具有温经通络、活血逐痹的作用。适用于各种疼痛性病患,如肌肉、关节风湿,胃肠冷痛,脾虚泄泻,风寒感冒,寒性喘证,阴寒疮疽,跌打损伤以及疮疡的吸毒、排脓等。

(一)术前准备

准备火罐1至数个,患畜妥善保定,术部剪毛,或在火罐吸着点上涂以不易燃烧的黏浆剂。

(二)操作方法

1. 拔罐法　根据排气的方法,常用的方法有以下三种。

(1)闪火法。用镊子夹一块酒精棉点燃后,伸入罐内烧一下再迅速抽出,立即将罐扣在术部,火罐即可吸附在皮肤上(图12-15)。

(2)投火法。将纸片或酒精棉球点燃后,投入罐内,不等纸片烧完或火势正旺时,迅速将罐扣在术部(图12-16)。此法宜从侧面横扣,以免烧伤皮肤。

(3)架火法。用一块不易燃烧而导热性很差的片状物(如姜片、木塞等),放在术部,上面放一小块酒精棉,点燃后,将罐口烧一下,迅速连火扣住(图12-17)。

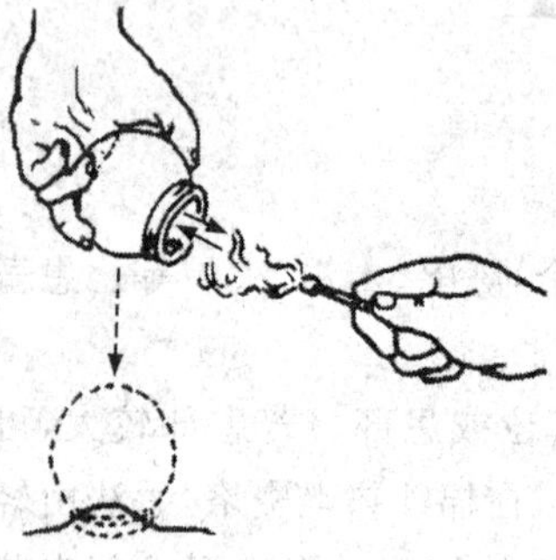

图12-15　闪火法

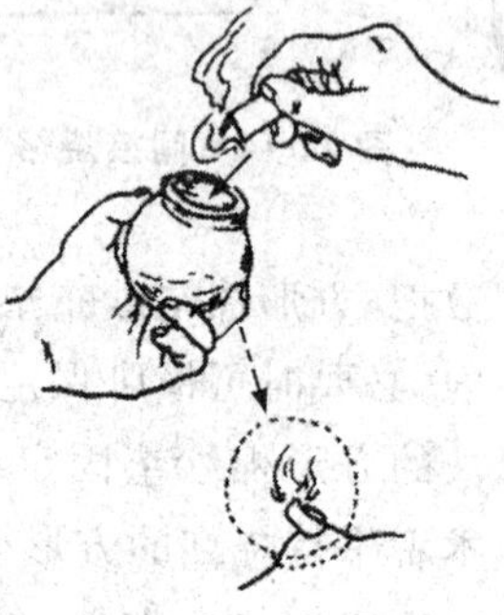

图12-16　投火法

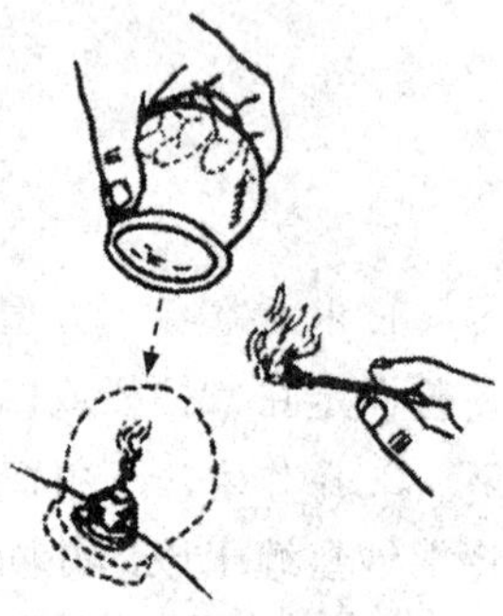

图12-17　架火法

2. 复合拔罐法　拔罐疗法可单独应用,也可与针刺等疗法配合应用。常用的有以下2种:

(1)针罐法。即白针疗法与拔罐法的结合。先在穴位上施白针,留针期间,以针为中心,再拔上火罐,可提高疗效(图12-18)。

(2)刺血拔罐法。即血针疗法与拔罐法的结合。先用三棱针在穴位局部浅刺出血,再行拔罐,以加强刺血疗法的作用。可使局部的瘀血消散,或将积脓、毒液吸出,常用于疮疡初期吸除瘘管脓液、毒蛇咬伤排毒。

3. 留罐和起罐法　留罐时间的长短依病情和部位而定,一般为10～20 min,病情较重、患部肌肤丰厚者可长,病情较轻、局部肌肤瘦薄者可短。起罐时,术者一手扶住罐体,使罐底稍倾斜,另一手下按罐口边缘的皮肤,使空气缓缓进入罐内,即可将罐起下(图12-19)。起罐后,若该部皮肤破损,可涂布消炎软膏,以防止感染。

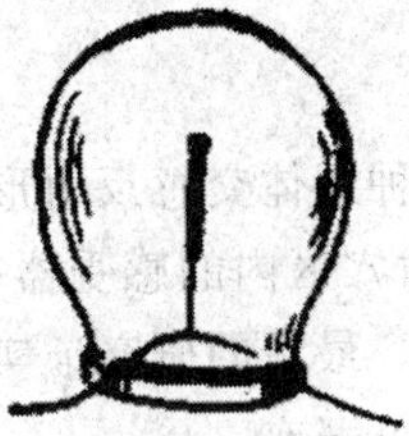

图 12-18 针罐法

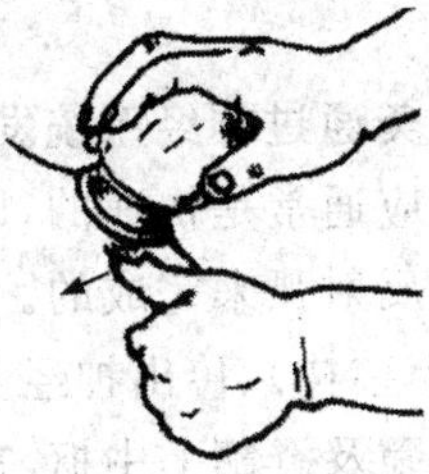

图 12-19 起罐法

(三)注意事项

(1)局部有溃疡、水肿及大血管均不宜施术。患病动物敏感,肌肤震颤不安,火罐不能吸牢者,应改用其他疗法。

(2)根据不同部位选用大小合适的火罐,并检查罐口是否平整、罐壁是否牢固无损。凡罐口不平、罐壁有裂隙者皆不能使用。

(3)拔罐动作要做到稳、准、轻、快。使用贴棉法时,起罐时,切不可硬拉或旋动,以免损伤皮肤。

(4)术中若患病动物感到灼痛而不安时,应提早起罐。拔罐后局部出现紫绀色为正常现象,可自行消退。如留罐时间过长,皮肤会起水泡,泡小不需处理,大的可用针刺破,流出泡内液体,并涂以龙胆紫,以防感染。

第三节 针灸的作用原理

经络学说是针灸治疗疾病的理论基础。经络内属于脏腑,外络于肢节,通达表里,运行气血,使动物体各脏腑之间以及动物体与外界环境之间构成一个有机整体,以维持动物体正常生理功能。在经络的径路上分布有许多经气输注、出入、聚集的穴位,与相应的脏腑有着密切的联系。

传统学说认为,疾病的本质是体内邪正交争,阴阳失调,伴随经络阻塞,气血淤滞,清浊不分,营卫不和等一系列病理变化。针刺疗法就是通过刺激穴位,激发经络功能,产生扶正祛邪,调和阴阳,疏通经络,调和营卫,活血散瘀,宣通理气,升清降浊等治疗作用。

一、针灸作用途径

随着一些生物学新技术新方法的涌现,对针灸原理的研究也逐渐深入到细胞、分子甚至基因水平。通过研究,人们发现,针灸的作用原理主要是通过以下 2 个途径发挥作用。

(一)针灸通过神经系统发挥调整作用

这种效应通常是快速的,即时的。机体内存在多种躯体交感反射形式,而反射过程是通过反射弧来完成的。针灸作用的反射弧是由穴区内的感受器、传入神经、脊髓(脊髓上结构)、传出神经及靶器官共五部分组成。最新的研究证实,有些反射可不经过脊髓及脊髓上中枢,在外周脊神经节水平即可完成。

(二)针灸通过体液机制发挥调整作用

这种效应通常是缓慢的,持久的。针刺穴位可引起机体一系列的生物化学变化,表现为神经核团、脑脊液以及血液中一些生物活性物质(如内啡肽、P 物质、儿茶酚胺等)含量的变化,这是针灸具有调整作用的物质基础。

针灸的调整作用是由多系统参与的。近来,有人提出"神经—内分泌—免疫"网络这一概念,并从细胞膜受体及胞内递质共存等方面获得有力的证据。就神经系统而言,从外周神经到中枢神经,从低级中枢到高级中枢都参与针灸的调整作用。这种作用在器官组织水平上可以观察到,在细胞以及分子水平上也不例外。

关于针灸的作用,概括起来主要有以下几个方面。

二、针灸的作用

(一)针刺止痛作用

针刺具有良好的止痛效果,已被大量的临床资料和实验结果所证实。如针刺家兔两侧的"内庭穴"、"合谷穴",以电极击烧兔的鼻中隔前部,以头部的躲避性移动为指标,结果 30 只家兔中有 15 只的痛阈较针前提高。据此,有人提出这是由于针刺穴位的传入信号传入中枢后,可在中枢段水平抑制或干扰痛觉传入信号。这种抑制或干扰的物质,能降低或阻止缓激肽和 5-羟色胺对神经感受器的刺激,这是外周反应。

又有研究证明,针刺或电针后能使脑内释放出一种内啡肽的物质,由于这种物质的存在,抑制了丘脑和大脑痛觉中枢的兴奋性,从而产生镇痛作用,这是中枢反应。并证实这种内啡肽物质存在于脑脊液中,并可进入血液,通过甲、乙、丙动物的交叉循环试验,不仅受针刺的甲动物可呈现镇痛作用,接受甲血的未受针刺的乙动物也可产生镇痛作用。内啡肽物质通过针刺产生后,要经过 1～2 h 才能完全在血液中消失,故起针后 1～2 h 内仍有镇痛作用。有人把这种现象称作"后效应"。

由于针灸具有良好的止痛效果,所以被广泛应用于治疗风湿性关节炎、肌肉疼痛、胃肠痉挛性疼痛、气胀性疼痛和食滞性疼痛、肠道梗阻性疼痛、膀胱尿路炎性疼痛、产后宫缩性疼痛,以及手术后疼痛等等,针刺麻醉就是在针刺止痛的基础之上发展起来的。

(二)针灸的防卫作用

针灸不仅有效地治疗许多疾病,而且还有增强体质,预防疾病的作用。

实验表明,针刺家兔一侧足三里,针后 2～3 h 白细胞总数增加,中性白细胞增加,淋巴细胞减少,24 h 后恢复正常。针对某些慢性疾病,针刺足三里出现杆状核比例增多的白细胞左移现象。针刺足三里和合谷穴,观察到血液白细胞吞噬能力显著加强。

有报道,激光照射家兔交巢穴对白细胞总数有显著影响,照射后白细胞总数增多,照射前后对比差异非常显著。电针可提高和调整淋巴细胞转化率、活性 E－玫瑰花和辅助性 T 淋巴细胞的绝对值和百分率。说明针刺能调动机体免疫生理功能,防御外界致病因素的侵袭。

(三)针灸的双相调节作用

同一穴位,对处于不同病理状态的脏腑和不同性质的疾病有不同的治疗作用。如针灸后海穴,对腹泻的动物可以止泻,对便秘的动物则可通便;针刺马三江、蹄头等穴,既可治疗脾胃虚寒的冷痛,也可治疗肠腑结实的便秘结症。

针刺对呼吸也有调整作用。针刺治疗支气管哮喘有较好效果,针刺可使迷走神经的紧张度降低,交感神经兴奋性增高,解除支气管痉挛,收缩支气管黏膜血管,减少渗出,使气管通气功能改善。

同样,针灸既能使各类炎症的白细胞过多症减少,又能使各类白细胞减少性疾患的白细胞增多;对各类贫血可使红细胞增多,血红蛋白也上升;而对红细胞过多症又可使之下降等等。这种良性的双向性调整作用,使失衡的阴阳趋于平衡,从而达到治疗目的。

病证防治篇

第十三章　常见病证防治

第十三章 常见病证防治

一、发热

发热是临床常见的症状之一，见于多种疾病过程中。中兽医所谓的发热，不但指体温高于正常，而且包括了口色红、脉数、尿短赤等热象。

临床上，根据病因和症状表现的不同，可将发热分为外感发热和内伤发热两大类。一般来说，外感发热，发病急，病程短，热势盛，体温高，多属实证，外邪不退，热势不减，有的还伴有恶寒表现；而内伤发热，发病缓慢，病程较长，热势不盛，体温稍高，或时作时止，或发有定时，多属虚证，常无恶寒表现。

(一)外感发热

感受外界邪气，如风寒、风热、暑热等引起。多因气候骤变，劳役出汗，使畜体腠理疏泄，外邪乘虚侵入所致。外感发热主要有如下证型。

1. 外感风寒　多由风寒之邪侵袭肌表，卫气被郁所致。见于外感病的初起阶段。

[主证] 发热恶寒，且恶寒重，发热轻，无汗，皮紧毛乍，鼻流清涕，口色青白，舌苔薄白，脉浮紧，有时咳嗽，咳声洪亮。

[治则] 辛温解表，疏风散寒。

[方例] 麻黄汤(见解表方)加减。咳喘甚者，加桔梗、冬花、紫菀以止咳平喘；兼有表虚，证见恶风，汗出，脉浮缓者，治宜祛风解肌，调和营卫，方用桂枝汤(见解表方)加减；兼有气血虚者，方用发汗散(见解表方)加减；外感风寒挟湿，证见恶寒发热，肢体疼痛、沉重、困倦，少食纳呆，口润苔白腻，脉浮缓者，治宜解表散寒除湿，方用荆防败毒散(见解表方)加减。

[针治] 针鼻前、大椎、苏气、肺俞等穴。

2. 外感风热　感受风热邪气而发病，多见于风热感冒或温热病的初期。

[主证] 发热重，微恶寒，耳鼻俱温，体温升高，或微汗，鼻流黄色或白色黏稠脓涕，咳嗽，咳声不爽，口干渴，舌稍红，苔薄白或薄黄，脉浮数；牛鼻镜干燥，反刍减少。

[治则] 辛凉解表，宣肺清热。

[方例] 银翘散(见解表方)加减。若热重，加黄芩、石膏、知母、花粉；若为外感

风热挟湿，兼见体倦乏力，小便黄赤，可视黏膜黄染，大便不爽，苔黄腻者，除辛凉解表外，还应佐以利湿化浊之药，方用银翘散去荆芥，加佩兰、厚朴、石菖蒲等。

[针治] 针鼻前、大椎、鼻俞、耳尖、太阳、尾尖、苏气等穴。

3.外感暑湿　夏暑季节，天气炎热，且雨水较多，气候潮湿，热蒸湿动，动物易感暑湿而发病。

[主证] 发热不甚或高热，汗出而身热不解，食欲不振，口渴，肢体倦怠、沉重，运步不灵，尿黄赤，便溏，舌红，苔黄腻，脉濡数。

[治则] 清暑化湿。

[方例] 新加香薷饮加味(香薷、厚朴、连翘、金银花、鲜扁豆花、青蒿、鲜荷叶、西瓜皮，《温病条辨》)。夏令时节若发生外感风寒又内伤饮食，证见发热恶寒，倦怠乏力，食少呕呃，肚腹胀满，肠鸣泄泻，舌淡苔白腻者，治宜祛暑解表和中，方用藿香正气散(见祛湿方)。

[针治] 同外感风热。

4.半表半里发热　风寒之邪侵犯机体，邪不太盛不能直入于里，正气不强不能祛邪外出，正邪交争，病在少阳半表半里之间。

[主证] 微热不退，寒热往来，发热和恶寒交替出现，脉弦。恶寒时，精神沉郁，皮温降低，耳鼻发凉，腰拱毛乍，寒颤；发热时，精神稍有好转，寒颤现象消失，皮温高，耳鼻转热。

[治则] 和解少阳。

[方例] 小柴胡汤(见和解方)加减。

5.热在气分　多因外感火热之邪直入气分，或其他邪气入里化热，停留于气分所致。

[主证] 高热不退，但热不寒，出汗，口渴喜饮，头低耳耷，食欲废绝，呼吸喘促，粪便干燥，尿短赤，口色赤红，舌苔黄燥，脉洪数。

[治则] 清热生津。

[方例] 白虎汤(见清热方)加减。热盛者，加黄芩、黄连、银花、连翘；伤津者，加玄参、麦冬、生地；尿短赤者，加猪苓、泽泻、滑石、木通。

[针治] 针耳尖、尾尖、太阳、鼻俞、鼻前、鹘脉、山根、通关等穴。

6.热结胃肠　多由热在气分发展而来。因里热炽盛，热与肠中糟粕相结而致粪便干燥难下。

[主证] 高热，肠燥便干，粪球干小难下，甚至粪结不通或稀粪旁流，腹痛，尿短赤，口津干燥，口色深红，舌苔黄厚而燥，脉沉实有力。

[治则] 滋阴增液，清热泻下。

［方例］大承气汤或增液承气汤（均见泻下方）加减。高热者，加金银花、黄芩；肚胀者，加青皮、木香、香附等。

［针治］针蹄头、耳尖、尾尖、太阳、分水、鹘脉、山根、脾俞、关元俞等穴。

7. 营分热　外感邪热直入营分，或由卫分热或气分热传入营分所致。

［主证］高热不退，夜甚，躁动不安，或神志昏迷，呼吸喘促，有时身上有出血点或出血斑，舌质红绛而干，脉细数。

［治则］清营解毒，透热养阴。

［方例］清营汤（见清热方）加减。

［针治］同气分热。

8. 血分热　多由气分热直接传入血分，或营分热传入血分所致。

［主证］高热，神昏，黏膜、皮肤发斑，尿血，便血，口色红绛，脉洪数或细数。严重者，抽搐。

［治则］清热凉血，息风安神。

［方例］犀角地黄汤（见清热方）加减。方中犀角可用水牛角代。出血者，加丹皮、紫草、赤芍、大青叶等；抽搐者，加钩藤、石决明、蝉蜕等，或用羚羊钩藤汤（羚羊片、霜桑叶、川贝、鲜生地、钩藤、菊花、茯神、生白芍、生草、竹茹，《通俗伤寒论》）。

［针治］同气分热。

（二）内伤发热

多由体质素虚，阴血不足或血瘀化热等原因所致。

1. 阴虚发热　多因体质素虚，阴血不足；或热病经久不愈，或失血过多，或汗、吐、下太过，导致机体阴血亏虚，热从内生。

［主证］低热不退，午后更甚，耳鼻微热，身热；患畜烦躁不安，皮肤弹性降低，唇干口燥，粪球干小，尿少色黄；口色红或淡红，少苔或无苔，脉细数。严重者，盗汗。

［治则］滋阴清热。

［方例］青蒿鳖甲汤（见清热方）加减。热重者，加地骨皮、黄连、玄参等；盗汗者，加龙骨、牡蛎、浮小麦；粪球干小者，加当归（油炒）、肉苁蓉（油炒）等；尿短赤者，加泽泻、木通、猪苓等。

2. 气虚发热　多由劳役过度，饲养不当，饥饱不均，造成脾胃气虚所引起。

［主证］多于劳役后发热，耳鼻稍热，神疲乏力；易出汗，食欲减少，有时泄泻；舌质淡红，脉细弱。

［治则］健脾益气，甘温除热。

［方例］补中益气汤（见补虚方）加减。

3. 血瘀发热　多由跌打损伤，瘀血积聚，或产后血瘀等引起。

［主证］常因外伤引起瘀血肿胀，局部疼痛，体表发热，有时体温升高；因产后瘀血未尽者，除发热之外，常有腹痛及恶露不尽等表现；口色红而带紫，脉弦数。

［治则］活血化瘀。

［方例］外伤血瘀者，用桃红四物汤或血府逐瘀汤（均见理血方）加减；产后血瘀者，用生化汤（见理血方）加减。

二、咳嗽

咳嗽是肺经疾病的主要症状之一，多发于春、秋两季。外感、内伤的多种因素，都可使肺气壅塞，宣降失常而发生咳嗽。临床上常见的有如下证型。

（一）外感咳嗽

1. 风寒咳嗽　风寒之邪侵袭肌表，卫阳被束，肺气郁闭，宣降失常，故而咳嗽。

［主证］发热恶寒，无汗，被毛逆立，甚至颤抖，鼻流清涕，咳声洪亮，喷嚏，口色青白，舌苔薄白，脉象浮紧。牛鼻镜水不成珠，反刍减少；猪、犬等，畏寒喜暖，鼻塞不通。

［治则］疏风散寒，宣肺止咳。

［方例］荆防败毒散（见解表方）或止嗽散（见化痰止咳平喘方）加减。

［针治］针肺俞、苏气、山根、耳尖、尾尖、大椎等穴。

2. 风热咳嗽　感受风热邪气，肺失清肃，宣降失常，故而咳嗽。

［主证］发热重，恶寒轻，咳嗽不爽，鼻流黏涕，呼出气热，口渴喜饮，舌苔薄黄，口红少津，脉象浮数。

［治则］疏风清热，化痰止咳。

［方例］银翘散（见解表方）或桑菊饮（桑叶、菊花、杏仁、桔梗、薄荷、连翘、芦根、甘草，《温病条辨》）加减。痰稠，咳嗽不爽，加瓜蒌、贝母、橘红；热盛，加知母、黄芩、生石膏。

［针治］针玉堂、通关、苏气、山根、尾尖、大椎、耳尖等穴。

3. 肺热咳嗽　多因外感火热之邪，或风寒之邪，郁而化热，肺气宣降失常所致。

［主证］精神倦怠，饮食欲减少，口渴喜饮，大便干燥，小便短赤，咳声洪亮，气促喘粗，呼出气热，鼻流黏涕或脓涕，口渴贪饮，口色赤红，舌苔黄燥，脉象洪数。

［治则］清肺降火，化痰止咳。

［方例］清肺散（见清热方）或麻杏甘石汤（见化痰止咳平喘方）或苇茎汤（见清热方）加减。

［针治］针胸堂、颈脉、苏气、百会等穴。

(二)内伤咳嗽

1.气虚咳嗽 多因久病体虚,或劳役过重,耗伤肺气,致使肺宣发肃降无力而发咳嗽。

[主证] 食欲减退,精神倦怠,毛焦肷吊,日渐消瘦;久咳不已,咳声低微,动则咳甚并有汗出,鼻流黏涕;口色淡白,舌质绵软,脉象迟细。

[治则] 益气补肺,化痰止咳。

[方例] 四君子汤(见补虚方)合止嗽散(见化痰止咳平喘方)加减。

[针治] 针肺俞、脾俞、百会等穴。

2.阴虚咳嗽 多因久病体弱,或邪热久恋于肺,损伤肺阴所致。

[主证] 频频干咳,昼轻夜重,痰少津干,低烧不退,或午后发热,盗汗,舌红少苔,脉细数。

[治则] 滋阴生津,润肺止咳。

[方例] 清燥救肺汤(见化痰止咳平喘方)或百合固金汤(见补虚方)加减。

[针治] 针肺俞、脾俞、百会等穴。

3.湿痰咳嗽 脾肾阳虚,水湿不化,聚而成痰,上渍于肺,使肺气不得宣降而发咳嗽。

[主证] 精神倦怠,毛焦体瘦,咳嗽,气喘,喉中痰鸣,痰液白滑,鼻液量多、色白而黏稠;咳时,腹部扇动,肘头外张,胸胁疼痛,不敢卧地,口色青白,舌苔白滑,脉滑。

[治则] 燥湿化痰,止咳平喘。

[方例] 二陈汤(见化痰止咳平喘方)合三子养亲汤(苏子、白芥子、莱菔子,《韩氏医通》)。

三、喘证

喘证是气机升降失常,出现以呼吸喘促、鼻咋喘粗,甚或肷肋扇动为主要特征的病证。各种动物均可发生。根据病因及症状的不同,喘证可分为实喘和虚喘两类。一般来说,实喘发病急骤,病程短,喘而有力;虚喘发病较缓,病程长,喘而无力。

(一)实喘

1.寒喘 外感风寒,腠理郁闭,肺气壅塞,宣降失常,上逆为喘。

[主证] 喘息气粗,伴有咳嗽,畏寒怕冷,被毛逆立,耳鼻俱凉,甚或发抖,鼻流清涕,口腔湿润,口色淡白,舌苔薄白,脉象浮紧。

[治则] 疏风散寒,宣肺平喘。

［方例］三拗汤（见解表方之麻黄汤）加前胡、橘红等。

［针治］针肺俞穴。

2. 热喘　暑月炎天，劳役过重，风热之邪由口鼻入肺，或风寒之邪郁而化热，热壅于肺，肺失清肃，肺气上逆而为喘。

［主证］发病急，气促喘粗，鼻翼扇动，甚或肷肋扇动，呼出气热，间有咳嗽，或流黄黏鼻液，身热，汗出，精神沉郁，耳耷头低，食欲减少或废绝，口渴喜饮，大便干燥，小便短赤，口色赤红，舌苔黄燥，脉象洪数。

［治则］宣泄肺热，止咳平喘。

［方例］麻杏甘石汤（见清热方）加减。热重，加金银花、连翘、黄芩、知母；喘重，加葶苈子、马兜铃、桑白皮；痰稠，加贝母、瓜蒌。

［针治］针鼻俞、玉堂等穴。

（二）虚喘

1. 肺虚喘　肺阴虚则津液亏耗，肺失清肃；肺气虚则宣肃无力，二者均可致肺气上逆而喘。

［主证］病势缓慢，病程较长，多有久咳病史。被毛焦燥，形寒肢冷，易自汗，易疲劳，动则喘重。咳声低微，痰涎清稀，鼻流清涕。口色淡，苔白滑，脉无力。

［治则］补益肺气，降逆平喘。

［方例］补肺汤（党参、黄芪、熟地黄、五味子、紫菀、桑白皮，《永类钤法》）加减。痰多，加制半夏、陈皮；喘重，加苏子、葶苈子；汗多，加麻黄根、浮小麦。

［针治］针肺俞穴。

2. 肾虚喘　久病及肾，肾气亏损，下元不固，不能纳气，肺气上逆而作喘。

［主证］精神倦怠，四肢乏力，食少毛焦，易出汗；久喘不已，喘息无力，呼多吸少，呈二段式呼气，肷肋扇动，甚或张口呼吸，全身震动，肛门随呼吸而伸缩；或有痰鸣，出气如拉锯，静则喘轻，动则喘重；咳嗽连声，声音低微，日轻夜重；口色淡白，脉象沉细无力。

［治则］补肾纳气，定喘止咳。

［方例］蛤蚧散（见补虚方）加减。

［针治］针肺俞、百会等穴。

四、腹痛

腹痛是多种原因导致胃肠、膀胱及胞宫等，气血瘀滞不通，发生起卧不安，滚转不宁，腹中作痛的病证。各种动物均可发生，尤以马、骡更为多见。根据腹痛的不同病因和主证，临床上常将其分为以下证型。

1. 阴寒腹痛　外感寒邪，传于胃肠；或过饮冷水，采食冰冻草料，阴冷直中胃肠，致使寒凝气滞，气血瘀阻，不通则痛，故腹中作痛。

[主证] 鼻寒耳冷，口唇发凉，甚或肌肉寒颤；阵发性腹痛，起卧不安，或刨地蹴腹，回头观腹，或卧地滚转；肠鸣如雷，连绵不断，粪便稀软带水。少数病例，在腹痛间歇期肠音减弱。饮食欲废绝，口内湿滑，或流清涎，口温较低，口色青白，脉象沉迟。

有的病例表现为腹痛绵绵，起卧不甚剧烈，时作时止，病程可达数天；舌色如绵，脉沉细无力。此种病证，称为"慢阴痛"。

[治则] 温中散寒，和血顺气。

[方例] 橘皮散（见理气方）或桂心散（见温里方）加减。寒盛者，加吴茱萸；痛剧者，加延胡索；体虚者，加党参、黄芪。

[针治] 针姜芽、分水、三江、蹄头、脾俞等穴。

2. 湿热腹痛　暑月炎天，劳役过重，役后乘热急喂草料，或草料霉烂，谷气料毒凝于肠中，郁而化热，损伤肠络，使肠中气血瘀滞而作痛。

[主证] 体温升高，耳鼻、四肢发热，精神不振，食欲减退，口渴喜饮；粪便稀溏，或荡泻无度，泻粪黏腻恶臭，混有黏液或带有脓血，尿短赤；腹痛不安，回头顾腹，或时起时卧；口色红黄，舌苔黄腻，脉洪数。

[治则] 清热燥湿，行郁导滞。

[方例] 郁金散（见清热方）加减。病初有积滞者，重用大黄，并加芒硝、枳实，去诃子；热毒盛者，加金银花、连翘。猪、犬、猫等中小型动物，可用白头翁汤（见清热方）加减。

[针治] 针交巢（后海）、后三里、尾根、大椎、带脉、尾本等穴。

3. 血瘀腹痛　各种动物均可因产前营养不良，素体虚弱，而产时又失血过多，气血虚弱，运行不畅，致使产后宫内瘀血排泄不尽，或部分胎衣滞留其间而引起腹痛；或因产后失于护理，风寒乘虚侵袭；或产后过饮冷水，过食冰冻饲料，致使血被寒凝，而致产后腹痛。马、骡尚可因前肠系膜根处动脉瘤导致气血瘀滞，发生腹痛。

[主证] 产后腹痛者，肚腹疼痛，蹲腰踏地，回头顾腹，不时起卧，食欲减少；有时从阴道流出带紫黑色血块的恶露；口色发青，脉象沉紧或沉涩。若兼气血虚，又见神疲力乏，舌质淡红，脉虚细无力。

血瘀性腹痛者，常于使役中突然发生。患畜起卧不安，前蹄刨地，或仰卧朝天。时痛时停，在间歇期一如常态。问诊常有习惯性腹痛史，谷道入手，肠中无粪结，但在前肠系膜根处可触及拇指头甚或鸡蛋大肿瘤，检手可感知血流不畅之沙沙音。

[治则] 产后腹痛宜补血活血，化瘀止痛；血瘀性腹痛，宜活血祛瘀，行气止痛。

[方例] 产后腹痛，宜选用生化汤(见理血方)加减；兼有气血虚弱者，可用当归建中汤(当归、桂枝、白芍、生姜、炙甘草、大枣，《千金翼方》)。血瘀性腹痛，选用血府逐瘀汤(见理血方)。

4. 食滞腹痛　乘饥饲喂太急，采食过多；或骤然更换草料，或采食发酵或霉败饲料，均可使饲料停滞胃腑，不能化导，阻碍气机，引起腹痛。此外，长期采食含泥沙过多的饲料及饮水，沙石沉积于肠胃，阻塞气机，亦可引起腹痛。又虫扰肠中或窜于胆道，也可使气血逆乱，引起腹痛。

[主证] 多于食后 1～2 h 突然发病。腹痛剧烈，不时起卧，前肢刨地，顾腹打尾，卧地滚转；腹围不大而气促喘粗；有时两鼻孔流出水样或稀粥样食物；常发嗳气，带有酸臭味；初期尚排粪，但数量少而次数多，后期则排粪停止；口色赤红，脉象沉数，口腔干燥，舌苔黄厚，口内酸臭。谷道入手检查，可摸到显著后移的脾脏和扩大的胃后壁，胃内食物充盈、稍硬，压之留痕。插入胃管则有少量酸臭味气体或食物外溢，胃排空障碍。

[治则] 消积导滞，宽中理气。一般应先用胃管导胃，以除去胃内一部分积食，然后再选用方药治之。

[方例] 本病不宜灌服大量药物，如用药，可根据情况选用曲蘖散(见消导方)或醋香附汤(酒三棱、醋香附、酒莪术、炒莱菔子、青木香、砂仁、食醋，《中兽医治疗学》)。此外，用食醋 0.5～1 L，加水适量，一次灌服，疗效亦佳。

[针治] 针三江、姜芽、分水、蹄头、关元俞等穴。

5. 肝旺痛泻　多因情志不畅或其他应激因素，使肝气郁滞，失于疏泄，导致肝脾不和而引发本病。

[主证] 食欲减退或不食，间歇性腹痛，肠音旺盛，频排稀软粪便；神疲乏力，口腔干燥，耳鼻温热或寒热往来；口色红黄，苔薄黄，脉弦。

[治则] 疏肝健脾。

[方例] 以痛泻为主者，选用痛泻要方(土炒白术、炒白芍、防风、陈皮，《丹溪心法》)；以神少乏力、口干食少为主者，选用逍遥散(见和解方)。

6. 粪结腹痛　长期饲喂粗硬不易消化的劣质饲料，或空腹骤饮急喂，采食过多；或饲喂后立即使役，草料得不到及时消化；或突然更换草料或改变饲养方式；加之动物脾胃素虚，运化功能减退，或老龄家畜牙齿磨灭不整，咀嚼不全；更加天气骤变，扰乱胃肠功能，致使草料停滞胃肠，聚粪成结，阻碍胃肠气机而引发腹痛。

[主证] 食欲大减或废绝，精神不安，腹痛起卧，回头顾腹，后肢踢腹；排粪减少或粪便不通，粪球干小，肠音不整，继则肠音沉衰或废绝；口内干燥，舌苔黄厚，脉象沉实。由于结粪的部位不同，具体临床症状也有差异。

前结(小肠便秘) 一般在采食后数小时内突然发病。肚腹疼痛剧烈,前蹄刨地,连连起卧,不时滚转。继发大肚结(胃扩张)时,则呼吸迫促,在颈部可见逆蠕动波,甚或鼻流粪水,导胃可排出多量黄褐色液体。粪结初期,仍可排少量粪便,肠音微弱,口色赤紫,少津,脉沉细而数。谷道入手,常在右肾前方或右下方摸到结粪块。

中结(小结肠或骨盆曲便秘) 发病较突然。初期表现为伸腰摆尾,起卧不甚剧烈,站立不安,回头顾腹,继则起卧连连,有时滚转,或卧地时四肢伸长,常见肚胀,排粪停止。初期口色赤红而干,脉象沉涩,后期舌苔黄厚,舌有皱纹,口臭,脉沉细。谷道入手可摸到拳头大或小臂粗、能移动的结粪块。

板肠结(大结肠或盲肠便秘) 一般发病缓慢,病程较长,起卧腹痛症状较轻。患畜回头观腹,或阵阵起卧,卧地四肢伸直,较少滚转,站立时前肢向前伸,后肢向后伸,呈"拉肚腰"的姿势,肚胀常不明显。初期可能排少量粪便,有时甚至排粪水,腹痛暂停时尚有食欲。后期口干少津,舌苔黄厚,口臭。谷道入手可在左腹下方、右前方或左后方摸到粗大而不易移动的、充满粪便的肠管。

后结(直肠便秘) 间歇性腹痛,但一般无起卧表现。患畜不断举尾呈现排粪姿势,蹲腰努责,四肢张开,但排不出粪便,肚腹稍胀。谷道入手即可摸到积聚在直肠中的粪便。

[治则] 破结通下。根据粪结部位和病情轻重可采取捶结、按压、药物及针刺等疗法,捶结、按压可参见《兽医内科学》。

[方例] 根据病情可选用大承气汤或当归苁蓉汤(均见泻下方)加减。

[针治] 针三江、姜牙、分水、蹄头、后海等穴,或电针双侧关元俞穴。

五、泄泻

泄泻是指排粪次数增多、粪便稀薄,甚至泻粪如水样的一类病证。见于胃肠炎、消化不良等多种疾病过程中。

泄泻的主要病变部位在脾、胃及大、小肠,但其他脏腑疾患,如肾阳不足等,也能导致脾胃功能失常而发生泄泻。临床上,常根据泄泻的原因及主证,将其分为如下证型。

1. 寒泻(冷肠泄泻) 外感寒湿,传于脾胃,或内伤阴冷,直中胃肠,致使运化无力,寒湿下注,清浊不分而成泄泻。常见于马、骡和猪,多发于寒冷季节。

[主证] 发病较急,泻粪稀薄如水,甚至呈喷射状排出,遇寒泻剧,遇暖泻缓,肠鸣如雷,食欲减少或不食,精神倦怠,头低耳耷,耳寒鼻冷,间有寒颤,尿清长,口色青白或青黄,苔薄白,口津滑利,脉象沉迟。严重者,肛门失禁。

［治则］温中散寒，利水止泻。

［方例］猪苓散（见祛湿方）加减。

［针治］针交巢（后海）、后三里、脾俞、百会等穴。

2.热泻　暑月炎天，劳役过重，乘饥而喂热料，或草料霉败，谷气料毒积于肠中，郁而化热，损伤脾胃，津液不能化生，则水反为湿，湿热下注，而成泄泻。

［主证］发热，精神沉郁，食欲减少或废绝，口渴多饮，有时轻微腹痛，蜷腰卧地，泻粪稀薄，黏腻腥臭，尿赤短，口色赤红，舌苔黄腻，口臭，脉象沉数。

［治则］清热燥湿，利水止泻。

［方例］郁金散（见清热方）加减。热盛者，去诃子，加金银花、连翘；水泻严重者，加车前子、茯苓、猪苓，去大黄；腹痛者，加延胡索等。

［针治］针带脉、尾本、后三里、大肠俞等穴。

3.伤食泻　采食过量食物，致宿食停滞，脾胃受损，运化失常，水反为湿，谷反为滞，水谷合污下注，遂成泄泻。各种动物均可发生，而以猪、犬、猫最为常见。

［主证］食欲废绝，牛、羊反刍停止。肚腹胀满，隐隐作痛，粪稀黏稠，粪中夹有未消化的食物，气味酸臭或恶臭，嗳气吐酸，不时放臭屁，或屁粪同泄，常伴呕吐（马属动物除外），泄吐之后痛减。口色红，苔厚腻，脉滑数。

［治则］消积导滞，调和脾胃。

［方例］保和丸（见消导方）加减。食滞重者，加大黄、枳实、槟榔；水泻甚者，加猪苓、木通、泽泻；热盛者，加黄芩、黄连。

［针治］针蹄头、脾俞、后三里、关元俞等穴。

4.虚泻　多发于老龄动物，一般病程较长，患畜体瘦形羸。根据病情的轻重和病因的不同，又分脾虚泻和肾虚泻两个证型。

（1）脾虚泄泻。长期使役过度，饮喂失调，或草料质劣，致使脾胃虚弱，胃弱不能腐熟消导，脾虚不能运化水谷精微，以致中气下陷，清浊不分，故而作泻。

［主证］形体羸瘦，毛焦肷吊，精神倦怠，四肢无力；病初食欲大减，饮水增多，鼻寒耳冷，腹内肠鸣，不时作泻，粪中带水，粪渣粗大，或完谷不化；严重者，肛弛粪淌；舌色淡白，舌面无苔，脉象迟缓。后期，水湿下注，四肢浮肿。

［治则］补脾益气，利水止泻。

［方例］参苓白术散或补中益气汤（均见补虚方）加减。

［针治］针百会、脾俞、后三里、后海、关元俞等穴。

（2）肾虚泻。肾阳虚衰，命门火不足，不能温煦脾阳，致使脾失运化，水谷下注而成泄泻。

［主证］精神沉郁，头低耳耷，毛焦肷吊，腰胯无力，卧多立少，四肢厥逆，久泻

不愈，夜间及天寒时泻重；严重者，肛门失禁，粪水外溢，腹下或后肢浮肿；口色如绵，脉沉细无力。

［治则］温肾健脾，涩肠止泻。

［方例］巴戟散（见补虚方）去槟榔，加茯苓、猪苓等；或用四神丸（见收涩方）合四君子汤（见补虚方）加减。

［针治］针后海、后三里、尾根、百会、脾俞等穴。

六、痢疾

痢疾是排粪次数增加，但每次量少，粪便稀软，呈胶冻状，或赤或白，或赤白相杂，并伴有弓腰努责，里急后重和腹痛等症状的一类病证，多发生于夏秋两季。

痢疾与泄泻，均属于腹泻，但泄泻主要由湿盛所致，以粪便稀软为主要症状，病情较轻，治疗以利水止泻为主；而痢疾主要由气郁脂伤所致，以粪便带有脓血，排粪时里急后重为主要症状，病情较重，治疗以理气行血为主。

痢疾的类型很多，常见的有湿热痢、虚寒痢和疫毒痢三种。

1.湿热痢　多由外感暑湿之邪，或食入霉烂草料，湿热郁结肠内，胃肠气血阻滞，肠道黏膜及肠壁脉络受损，化为脓血而致。

［主证］精神短少，蜷腰卧地，食欲减少甚至废绝，反刍动物反刍减少或停止，鼻镜干燥；弓腰努责，泻粪不爽，里急后重，下痢稀糊，赤白相杂，或呈白色胶冻状；口色赤红，舌苔黄腻，脉数。如湿重于热，则痢下白多而血少，若热重于湿，则痢下血多而白少。

［治则］清热化湿，行气和血。

［方例］牛可用通肠芍药汤（见清热方）加减，兼食滞者加麦芽、神曲等。马、犬、猫、猪等可用白头翁汤（见清热方）加减。

［针治］针带脉、后三里、后海等穴。

2.虚寒痢　久病体虚，或久泻不止，致使脾肾阳虚，中阳不振，下元亏虚，寒湿内郁大肠，以致水谷并下而发本病。

［主证］精神倦怠，毛焦体瘦，鼻寒耳冷，四肢发凉，食欲、反刍日渐减少；不时努责，泻痢不止，水谷并下，带灰白色，或呈泡沫状，时有腹痛；严重者，肛门失禁，甚或带血；口色淡白或灰白，舌苔白滑，脉象迟细。

［治则］温脾补肾，收涩固脱。

［方例］四神丸（见收涩方）合参苓白术散（见补虚方）加减。寒甚，加肉桂；腹痛明显，加木香；久痢不止，加诃子；便中带血，加血余炭、炒地榆；里急后重，加枳壳、青皮。

[针治] 针脾俞、后海等穴。

3.疫毒痢 常见于夏秋之间。多因感受疫毒之气,毒邪壅阻胃肠,与气血相搏化为脓血遂成本病。

[主证] 发病急骤,高热,烦躁不安,食欲减少或废绝;弓腰努责,里急后重,有时腹痛起卧,泻粪黏腻,夹杂脓血,腥臭难闻;口色赤红,舌苔干黄,脉象洪数或滑数。

[治则] 清热燥湿,凉血解毒。

[方例] 白头翁汤(见清热方)加减。热毒甚者,加马齿苋、金银花、连翘;腹痛明显者,加白芍、甘草;口渴贪饮者,加葛根、麦门冬、玄参、沙参;里急后重剧烈者,加枳壳、槟榔。

[针治] 针带脉、后三里、后海等穴。

七、便秘

便秘是粪便干燥,排粪艰涩难下,甚至秘结不通的病证。马、骡结症也属便秘范畴,但因其有明显的腹痛,已在腹痛中论述,这里主要论述腹痛症状不甚明显的便秘。临床上,根据便秘发生的原因及主证不同,常将其分为以下证型。

1.热秘 外感之邪,入里化热;或火热之邪,直接伤及脏腑;或饲喂难以消化的草料,又饮水不足,草料在胃肠停积,聚而生热;均可灼伤胃肠的津液,致粪便传导受阻而成本病。

[主证] 拱腰努责,排粪困难,粪便干硬、色深,或完全不能排粪,肚腹胀满,小便短赤;口干喜饮,口色红,苔黄燥,脉沉数。牛鼻镜干燥或龟裂,反刍停止;猪鼻盘干燥,有时可在腹部摸到硬粪块。

[治则] 清热通便。

[方例] 大承气汤(见泻下方)加味。肚腹胀满者,加槟榔、牵牛子、青皮;粪干者,加食用油、火麻仁、郁李仁;津伤严重者,加鲜生地、石斛等。

[针治] 针交巢(后海)、关元俞、脾俞、带脉、尾本等穴。

2.寒秘 外感寒邪,脾阳受损;或畜体素虚,正气不足,真阳亏损,寒从内生,不能温煦脾阳,致使运化无力,粪便难下。

[主证] 形寒怕冷,耳鼻俱凉,四肢欠温,排粪艰涩,小便清长,腹痛,口色青白,舌苔薄白,脉象沉迟。

[治则] 温中通便。

[方例] 大承气汤(见泻下方)加附子、细辛、肉桂、干姜。腹痛甚者,加白芍、桂枝;积滞重者,加神曲、麦芽。

[针治] 针交巢、关元俞、百会等穴。

3. 虚秘　畜体素弱，脾肾阳虚，运化传导无力，以致粪便艰涩难下。

[主证] 神倦力乏，体瘦毛焦，多卧少立，不时拱腰努责，大便排出困难，但粪球并不很干硬；口色淡白，脉弱。

[治则] 益气健脾，润肠通便。

[方例] 当归苁蓉汤（见泻下方）加减。倦怠无力者，加黄芪、党参；粪干津枯者，加玄参、麦门冬。

八、黄疸

黄疸，是以眼、口、鼻黏膜及母畜阴户黄染为主要症状的一类病证。各种动物均可发生，尤以犬、猫最为多见。临床上，常将其分为阳黄和阴黄两种。

1. 阳黄　湿热、疫毒之邪外袭，内阻中焦，脾胃运化失常，湿热交蒸，不得外泄，熏于肝胆，以致肝失疏泄，胆汁外溢，浸渍皮肤而发为黄疸。

[主证] 发病较急，眼、口、鼻及母畜阴户黏膜等处均发黄，黄色鲜明如橘；患病动物精神沉郁，食欲减少，粪干或泄泻，常有发热；口色红黄，舌苔黄腻，脉象弦数。

[治则] 清热利湿，退黄。

[方例] 茵陈蒿汤（见清热方）加减。热重者，加黄连、生地、丹皮、赤芍；湿重者，加茯苓、猪苓、泽泻等。

针治；针耳尖、尾尖、太阳、三江、玉堂等穴。

2. 阴黄

[主证] 眼、口、鼻等可视黏膜发黄，黄色晦暗；患病动物精神沉郁，四肢无力，食欲减少，耳、鼻末梢发凉；舌苔白腻，脉沉细无力。

[治则] 健脾益气，温中化湿。

[方例] 茵陈术附汤（茵陈、白术、附子、干姜、甘草，《医学心悟》），加茯苓、猪苓、泽泻、陈皮等。

[针治] 针肝俞、胆俞等穴。

九、淋证

淋证是排尿频数、涩痛、淋漓不尽的病证。根据病因及主证的不同，常将其分为热淋、血淋、砂淋、劳淋和膏淋五种，称为五淋。

1. 热淋　湿热蕴结于下焦，膀胱气化失利，以致排尿淋漓涩痛，发为热淋。

[主证] 排尿时拱腰努责，淋漓不畅，疼痛，频频排尿，但尿量少，尿色赤黄；口色红，苔黄腻，脉滑数。

[治则] 清热降火，利尿通淋。

[方例] 八正散(见祛湿方)加减。内热盛，加蒲公英、金银花等。

2. *血淋* 湿热蕴结膀胱，伤及脉络，血随尿排出，遂成血淋。血淋与尿血，均可见尿中带血，一般排尿涩痛、淋漓不尽者为血淋，无排尿涩痛、尿淋漓者为尿血。

[主证] 排尿困难，疼痛不安，尿中带血，尿色鲜红。舌色红，苔黄，脉数。兼血瘀者，血色暗紫，混有血块。

[治则] 清热利湿，凉血止血。

[方例] 小蓟饮子(生地黄、小蓟、滑石、炒蒲黄、淡竹叶、藕节、通草、栀子、炙甘草、当归,《重订严氏济生方》)。

3. *砂石淋* 多由湿热蕴结膀胱，煎熬尿液成石所致。常发于公畜，母畜少发。

[主证] 尿道不完全堵塞时，尿频，排尿困难，疼痛不安，尿淋漓不尽，有时排尿中断，尿液混浊，常见有大小不等的砂石，或尿中带有血丝。尿道完全堵塞时，虽常作排尿姿势，但无尿排出，动物痛苦不安。犬、猫等动物触诊腹部，可感觉到膀胱充盈；马、牛等谷道入手，可触摸到充满尿液的膀胱，大如篮球。口色、脉象通常无明显变化，或口色微红而干，脉滑数。严重者，因久不排尿，包皮、会阴发生水肿，同时伴有全身症状。

[治则] 清热利湿，消石通淋。

[方例] 八正散(见祛湿方)加金钱草、海金沙、鸡内金。兼有血尿者，加大蓟、小蓟、藕节、丹皮。

4. *劳淋* 体质素虚，或劳役过度，或淋证失治、误治，耗伤正气，致使脾肾俱虚，膀胱气化不利而发为劳淋。

[主证] 精神倦怠，四肢无力，卧多立少，体瘦毛焦，甚或耳鼻发凉，四肢不温；排尿频数，淋漓不尽，但疼痛不显，遇劳则淋重；口色淡白，舌质如绵，舌苔薄白或无苔，脉沉细无力。

[治则] 补益脾肾，利尿通淋。

[方例] 肾虚者，用六味地黄汤(见补虚方)加菟丝子、五味子、枸杞子；脾虚者，用补中益气汤(见补虚方)加菟丝子、五味子、枸杞子；排尿困难者，加猪苓、泽泻、车前子。

5. *膏淋* 湿热蕴结于膀胱，气化不利，清浊相混，脂液失约，遂成膏淋。

[主证] 身热，排尿涩痛、频数，尿液混浊不清，色如米泔，稠如膏糊。口色红，苔黄腻，脉滑数。

[治则] 清热利湿，分清化浊。

[方例] 萆薢分清饮(川萆薢、石菖蒲、黄柏、白术、莲子心、丹参、车前子,《医学

心悟》)。

十、不孕症

适龄母畜经健康公畜交配而不受孕,或产一二胎后,不能再怀孕的,均称为不孕症。以马、牛、犬多见,猪也常患此病。

不孕症有先天性不孕和后天性不孕两种。先天性不孕多因生殖器官的先天性缺陷所致,难以治疗。后天性不孕,多由疾病或饲养管理不当等原因造成。本节主要讨论后天性不孕症,据其发病原因,可分为以下证型。

1. 虚弱不孕　饲养和管理不当,如饲料品质不良、饲料数量不足、长期过度劳役、挤奶过度等,均可造成气血化生之源不足或耗伤过度,导致气血亏虚,命门火衰,胞脉失养,冲任空虚而不孕。

[主证] 发情不正常,或发情表现不明显,屡配不孕;精神倦怠,形体消瘦,口色淡白,脉沉细无力,或见阴门松弛,甚者出现“阴吹”现象。

[治则] 益气补血,健脾温肾。

[方例] 催情散(羊红膻、淫羊藿、阳起石,《中国兽医杂志》)。

[针治] 针雁翅、百后、后海、肾俞、阴俞、关元俞等穴。

2. 宫寒不孕　多因畜体素虚,或感受寒邪,或阴雨苦淋,久卧湿地,或采食过多冰冻草料,寒邪客于胞中,致使肾阳不足,宫寒不能养精;或寒湿困脾,脾虚不能化生营血为精而不能受胎。常见于慢性子宫内膜炎、慢性子宫颈炎、慢性阴道炎、前庭炎和阴门炎等子宫及产道的慢性炎症过程中。

[主证] 不发情,或发情周期不正常,发情表现不明显,屡配不孕;喜热恶冷,腹内肠鸣,便溏尿清,带下清稀,口色青白,脉沉弱或沉迟。

[治则] 暖宫散寒,温肾壮阳。

[方例] 艾附暖宫丸(艾叶、醋香附、当归、生地、续断、白芍、吴茱萸、川芎、肉桂、炙黄芪,《妇产科学》)。

[针治] 同虚弱不孕。

3. 肥胖型　多因蓄养太盛,运动不足,致使胎液丰满,痰湿内生,阻塞胞宫而不能摄精受孕。

[主证] 除发情不正常或发情表现不明显,屡配不孕外,患畜体肥膘满,动则易喘,不耐劳役,口色淡白,舌苔白滑或稍腻,带下稠而量多,脉滑。

[治则] 燥湿化痰。

[方例] 苍术散(炒苍术、滑石、神曲各、制香附、半夏、陈皮、茯苓、炒枳壳、白术、当归各、莪术、三棱、甘草、柴胡、升麻,《中兽医治疗学》)。

［针治］同虚弱不孕。

4.血瘀不孕　舍饲期间运动不足，或长期发情不配，或胞宫原有痼疾，或情期气候突变，致使胞宫气滞血凝，形成肿块，不能受孕。

［主证］发情周期反常或长期不发情，或自行接近公畜，过多爬跨，有“慕雄狂”之状。

［治则］活血祛瘀。

［方例］调经散（当归、白芍、熟地、覆盆子、枸杞子、川芎、红花、菟丝子、知母、炒泽泻、炙甘草、炙香附、女贞子，《全国中兽医经验选编》）。

［针治］同虚弱不孕。

十一、胎衣不下

胎衣不下，是指母畜将胎儿产出后，经一定时间胎衣不能自动排出的病证。一般在分娩后，马 1.5 h，牛 12 h，羊 4 h，猪 1 h 不能排出胎衣时，即为胎衣不下，应予治疗，此病牛多发。

此病多因在母畜怀孕时期饲养管理不当，致使母畜气血虚弱，或分娩时间过长，母畜过度疲劳，胎宫收缩无力；或因患有其他疾病，胎衣难以脱落等引起。

［主证］患畜水门垂吊着部分胎衣，并流出恶露，母畜不时努责，回头顾腹。气虚者，毛焦体瘦，精神沉郁，形寒怕冷，口色淡白，脉沉弱；气血凝滞者，口色青紫，脉沉弦。

［治则］补气益血，活血化瘀。剥离胎衣。

［方例］气虚者，八珍汤（党参、炒白术、茯苓、炙甘草、熟地、白芍、当归、川芎），加红花、桃仁、黄酒等祛瘀之品；气血凝滞者，生化汤（当归、川芎、桃红、五灵脂、蒲黄、炙甘草）加减；有寒象者，加肉桂、艾叶、炮姜；瘀血化热者，加金银花、连翘、地丁、蒲公英等。

十二、虫证

虫积，是寄生虫寄生于动物胃肠道所引起的病证，各种动物均可发生，常见的有瘦虫、蛔虫、蛲虫、绦虫等。

1.瘦虫（马胃蝇幼虫）　马胃蝇将虫卵排在马皮肤上，当孵化出幼虫后，因幼虫移行，引发瘙痒。马在啃痒时将大量幼虫带入口腔，由口腔进入胃肠，从而引发本病。

［主证］精神倦怠，行动无力，食欲减少，毛焦肷吊，形体消瘦，常有泄泻、浮肿，口色淡白，脉象沉细，吃料不长膘，时有喷嚏，或喷出幼虫，肛门上或粪便中可见到

红色蜂蛹样幼虫，严重者腹痛。

[治则] 驱虫为主，兼顾扶正。

[方例] 贯众散(见驱虫方)。

2. 蛔虫　动物吃进污染有蛔虫虫卵或幼虫的生水、草料、泥秽等物，将虫卵带入体内，孵化出成虫，吸收动物的津、血生长繁育，从而使动物致病。

[主证] 精神倦怠，行动无力，食欲减少，毛焦肷吊，形体消瘦，常有泄泻、浮肿；口色淡白，脉象沉细，吃料不长膘，另外可见消瘦、发育不良等。泄泻或便秘，偶见咳嗽或腹痛。小牛或仔猪、犬、猫等动物，有时可因虫体过多，缠绕成团，阻塞肠道而引起剧烈腹痛，甚至造成肠破裂。如虫体上行胆道，还可能引起黄疸。

[治则] 驱虫为主，兼顾扶正。

[方例] 驱虫散(见驱虫方)加减。

3. 蛲虫　动物吃进污染有蛲虫虫卵或幼虫的生水、草料、泥秽等物，使虫邪进入体内而致病。

[主证] 精神倦怠，行动无力，食欲减少，毛焦肷吊，形体消瘦，常有泄泻、浮肿、口色淡白，脉象沉细，肛门奇痒，常在墙壁或树桩上擦痒，尾根部被毛脱落，肛门和会阴周围有时可见到黄白色小虫体。

[治则] 驱虫为主，兼顾扶正。

[方例] 驱虫散(见驱虫方)加减，或雷丸、使君子各 60 g，槟榔 30 g，共研为末，冲服。

4. 绦虫　动物吃进污染有绦虫虫卵或幼虫的生水、草料、泥秽等物，使虫邪进入体内而致病。

[主证] 精神倦怠，行动无力，食欲减少，毛焦肷吊，形体消瘦，常有泄泻、浮肿、口色淡白，脉象沉细，腹泻与便秘交替发生，粪便中混有扁平的绦虫节片。

[治则] 驱虫为主，兼顾扶正。

[方例] 万应散(见驱虫方)。

十三、疮黄疔毒

疮、黄、疔、毒是皮肤与肌肉组织发生肿胀和化脓性感染的一类病证，简称疮黄。

1. 疮　是局部化脓性感染的总称。多由六淫之气侵入经络，气血运行受阻，致使气血凝滞而成。如《内经·痈疽篇》说："寒邪客于经络之中则血泣，血泣则不通，不通则卫气归之，不得复返，故痈肿。寒气化为热，热胜则肉腐，肉腐则为脓。"或因劳役过度，饮喂失调，久之畜体衰弱，营卫不和，气血凝滞而成。如《元亨疗马集·

疮黄疗毒论》说："疮者，气之衰也，气衰而血涩，血涩而侵入肉理，肉理淹留而肉腐，肉腐者，乃化为脓。故曰疮也。"

[主证] 初期患部肿胀，灼热疼痛。严重的可出现发热、精神不振、食欲减退、脉象洪数等全身表现。若局部按之柔软，为脓已成。后期，皮肤逐渐变薄，破溃后流出黄色或绿色稠脓，带恶臭味，或夹杂有血丝或血块，疮面呈赤红色，有时疮面被痂皮覆盖。

[治则] 以祛除毒邪，疏通气血为主，并根据病程的发展阶段、病变的部位，分别采用内治和外治相结合的方法。初起尚未成脓者，采用消法，以散风清热、行瘀活血为主；若成脓迟缓，则采用托法，以托里透脓为主；溃后若无全身症状，则只用外治即可；若气血虚弱，久不收口，则采用补法，以补气养血为主。

[方例] 初期脓未成者，内服真人活命饮、黄连解毒汤、五味消毒饮（均见清热方），外敷如意金黄散或雄黄散（均见外用方）；成脓迟缓者，内服透脓散（见补虚方）；脓已成，未破口者，应切开排脓，然后外用防腐生肌散（见外用方）；疮毒内陷者，用清营汤（见清热方）以凉血解毒，清心开窍；溃后气血虚弱，久不收口者，可内服八珍汤（见补虚方之四物汤），外敷防腐生肌散或冰硼散（均加外用方）。

2.黄　是皮肤完整性未被破坏的软组织肿胀。多因饲养失调，劳役过度，外感病邪，正邪相搏于肌肤，卫气受阻，经络郁塞，气血凝滞而成。如《元亨疗马集·疮黄论》说："黄者，气之壮也，气壮使血离经络，血离经络溢于肤腠，肤腠郁结而血瘀，血瘀者，而化为黄水，故曰黄也。"黄发于不同的部位，有不同的名称，如胸黄、肘黄、肚底黄等。

[主证] 初起患部肿硬，间有疼痛或局部发热，继则面积扩大而变软，有的出现波动，刺之流出黄水。因黄的部位和名称不同，具体主证也有所不同。

(1)锁口黄（箍口黄、束口黄）。病初口角肿胀，硬而疼痛，口角内侧赤热，咀嚼缓慢，水草渐减；继则肿胀逐渐扩大蔓延，唇角破裂，口内流涎，口禁难开，口色鲜红，脉洪数。

(2)鼻黄。单侧或双侧鼻部肿胀，软而不痛，久之破溃流出黄水，呼吸稍粗，口色鲜红，脉洪数。

(3)颊黄。颊部一侧或双侧发生软肿，压之不痛，初期肿胀较小，后逐渐扩大，甚至牵延到食槽，口流涎水，咀嚼困难，口色赤红，脉洪数。

(4)耳黄。单侧或双侧耳根肿胀，患耳下垂。一般软而无痛者易消，硬肿而痛者则溃破成脓。如《司牧安骥集》："马患耳黄有单双，双少单多是寻常；耳肿耳硬生脓血，内有脓囊似宿肠。"

(5)腮黄。一侧或双侧腮部发生肿胀，初期肿胀较小且硬，随后逐渐扩大，可向前肿至食槽，引起口内流涎，水草难进，咀嚼困难；或向颈部蔓延，导致颈部肿胀，影响颈部活动；若波及咽喉，则出现呼吸困难，严重时可引起窒息。

(6)背黄。病初背部热痛肿硬，日久软化，触之有波动感，内有黄水。

(7)胸黄。病初胸前发生肿胀，较硬，有热痛感，继之则扩大变软，甚至布满胸臆，无痛感，针刺流出黄水，口色鲜红，脉洪大。

(8)肚底黄。又名锅底黄。肚底肿胀，发展迅速，肿胀界限不明，初如碗口，后逐渐增大，布满肚底。重者肿胀可蔓延至前胸和会阴部，不热不痛，或稍有痛感，指压成坑。患病动物精神不振，水草减少，行走困难，不能卧地，站立时四肢开张。

(9)肘黄。初期肘部肿胀无痛，后肿胀渐大，时有发热疼痛。站立时前肢前伸，运步时呈现跛行，口色鲜红，脉洪大。

(10)腕黄。病初腕部微肿发热，稍有疼痛，亦有软肿而不发热者。行走时患肢不灵活，站立时患肢伸向前方，不敢负重，频频换肢。以后肿胀渐大，疼痛加剧，屈伸不利，起卧困难，行走迟缓。

[治则] 清热解毒，消肿散瘀。

[方例] 消黄散(见清热方)加减。

[针治] 局部消毒后，用大宽针散刺，以排出黄水。

3. 疔　属于鞍伤感染，因其坚硬、根深、形状如钉而得名。多因乘骑负重过久，鞍具未及解卸，瘀汗积于毛窍，败血凝于皮肤；或鞍具不适当，磨伤体表，邪毒侵入所致。如《元亨疗马集》说："疔毒者，疮黄之异名，虽形殊名异，其理一也。"

[主证] 根据鞍伤感染后发展的阶段不同，所受损害的程度不同，可分为黑疔、血疔、筋疔、气疔、水疔五种。若经久不愈，则可能形成瘘管。

(1)黑疔。皮肤浅层组织受伤，疮面覆盖有血样分泌物，变干后形成黑色痂皮，形似钉盖，坚硬色黑，不红不肿，无血无脓。《如元亨疗马集》说："干壳而不肿者伤其皮，曰黑疔也。"

(2)筋疔。脊间皮肤组织破溃，疮面溃烂无痂，显露出灰白色而略带黄色的肌膜，流出淡黄色水。

(3)气疔。疮面溃烂，局部色白；或因坏死组织分解，排出带有泡沫的脓汁或黄白色的渗出物。

(4)水疔。鞍伤初期伤浅，患部红肿疼痛，渗出物光亮似水。

(5)血疔。皮肤组织破溃，久不结痂，色赤常流脓血。

[治则] 以外治为主。未溃者，可针其周围，以防走窜；已溃者，用防风汤(见外用方)洗，然后根据情况用药，干则润之，湿则燥之，肿则消之，腐则脱之，毒则解之。如形成瘘管，则以拔毒去腐之药腐蚀之。

［方例］黑疔，可先揭去盖，以防风汤（见外用方）洗后，外敷防腐生肌散（见外用方）。筋疔，可外用丹矾散（诃子、黄丹、枯矾，《元亨疗马集》）。气疔，可按疮治疗，必要时可内服真人活命饮（见清热方），外敷防腐生肌散（见外用方）。水疔，必要时可内服消黄散（见清热方），外敷雄黄拔毒散（雄黄、龙骨、大黄、白矾、黄柏、透骨草、樟脑，河北验方）。血疔，外用葶苈散（草乌、穿山甲、葶苈子、龙骨，《元亨疗马集》）。瘘管，可用五五丹（石膏、升丹各等份）撒布，或以纱布条裹药塞入瘘管。

4. 毒　是脏腑毒气积聚，反映于体表的病证，有阴毒、阳毒之分。

(1)阴毒。乃阴邪结毒，阴火挟痰而成。如《元亨疗马集》中说："阴毒浑身生瘰疬"。

［主证］多在前胸、腹底或四肢内侧发生瘰疬结核，累累相连，肿硬如石，不发热，不易化脓，难溃，难敛，或敛后复溃。

［治则］消肿解毒，软坚散结。

［方例］内服土茯苓散（土茯苓、白藓皮、川萆薢、海桐皮、茵陈、蒲公英、金银花、苦参、昆布、海藻、苍术、荆芥、防风、花椒，民间验方）。慢性虚弱性阴毒，可内服阳和汤（见温里方）加黄芪、忍冬藤、苍术，外用斑蝥酒（斑蝥 10 个，研末，加白酒 30 mL）涂擦，每日 1 次，一般可擦 3～5 次。

(2)阳毒。多由于膘肥体壮，热毒内盛，加之鞍具不适，或气候骤变，劳役中汗出雨淋，湿热交结，郁伏于肤腠而成肿毒。

［主证］两前膊、梁头、脊背及四肢外侧发生肿块，大小不等，发热疼痛，脓成易溃，溃后易敛。

［治则］清热解毒，软坚散结；溃后排脓生肌。

［方例］内服昆海汤（昆布、海藻、酒炒黄芩、金银花、连翘、酒炒黄连、蒲公英、酒知母、酒黄柏、酒栀子、桔梗、木通、荆芥、防风、薄荷、大黄、芒硝、甘草，民间验方），外敷雄黄散（见外用方）。

参考文献

[1] 中国农业百科全书.中兽医卷.北京:中国农业出版社,1991.

[2] 刘钟杰,许剑琴.中兽医学.3版. 北京:中国农业出版社,2003.

[3] 胡元亮,等.中兽医学.北京:农业出版社,2006.

[4] 韦旭斌等.中兽医学.长春:吉林科学技术出版社,1998.

[5] 钟秀会,汪德刚.兽医中药学.北京:中国科学文化出版社,2003.

[6] 钟秀会.中兽医基础理论.北京:中国农业科技出版社,2002.

[7] 汪德刚,张晓根. 中兽医学.北京:中国农业大学出版社,1995.

[8] 许建琴,张克家. 中兽医方剂精华.北京:中国农业出版社,2001.

[9] 汪德刚. 中兽医基础与临床.北京:中国农业大学出版社,2005.

[10] 汪德刚. 实用中兽医方剂学.北京:中国农业大学出版社,2006.

[11] 汪德刚. 兽医中药学.北京:中国农业大学出版社,2008.

[12] 姜聪文,陈玉库.中兽医学. 北京:中国农业出版社,2006.

[13] 胡元亮.实用动物针灸手册. 北京:中国农业出版社,2004.

[14] 雷载权.中药学.上海:上海科学技术出版社, 1995.

[15] 赵阳生.兽医针灸学.北京:农业出版社, 1993.

[16] 张泉鑫.猪病中西医综合防治大全.2版.北京:中国农业出版社,2002.

[17] 张贵林.禽病中草药防治技术.北京:金盾出版社,1998.

[18] 王芳.猪病中药防治.延吉:延边人民出版社,2003.

[19] 杨宏道,李世俊.兽医针灸手册.2版.北京:农业出版社,1983.

[20] 张泉鑫,朱印生.畜禽疾病中西医防治大全·猪病.北京:中国农业出版社,2007.